자동차 운전면허 시험안내

1 장내기능시험

채점기준 *기능시험의 채점은 전자채점방식으로 한다.

1) 기본조작

시험항목	감점기준	감점방법
가) 기어변속	5	・시험관이 주차 브레이크를 완전히 정지 상태로 조작하고, 응시생에게 시동을 켜도록 지시하였을 때, 응시생이 정지 상태에서 시험관의 지시를 받고 기어변속(클러치 페달조작을 포함한다)을 하지 못한 경우
나) 전조등 조작	5	・정지 상태에서 시험관의 지시를 받고 전조등 조작하지 못한 경우(하향, 상향 각 1회씩 전조등 조작시험을 실시한다)
다) 방향지시등 조작	5	・정지 상태에서 시험관의 지시를 받고 방향지시등을 조작하지 못한 경우
라) 앞유리창닦이기 (와이퍼) 조작	5	・정지 상태에서 시험관의 지시를 받고 앞유리창닦이기(와이퍼)를 조작하지 못한 경우

비고 : 기본조작 시험항목은 가)~라) 중 일부만을 무작위로 실시한다.

2) 기본 주행 등

시험항목	감점기준	감점방법
가) 차로 준수	15	・나)~차)까지 과제수행 중 차의 바퀴 중 어느 하나라도 중앙선, 차선 또는 길가장자리구역선을 접촉하거나 벗어난 경우
나) 돌발상황에서 급정지	10	・돌발등이 켜짐과 동시에 2초 이내에 정지하지 못한 경우 ・정지 후 3초 이내에 비상점멸등을 작동하지 않은 경우 ・출발 시 비상점멸등을 끄지 않은 경우
다) 경사로에서의 정지 및 출발	10	・경사로 정지검지구역 내에 정지한 후 출발할 때 후방으로 50센티미터 이상 밀린 경우
라) 좌회전 또는 우회전	5	・진로변경 때 방향지시등을 켜지 않은 경우
마) 가속코스	10	・가속구간에서 시속 20킬로미터를 넘지 못한 경우
바) 신호교차로	5	・교차로에서 20초 이상 이유 없이 정차한 경우
사) 직각주차	10	・차의 바퀴가 검지선을 접촉한 경우 ・주차브레이크를 작동하지 않을 경우 ・지정시간(120초) 초과 시(이후 120초 초과시마다 10점 추가 감점)
아) 방향지시등 작동	5	・출발시 방향지시등을 켜지 않은 경우 ・종료시 방향지시등을 켜지 않은 경우
자) 시동상태 유지	5	・가)부터 아)까지 및 차)의 시험항목 수행 중 엔진시동 상태를 유지하지 못하거나 엔진이 4천RPM이상으로 회전할 때마다
차) 전체지정시간 (지정속도유지) 준수	3	・가)부터 자)까지의 시험항목 수행 중 별표23 제1호의2 비고 제6호다목1)에 따라 산정한 지정시간을 초과하는 경우 5초마다 ・가속 구간을 제외한 전 구간에서 시속 20킬로미터를 초과할 때마다

합격기준

각 시험항목별 감점기준에 따라 감점한 결과 100점 만점에 80점 이상을 얻은 경우 합격으로 한다. 다만 다음의 어느 하나에 해당하는 경우에는 실격으로 한다.

실격

가) 점검이 시작될 때부터 종료될 때까지 좌석안전띠를 착용하지 않은 경우
나) 시험 중 안전사고를 일으키거나 차의 바퀴가 하나라도 연석에 접촉한 경우
다) 시험관의 지시나 통제를 따르지 않거나 음주, 과로 또는 마약 대마 등 약물 등의 영향으로 정상적인 시험 진행이 어려운 경우
라) 특별한 사유 없이 출발지시 후 출발선에서 30초 이내 출발하지 못한 경우
마) 경사로에서 정지하지 않고 통과하거나, 직각주차에서 차고에 진입해서 확인선을 접촉하지 않거나, 가속코스에서 기어변속을 하지 않는 등 각 시험코스를 어느 하나라도 시도하지 않거나 제대로 이행하지 않은 경우
바) 경사로 정지구간 이행 후 30초를 초과하여 통과하지 못한 경우 또는 경사로 정지구간에서 후방으로 1미터 이상 밀린 경우
사) 신호 교차로에서 신호위반을 하거나 앞 범퍼가 정지선을 넘어간 경우

2 도로주행시험

채점기준

시험항목	세부항목	감점
1. 출발전 준비	차문닫힘 미확인	5
2. 운전자세	출발 전 차량점검 및 안전 미확인	7
3. 출발	주차 브레이크 미해제	10
	정지 중 기어 미중립	5
	20초 내 미출발	10
	10초 내 미시동	7
	주변 교통방해	7
	엔진 정지	7
	급조작·급출발	7
	심한 진동	5
	신호 안함	5
	신호 중지	5
	신호계속	5
	시동장치 조작 미숙	5
4. 가속 및 속도유지	저속	5
	속도 유지 불능	5
	가속 불가	5
5. 제동 및 정지	엔진브레이크 사용 미숙	5
	제동방법 미흡	5
	정지 때 미제동	5
	급브레이크 사용	7
6. 조향	핸들조작 미숙 또는 불량	7
7. 차체 감각	우측 안전 미확인	7
	1미터 간격 미유지	7
8. 통행구분	지정차로 준수위반	7
	앞지르기 방법 등 위반	7
	끼어들기 금지 위반	7
	차로유지 미숙	5
9. 진로변경	진로변경 시 안전 미확인	10
	진로변경 신호 불이행	7
	진로변경 30미터 전 미신호	7
	진로변경 신호 미유지	7
	진로변경 신호 미중지	7
	진로변경 과다	7
	진로변경 금지장소에서의 진로변경	7
	진로변경 미숙	7

3 응시자격

1. 연령 및 경력

① 제1종 보통 및 대형 운전면허 : 18세 이상
② 원동기장치자전거 면허 : 16세 이상
③ 제1종 대형 특수 운전면허 : 19세 이상으로 운전경력 1년 이상

2. 결격사유

(1) 응시할 수 없는 경우
① 만 18세 미만인 자(원동기장치자전거는 만 16세 미만)
② 정신질환(정신병, 정신미약, 간질병 등)이 있는 자

결격기간

① 무면허 운전금지, 음주운전금지, 과로운전금지 사용 등을 위반하여 사람을 사상한 후 필요한 구호조치를 하지 않고 도주한 경우 또는 그 밖에 교통사고로 사람을 사망에 이르게 한 경우
2. 음주상태에서 사람을 사상한 후 필요한 구호조치 및 신고를 하지 아니한 경우
3. 음주, 과로, 마약·대마 등의 약물의 영향이나 공동위험행위 금지 등을 위반하거나 교통사고로 사람을 사상한 후 필요한 구호조치 및 신고를 하지 아니한 경우
4. 음주운전 위반 또는 측정 거부의 경우
5. 제10조부터 제12조까지, 제12조의2 및 제27조에 따른 무면허운전 등의 금지
6. 제12조 및 제12조의2에 따른 아동이나 노인 및 장애인 보호구역에서 자동차 등을 운전하여 사람을 사상하게 한 경우
7. 제13조제3항에 따른 중앙선 침범으로 인한 사상 등 고속도로에서 횡단 등을 금지한 경우
8. 법령 위반 사항자로 도로에서 자동차 등을 시속 10킬로미터 초과한 경우
9. 제29조에 따른 긴급자동차의 우선통행 및 일시정지 위반
10. 제15조의 어린이 통학버스의 특별보호의무 위반한 경우
11. 시험장에 음주 측정기감지기를 착용하지 않은 경우

결격기간

① 무면허운전시험은 100점 만점으로 하되, 70점 이상을 합격으로 한다.
② 다음의 어느 하나에 해당하는 경우에는 시험을 중단으로 한다.

시험항목	세부항목	감점
10. 교차로 통행 등	사용할 미답	10
	일시정지 미답	10
	교차로 진입통행 미답	7
	끼어들기	7
	신호 없는 교차로 양보 미답	7
	좋단보도 직전 일시정지 미답	10
11. 수행 정지	종료 주차브레이크 미작동	5
	종료 안전 미작동	5
	종료 주차상태의 기어 미작동	5

3. 응시면허 경정

(1) 받는 종류
① 1종 대형 : 사용 종합, 건설기계, 특수자동차 등을 운전하려는 사람, 3종 대형면허 취득자
② 2종 소형 : 승용차, 승합차 10인 이하, 화물차 3인 이하 적재정량인 자동차
③ 3종 적재 : 승용자동차, 이륜자동차 다만 3톤 이하의 지게차를 운전하려는 자
④ 4종 적재 : 승용자동차, 이륜자동차 등 3인 이하의 적재정량 자동차
⑤ 5종 적재 : 승용자동차, 이륜자동차, 건설기계 등 시각 시험에 대한 적재 자

참고 **결격기간이 있는 경우**
면허가 정지·취소된 경우에는 결격기간 경과 후에 응시 가능

(2) 응시할 수 없는 경우
① 응시 받기 위한 자, 약물복용 자, 간질병자
② 몸과 마비, 다리, 적합 중 운동 및 이상 이상을 잃을 경우(다만, 제1종 보통면허에 한정)

4. 접수방법(인터넷접수)

① 시험 장소 : 공단면허시험의 지정된 응시자에서 시험에 응시할 수 있다.
② 구비서류 : 응시원서교부 신청서 2매, 주민등록증 사진 1장
③ 응시(교부)수수료 : 응시자격의 공고되는 응시자의 시험 수수료
④ 접수시간 : 응시시험의 운전면허 접수 시간이 정해진 시간
⑤ 장소 : 인터넷 홈페이지(www.dla.go.kr)에서 예약 가능하다.

5. 교통안전교육

응시시험 응시전에 교통안전교육을 이수하여야 한다. 학과시험 응시 전 시험 시행 경찰청장이 지정한 경찰청에서 실시(1시간) 등을 받아야 한다.

■ 시력검사(인지감사)기준

항목	제1종 운전면허	제2종 운전면허
시력 (안경이나 콘택트 렌즈)	· 두 눈을 동시에 뜨고 잰 시력 0.8이상 · 두 눈의 시력이 각각 0.5이상	· 두 눈을 뜨고 잰 시력이 0.5이상 · 한쪽 눈의 시력이 0.6이상
색맹	· 적색, 녹색, 황색의 색채 식별 가능	
청력	· 대형자동차에 운전할 수 있는 운전면허에만 해당(제1종에 한함) · 55데시벨의 소리를 들을 수 있는 자	
신체	· 조향장치 그 밖의 장치를 조작할 수 있는 경우에 한함 · 경고표시기가 장치된 자동차로 운전하는 경우 등 동작이 가능한 자	

한다(다만, 자동차운전전문학원의 경우 학과교육수료로 면제된다).

※취소 후 재취득자는 특별안전교육(6시간)을 수강하여야 함.

	취소자 안전교육	취소자 안전교육
교육대상	운전면허를 취득하고자 하는 사람	면허취소 후 재취득하고자 하는 사람
교육시간	학과시험 전까지 1시간	학과시험 전까지 6시간
교육내용	시청각교육	취소사유별 법규반, 음주반
준비물	수수료 무료 신분증(신분증 인정범위)	수수료 24,000원 신분증(신분증 인정범위)

6. 학과시험 및 합격기준

2010년 7월 1일부터 기존 종이 학과시험에서 컴퓨터를 이용한 학과시험을 전면적으로 실시한다.

(1) 시험방법
① 응시원서 접수 후 빈자리가 있을 경우 즉시 응시가 가능하다(시험일자 예약접수는 불가).
② 시험관이 지정하는 번호와 좌석 번호가 일치하여야만 시험에 응시할 수 있다.
③ PC를 이용한 학과시험은 컴퓨터의 모니터 화면을 통해 문제를 보고 마우스로 정답을 클릭(또는 손가락으로 터치)하는 방식으로 시험을 치른다.
④ 컴퓨터 수성 싸인펜이 필요없으며 기존 종이 시험과 달리 잘못된 정답을 수정할 수 있다.
⑤ 컴퓨터에 익숙하지 않은 사람도 응시가 가능하다.
⑥ 시험문제의 유형은 응시자나 컴퓨터마다 각각 다를 수 있다.
⑦ 3지선다형 1택, 4지선다형 1택 또는 2택, 5지선다형 2택 유형의 문장형 문제, 안전표지 문제, 사진형 문제, 일러스트형 문제로 39문제 출제 및 동영상 1문제, 총 40문제

(2) 시험내용
① 운전면허의 종류와 관리 등
② 자동차 운전에 필요한 지식

(3) 주의사항
① 50분간 실시하며 시험시간 경과시 자동 종료되며, 시작 후 30분간 퇴실불가
※지각시 입장불가(불참·불합격 처리됨)
② 응시원서에 기재된 시간 10분 전 입실완료
③ 신분증 소지, 지정좌석 착석, 대리시험 여부 등 확인
④ 시험종료 후 문제지·답안지를 시험관에게 제출하고 퇴실

(4) 합격기준 및 결과발표
① 문제를 풀고 종료 버튼을 클릭하면 바로 합격, 불합격 판정이 되므로 종료 버튼을 신중하게 클릭한다.
② 점수를 확인 후 시험관에게 응시표를 제출하여 합격, 불합격 판정 도장을 받는다(1종:70점이상, 2종:60점 이상 합격)

(5) 기타
학과 합격시 합격일로부터 1년이내 기능시험에 합격해야 함, 1년이내 기능시험 불합격시 신규접수)

(6) 문제유형별 문항수 및 배점

문항별	문장형	안전표지	사진형	일러스트형	영상형
형태별	4지 1답	4지 2답	4지 1답	5지 2답	5지 2답	4자 1답
배점	2점	3점	2점	3점	3점	5점
문항수	17	4	5	6	7	1
점수(100)	34	12	10	18	21	5

※ 합격 기준 : 제1종 면허 70점 이상
　　　　　　　제2종 면허 60점 이상

7. (장내)기능시험

최초 1종 보통, 2종 보통 기능시험 전에 기능의무교육 3시간을 이수해야 한다.

(1) 채점항목
굴절, 곡선, 방향전환(전면주차방식), 교차로, 평행주차, 철길건널목, 횡단보도, 경사로, 지정시간 준수, 기어변속, 돌발, 급정지 등 11개 항목

(2) 채점방식
100점 만점 기준 감점방식으로 전자채점

(3) 합격기준
① 컴퓨터 채점기에 의항여 감점방식으로 채점
② 1종 대형 및 1, 2종 보통: 80점 이상
③ 1종 특수, 2종 소형, 원동기: 90점 이상

(4) 실격기준
① 특별한 사유 없이 30초 이내 출발하지 못한 때
② 경사로 코스, 굴절 코스, 곡선 코스, 방향전환 코스, 기아변속 코스 및 평행주차 크스를 어느 하나라도 이행하지 아니한 때
③ 특별한 사유 없이 교차로 내에서 30초 이상 정차한 때
④ 시험 중 안전사고를 일으키거나 단 1회라도 차로를 벗어난 때

(5) 기타
① 필기시험 합격일로부터 1년 이내에 기능시험에 합격하고 연습운전면허를 발급받아야 함.
② 응시원서의 유효기간은 최초의 필기시험일부터 1년간으로 하되, 제1종 보통연습면허 또는 제2종 보통연습면허를 받은 때에는 그 연습운전면허의 유효기간으로 함.
③ 기능시험 응시 후 불합격자는 불합격 다음날부터 3일 경과 후에 재응시가 가능
④ 30분전까지 입장완료해야 함.

8. 도로주행연습

① 장내기능(코스)시험에 합격한 응시자에게는 연습운전면허증을 교부하여 주고 또한 운전면허시험장에서 응시표에 표기해 주기도 한다.
② 연습운전면허에 유효기간은 1년이고, 정식 운전면허를 취득한 경우에는 그 효력이 상실된다.

9. 도로주행시험

① 도로주행시험은 제1종 보통 및 제2종 보통면허를 취득하고자 하는 사람에 대하여 실시한다.
② 도로주행시험은 시험관이 응시자의 운전능력이 도로에서 주행할 수 있는지를 평가하는 시험 등을 말한다.
③ 도로주행시험은 시험장 외의 도로(자동차전용도로 제외)에서 5km 이상 실시하며, 시험관은 이 거리에 따라 다양한 구간에서 시험을 실시할 수 있어야 한다.
④ 합격기준 : 총 배점 100점 중 제1·2종 공히 70점 이상 합격
⑤ 응시자가 사용할 응시차량은 도로주행시험용 자동차로 제3종 교습용자동차로 사용할 수 있다.

(1) 시험응시
도로주행시험은 응시일로부터 3개월 30분간 기능교육을 수료한 사람이 '운전, 시험장'에서 응시원을 받아야 한다.

(2) 시행응시
운전면허시험, 제종중차 및 특수면허시, 지게차 등, 수송장치, 전로공장, 공기공간 등 공장시설 3가지 등

(3) 합격기준
기능시험, 신호규정, 속도유지 등 운전능력에 대해, 벌점공제, 시동불능 등을 감점항목 31개 항목 중 채점하여 100점 만점의 70점 이상 합격

(4) 불합격
① 3회 이상 출발불능시 또는 운전미숙으로 시험 진행 불가
② 교통사고를 야기한 경우 및 야기 우려
③ 시험관의 지시 및 통제 불응
④ 5회 이상 "클러치 조작미숙으로 엔진정지"등 기타 자동차 운전능력이 없다고 인정되는 경우
⑤ 이미 감점한 점수가 합격기준에 미달된 것이 명백한 경우
⑥ 법규준수 사항 중요한 사항, 중앙선 침범, 어린이 통학버스 보호의무 위반 등

(5) 기타
① 시험응시 당일 특별한 사정으로 검정을 받지 못(유보)한 경우 차량 재배정, 기상상태 등에 의해 검정이 취소되어 다시 검정일을 받을 수 있다.
② 도로주행시험 응시 후 불합격자는 불합격일로부터 3일 경과 후 재응시 가능합니다.

2010. 2. 24 도로주행시험 개정사항

• 도로주행시험 31개 항목(7개 공통 폐지): 수신호등 도로이탈, 출발시간, 기어조작불량

• 돌발시 정지 도로(7개 공통 폐지): 수신호등 도로 이탈, 출발시간, 기어조작불량, 시동정지, 장치조작이나 주차브레이크 조작미숙

11. 장내기능 및 면허증 갱신

(1) 제1종 운전면허의 정기적성검사
① 면허증 표기 갱신기간
② 적성검사 주기 : '99. 4. 30일 이후 면허취득자 및 경신교부자는 7년(65세 이상 5년)

(2) 제2종 운전면허
① 표기갱신 기간일이 2001. 6. 29 이전인 2종 면허가 : 면허증 갱신기간
② 표기갱신 기간일이 2001. 6. 30 이후인 2종 면허가: 갱신기간 마지막 달의 "생년월일(6월간)"을 가지고 신분증 등 필요 서류를 지참 "안전운전통합민원" 시"기능관리공단에 방문

참고 수시적성검사
정신장애, 간질병, 마약 중독, 청각장애 등 신체장애 이상이 있는 때 실시

참고 장기간장애인의 성적
그 동안은 외국방문 등에 의하여 3개월 이내에 경신이 어려운 사람은 사유가 없어진 날부터 3개월 이내에 적성검사를 받아야 한다.

12. 운전면허 종별로 운전할 수 있는 차종

(1) 제1종 면허증: ①대형 ②특수 ③소형 ④보통연습 가능
제1종 면허증을 받은 사람은 다음 차종 자동차를 운전할 수 있다.
① 제1종 대형면허: 승용차, 승합차, 화물차, 긴급차, 건설기계(덤프트럭 등 11종 및 3톤 미만 지게차), 원동기장치자전거, 건설기계 3,000L 이상
② 제1종 보통면허: 승용차, 승합차(15인 이하), 화물차(12톤 미만), 10톤 미만 특수(트레일러 및 레커 제외), 12인승 이하 긴급차, 3,000L 이상 화물위험물차 제외, 원동기장치자전거 운전
③ 제1종 특수면허: 트레일러, 레커, 제2종 보통면허로 운전할 수 있는 자동차 운전

(2) 제2종 면허증: ①보통 ②소형 ③원동기장치자전거 면허 가능
제2종 면허증을 받은 사람은 자동차를 운전할 수 있다(영업용 택시 제외).
① 제1종 보통면허: 승용차, 승합차(10인 이하), 화물차(4톤 이하), 3,5
② 제1종 소형면허: 125CC 초과 3륜 소형 이륜자동차 운전
톤 이하 특수(트레일러 및 레커 제외)차 운전
③ 원동기장치자전거: 원동기장치자전거로 운전할 수 있다.

운전면허 학과시험 요점정리

1. 도로교통법의 목적및 용어의 정의

1 도로교통법의 목적

도로에서 일어나는 교통상의 모든 위험과 장해를 방지하고 제거하여 교통의 흐름을 안전하고 원활하게 하는데 그 목적이 있다.

2 용어의 정의

(1) 도 로
① 『도로법』에 의한 도로 : 고속국도, 일반국도, 특별(광역)시도, 지방도, 시도, 군도, 구도
② 『유료도로법』에 의한 유료도로 : 통행료를 징수하는 도로
③ 『농어촌도로 정비법』에 따른 농어촌도로 : 농어촌 지역 주민의 교통편익과 생산·유통 활동 등에 공용되는 공로 중 고시된 도로
④ 그 밖에 현재 특별하지 않은 여러 사람이나 차량이 통행되고 있는 개방된 곳(공지, 해변, 광장, 공원, 유원지, 제방, 사도 등)
※ 개방되지 아니하고 출입이 제한된 아파트 단지 내의 주차장이나 학교 교정, 또는 유료주차장 내 등은 도로교통법상 도로에 해당되지 않는다.

(2) 자동차 전용도로
자동차만 통행할 수 있는 도로로서 어느 특정된 자동차만 통행할 수 있는 도로는 아니다. 예를 들면 고속도로, 고가도로 등과 같이 자동차만 통행할 수 있는 자동차 전용의 도로를 말한다.

(3) 고속도로
자동차의 고속교통에만 사용하기 위하여 지정된 도로.
※ 보행자 및 이륜차 등은 통행이 금지된다.

(4) 차 도
연석선(차도와 보도를 구분하는 돌, 또는 콘크리트 등으로 이어진 선), 안전표지나 그와 비슷한 공작물로써 경계를 표시하여 모든 차의 교통에 사용하도록 된 도로의 부분을 말한다.

(5) 중앙선
차마의 통행을 방향별로 명확하게 구분하기 위하여 도로에 황색실선 또는 황색점선 등의 안전표지로 표시한 선이나 중앙분리대·울타리 등으로 설치한 시설물을 말하며, 가변차로가 설치된 경우에는 신호기가 지시하는 진행방향의 가장 왼쪽의 황색점선을 말한다.

※ 중앙선 표시는 편도 1차로인 경우 황색실선 또는 황색점선으로 표시하고, 편도 2차로 이상의 경우에는 황색복선으로 설치한다. 고속도로의 경우는 황색복선 또는 황색실선과 점선을 복선으로 설치한다.

(6) 차로
차마가 한 줄로 도로의 정하여진 부분을 통행하도록 차선에 의하여 구분되는 차도의 부분을 말한다.

(7) 차 선
차로와 차로를 구분하기 위하여 그 경계지점을 안전표지에 의하여 표시한 선.
※ 차선은 백색점선(떨어져 있는 선)으로 표시하는 것이 원칙이나 교차로, 횡단보도, 철길건널목 등은 표시하지 않는다.
※ 백색점선(파선)은 자동차 등이 침범할 수 있는 선이며, 백색실선(이어져 있는 선)은 자동차가 침범할 수 없는 선이다.

(8) 자전거도로
안전표지, 위험방지용 울타리나 그와 비슷한 공작물로써 경계를 표시하여 자전거의 교통에 사용하도록 된 『자전거 이용 활성화에 관한 법률』제3조 각호의 도로를 말한다.

(9) 보 도
연석선, 안전표지나 그와 비슷한 공작물로써 그 경계를 표시하여 보행자(유모차 및 보행보조용 의자차를 포함)의 통행에 사용하도록 된 도로의 부분〈개정〉
※ "보행보조용 의자차"라 함은 수동 휠체어, 전동 휠체어 및 의료용 스쿠터를 말한다.
※ 유모차, 보행보조용 의자차를 밀고 가는 사람은 보도로 통행하여야 한다.

(10) 길가장자리 구역
보도와 차도가 구분되지 아니한 도로에서 보행자의 안전을 확보하기 위하여 안전표지 등으로 경계를 표시한 도로의 가장자리 부분을 말한다.

(11) 횡단보도
보행자가 도로를 횡단할 수 있도록 안전표지로써 표시한 도로의 부분을 말한다.

(12) 교차로
'+'자로, 'T'자로 그 밖에 둘 이상의 도로(보도와 차도가 구분되어 있는 도로에서는 차도)가 교차하는 부분을 말한다.

(13) 안전지대
도로를 횡단하는 보행자나 통행하는 차마의 안전을 위하여 안전표지 그와 비슷한 공작물로써 표시한 도로의 부분을 말한다.
※ ① 보행자용 안전지대 : 노폭이 비교적 넓은 도로의 횡단보도 중간에 "교통섬"을 설치하여 횡단하는 보행자의 안전을 기한다.

(14) 신호기
차마·노면전차의 교통에 대하여 문자·기호 또는 등화를 사용하여 진행·정지·방향전환·주의 등의 신호를 표시하기 위하여 사람이나 전기의 힘으로 조작하는 장치를 말한다.
※ 신호기는 도로의 종류별로 차이가 있으며, 통행우선 순위·진행방향 등의 표시에 따라 차이가 있고, 기호 등의 종류는 해당되지 않는다.

(15) 안전표지
주의·규제·지시 등을 표시하는 표지판이나 도로의 바닥에 표시하는 기호·문자 또는 선 등을 말한다.

(16) 차마(車馬) : 차와 우마를 말한다.
1) 차(車)
① 자동차   ② 건설기계
③ 원동기장치자전거   ④ 자전거
⑤ 사람 또는 가축의 힘이나 그 밖의 동력으로 도로에서 운전되는 것(철길이나 가설된 선을 이용하여 운전되는 것, 유모차와 보행보조용 의자차는 제외)
2) 우마(牛馬) : 교통운수에 사용되는 가축을 말한다.

(17) 자동차
철길이나 가설된 선에 의하지 아니하고 원동기를 사용하여 운전되는 차(견인되는 자동차도 자동차의 일부로 본다)로서 다음의 차를 말한다.
1)『자동차관리법』에 의한 다음의 자동차(원동기장치자전거 제외)
① 승용자동차   ② 승합자동차
③ 화물자동차   ④ 특수자동차
⑤ 이륜자동차
2)『건설기계관리법』에 의한 다음의 건설기계
① 덤프 트럭   ② 아스팔트 살포기
③ 노상안정기   ④ 콘크리트 믹서 트럭
⑤ 콘크리트 펌프   ⑥ 천공기(트럭 적재식)
⑦ 3톤 미만의 지게차

(18) 원동기장치자전거
①『자동차관리법』에 의한 이륜자동차 중 배기량 125㏄이하의 이륜자동차
② 배기량 50㏄(㏄미만)를 초과하는 이륜자동차 중 정격출력 0.59㎾(㎾미만)이 신호기를 건 것
※ 이륜차 중 배기량 125㏄를 초과하는 이륜자동차 대비량이 125㏄ 이상의 것은 원동기장치자전거에 해당한다.

(19) 자전거
『자전거이용 활성화에 관한 법률』 제2조 제1호에 따른 자전거를 말한다.

(20) 긴급자동차
다음의 자동차로서 그 본래의 긴급한 용도로 사용되고 있는 자동차를 말한다.
① 소방자동차   ② 구급자동차

(21) 주 차
운전자가 승객을 기다리거나 화물을 싣거나 차가 고장 나거나 그 밖의 사유로 차를 계속 정지 상태에 두는 것 또는 운전자가 차에서 떠나서 즉시 그 차를 운전할 수 없는 상태에 두는 것을 말한다.

(22) 정 차
운전자가 5분을 초과하지 아니하고 차를 정지시키는 것으로서 주차 외의 정지상태를 말한다.
※ 정차는 5분을 초과하지 않아야 긴급자동차에 해당된다.

(23) 운 전
도로에서 차마를 그 본래의 사용방법에 따라 사용하는 것(조종을 포함한다)을 말한다.
※ 운전이 아닌것 : 도로가 아닌 곳, 장난 아닌 곳, 대로와 접도 그는 행위 등

(24) 초보운전자
처음 운전면허를 받은 날(2년이 경과되기 전에 운전면허의 취소처분을 받은 경우에는 그 후 다시 운전면허를 받은 날을 말한다)부터 2년이 지나지 아니한 사람을 말한다. 이 경우 원동기장치자전거면허만 받은 사람이 원동기장치자전거면허 외의 운전면허를 받은 경우에는 이를 처음 운전면허를 받은 것으로 본다.

(25) 서 행
운전자가 차를 즉시 정지시킬 수 있는 정도의 느린 속도로 진행하는 것을 말한다.
※ 브레이크를 조작하여 정지거리가 1m 이내의 속도(대략 10㎞/h 이하)

(26) 앞지르기
차의 운전자가 앞서가는 다른 차의 옆을 지나서 그 차의 앞으로 나가는 것을 말한다.
※ 다른 차선의 주행차로서 같은 경찰차의 앞지르기 하여야 한다.

(27) 일시정지
차의 운전자가 그 차의 바퀴를 일시적으로 완전히 정지시키는 것을 말한다.
※ 자동차가 아주짧은순간이라도 정지 시 등, 속도 '0'시 통과행위 수 있는 상태로 일시적으로 멈추는 경우를 말한다.

(28) 모범운전자로
무사고운전자 또는 유공운전자의 표시장을 받거나 5년 이상 사업용 자동차 운전에 종사하면서 교통사고를 일으킨 전력이 없는 사람으로서 경찰청장이 정하는 바에 따라 선발되어 교통안전 봉사활동에 종사하는 사람을 말한다.

2 운전자의 책임과 운전예절

1 운전자의 사회적 책임

① 도로교통법규를 준수하고 안전운전을 하여야 한다.
② 차량검사를 필하고 자동차손해배상책임보험 등에 가입된 자동차 등을 운전하여야 한다.
③ 자동차 소유자 또는 운전자는 타인의 교통을 방해하지 않도록 한다.

2 안전운전의 마음가짐

① 인명존중과 양보하는 마음가짐
② 안전운전과 방어운전
③ 공익정신과 준법정신·질서 지키기
④ 교통예절 지키기
⑤ 겸손과 상대방을 배려하는 마음가짐

3 교통사고 발생 시 책임

① 형사상의 책임 : 징역, 금고, 벌금 등
② 행정상의 책임 : 운전면허 취소 및 정지 등
③ 민사상의 책임 : 손해배상 등

3 자동차의 점검 및 고장분별

1 동력발생장치(엔진)

자동차를 주행시키기 위해서는 차륜을 계속 돌리는 힘(구동력)이 필요한데, 그 힘을 발생시키는 장치가 엔진이다.
자동차의 엔진에는 가솔린(휘발유) 엔진, 디젤(경유) 엔진, 액화가스(LPG) 엔진 등이 있다.

(1) 가솔린 엔진
연료와 공기의 혼합가스를 전기불꽃에 의하여 폭발시켜 동력을 얻는다.

(2) 액화석유가스(LPG) 엔진
가솔린 엔진에서 연료장치만을 개조하여 가솔린 대신 액화석유가스(LPG)를 연료로 하여 동력을 얻는다.

(3) 디젤 엔진
실린더 내에 흡입된 공기만을 흡입, 압축공기에 경유를 분사시켜 「자연 착화로 동력」을 얻는다.
※ 디젤 엔진은 주로 무거운 물건을 운반하는 대형차 종류인 화물차나 버스 등에 많이 사용된다.

2 연료·윤활·냉각장치

(1) 연료장치
연료 탱크에 있는 가솔린을 연료 펌프에 의하여 기화기(또는 연료분사장치)까지 압송시켜 연소하기 쉬운 혼합기를 만들어서 실린더에 공급한다.
※ 연료공급순서 : 연료 탱크 → 연료 필터 → 연료 펌프 → 기화기(또는 연료분사장치)

(2) 윤활장치
자동차 엔진의 작동부분에 윤활유(엔진 오일)를 공급하여 원활한 작동과 기계마모방지 및 냉각, 방청작용 등을 위한 역할을 한다.

♣ 엔진 오일 레벨 게이지(유량계) 점검요령
① 평탄한 곳에서 시동을 걸기 전에 점검한다.
② 오일 레벨 게이지의 L과 F 사이에서 F 문자선까지 엔진 오일을 유지하게 한다.
③ 엔진 오일의 색(담황색)과 점도를 점검
 1. 검은색 오일 : 엔진 오일 심한 오염
 2. 우유색 오일 : 냉각수가 혼입된 상태의 오일
 3. 엔진 오일 과다 주입 : 머플러에서 백색연기 배출
④ 엔진 오일 교환은 차종이나 사용상태에 따라 다르며, 정기적으로 새 오일로 교환해 준다.

(3) 냉각장치
엔진이 계속 작동하게 되면 혼합가스의 폭발열에 의해 고온이 되어 엔진이 과열된다. 이 과열된 엔진을 적정온도로 유지할 수 있게 냉각시켜 엔진의 작동을 원활하게 하는 장치이다.

♣ 냉각수의 점검
엔진 시동을 끄고 평탄한 곳에서 라디에이터 캡을 열고 점검한다.
① 냉각수가 부족할 때에는 산성이나 알칼리성이 없는 물인 증류수나 수돗물 등의 깨끗한 물로 보충한다.
② 냉각수가 부족하거나 누수되면 엔진 과열(오버 히트)의 원인이 된다.
③ 겨울철에는 엔진이 얼지 않도록 냉각수에 부동액을 넣어 사용한다.

♣ 엔진 시동 시 주의사항
① 엔진 스위치를 돌려 시동되면 즉시 키에서 손을 뗀다. (엔진이 시동되었는데도 스위치를 계속 돌리면 시동 모터의 전기자가 소손된다)
② 시동 스위치를 돌려 시동 모터를 5~10초 회전시켰는데 엔진이 시동되지 않을 때에는 잠시 쉬었다가 다시 시동을 걸어 본다.
③ 시동이 걸렸으면 여름철에는 1분 정도, 겨울철에는 2분 정도 엔진을 워밍 업(난기운전)을 시킨 후 출발한다.
④ 야간 시동 시에는 전조등을 끄고 시동(시동 모터에 강한 전류를 공급하여 기동력을 크게 한다)해야 한다.

3 완충장치 및 타이어

(1) 롤링

얼라인먼트 변화에 영향을 주거나 진동이나 자동차가 주행할 때에 상·하 진동이나, 범프

♣ 동완충기 고장의 조치 요령
① 완충장치 앞뒤 차축 및 완충기(조향 핸들)이 용이
② 완충장치 볼트 등이 풀리지 않도록
③ 완충장치 볼트 및 스프링과 같이 사용하고

(2) 범프기(쇼크옵서버)

타이어가 평평하지 않은 곳을 달릴 때 발생하는 진동을 완화하여 진동이 진동하는 움직임을 감소시키거나 등의 완충장치 완충을 완화

♣ 범프 관리의 조치 요령
① 사용자는 규격 부품을 잘 확인 후 해당 해야 한다.
※ 사용하는 범프기는 고유의 오일과 구성으로 되어 있으며 시고 있다.
② 시험하는 범프기는 감압 압력이 없도록 조치한다.
③ 본체의 자동차를 사용하지 못지만 정지 시 사용한다.
④ 사용 시간에 쇼크 등 범프기 용량이 높을 수 있기 때문에 다른 기어의 용량보다 다시 확인한다.

4 타이어 및 지면장치

(1) 조향장치

자동차의 진행방향을 바꾸어주는 장치로서 진동장치는 자동차 진행 방향을 바꾸는 장치이다.

♣ 조향 고장시 조치사항
① 범프가 빠르면서 특별한 속도로 자동 곧장 방향 후 볼트로 맞춘다.
② 자동차 정지 중에는 완전히 정지한 상태에서 자동차 정지 방향이 좋지 않다.
③ 조향 고장이 오래 지속되면 상태에 의하여 돌아가는 움직임이 많아져 고정이 정상에 한다.
④ 자동차 타이어가 정지한 후에는 완충 시키기 위하여 다시 다른 속도 및 이동한다.

※ 동계는 완충장치 : 정도의 완충이 고장난 때 사용한 정상 완충장치에 있어, 한번에 완충 이동을 많이 받지 않도록 정상이 완충 이동을 해준다.

(2) 제동장치

주로 마찰력을 이용하여 자동차의 정지시키고 있는 자동차의 정지상태를 유지하는 장치이다.

1) 풋(足) 브레이크

5 타이어

(1) 공기 타이어의 기능

타이어 공기압은 자동차의 수평방향의 힘을 이용하여 나타나고 있다.

① 공기압이 충분할 때 : 자동차의 상태가 높고, 타이어 상태와 상태의 진동이 많아 적정하여 많이 진동이 되어 있는 타이어의 진동에 많이
② 공기압이 부족할 때 : 고속주행 정도, 나타나지 않으면 상태 상태가 되어 상태 고속주행 적정상태의 타이어보다 10~20% 정도 많이 감속되고 있으며 상태 점검(스탠드 웨이브 현상을 방지)

(2) 타이어의 점검

① 타이어의 공기압이 정상 정상인지를 점검한다.
② 타이어의 트레드 홈 깊이를 점검한다.(1.6mm 정도 사용)
③ 타이어의 공기압 및 홈 등의 이물질을 점검한다.
④ 팬트 벨트가 붙었 있지 않은지 점검한다.(고속주행시)
⑤ 타이어 위치 바꾸기를 자동차 한 약 20,000km 주행 시 간격으로 자동차의 타이어의 상태를 교환한다.

(3) 타이어 이상현상

① 수중(상) 미끄럼현상 : hydroplaning(현상) 물이 고인 노면에서 고속주행시 자동차의 바퀴가 수면위로 떠오르는 현상
② 스탠딩웨이브(standing wave)현상 : 고속주행 시 타이어가 감속되지 않는 현상으로 정상공기압보다 기본공기압이 약 20% 높여 예방

4 신호기 · 교통안전표지

1 신호기

(1) 신호등의 종류 · 배열 · 신호순서

신호등의 종류		등화의 배열순서	신호(표시)순서
차량등	4색등	적 · 황 · 녹색 화살 · 녹	① 녹 → ② 황 → ③ 적 및 녹색화살 → ④ 적 및 황 → ⑤ 적
	3색등	적 · 황 · 녹	① 녹 → ② 황 → ③ 적
보행등	2색등	적 · 녹	① 녹 → ② 녹색점멸 → ③ 적

※ 교차로와 교통여건상 특별히 필요하다고 인정되는 장소에서는 신호의 순서를 달리하거나 녹색화살표시 및 녹색 등화를 동시에 표시할 수 있다.

(2) 신호의 종류와 뜻

1) 차량 신호등 〈개정〉
① 원형등화

신호의 종류	신호의 뜻
① 녹색의 등화	1. 차마는 직진 또는 우회전할 수 있다. 2. 비보호 좌회전표지 또는 비보호 좌회전표시가 있는 곳에서는 좌회전할 수 있다.
② 황색의 등화	1. 차마는 정지선이 있거나 횡단보도가 있을 때에는 그 직전이나 교차로의 직전에 정지하여야 하며, 이미 교차로에 차마의 일부라도 진입한 경우에는 신속히 교차로 밖으로 진행하여야 한다. 2. 차마는 우회전할 수 있고 우회전하는 경우에는 보행자의 횡단을 방해하지 못한다.
③ 적색의 등화	차마는 정지선, 횡단보도 및 교차로의 직전에서 정지하여야 한다. 다만, 신호에 따라 진행하는 다른 차마의 교통을 방해하지 아니하고 우회전할 수 있다.
④ 황색등화의 점멸	차마는 다른 교통 또는 안전표지의 표시에 주의하면서 진행할 수 있다.
⑤ 적색등화의 점멸	차마는 정지선이나 횡단보도가 있을 때에는 그 직전이나 교차로의 직전에 일시정지한 후 다른 교통에 주의하면서 진행할 수 있다.

① 화살표 등화

신호의 종류	신호의 뜻
① 녹색화살표 등화	차마는 화살표시 방향으로 진행할 수 있다.
② 황색화살표 등화	화살표시 방향으로 진행하려는 차마는 정지선이 있거나 횡단보도가 있을 때에는 그 직전이나 교차로의 직전에 정지하여야 하며, 이미 교차로에 차마의 일부라도 진입한 경우에는 신속히 교차로 밖으로 진행하여야 한다.
③ 적색화살표 등화	화살표시 방향으로 진행하려는 차마는 정지선, 횡단보도 및 교차로의 직전에서 정지하여야 한다.
④ 황색화살표 등화 점멸	차마는 다른 교통 또는 안전표지의 표시에 주의하면서 화살표시 방향으로 진행할 수 있다.
⑤ 적색화살표 등화 점멸	차마는 정지선이나 횡단보도가 있을 때에는 그 직전이나 교차로의 직전에 일시정지한 후 다른 교통에 주의하면서 화살표시 방향으로 진행할 수 있다.

2) 사각등화 (차량 가변등) : 가변차로에 설치

① 녹색화살표시의 등화(하향)	② 적색×표 표시의 등화	③ 적색×표 표시 등화의 점멸
차마는 화살표로 지정한 차로로 진행할 수 있다.	차마는 ×표가 있는 차로로 진행할 수 없다.	차마는 ×표가 있는 차로로 진행할 수 없고, 이미 진입한 경우에는 신속히 그 차로 밖으로 진로를 변경한다.

3) 보행 신호등 : 횡단보도에 설치

녹색의 등화	녹색등화의 점멸	적색의 등화
보행자는 횡단보도를 횡단할 수 있다.	보행자는 횡단을 시작하여서는 아니되고, 횡단하고 있는 보행자는 신속하게 횡단을 완료하거나 그 횡단을 중지하고 보도로 되돌아와야 한다.	보행자는 횡단을 하여서는 아니된다.

(3) 신호기의 신호와 수신호가 다른 때

도로를 통행하는 보행자와 운전자는 교통안전시설이 표시하는 신호 또는 지시와 교통정리를 위한경찰공무원 등의 신호 또는 지시가 다른 경우에는 경찰공무원 등의 신호 또는 지시에 따라야 한다.

※ 경찰공무원의 진행신호인 경우에는 적색신호의 교차로에서도 진행할 수 있다.

(4) 자전거 신호등

1) 자전거 주행 신호등
① 녹색 : 자전거는 직진 또는 우회전할 수 있다.
② 황색 : 자전거는 정지선이 있거나 횡단보도가 있을 때에는 그 직전이나 교차로의 직전에 정지해야 하며, 이미 교차로에 차마의 일부라도 진입했으면 신속히 교차로 밖으로 진행해야 한다. 자전거는 우회전할 수 있지만 우회전할 때 보행자의 횡단을 방해하지 못한다.
③ 적색 : 자전거는 정지선, 횡단보도 및 교차로의 직전에서 정지해야 한다. 다만, 신호에 따라 진행하는 다른 차마의 교통을 방해하지 않고 우회전할 수 있다.

2) 자전거 횡단 신호등
① 녹색 : 자전거는 자전거횡단도를 횡단할 수 있다.
② 적색점멸 : 자전거는 횡단을 시작하면 안되고, 횡단하고 있는 자전거는 신속하게 횡단을 종료하거나, 횡단을 중지하고 진행하던 차도 또는 자전거도로로 되돌아와야 한다.
③ 적색 : 자전거는 자전거횡단도를 횡단해서는 안된다.

※ 자전거를 주행할 때 자전거주행신호등이 설치되지 않은 장소에서는 차량신호등의 지시에 따른다.

※ 자전거횡단도에 자전거횡단 신호등이 설치되지 않은 경우 자전거는 보행신호등의 지시에 따른다.

5 자동차 통행방법

1 차마의 통행

(1) 보도와 차도가 구분된 도로

차마의 운전자는 보도와 차도가 구분된 도로에서는 차도를 통행하여야 한다. 다만, 도로 외의 곳에 출입하는 때에는 보도를 횡단하여 통행할 수 있다.

(2) 도로 이외의 곳을 통행하는 때

차마의 운전자는 보도를 횡단하기 직전에 일시정지하여 좌측 및 우측 부분 등을 살핀 후 보행자의 통행을 방해하지 아니하도록 횡단하여야 한다.

※ 도로 이외의 장소란 통행하는 경우 : 주차장, 주유소, 극장 등의 마당

(3) 도로의 중앙이나 좌측부분을 통행할 수 있는 경우
  1) 일방통행인 경우
  2) 도로의 파손, 도로공사나 그 밖의 장애 등으로 도로의 우측 부분을 통행할 수 없는 경우

2 교통안전표지·도로안내표지

(1) 안전표지의 종류 (형식별 표지 종류)
  1) 주의 표지 : 도로 상태가 위험하거나 그 부근에 위험물이 있는 경우 필요한 안전조치를 할 수 있도록 이를 도로 사용자에게 알리는 표지
  2) 규제 표지 : 도로교통의 안전을 위하여 각종 제한·금지 등의 규제를 하는 경우에 이를 도로 사용자에게 알리는 표지
  3) 지시 표지 : 도로의 통행방법, 통행구분 등 도로교통의 안전을 위하여 필요한 지시를 하는 경우에 도로 사용자가 이에 따르도록 알리는 표지
  4) 보조 표지 : 주의·규제·지시 표지의 주기능을 보충하여 도로 사용자에게 알리는 표지
  5) 노면 표시 : 주의·규제·지시 등의 내용을 노면에 기호·문자 또는 선으로 도로 사용자에게 알리는 표지

(2) 도로안내표지의 식별 (색 선택 방법 참고)
  1) 고속도로 : 사각형 — 녹색바탕 — 백색문자
  2) 자동차로 : 사각형 — 청색바탕 — 백색문자
  3) 지방도 : 사각형 — 황색바탕 — 백색문자

※ 도로의 종류별 노선표시 마크

자동차전용 도로	지방도	특별시도광역시도
88	368	70

일반 국도	일반 시도	고속국도
24	92	1

2 자동차의 통행방법 (속도)

(1) 차로가 도로통행
  1) 자동차 도로가 설치되어 있는 곳 : 자동차의 운전자는 지정된 차로의 우측 차로로 통행할 수 있다.
  2) 자동차 도로가 설치되지 아니한 곳 : 자동차의 운전자는 모든 차는 지정된 차로와 그 오른쪽 차로로 통행할 수 있으며 앞지르기를 할 때에는 지정된 차로의 왼쪽 바로 옆 차로로 통행할 수 있다.
  3) 앞지르기 시의 통행 : 안전표지로 앞지르기를 금지한 장소 및 통행금지 등의 안전표지로 지정한 곳에서는 앞지르기를 하여서는 아니된다.

(2) 차로가 도로통행
  1) 차로를 통행할 수 있는 경우 : 도로의 중앙으로부터 우측으로 2 이상의 차로(전용차로를 제외한다)가 설치된 도로에서 통행한다.
  2) 나란히(병진) 통행금지 : 자동차의 운전자는 그 옆의 차로로 다른 차가 나란히 가고 있는 경우에는 나란히 하여 통행하여서는 아니된다.

(3) 자동차의 도로통행
  1) 노면전차 통행 도로를 통행하는 경우 : 자동차의 운전자는 노면전차 전용로로 통행하지 아니하고 자동차 통행 차로를 이용하여 통행하여야 한다.
  2) 긴급자동차의 통행하는 경우 : 자동차의 운전자는 긴급자동차 통행 차로를 이용하여 통행하여야 한다.
  ① 자동차의 공사장 내에서 자동차를 타고 도로를 횡단하거나 유턴 또는 후진하지 아니할 것
  ② 자동차의 공사장 내에서 자동차를 타고 도로를 횡단하거나 유턴 또는 후진하는 때에는 다른 자의 정상적인 통행을 방해하지 아니할 것

(4) 자전거도로 및 길가장자리 구역 통행금지
  차마의 운전자는 안전표지로 통행이 허용된 경우를 제외하고는 자전거도로 또는 길가장자리 구역으로 통행하여서는 아니된다.
  <10. 6. 30. 시행>

  ① 도로의 파손 등으로 통행할 수 없는 경우
  ② 도로의 우측부분의 폭이 통행에 충분하지 아니한 경우
  ③ 도로의 우측부분의 폭이 6m가 되지 아니하는 도로에서 다른 차를 앞지르려고 하는 경우. 다만, 다음에 해당하는 경우에는 그러하지 아니하다.
  ④ 도로의 우측부분을 통행할 수 없거나 통행하지 아니하는 경우
  ⑤ 가파른 비탈길의 구부러진 곳에서 교통의 위험을 방지하기 위하여 지방경찰청장이 필요하다고 인정하여 구간 및 통행방법을 지정하고 있는 경우에 그 지정에 따라 통행하는 경우

하도록 그 자전거횡단도 앞(정지선이 설치되어 있는 곳에서는 그 정지선)에서 일시정지하여야 한다.

3 차로에 따른 통행

(1) 차로에 따라 통행할 의무
① 차마의 운전자는 차로가 설치되어 있는 도로에서는 그 차로를 따라 통행하여야 한다.
② 지방경찰청장이 통행방법을 따로 지정한 때에는 그 지정한 방법에 따라 통행하여야 한다.

♣ **차로의 설치**
① 차로의 설치는 지방경찰청장이 한다.
② 도로에 차로를 설치할 때에는 노면표시(안전표지 참조)로 표시하여야 한다.
③ 차로의 너비는 3m 이상(좌회전 전용차로의 설치 등 부득이한 때 275cm 이상)
④ 차로는 횡단보도·교차로 및 철길건널목에는 설치할 수 없다.
  ※ 비포장도로에는 차로를 설치할 수 없다.
⑤ 보도와 차도의 구분이 없는 도로에 차로를 설치하는 때에는 보행자가 안전하게 통행할 수 있도록 그 도로의 양쪽에 길가장자리 구역을 설치해야 한다.

(2) 차로에 따른 통행구분
① 도로의 중앙에서 오른쪽으로 2 이상의 차로(전용차로가 설치되어 운용되고 있는 도로에서는 전용차로를 제외한다)가 설치된 도로 및 일방통행로에 있어서 그 차로에 다른 통행차의 기준은 다음 표와 같다.

차로에 따른 통행차의 기준 (일반도로) <10. 11. 24 시행>

차종 도로 (차로)	승용 자동차, 중·소형 승합자동차 (35인승 이하)	대형 승합차(36인승 이상), 적재중량 1.5톤이하 화물자동차	적재중량 1.5톤초과 화물자동차, 특수자동차, 건설기계, 이륜자동차, 원동기장치자전거, 자전거 및 우마차
편도 4차로	1, 2 차로	3 차로	4 차로
편도 3차로	1 차로	2 차로	3 차로
편도 2차로	1 차로	2 차로	2 차로

(주) 1. 모든 차는 위 지정된 차로의 오른쪽(우측) 차로로 통행할 수 있다.
2. 앞지르기할 때는 위 통행기준에 지정된 차로의 바로 옆 왼쪽 차로로 통행할 수 있다.
3. 이 표에서 열거한 것 외의 차마와 위험물 등을 운반하는 자동차는 도로의 오른쪽 가장자리 차로로 통행하여야 한다.

② 차로의 순위는 도로의 중앙선쪽에 있는 차로부터 1차로(일방통행도로에서는 도로의 왼쪽부터 1차로)로 한다.

(3) 전용차로 통행금지
전용차로로 통행할 수 있는 차가 아닌 차는 전용차로로 통행하여서는 아니된다.
다만, 다음의 경우에는 그러하지 아니한다.
① 긴급자동차가 그 본래의 긴급한 용도로 운행되고 있는 경우
② 전용차로 통행차의 통행에 장해를 주지 아니하는 범위 안에서 택시가 승객의 승·하차를 위하여 일시 통행하는 경우
③ 도로의 파손·공사나 그 밖의 부득이한 경우

전용차로로 통행할 수 있는 차

전용차로의 종류		통행할 수 있는 차량
버스 전용 차로	일반 도로	1. 36인승 이상의 대형 승합자동차 2. 36인승 미만의 시내·시외·농어촌 사업용 승합자동차 3. 어린이 통학버스(신고필증 교부차에 한함) 4. 노선을 지정하여 운행하는 16인승 이상 통학·통근용 승합자동차 5. 국제행사 참가인원 수송의 승합자동차(기간 내에 한함) 6. 25인승 이상의 외국인 관광객 수송용 승합자동차
	고속 도로	9인승 이상 승용자동차 및 승합자동차(승용자동차 또는 12승 이하의 승합자동차는 6인 이상이 승차한 경우에 한한다)
다인승 전용차로		3인 이상 승차한 승용·승합자동차
자전거전용차로		자전거

※ 전용차로의 차선설치는 편도 3차로 이상의 도로에 설치(청색실선과 점선)
 • 단선 : 출·퇴근 시간에만 운영하는 구간
 • 복선 : 그 외의 시간까지 운영하는 구간

4 진로변경

(1) 차의 신호
모든 차의 운전자는 좌회전·우회전·횡단·유턴·서행·정지 또는 후진하거나 같은 방향으로 진행하면서 진로를 바꾸려고 하는 때에는 손이나 방향지시기 또는 등화로써 그 행위가 끝날 때까지 신호를 하여야 한다.

1) 신호를 행할 시기
① 좌·우회전 시 : 교차로 가장자리에 이르기 전 30m 이상의 지점부터 신호한다(좌·우측 방향지시기를 사용할 것).
② 일반도로에서는 30m 이상의 지점부터 신호한다.
③ 고속도로에서는 100m 이상의 지점부터 신호한다.
④ 정지, 후진, 서행 시에는 그 행위를 하고자 할 때에 신호한다.
⑤ 뒤차에 앞지르기를 시키고자 할 때에는 그 행위를 시키고자 할 때에 신호한다.

2) 신호의 방법
① 좌·우회전, 횡단, 유턴, 진로변경 시에는 방향지시기를 조작한다.
  ※ 수신호 • 좌회전 시 : 왼쪽팔을 수평으로 펴서 차체의 좌측 밖으로 내밀 것
    • 우회전 시 : 왼팔을 좌측 밖으로 내어 팔꿈치를 굽혀 수직을 올릴 것
② 정지할 때는 제동등을 켠다.
  ※ 수신호 : 팔을 차체 밖으로 내어 45도 밑으로 펼 것
③ 후진할 때는 후진등을 켠다.
  ※ 수신호 : 팔을 차체 밖으로 내어 45도 밑으로 펴서 손바닥을 뒤로 향하게 하여 그 팔을 앞뒤로 흔들 것
② 서행할 때는 제동등을 점멸한다.
  ※ 수신호 : 팔을 차체 밖으로 내어 45도 밑으로 펴서 상하로 흔들 것

(2) 진로변경 금지
1) 진로변경 금지
모든 차의 운전자는 차의 진로를 변경하고자 하는 경우에 그 변경하고자 하는 방향으로 오고 있는 다른 차의 정상적인 통행에 장애를 줄 우려가 있는 때에는 진로를 변경하여서는 아니된다.

5 앞지르기

(1) 앞지르기 방법
① 모든 차의 운전자는 다른 차를 앞지르려면 앞차의 좌측으로 통행하여야 한다.
② 앞지르기를 하는 모든 차의 운전자는 반대방향의 교통과 앞차 앞쪽의 교통에도 주의를 충분히 기울여야 하며, 앞차의 속도·진로와 그 밖의 도로 상황에 따라 방향지시기·등화 또는 경음기를 사용하는 등 안전한 속도와 방법으로 앞지르기를 하여야 한다.

(2) 자전거의 앞지르기 방법
자전거 운전자는 서행하거나 정지한 다른 차를 앞지르려고 할 때에는 앞차의 우측으로 통행할 수 있다. 이 경우 자전거 운전자는 정지한 차에서 승차하거나 하차하는 사람의 안전에 유의하여 서행하거나 필요한 경우 일시정지하여야 한다.

(3) 앞지르기 방해 금지
모든 차의 운전자는 앞지르기를 하는 차가 있을 때에는 속도를 높여 경쟁하거나 그 차의 앞을 가로막는 등의 방법으로 앞지르기를 방해하여서는 아니된다.

(4) 앞지르기 금지(장소)
① 앞지르기 금지에 다른 차가 앞차와 나란히 가고 있는 경우

(4) 끼어들기(새치기) 금지
모든 차의 운전자는 정지하거나 서행하고 있는 다른 차 앞으로 끼어들지 못한다.
※ 긴급자동차가 긴급용무 수행시는 예외로 한다.

6 긴급자동차

(1) 긴급자동차의 정의
긴급자동차란 소방자동차, 구급자동차, 혈액공급차량 그 밖의 대통령령이 정하고 있는 자동차로서 그 본래의 긴급한 용도로 사용되고 있는 자동차를 말한다.

1) 대통령령이 정한 긴급자동차
① 경찰용 자동차 중 범죄수사·교통단속 그 밖에 긴급한 경찰임무수행에 사용되는 자동차
② 국군 및 주한 국제연합군용 자동차 중 군 내부의 질서유지나 부대의 질서 있는 이동을 유도하는데 사용되는 자동차
③ 수사기관의 자동차 중 범죄수사에 사용되는 자동차
④ 다음의 시설 또는 기관의 자동차 중 도주자의 체포 또는 수용자, 보호관찰 대상자의 호송·경비를 위하여 사용되는 자동차

2) 사용자의 신청에 의하여 시도경찰청장이 지정하는 긴급자동차
① 전기사업·가스사업 그 밖에 공익사업기관에서 응급 작업에 사용되는 자동차
② 민방위 업무를 수행하는 기관에서 긴급예방 또는 복구출동에 사용되는 자동차
③ 도로관리를 위하여 응급작업에 사용되는 자동차
④ 전신·전화의 수리공사 등 응급작업에 사용되는 자동차
⑤ 긴급한 우편물 운송에 사용되는 자동차
⑥ 전파감시업무에 사용되는 자동차

(2) 긴급자동차의 운행
① 긴급자동차는 긴급하고 부득이한 경우에는 도로의 중앙이나 좌측부분을 통행할 수 있다.
② 긴급자동차는 정지해야 할 경우에도 정지하지 아니할 수 있다.
③ 긴급자동차는 속도제한, 앞지르기 금지, 끼어들기 금지 등의 규정을 적용하지 아니한다.
※ 긴급자동차의 응용색
1. 소방자동차·경찰자동차·긴급배달우편물운송차: 적색·청색
2. 구급자동차: 녹색
3. 시도경찰청장이 지정하는 긴급자동차: 황색

(5) 앞지르기 금지시
① 고속도로, 터널 안, 다리 위
② 도로의 구부러진 곳
③ 비탈길의 고개마루 부근 또는 가파른 비탈길의 내리막
④ 시도경찰청장이 안전표지에 의하여 지정한 곳

(3) 긴급자동차의 우선 및 특례

1) 긴급자동차의 우선 통행
긴급자동차는 긴급하고 부득이한 경우에는
① 도로의 중앙이나 좌측부분을 통행할 수 있다.
② 정지하여야 하는 경우에도 불구하고 정지하지 아니할 수 있다. 이 경우 교통의 안전에 특히 주의하면서 통행하여야 한다.

※ 정지하여야 할 경우란 : 신호등의 표시에 다른 정지, 보도 등에서의 직전정지, 건널목의 직전정지, 횡단보도 등의 직전정지, 지정장소에서의 일시정지 등이다.

2) 긴급자동차에 대한 특례
긴급자동차에 대하여는 다음을 적용하지 아니한다.
① 자동차 등의 속도제한(다만, 긴급자동차에 속도를 제한한 경우에는 제한을 적용한다)
② 앞지르기의 금지
③ 끼어들기의 금지

※ 소방자동차가 화재를 진화하러 출동중일 때에는 긴급자동차에 해당하나, 화재를 진화하고 소방서로 되돌아갈 때에는 긴급용무가 끝났으므로 긴급자동차 업무수행으로 보지 않는다.

(4) 긴급자동차에 대한 피양
① 교차로 또는 그 부근에서 긴급자동차가 접근할 때 : 교차로를 피하여 도로의 우측 가장자리에 일시정지
(다만, 일방통행 도로에서 우측 가장자리로 피하여 정지하는 것이 긴급자동차의 통행에 지장을 주는 때에는 좌측 가장자리로 피하여 일시정지)
② 교차로 이외의 곳에서 긴급자동차가 접근한 때 : 도로의 우측 가장자리로 피하여 진로를 양보
(다만, 일방통행 도로에서 우측 가장자리로 피하는 것이 긴급자동차의 통행에 지장을 주는 때에는 좌측 가장자리로 피하여 양보)

6 정차와 주차

1 정차 및 주차 금지장소

① 차도와 보도가 구분된 도로의 보도(단, 차도와 보도에 걸쳐 설치된 노상주차장에 주차하는 경우는 제외)
② 교차로와 그 가장자리부터 5m 이내의 곳
③ 도로의 모퉁이로부터 5m 이내의 곳
④ 횡단보도와 그 횡단보도로부터 10m 이내의 곳
⑤ 건널목과 그 건넓혹으로부터 10m 이내의 곳
⑥ 안전지대 사방으로부터 10m 이내의 곳
⑦ 버스의 운행시간 중 버스정류장을 표시하는 기둥, 판, 선이 설치된 곳으로부터 10m 이내의 곳
⑧ 지방경찰청장이 안전표지로 지정한 곳

2 주차 금지장소

① 터널 안 또는 다리 위
② 화재경보기로부터 3m 이내의 곳
③ 소방용 기계나 기구가 설치된 곳으로부터 5m 이내의 곳
④ 소방용 방화물통으로부터 5m 이내의 곳
⑤ 소화전이나 소방용 방화물통의 흡수구 흡수관을 넣는 구멍으로부터 5m 이내의 곳
⑥ 도로공사를 하고 있는 경우에는 그 공사구역의 양쪽 가장자리 5m 이내의 곳
⑦ 지방경찰청장이 안전표지로 지정한 곳

7 교차로 통행방법

교차로의 통행

(1) 우회전 방법
미리 도로의 우측 가장자리를 서행하면서 우회전하여야 한다. 이 경우 우회전하는차의 운전자는 신호에 따라 정지 하거나 진행하는 보행자 또는 자전거에 주의하여야 한다.

※ 교차로 측단 3Cm 이상 지점에서부터 우측 방향지시기를 켠 후 우측 차로를 따라 서행으로 교차로를 통과한다.

(2) 좌회전 방법
미리 도로의 중앙선을 따라 서행하면서 교차로의 중심 안쪽을 이용하여 좌회전하여야 한다. 다만, 지방경찰청장이 교차로의 상황에 따라 특히 필요하다고 인정하여 지정한 곳에서는 교차로의 중심 바깥쪽을 통과할 수 있다.

※ 교차로에 이르기전 30m 이상 지점부터 좌측 방향지시기를 켠 후 중앙선을 따라 교차로 중심 안쪽으로 서행한다.

(3) 우·좌회전 차의 진행방해 금지
우회전이나 좌회전을 하기 위하여 손이나 방향지시기 또는 등화로써 신호를 하는 차가 있는 경우에 그 뒤차의 운전자는 신호를 한 앞차의 진행을 방해하여서는 아니 된다.

교차로 통행시 주의

(1) 우·좌회전 시 말려듦 방지
모든 차의 운전자는 우·좌회전 시 내륜차로 인하여 보행자나 자전거 등이 말려들지 않도록 주의한다.

(2) 교차로 내에서 정차 시 진입금지
모든 차의 운전자는 신호기로 교통정리를 하고 있는 교차로에 들어가려는 경우에는 진행하려는 진로의 앞쪽 교차로(정지선이 설치되어 있는 경우에는 그 정지선을 넘은 부분)에 정지하게 되어 다른 차의 통행에 방해가 될 우려가 있는 경우에는 그 교차로에 들어가서는 아니 된다.

(3) 교차로 통행자의 진행방해 금지
모든 차의 운전자는 교통정리를 하고 있지 아니하고 일시정

8 안전한 운전에 필요한 조향장치 등의 조정

1 자동차 등의 속도

(1) 속도의 준수

① 안전표지로 규제되어 있는 경우에는 규제속도를 빼거나 공정해제
② 안전표지로 규제되어 있지 않은 경우에는 법정속도(최고속도 및 최저속도)를 빼거나 공정해제 운행하여야 한다. 다만, 교통이 밀리거나 그 밖의 부득이한 사유로 최저속도보다 느리게 운전할 수 밖에 없는 경우에는 그러하지 아니한다.

(2) 도로별 차로 등 최고속도

① 일반도로: 편도 1차로(최고 60km/h), 2차로 이상(최고 80km/h)
② 자동차전용도로: 최저 30km/h, 최고 90km/h
③ 고속도로
   - 승용·승합차: 최저 60km/h, 최고 110km/h
   (단, 1.5톤초과화물차, 특수차, 건설기계: 최고 90km/h)
   - 편도 2차로 이상: 최저 50km/h, 최고 100km/h
   (단, 1.5톤초과화물차, 특수차, 건설기계: 최고 80km/h)
   - 편도 1차로: 최저 40km/h, 최고 80km/h

2 교통정리 없는 교차로에서의 양보운전

(1) 먼저 진입한 차량 진로양보
이미 교차로에 들어가 있는 다른 차가 있을 때에는 그 차에 진로를 양보하여야 한다.

(2) 폭 넓은 도로 차의 진로양보
통행하고 있는 도로의 폭보다 교차하는 도로의 폭이 넓은 경우에는 서행하여야 하며, 폭이 넓은 도로로부터 교차로에 들어가려고 하는 다른 차가 있을 때에는 그 차에 진로를 양보하여야 한다.

(3) 우선순위 차의 진로양보
우선순위가 같은 차가 동시에 교차로에 들어가려고 하는 때에는 우측도로의 차에 진로를 양보하여야 한다.

(4) 직진 및 우회전차의 진로양보
교차로에서 좌회전하려고 하는 차는 그 교차로에서 직진하거나 우회전하려는 다른 차가 있을 때에는 그 차에 진로를 양보하여야 한다.

---

4 보행자의 도로통행 방법

(1) 보행자의 통행
① 보행자는 보도와 차도가 구분된 도로: 항상 보도로 통행하여야 한다.
② 보도와 차도가 구분되지 아니한 도로(다만, 도로공사 등으로 보도의 통행이 금지된 경우나 그 밖의 부득이한 경우 제외): 도로의 가장자리 또는 길가장자리구역으로 통행하여야 한다.

---

3 서행·일시정지

(1) 서행장소
「서행」이란 차가 즉시 정지시킬 수 있는 정도의 느린 속도로 진행하는 것을 말한다.
① 교통정리가 행하여지고 있지 아니하는 교차로
② 도로가 구부러진 부근
③ 비탈길의 고갯마루 부근
④ 가파른 비탈길의 내리막

(2) 일시정지
① 교통정리가 행하여지고 있지 않고 좌우를 확인할 수 없는 교차로
② 교통정리가 없고 교통이 빈번한 교차로
③ 정지선이 있는 곳 등

---

④ 이상기후 시 감속 운행기준
   - 20/100감속
     · 비가 내려 노면이 젖어 있는 때, 눈이 20mm 미만 쌓인 때
   - 50/100감속
     · 눈이 20mm 이상 쌓인 때
     · 가시거리가 100mm 이내인 때(폭우, 폭설, 안개 등)
     · 노면이 얼어붙은 때
   ※ 안전거리의 적용: 일반도로, 자동차전용도로, 고속도로 등 모든 도로에서 적용
(단, 1.5톤초과화물차, 특수차, 건설기계: 최고 80km/h)

(1) 안전거리의 확보
① 안전거리: 앞차가 갑자기 정지할 경우 그 앞차와의 충돌을 피할 수 있는 필요한 거리 확보
② 고속도로: 앞차와의 거리 100~110m 이상 거리를 두고 운행

(2) 정지거리=공주거리+제동거리
① 공주거리: 위험을 느끼고 브레이크를 밟아 실제 제동되기까지의 주행거리
   ※ 공주거리가 길어지는 이유: 음주, 과로 등
② 제동거리: 브레이크가 듣기 시작하여 정지할 때까지의 주행거리
   ※ 제동거리가 길어지는 이유: 타이어 공기압 부족, 노면의 미끄러움 때

다(다만, 도로의 통행 방향이 일방통행인 경우에는 차마를 마주보지 아니하고 통행할 수 있다).
③ 보행자는 보도에서는 우측통행을 원칙으로 한다.

(2) 행렬 등의 통행
① 차도의 우측을 통행하여야 하는 경우
- 학생의 대열, 군의 부대 그 밖에 이에 준하는 단체의 행렬
- 말·소 등의 큰 동물을 몰고 가는 사람
- 사다리·목재나 그 밖에 보행자의 통행에 지장을 줄 우려가 있는 물건을 운반 중인 사람
- 도로의 청소 또는 보수 등 도로에서 작업 중인 사람
- 기 또는 현수막 등을 휴대한 행렬 및 장의 행렬

② 차도 중앙을 통행할 수 있는 경우 : 사회적으로 중요한 행사에 따른 행렬등이 시가행진하는 경우에는 차도 중앙을 통행할 수 있다.

(3) 어린이 등의 통행방법
① 어린이, 유아의 보호
- 어린이(13세미만) : 교통이 빈번한 도로에서 어린이를 놀게 하여서는 아니 된다.
- 어린이(6세미만) : 교통이 빈번한 도로에서 유아가 혼자 보행하게 하여서는 아니 된다.
- 어린이의 보호자 : 도로에서 어린이가 자전거를 타거나 위험성이 큰 움직이는 놀이기구를 탈 때에는 어린이의 보호자는 인명을 보호할 수 있는 승차용 안전모를 착용하도록 하여야 한다.

※ 위험성이 큰 놀이기구: 킥보드, 롤러스케이트, 롤러블레이드, 스케이트보드 등

② 앞을 보지 못하는 사람(이에 준하는 사람)의 보호
도로를 보행할 때에는 흰색 지팡이를 갖고 다니도록 하거나 앞을 보지 못하는 사람에게 길을 안내하는 개(맹인안내견)를 동반한다.

※ 앞을 보지 못하는 사람에 준하는 사람
- 듣지못하는 사람
- 신체 평형기능에 장애가 있는 사람
- 의족 등을 사용하지 아니하고는 보행이 불가능한 사람
- 보행보조용 의자차에 의지하여 몸을 이동하는 사람

(4) 보행자의 도로횡단 방법
① 보행자는 횡단보도, 지하도·육교나 그 밖의 도로 횡단시설이 설치되어 있는 도로에서는 그 곳으로 횡단하여야 한다. 다만, 지하도 또는 육교 등의 도로 횡단시설을 이용할 수 없는 지체장애인의 경우에는 다른 교통에 방해가 되지 아니하는 방법으로 도로 횡단시설을 이용하지 아니하고 도로를 횡단할 수 있다.
② 횡단보도가 설치되어 있지 아니한 도로에서는 가장 짧은 거리로 횡단하여야 한다.
③ 횡단보도로를 횡단하거나 신호나 지시에 따라 횡단하는 경우를 제외하고 차의 바로 앞이나 뒤로 횡단하여서는 아니 된다.
④ 보행자는 안전표지 등에 의하여 횡단이 금지되어 있는 도로의 부분에서는 그 도로를 횡단하여서는 아니 된다.

5 차마의 보행자 등 보호

(1) 횡단중인 보행자 보호
① 횡단보도 앞에서 일시정지 : 모든 차의 운전자는 보행자의 횡단을 방해하거나 위험을 주지 아니하도록 그 횡단보도 앞(정지선이 설치되어 있는 곳에서는 그 정지선)에서 일시정지하여야 한다.
② 신호 및 지시에 따라 횡단하는 보행자 우선 : 모든 차의 운전자는 교차로에서 좌회전이나 우회전을 하려는 경우에는 신호기 또는 경찰공무원 등의 신호나 지시에 따라 도로를 횡단하는 보행자의 통행을 방해하여서는 아니 된다.
③ 횡단보도가 없는 곳에서의 횡단보행자 보호 : 모든 차의 운전자는 교통정리를 하고 있지 아니하는 교차로 또는 그 부근의 도로를 횡단하는 보행자의 통행을 방해하여서는 아니 되며, 보행자가 횡단보도가 설치되어 있지 아니한 도로를 횡단하고 있을 때에는 안전거리를 두고 일시정지하여 보행자가 횡단할 수 있도록 하여야 한다.

(2) 보행자 옆을 지나는 경우 서행
모든 차의 운전자는 도로에 설치된 안전지대에 보행자가 있는 경우와 차도가 설치되지 아니한 좁은 도로에서 보행자의 옆을 지나는 경우에는 안전한 거리를 두고 서행하여야 한다.

(3) 어린이나 앞을 보지 못하는 사람 등의 보호
모든 차의 운전자는 다음에 해당하는 경우에 일시정지할 것.
① 어린이가 보호자 없이 도로를 횡단할 때, 어린이가 도로에서 앉아 있거나 서 있을 때 또는 어린이가 도로에서 놀이를 할 때 등 어린이에 대한 교통사고의 위험이 있는 것을 발견한 경우
② 앞을 보지 못하는 사람이 흰색 지팡이를 가지거나 맹인안내견을 동반하고 도로를 횡단하고 있는 경우
③ 지하도나 육교 등 도로 횡단시설을 이용할 수 없는 지체장애인이나 노인 등이 도로를 횡단하고 있는 경우

(4) 어린이나 노인 등 보호구역에서의 안전에 유의
모든 차의 운전자는 어린이 보호구역 이나 노인(65세이상) 또는 장애인 보호구역에서 교통사고의 위험으로부터 보호하기 위한 조치를 준수하고 안전에 유의하면서 운행하여야 한다.

6 어린이 통학버스의 보호

(1) 어린이통학버스의 특별보호
① 어린이통학버스가 도로에 정차하여 어린이나 유아가 타고 내리는중임을 표시하는 점멸등 등 장치를 작동 중인 때
- 어린이통학버스가 정차한 차로와 그 차로의 바로 옆차로로 통행하는 차의 운전자는 어린이통학버스에 이르기 전에 일시정지하여 안전을 확인한 후 서행하여야 한다.
- 중앙선이 설치되지 아니한 도로와 편도 1차로인 도로에서는 반대방향에서 진행하는 차의 운전자도 어린이통학버스에 이르기 전에 일시정지하여 안전을 확인한 후 서행하여야 한다.

6 견인, 운행, 주차·정차 등 운영관리

1 견인 지원의 운영관리

(1) 일시정지와 안전확인

① 어린이나 유아가 보호자 없이 도로를 횡단할 때, 어린이가 도로에서 앉아 있거나 서 있을 때 또는 어린이가 도로에서 놀이를 할 때 등 어린이에 대한 교통사고의 위험이 있는 것을 발견한 경우
② 앞을 보지 못하는 사람이 흰색 지팡이를 가지거나 장애인보조견을 동반하고 도로를 횡단하고 있는 경우
③ 지하도나 육교 등 도로 횡단시설을 이용할 수 없는 지체장애인이나 노인 등이 도로를 횡단하고 있는 경우

(2) 어린이통학버스·운전자 및 운영자의 의무

① 어린이나 유아가 타고 내리는 경우에만 점멸등 등의 장치를 작동하여야 하며, 어린이나 유아를 태우고 운행 중인 경우에만 표시를 하여야 한다.
② 어린이나 유아가 어린이통학버스를 탈 때에는 승차한 모든 어린이나 유아가 좌석안전띠를 매도록 한 후에 출발하여야 하며, 내릴 때에는 보도나 길가장자리구역 등 자동차로부터 안전한 장소에 도착한 것을 확인한 후 출발하여야 한다.
③ 어린이통학버스를 운행하는 운전자는 어린이통학버스 안에 신고증명서를 항상 갖추어 두어야 한다.

2 차의 등화

(1) 밤에 켜야 할 등화

밤(해가 진 후부터 해가 뜨기 전까지)에 도로에서 차를 운행하거나 고장 등의 이유로 도로에서 차를 정차 또는 주차하는 경우에 켜야 한다.

※ 승합차 ← 전조등·차폭등·미등·번호등·실내조명등
※ 견인되는 차 ← 미등·차폭등 및 번호등
※ 견인하는 차 ↔ 차의 종류에 맞는 등화를 켜야 한다.

(2) 밤에 마주보고 진행하는 경우 등화조작

① 전조등의 밝기를 줄이거나 불빛의 방향을 아래로 향하게 하거나 잠시 전조등을 끌 것. 다만, 도로의 상황으로 보아 마주보고 진행하는 차 또는 노면전차의 교통을 방해할 우려가 없는 경우에는 그러하지 아니한다.

(3) 차가, 정차하거나 주행 등의 진행을 방해할 우려가 있을 때

앞의 차 또는 노면전차의 바로 뒤를 따라갈 경우에는 전조등 불빛의 방향을 아래로 향하게 하고, 전조등 불빛의 밝기를 함부로 조작하여 앞의 차 또는 노면전차의 운전을 방해하지 아니하여야 한다.

(4) 교통이 빈번한 곳에서 운행할 때

전조등 불빛의 방향을 계속 아래로 유지하여야 한다.

3 승차·적재

(1) 승차·적재방법

① 운전자는 승차인원·적재중량 및 적재용량에 관하여 대통령령으로 정하는 운행상의 안전기준을 넘어서 승차시키거나 적재한 상태로 운전하여서는 아니 된다.
② 운전자는 운전 중 타고 있는 사람 또는 타고 내리는 사람이 떨어지지 아니하도록 하기 위하여 문을 정확히 여닫는 등 필요한 조치를 하여야 한다.
③ 운전자는 운전 중 실은 화물이 떨어지지 아니하도록 덮개를 씌우거나 묶는 등 확실하게 고정될 수 있도록 필요한 조치를 하여야 한다.
④ 모든 차의 운전자는 영유아나 동물을 안고 운전 장치를 조작하거나 운전석 주위에 물건을 싣는 등 안전에 지장을 줄 우려가 있는 상태로 운전하여서는 아니 된다.

(2) 운행상의 안전기준

① 자동차(고속버스 운송사업용 자동차 및 화물자동차는 제외한다)의 승차인원 : 승차정원의 11할 이내. 다만, 고속도로에서는 승차정원을 넘어서 운행할 수 없다.

② 고속버스 운송사업용 자동차 및 화물자동차의 승차인원 : 승차정원 이내
③ 화물자동차의 적재중량 : 구조 및 성능에 따르는 적재중량의 11할 이내
④ 화물자동차의 적재용량은 다음 기준을 넘지 아니할것
- 길이 : 자동차 길이의 1/10의 길이를 더한 길이(이륜차 : 승차·적재장치 길이에 30cm를 더한 길이)
- 너비 : 후사경으로 후방을 확인할 수 있는 범위
- 높이 : 지상 4m(도로구조의 보전과 통행의 안전에 지장이 없다고 인정하여 고시한 도로 노선의 경우에는 4.2m, 소형 3륜 2.5m, 이륜 2m)

(3) 안전기준을 넘는 승차·적재의 허가
① 운행상 안전기준을 넘는 승차·적재를 하고자 할 때 출발지를 관할하는 경찰서장의 허가를 받을 수 있는 경우는 다음과 같다.
- 전신·전화·전기공사, 수도공사, 제설작업 그 밖의 공익을 위한 공사 또는 작업을 위하여 부득이 화물자동차의 승차정원을 넘어서 운행하고자 하는 경우
- 분할이 불가능하여 적재중량 및 적재용량의 기준을 적용할 수 없는 화물을 수송하는 경우
② 운행상 안전기준을 넘는 승차·적재 허가를 받은 경우에는 다음과 같이 한다.
- 안전기준 초과 승차·적재 허가증을 비치할 것
- 화물에는 길이 또는 폭의 양 끝에 너비 30cm, 길이 50cm 이상 빨간 헝겊으로 된 표지를 달것(밤에 운행하는 경우에는 반사체로 된 표지를 달 것)
※예비군 훈련시 인원수송, 이삿짐, 모래, 자갈 등 건축자재를 운송시에는 경찰서장의 안전기준 초과 허가 대상에 해당되지 않는다.

4 정비불량차

(1) 정비불량차의 운전금지
모든 차의 사용자, 정비 책임자 또는 운전자는 장치가 정비되어 있지 아니한 차(정비불량차)를 운전하도록 시키거나 운전하여서는 아니 된다.

(2) 정비불량차의 점검
① 경찰공무원은 정비불량차에 해당한다고 인정하는 차가 운행되고 있는 경우 : 그 차를 정지시킨 후, 자동차등록증 또는 자동차운전면허증을 제시하도록 요구하고, 그 차의 장치를 점검할 수 있다.
② 점검한 결과 정비불량 사항이 발견된 경우 : 응급조치를 하게 한 후에 운전을 하도록 하거나, 통행구간·통행로와 필요한 조건을 정한 후 운전을 계속하게 할 수 있다.
③ 정비상태가 매우 불량하여 위험발생의 우려가 있는 경우 : 자동차등록증을 보관하고 운전의 일시정지를 명할 수 있으며, 필요하면 10일의 범위에서 그 차의 사용을 정지시킬 수 있다.

(3) 유사 표지의 제한 및 운행금지
누구든지 자동차 등에 교통단속용 자동차·범죄수사용 자동차나 그 밖의 긴급자동차와 유사하거나 혐오감을 주는 다음의 도색이나 표지 등을 하거나 그러한 자동차 등을 운전하여서는 아니 된다.
① 긴급자동차로 오인할 수 있는 색칠 또는 표시
② 욕설을 표시하거나 음란한 행위를 묘사하는 등 다른 사람에게 혐오감을 주는 그림·기호 또는 문자

10 고속도로에서의 운전

1 운행전 점검사항

(1) 자동차 점검
① 연료량, 엔진오일 누유 여부
② 냉각수 유무와 누수 상태
③ 냉각장치 및 팬 벨트 상태
④ 라디에이터 캡 작동 상태
⑤ 타이어의 공기압과 마모 상태
⑥ 스페어 타이어, 비상수리공구 및 고장차량 표지판 휴대 여부 상태를 철저히 점검한 후 주행

(2) 화물의 점검
① 화물의 전락 방지조치를 철저히 할 것
② 휴식시간마다 다시 한번 확인할 것

(3) 도로 및 교통상황을 사전 파악
기상정보, 교통상황, 공사구간, 정체구간, 우회도로, 휴게소, 주유소 위치 등을 파악하여 적절한 운행 계획을 세운다.

2 고속도로 주행 시 주의사항

(1) 고속도로 통행 금지
자동차(이륜자동차는 긴급자동차에 한한다) 외의 차마의 운전자 또는 보행자는 고속도로 등을 통행하거나 횡단하여서는 아니된다.

(2) 횡단 등의 금지
자동차의 운전자는 그 차를 운전하여 고속도로 등을 횡단하거나 유턴 또는 후진하여서는 아니된다.
(다만, 긴급자동차 또는 도로의 보수·유지 등의 작업을 하는 자동차로서 응급조치작업에 사용되는 경우에는 그러하지 아니하다)

(3) 정차·주차 금지
자동차의 운전자는 고속도로 등에서 차를 정차 또는 주차시켜서는 아니된다.
다만, 다음의 경우에는 그러하지 아니하다.

11 정지수 및 임시 정지수의 정지수행

1 정지자의 의무

(1) 교통사고 발생 시 정지자의 조치

교통사고가 일어났을 때에는 정지자나 그 밖의 승무원은 즉시 정지하여 사상자를 구호하는 등 필요한 조치를 하여야 한다.

♣ **동시자가 되지는 경우**
① 안전을 위하지 않고
② 승객을 태우거나 싣거지나 중에 승객에 대한 안전을 확인하지 않는 것
③ 운전에 방해되는 물건을 자동차에 싣고 운전하는 것
④ 운전을 충분히 기술자에 운전하는 것
⑤ 안전시설 설치 주 현저히 자신에 운전하는 것
⑥ 사상자 발생 시 정지 중 운전자 현장에 있는 사람
자를 정지하는 것 등

※ 정지자로서 유의하여야 하는 정지사는 경우는 모두 보험 환경이다.

(2) 승객 차량 중대에서의 안전의 관리
① 누구든지 모든 차량 중대에서 자동차를 (정지기계를 포함)
등 정지하여서는 아니 된다.
② 정지수는 교통이 공공한 지역이나 자동차의 고장 그 밖의 부득이한 사유로 길가리에 정지할 수밖에 없는 경우에는 다른 교통에 방해가 되지 않도록 필요한 조치를 하여야 한다.

(3) 야야패스 자동차 사고방지
① 정지수는 본인운전자로 승객의 안전에 지장이 있는 용품 사람을 운송한다.
② 승객이 승용정장에 정리가 못하지 있거나 승용정장이 배지되지 않는 상태에서 운행하지 말아야 한다.

(4) 안전자체 정지자의 준수사항
① 정지자는 자동차의 파손 등으로 인하여 안전 운행에 지장을 줄 수 있는 경우에는 출발 전에 정지하고 필요한 사항을 점검하여 이상이 있는 경우에는 바로 조치를 취하고 운행한다.
② 주차 중에는 자동차의 속도를 줄일 때에는 해당 자동차의 속도 자동차의 시가지 등을 돌리지 말아야 한다.
③ 운행 중에 중대한 고장을 발견하거나 사고가 발생할 가능을 알게 되었을 때에는 즉시 운행을 중지하고 적절한 조치를 하여야 한다.

---

3 고속도로 등의 속도

(1) 고속도로 이외 서도 자동차공용도로 및 일반도로 (규정)
① 고속도로 도로 편도 2차선 이상으로 이용할 운전한다.
② 고속도로 도로 편도 1차선 가장자리 고속도로와 표지점 설정한다.
③ 고속도로 외의 이외인 100km 이상의 지정이 이루어진 고속도로 표지점 설정한다.

(2) 당한 공공할 수 없을 경우 때
① 고속도로 도로 편도 2차선 이상으로 이용할 운전한다.
② 고속도로 도로 시가 지점에 이루어진 고속도로와 표지점 설정한다.
③ 자동차 500m 지정된 시가할 수 있는 시설 지점이 200m 이상의 폭도로 지점이 설정하여 설정한다.

(3) 아아패스 자동차 사고방지
① 자동차가 동력공공에서 이용하는 지점에 진입하지 못한다.
② 이용하는 초공공공에 신진히 운전하고 진행하는 방지되는 행위 공행되어 중지한다.

(4) 고속도로 진입 시 안전 관리
① 자동차(긴급자동차를 제외한)가 고속도로에 진입하기 위해 주행하는 다른 자동차의 통행을 방해하여 그 속도로 진행하는 동영을 방해하여서는 아니 된다.
② 진급자동차 외에 자동차의 정지수는 고속도로에서 자동차가 정지할 수 있는 경우에는 그 정지를 알리는 적절한 조치를 하여야 한다.

(5) 출발 동의 금지
정지자는 제속도와 자동차의 등 속도를 줄일 수 있는 저도 장치의 사용을 습득하여야 하며, 정지 중에는 이러한 방지되는 물품 사용에 대체하여 저지수를 사용하는 등 필요할 수 있는, 또한 경사와 수기, 신급자동차의 고속도로 등의 자동차의 통행을 방해할 수 있다.

※ 고속도로에서 소지·정지할 수 있는 경우
① 법령의 규정 또는 경찰공무원의 지시에 따라 주차·정지 등 위한 정지·주차 금지
② 사정변형을 위한 정지·주차 금지
③ 응급자 고통의 고질체 정지·주차 금지
④ 교통사고를 고통의 위한 정지·주차 금지

③ 술에 취하였는지의 여부를 측정한 결과에 불복하는 운전자에게는 그 운전자의 동의를 얻어 혈액채취 등의 방법으로 다시 측정할 수 있다.
④ 운전이 금지되는 술에 취한 상태의 기준은 혈중알콜농도가 0.03% 이상으로 한다.

> · 술에 취한 상태에서 운전할 때 면허 정지
> · 만취운전 상태(혈중알코올농도 0.1% 이상) 또는 주취측정에 불응한 때에는 운전면허 취소처분과 동시 5년 이하의 징역이나 2천만원 이하의 벌금
> · 음주운전으로 사람을 상해한 자는 15년 이하의 징역 또는 1천만원 이상 3천만원 이하의 벌금(사망의 경우 무기 또는 3년 이상의 징역) 【특가법 제5조의 11】

(3) 과로한 때 등의 운전금지
자동차 등의 운전자는 과로·질병 또는 약물(마약·대마 및 향정신성 의약품과 그 밖의 영향)로 인하여 정상적으로 운전하지 못할 우려가 있는 상태에서 자동차 등을 운전하여서는 아니된다.
※ 그 밖의 영향이라 함은, 운전이 금지되는 약물로서 흥분·환각 또는 마취의 작용을 일으키는 유해화학물질(신나·접착제·풍선류 또는 도료·부탄가스)을 말한다. 【시행규칙 제28조】

(4) 공동 위험행위 금지
자동차 등의 운전자는 도로에서 2인 이상이 공동으로 2대 이상의 자동차 등을 정당한 사유없이 앞뒤로 또는 좌우로 줄지어 통행하면서 다른 사람에게 위해를 주거나, 교통상 위험을 발생하게 하여서는 아니된다.

2 운전자의 준수사항

(1) 운전자의 준수사항
모든 차의 운전자는 다음 사항을 지켜야 한다.
① 물이 고인 곳을 운행하는 때에는 고인 물을 튀게 하여 다른 사람에게 피해를 주는 일이 없도록 할 것
※ 물이 고인 장소를 통과할 때에는 일시정지 또는 속도를 감속하고 물이 튀지 않게 주의한다.
② 자동차의 앞면 창유리 및 운전석 좌우 옆면 창유리의 암도(暗度)가 낮아서 교통안전 등에 지장을 줄 수 있는 정도로서 가시광선의 투과율이 다음의 기준 미만인 차를 운전하지 아니할 것
다만, 요인 경호용·구급용 및 장의용 자동차는 제외한다.
  1. 앞면 창유리의 경우 70% 미만
  2. 운전석 좌우 옆면 창유리의 경우 40% 미만
③ 교통 단속용 장비의 기능을 방해하는 장치를 한 차나 그 밖에 안전운전에 지장을 줄 수 있는 것으로서 다음의 기준에 적합하지 아니한 장치를 한 차를 운전하지 아니할 것
  1. 경찰관서에서 사용하는 무전기와 동일한 주파수의 무전기
  2. 긴급자동차가 아닌 자동차에 부착된 경광등, 사이렌 또는 비상등
④ 도로에서 자동차를 세워 둔 채 시비·다툼 등의 행위를 함으로써 다른 차마의 통행을 방해하지 아니할 것
⑤ 운전자가 운전석으로부터 떠나는 때에는 원동기의 발동을 끄고 제동장치를 철저하게 하는 등 차의 정지상태를 안전하게 유지하고 다른 사람이 함부로 운전하지 못하도록 조치를 할 것
⑥ 운전자는 안전을 확인하지 아니하고 차의 문을 열거나 내려서는 아니되며, 승차자가 교통의 위험을 일으키지 아니하도록 필요한 조치를 할 것
⑦ 운전자는 정당한 사유없이 다음에 해당하는 행위를 하여 다른 사람에게 피해를 주는 소음을 발생시키지 아니할 것
  1. 자동차 등을 급히 출발시키거나 속도를 급격히 높이는 행위
  2. 자동차 등의 원동기 동력을 차 바퀴에 전달시키지 아니하고 원동기의 회전수를 증가시키는 행위
  3. 반복적이거나 연속적으로 경음기를 울리는 행위
⑧ 운전자는 승객이 차 안에서 안전운전에 현저히 장해가 될 정도로 춤을 추는 등 소란행위를 하도록 내버려 두고 차를 운행하지 아니할 것
⑨ 운전자는 자동차 등의 운전중에는 휴대용 전화(자동차용 전화를 포함)를 사용하지 아니할 것
다만, 다음에 해당하는 경우에는 그러하지 아니하다.
  1. 자동차 등이 정지하고 있는 경우
  2. 긴급자동차를 운전하는 경우
  3. 각종 범죄 및 재해 신고 등 긴급한 필요가 있는 경우
  4. 손으로 잡지 아니하고도 휴대용 전화를 그 본래의 용도로 사용할 수 있는 장치를 이용하는 경우
⑩ 운전자는 자동차의 화물 적재함에 사람을 태우고 운행하지 아니할 것
⑪ 그 밖에 지방경찰청장이 교통안전과 교통질서 유지상 필요하다고 인정하여 지정·공고한 사항에 따를 것

(2) 특정 운전자의 준수사항
① 자동차를 운전하는 때에는 좌석안전띠를 매어야 하며, 그 옆좌석의 승차자에게도 좌석안전띠(유아인 경우는 유아보호용 장구를 장착한 후 좌석안전띠)를 매도록 하여야 한다. 다만, 질병 등으로 다음의 사유가 있는 때에는 그러하지 아니하다.
  1. 부상·질병·장애 또는 임신 등으로 좌석안전띠의 착용이 적당하지 아니한 때
  2. 자동차를 후진시키는 때
  3. 신장·비만 그 밖의 신체의 상태가 적당하지 아니한 때
  4. 긴급자동차가 그 본래의 용도로 운행되고 있는 때
  5. 경호 등을 위한 경찰용 자동차에 호위되거나 유도되고 있는 때
  6. 국민투표운동·선거운동 및 국민투표·선거관리업무에 사용되는 자동차의 경우
  7. 우편물의 집배, 폐기물의 수집, 그 밖의 빈번히 승강하는 업무에 종사하는 때
  8. 여객운송사업용 자동차의 운전자가 승객의 주취·약물복용 등으로 좌석안전띠를 매도록 할 수 없는 때
② 운전자는 옆좌석 외의 좌석의 승차자에게도 좌석안전띠를 매도록 주의를 환기시켜야 하며, 승용자동차에 있어서 유아가 옆좌석 외의 좌석에 승차하는 경우에는 좌석안전띠를 매도록 하여야 한다.
③ 이륜자동차 및 원동기장치자전거(자전거 포함)의 운전자는 인명보호장비를 착용하고 운행하여야 하며, 승차자에게도 이를 착용하도록 하여야 한다(야간 운행시 반사체 부착).
④ 운송사업용 자동차 또는 화물자동차 등의 운전자는 다음 행

12 교통사고 자리들질

1 교통사고 발생 시 조치

(1) 교통사고 발생 시 운전자의 조치
① 즉시 정차하여 사상자를 구호한다.
② 가장 가까운 경찰공무원 또는 경찰관서에 신고한다.
③ 경찰공무원의 지시에 따른다.
(단, 운행중인 차만이 고장이나 그 밖의 사유로 도로에서 위험방지와 원활한 소통을 위하여 필요한 조치를 한 경우에는 신고하지 않아도 된다.)

※ 교통사고 발생 시 조치: 정차 → 사상자 구호 → 신고

(2) 신고요령
① 사고가 일어난 곳
② 사상자 수 및 부상 정도
③ 손괴한 물건 및 정도
④ 그 밖의 조치사항 등 필요한 사항을 신고해야 하며, 신고를 받은 경찰공무원이 현장에 도착할 때까지 신고한 운전자 등은 대기하면서 경찰공무원의 지시에 따라 조치를 계속하여야 한다.

(3) 사고 발생 시 조치 방해 금지
교통사고가 발생한 경우 그 차의 운전자 등에게 교통사고 발생 시의 조치 또는 신고 행위를 방해하여서는 아니된다.

※ 교통사고가 일어나도 자동차 운전자가 조치하지 않아도 되는 경우는 없다.

2 교통사고시 응급구호조치

(1) 응급구호조치
교통사고로 사상자가 있는 경우 즉시 차를 세우고 사상자가 있는지 확인하고 부상자가 있는 경우에는 응급처치를 한다.

(2) 응급구조자의 임무와 조치
① 먼저 부상자를 교통사고 장소로 이동시킨다.
② 부상자를 조심스럽게 돕는다.

3 교통사고 특례

(1) 특례
교통사고처리 특례법에서 교통사고로 인하여 정해진 피해자의 과실로 인한 경우에는 피해자의 의사에 관계없이 공소를 제기할 수 있으나, 교통사고로 인하여 피해자가 사망하거나 일정한 위반으로 인한 사고의 경우에는 피해자의 의사에 관계없이 공소를 제기할 수 있다.

(2) 교통사고의 형사 처벌
① 교통사고를 일으키고 사상자에 대한 응급조치를 하지 아니한 때(뺑소니)
② 교통사고 야기 후 도주차량으로부터 피해자를 유기하고 도망한 경우
③ 다음 11개 중요법규를 위반하여 사상자가 발생한 때

1. 신호위반 또는 통행금지나 일시정지의 안전표지 지시를 위반하여 운전한 경우
2. 중앙선 침범, 고속도로(전용도로)에서 횡단, 유턴, 후진 위반
3. 시속 20km 초과
4. 앞지르기 방법, 금지시기, 금지장소 또는 끼어들기 금지 위반
5. 건널목 통과방법 위반
6. 횡단보도에서 보행자 보호의무 위반
7. 무면허(효력정지·운전금지 포함) 또는 무자격 운전
8. 주취(음주), 약물복용으로 정상운전을 하지 못할 상태에서 운전
9. 보도 침범, 보도 횡단방법 위반
10. 승객의 추락 방지 의무 위반
11. 어린이 보호구역에서 어린이 상해를 발생하게 한 경우
④ 피해자 및 공소권 없음 외로 피해 중 피해자가 사망한 때

※ 공소(공소권)할 수 없는 경우(교통사고 처리특례 적용자)
① 안전운전 불이행 ② 제한속도 10km 초과
③ 통행 우선순위 위반 ④ 난폭운전
⑤ 교차로 통과방법 위반 ⑥ 안전거리 미확보 운전 경우 등

13 자동차 등록 및 관리

1 자동차의 등록

(1) 신규등록
① 자동차는 등록관청(시·군·구청)에 등록을 하지 않으면 운전할 수 없다.
② 자동차 등록신청은 임시운행 허가기간 10일 내에 소유자 또는 자동차 제작·판매자가 할 수 있다.
※ 자동차 소유권의 득실변경은 등록을 하여야 그 효력이 생긴다.

1) 자동차 등록번호판
자동차 등록을 마친 사람은 자동차에 자동차 등록번호판을 부착한 후 봉인해야 하며, 등록관청의 허가나 다른 법률에 특별한 규정이 없는 한 이를 뗄 수 없다.

2) 자동차 등록증
자동차 등록을 마치게 되면 자동차 등록증을 교부 받는데 사용자는 그 자동차 안에 항상 자동차 등록증을 비치해야 한다.

(2) 변경등록
① 자동차 등록증의 기재사항 중 차대번호, 원동기형식, 자동차 소유자의 성명 및 주민등록번호, 자동차의 사용본거지, 자동차의 용도 등에 변경이 있을 때 하는 등록
② 사유가 발생한 날(주소 변경시는 전입신고일)로부터 15일 이내에 등록관청에 신청한다.

(3) 이전등록
매매, 증여, 상속 등으로 자동차의 소유권을 이전하는 경우 자동차를 양수 받는 사람은 관할 등록관청에 자동차소유권 이전등록을 신청해야 한다.
① 매매의 경우 매수한 날로부터 15일 이내
② 증여의 경우 증여를 받은 날로부터 20일 이내
③ 상속의 경우 상속 개시일로부터 3월 이내
④ 그 밖의 경우 사유 발생일로부터 15일 이내

(4) 말소등록
① 자동차를 폐차, 천재지변, 교통사고 등에 의한 멸실, 구입 자동차의 반품, 여객자동차의 경우 차령의 초과, 면허·등록·인가 또는 신고가 실효 또는 취소된 경우 등에 하는 등록
② 사유 발생일로부터 1월 이내에 자동차 등록증, 번호판 및 봉인을 반납하고 등록관청에 말소등록을 해야 한다.
※ 도난 당한 자동차의 등록을 말소하고자 하는 경우에는 관할 경찰서장이 발급하는 도난신고확인서를 첨부

2 자동차의 검사

신규검사와 정기검사(계속검사)가 있다.

종합검사 대상과 유효기간 〈개정〉

검 사 대 상		적용 차령	검사 유효 기간
승용자동차	비사업용	차령 4년 초과	2년
	사업용	차령 2년 초과	1년
경형·소형 승합 및 화물차	비사업용	차령 3년 초과	1년
	사업용	차령 2년 초과	1년
사업용 대형화물차		차령 2년 초과	6개월
그 밖의 자동차	비사업용	차령 3년 초과	차령 5년까지 1년, 이후부터 6개월
	사업용	차령 2년 초과	차령 5년까지 1년, 이후부터 6개월

※ 검사 유효기간 만료일을 전후 각각 31일 내에 검사를 받아야 한다.

3 자동차보험

(1) 자동차 손해배상 책임보험에 가입(강제보험)
① 자동차를 소유한 사람이 의무적으로 가입해야 하는 보험이다.
② 교통사고시 타인에 대한 손해를 보상한다.

(2) 자동차 종합보험(임의보험: 특례를 적용받을 수 있는 보험)
① 책임보험으로 보상할 수 있는 최고 한도액을 초과하는 손해를 입힌 경우 보상되는 보험이다.
② 대인, 대물, 자손, 자차 등의 차량손해가 일괄적으로 되어 있다.
③ 보험 및 공제조합 가입사실 증명원은 보험사업자 또는 공제사업자가 서면으로 증명해야 한다.

14 차에 작용하는 물리적 힘 요점정리

1 자연의 법칙

(1) 관성과 마찰
① 주행 중인 차가 클러치를 끊어도 계속 주행하는 것은 관성력이 작용하기 때문이다.
② 주행 중 운전자가 브레이크를 밟으면 타이어와 노면과의 마찰저항이 생겨 차바퀴가 정지한다.
③ 바퀴가 정지한 상태에서 미끄러지는 이유는 노면과 타이어의 마찰저항보다 달리는 속도 관성(운동 에너지)이 더 크기 때문이다.

5 사고와 안전운전

사고는 운전자가 운전상황에 알맞지 않게 차를 운행할 때 일어나기도 하고 자동차 고장 등에 의해 일어날 때도 있다. 따라서 안전운전을 필요로 한다.

(1) 자동차 차체의 사고

① 길이나 폭이 공장상의 한도 이상의 차체에 따라 사고가 크기가 달라진다.
② 길이 공장상의 한도 이상의 차체는 측정(뒷바퀴·앞바퀴)으로 옮기는 사고가 많다.
③ 차체 폭이 규격이상의 차체들은 길고 작은 사고가 전혀 대 되기 쉽다.

(2) 자동차 속에서의 사고

① 우주장차의 사고: 옆이 없기 때문에 고속상으로 다른 시도 없애는 사고가 많다.
② 측정차의 사고: 회전운동이나 이동하는 경우 차와 대응(경기)차와의 일렬이 잘 되는 사고가 많다.
③ 가로차의 사고: 옆이 없이 대응의 양이 되어 사고가 자주 보며 크게 개인도 요인이다.

즉 사고가 크다.

◎ 공장소와 재해 기준 ◎

1. 혈중알콜농도 0.03% 이상: 운전면허 정지
2. 혈중알콜농도 0.08% 이상: 운전면허 취소
3. 혈중알콜농도 0.03% 이상 0.08%미만: 1년 이하 징역 또는 500만원 이하 벌금
4. 혈중알콜농도 0.08% 이상 0.2%미만: 1년 이상 2년 이하 징역 500만원 이상 1천만원 이하 벌금
5. 혈중알콜농도 0.2% 이상: 2년 이상 5년 이하 징역 또는 1천만원 이상 2천만원 이하 벌금

---

(2) 구부러진길과 원심력

① 도로 굴곡이나 구부러진 길이 자기 원심력 등으로 자동차가 바깥쪽으로 이탈하려는 성질이 강해진다. 이 힘이 마찰저항보다 크면 미끄러지거나 도로 밖으로 이탈하게 된다.
② 원심력은 자동차의 무게가 길어질수록 길이, 속도의 제곱에 비례하여 커진다.

(3) 속도와 충격력

① 자동차의 속도와 중량, 충돌시 물체가 반응함에 의해 충격력이 달라진다.
② 자동차 충돌시 속도가 빠를수록 중격력은 더 커진다. 자동차 충돌시 속도의 제곱에 비례하여 가진다(속도가 2배이면 중격력은 4배가 된다).

(4) 수막현상(하이드로플레닝)

① 타이어 홈이 닳아 있고 고속주행 시 타이어와 노면 사이의 수막현상이 생겨 바퀴가 길 면이 닿지 않고 물 위에 떠서 밀려가는 고속주행 시 타이어의 물에 대한 저항이 커지게 된다.
② 자동차의 경우 시속 90~100km 이상에서 발생한다. 수막현상이 생기면 마찰력이 줄어 조정이 어려워질 뿐만 아니라 고속주행 상태라 차가 심하게 밀려가고 사고로 이어진다. 수막현상을 없애기 위해서는 시속 70km 이하로 속도를 줄이고 타이어 홈이 닳지 않은 경우에도 접지력이 좋은 타이어를 사용해야 한다.

(5) 바이퍼 블록 페이드 현상

① 브레이크 쓸 때: 기 바퀴막힘 등에 브레이크를 계속 사용하면 마찰열 인해 마찰판이 열로 팽창되어 페달이 밀려가기도 하는 밟아도 페달이 깊이 가야 잘 멈추기 시작하는 현상이다.
② 페이드 현상: 브레이크를 계속 사용 시 마찰 브레이크가 달아 열이 생기고 마찰계수가 떨어져 브레이크가 잘 되지 않는 현상이다.

(6) 스탠딩 웨이브 현상

① 타이어공기압이 부족한 상태로 시속 100km 이상 고속주행 시 타이어 접지면 뒷부분이 물결 모양으로 변형되는 현상이다.
② 타이어 내부 온도가 높이 올라가 타이어가 파열되기도 한다.

Chapter 01 문장형문제 – 4지 1답형

01 다음 중 총중량 1.5톤 피견인 승용자동차를 4.5톤 화물자동차로 견인하는 경우 필요한 운전면허에 해당하지 않은 것은?
① 제1종 대형면허 및 소형견인차면허
② 제1종 보통면허 및 대형견인차면허
③ 제1종 보통면허 및 소형견인차면허
④ 제2종 보통면허 및 대형견인차면허

해설 도로교통법 시행규칙 별표18 총중량 750킬로그램을 초과하는 3톤 이하의 피견인 자동차를 견인하기 위해서는 견인하는 자동차를 운전할 수 있는 면허와 소형견인차면허 또는 대형견인차면허를 가지고 있어야 한다.

02 도로교통법령상 운전면허증 발급에 대한 설명으로 옳지 않은 것은?
① 운전면허시험 합격일로부터 30일 이내에 운전면허증을 발급받아야 한다.
② 영문운전면허증을 발급받을 수 없다.
③ 모바일운전면허증을 발급받을 수 있다.
④ 운전면허증을 잃어버린 경우에는 재발급 받을 수 있다.

해설 도로교통법시행규칙 제77조~제81조

03 도로교통법령상 어린이보호구역에 대한 설명으로 바르지 않은 것은?
① 주차금지위반에 대한 범칙금은 노인보호구역과 같다.
② 어린이보호구역 내에는 서행표시를 설치할 수 있다.
③ 어린이보호구역 내에는 주정차가 금지된다.
④ 어린이를 다치게 한 교통사고가 발생하면 합의여부와 관계없이 형사처벌을 받는다.

해설 도로교통법 시행규칙 제93조 제2항 관련 별표 10, 어린이보호구역 내에는 고원식 과속방지턱이 설치될 수 있다. 또한 어린이보호구역에는 주정차가 금지되어 있다(도로교통법 제32조 제8호). 만약 어린이보호구역내에서 사고가 발생했다면 일반적인 교통사고보다 더 중하게 처벌받는다.

04 도로교통법상 승차정원 15인승의 긴급 승합자동차를 처음 운전하려고 할 때 필요한 조건으로 맞는 것은?
① 제1종 보통면허, 교통안전교육 3시간
② 제1종 특수면허(대형견인차), 교통안전교육 2시간
③ 제1종 특수면허(구난차), 교통안전교육 2시간
④ 제2종 보통면허, 교통안전교육 3시간

해설 도로교통법 시행규칙 별표18 승차정원 15인승의 승합자동차는 1종 대형면허 또는 1종 보통면허가 필요하고 긴급자동차 업무에 종사하는 사람은 도로교통법 시행령 제38조의2 제2항에 따른 신규(3시간) 및 정기교통안전교육(2시간)을 받아야 한다.

05 도로교통법상 운전면허의 조건 부과기준 중 운전면허증 기재방법으로 바르지 않는 것은?
① A : 수동변속기
② E : 청각장애인 표지 및 볼록거울
③ G : 특수제작 및 승인차
④ H : 우측 방향지시기

해설 도로교통법 시행규칙 제54조(운전면허의 조건 등) 제3항에 의거, 운전면허 조건의 부과기준은 별표20
A는 자동변속기, B는 의수, C는 의족, D는 보청기, E는 청각장애인 표지 및 볼록거울, F는 수동제동기·가속기, G는 특수제작 및 승인차, H는 우측 방향지시기, I는 왼쪽 엑셀에이터이며, 신체장애인이 운전면허시험에 응시할 때 조건에 맞는 차량으로 시험에 응시 및 합격해야 하며, 합격 후 해당 조건에 맞는 면허증 발급

06 시·도 경찰청장이 발급한 국제운전면허증의 유효기간은 발급받은 날부터 몇 년인가?
① 1년 ② 2년
③ 3년 ④ 4년

해설 도로교통법 제98조에 따라 국제운전면허증의 유효기간은 발급받은 날부터 1년이다.

07 도로교통법상 연습운전면허의 유효 기간은?
① 받은 날부터 6개월 ② 받은 날부터 1년
③ 받은 날부터 2년 ④ 받은 날부터 3년

해설 도로교통법 제81조에 따라 연습운전면허는 그 면허를 받은 날부터 1년 동안 효력을 가진다.

08 승차정원이 11명인 승합자동차로 총중량 780킬로그램의 피견인자동차를 견인하고자 한다. 운전자가 취득해야하는 운전면허의 종류는?
① 제1종 보통면허 및 소형견인차면허
② 제2종 보통면허 및 제1종 소형견인차면허
③ 제1종 보통면허 및 구난차면허
④ 제2종 보통면허 및 제1종 구난차면허

해설 도로교통법 시행규칙 별표18 비고3, 총중량 750킬로그램을 초과하는 3톤이하의 피견인 자동차를 견인하기 위해서 는 견인하는 자동차를 운전할 수 있는 면허와 제1종 소형견인차면허 또는 대형견인차면허를 가지고 있어야 한다.

09 승차정원이 12명인 승합자동차를 도로에서 운전하려고 한다. 운전자가 취득해야하는 운전면허의 종류는?
① 제1종 대형견인차면허 ② 제1종 구난차면허
③ 제1종 보통면허 ④ 제2종 보통면허

해설 도로교통법 시행규칙 별표18, 제1종 보통면허로 승차정원 15명 이하의 승합자동차 운전 가능, ①, ②, ④는 승차정원10명 이하의 승합자동차 운전가능

10 다음 중 도로교통법상 제1종 대형면허 시험에 응시할 수 있는 기준은? (이륜자동차 운전경력은 제외)
① 자동차의 운전경력이 6개월 이상이면서 18세인 사람
② 자동차의 운전경력이 1년 이상이면서 18세인 사람
③ 자동차의 운전경력이 6개월 이상이면서 19세인 사람
④ 자동차의 운전경력이 1년 이상이면서 19세인 사람

해설 도로교통법 제82조 제1항 제6호에 따라 제1종 대형면허는 19세 미만이거나 자동차(이륜자동차는 제외한다)의 운전경력이 1년 미만인 사람은 받을 수 없다.

11 거짓 그밖에 부정한 수단으로 운전면허를 받아 벌금이상의 형이 확정된 경우 얼마동안 운전면허를 취득할 수 없는가?
① 취소일로부터 1년 ② 취소일로부터 2년
③ 취소일로부터 3년 ④ 취소일로부터 4년

해설 도로교통법 제82조 제2항 제7호, 제93조 제1항 제8호의2. 거짓이나 그 밖의 부정한 수단으로 운전면허를 받은 경우 운전면허가 취소된 날부터 1년

정답 01.④ 02.② 03.① 04.① 05.① 06.① 07.② 08.① 09.③ 10.④ 11.①

12 다음 중 도로를 통행할 수 있는 사람은?
① 실험 등을 위하여 도로에서 전동킥보드를 시험 운전하는 사람
② 신호수 등 도로공사의 현장작업에 종사하는 사람
③ 17세인 사람
④ 술에 취한 사람

해설 도로교통법 제5조 제1항. 모든 차의 운전자는 제4조에 따른 신호 또는 지시를 위반하여서는 아니 된다. (다만, 긴급을 요하는 공사 등을 하거나 신호수 등 도로공사에 종사하는 자, 그러한 장소에서 녹색 또는 적색 등화에 상관없이 그 지시에 따라 도로를 통행할 수 있다.)

13 다음 중 도로통행시 원동기장치자전거 운전(기준)에 대한 설명으로 옳은 것은?
① 배기량 50시시 이상 - 최고정격출력 0.59킬로와트 이상
② 배기량 50시시 미만 - 최고정격출력 0.59킬로와트 미만
③ 배기량 125시시 이상 - 최고정격출력 11킬로와트 이상
④ 배기량 125시시 미만 - 최고정격출력 11킬로와트 미만

해설 도로교통법 제2조 제19호 나목의 정의

14 도로주행시험에 불합격한 사람은 불합격한 날부터 다시 도로주행시험에 응시할 수 있다. ( )에 기준으로 맞는 것은?
① 1일   ② 3일
③ 5일   ④ 7일

해설 도로교통법 시행령 제49조 제4항에 따라 도로주행시험에 불합격한 사람은 그 불합격한 날부터 3일이 지난 후에 다시 도로주행시험에 응시할 수 있다.

15 원동기 장치자전거 중 개인형 이동장치에 정의에 대한 설명으로 맞지 않은 것은?
① 오르막 경사도가 25도 미만이어야 한다.
② 차체 중량이 30킬로그램 미만이어야 한다.
③ 자전거 등을 자전거 및 개인형 이동장치라 한다.
④ 시속 25킬로미터 이상으로 운행할 경우 전동기가 작동하지 아니하여야 한다.

해설 도로교통법 제2조 제19호2, 자전거 이동 활성화에 관한 법률 제2조 제1호의2 "개인형 이동장치"란 제19호 나목의 원동기장치자전거 중 시속 25킬로미터 이상으로 운행할 경우 전동기가 작동하지 아니하고 차체 중량이 30킬로그램 미만인 것으로서 행정안전부령으로 정하는 것을 말하며, 자전거 이용 활성화에 관한 법률에서도 동일하게 규정되어 있다.

16 다음 중 도로교통법에서 규정하고 있는 "안전지대"의 정의로 맞는 것은?
① 보행자의 통행을 편리하도록 규정한 장소
② 자동차가 도로를 주행하며 자전거 이용자의 통행을 편의하도록 한 장소
③ 자동차 도로를 횡단하는 사람이나 통행하는 차마의 안전지대
④ 자전거 도로를 규정하기 위한 장소

해설 도로교통법 제2조 (정의) 제14호

17 도로교통법상 개인형 이동장치의 통행방법으로 맞는 것은?
① 주차장에서도 운행할 수 있다.
② 공원통행은 보행자용 통로로 통행 할 수 있다.
③ 만 13세 이상인 사람이 운행 할 수 있는 운전할 수 있다.
④ 횡단보도에서 타고서 이동하며 횡단기를 건널 수 있다.

해설 도로교통법 제13조의2 자전거등의 운전자가 자전거도로 또는 도로 우측 가장자리에 붙어서 통행하여야 하고, 안전표지로 자전거 등의 통행이 허용된 경우를 제외하고는 차도를 통행할 수 없다.

18 개인형 이동장치의 기준에 대한 설명으로 바르지 않은 것은?
① 원동기를 단 차 중 시속 20킬로미터 이상으로 운행할 경우 전동기가 작동하지 아니하여야 한다.
② 최고정격출력 11킬로와트 이하의 이륜자동차는 원동기장치자전거에 포함된다.
③ 최고정격출력 11킬로와트 이하의 원동기를 단 차(전기자전거 제외)로 원동기장치자전거 중 35킬로그램 미만인 것을 말한다.
④ 차체 중량이 30킬로그램 미만이어야 한다.

해설 도로교통법 제2조 제19호의2 "개인형 이동장치"란 제19호 나목의 원동기장치자전거 중 시속 25킬로미터 이상으로 운행할 경우 전동기가 작동하지 아니하고 차체 중량이 30킬로그램 미만인 것으로서 행정안전부령으로 정하는 것을 말한다.

19 도로교통법상 원동기장치자전거에 대한 설명으로 옳지 않은 것은?(제외)이 아닌 것은 가장으로 나타나면는 것이?
① 원동기장치자전거는 자전거 도로에 통행이 많은 모두 가능하다.
② 원동기장치자전거에는 자동차관리법에 의한 이륜자동차도 포함될 수 있다.
③ 원동기장치자전거는 자전거이용 활성화에 관한 법령, 도로교통법상 개인형 이동장치도 포함될 수 있다.
④ 공동정격출력이 11킬로와트 이하 원동기를 단 차의 내용을 포함한다.

해설 원동기장치자전거란 '자동차관리법' 제3조에 따른 이륜자동차 가운데 배기량 125시시 이하(전기를 동력으로 하는 경우에는 최고정격출력 11킬로와트 이하)의 이륜자동차와 그 밖에 배기량 125시시 이하(전기를 동력으로 하는 경우에는 최고정격출력 11킬로와트 이하)의 원동기를 단 차(전기자전거 제외)를 말한다.

20 도로교통법상 원동기장치자전거는 정격 출력이 ( ) 이하의 이륜자동차이다. ( )에 기준으로 맞는 것은?
① 11킬로와트   ② 9킬로와트
③ 5킬로와트   ④ 0.59킬로와트

해설 도로교통법 제2조 제19호 나목 원동기장치자전거는 자동차관리법에 의한 이륜자동차 가운데 배기량 125시시 이하(전기를 동력으로 하는 경우에는 최고정격출력 11킬로와트 이하)의 이륜자동차와 그 밖에 배기량 125시시 이하(전기를 동력으로 하는 경우에는 최고정격출력 11킬로와트 이하)의 원동기를 단 차를 말한다.

21 도로교통법상, 고령자 면허 갱신 및 적성검사가 3년인 사람의 기준으로 맞는 것은?
① 만 65세 이상   ② 만 70세 이상
③ 만 75세 이상   ④ 만 80세 이상

해설 도로교통법 제87조 제1항

22 다음은 도로교통법상 공공단체에서 면허 받은 경우와 사람의 공인이 될 사람에 대한 설명이다. 틀린 것은?
① 자동차 운전학원 경우 도로에서 특수목적의 주행능력을 점검하는 가능하다.
② 신호나 지시 등에 따르는 경우에는 공동이 등 공무에 종사하는 사람으로 운전할 수 있다.
③ 신호수 등이 교차로 등에서 경찰공무원을 대신하여 수신호를 할 수 있다.
④ 위한 공공단체 긴급한 경우에는 공동이 가능하다.

해설 도로교통법 제87조의2, 도로교통법시행규칙 제57조(공동정사시행동시) 신호공무원 등이 공동이 사람이 긴급으로 지시하거나 대교차의 권한이 인정할 수 있다.

정답 12. ③ 13. ③ 14. ② 15. ① 16. ③ 17. ④ 18. ④ 19. ② 20. ① 21. ③ 22. ③

23 다음 중 수소대형승합자동차(승차정원 35인승 이상)를 신규로 운전하려는 운전자에 대한 특별교육을 실시하는 기관은?
① 한국가스안전공사　② 한국산업안전공단
③ 한국도로교통공단　④ 한국도로공사

해설
고압가스안전관리법 시행규칙 제51조제1항 별표31

24 도로교통법상 교통법규 위반으로 운전면허 효력 정지처분을 받을 가능성이 있는 사람이 특별교통안전 권장교육을 받고자 하는 경우 누구에게 신청하여야 하는가?
① 도로교통공단 이사장　② 주소지 지방자치단체장
③ 운전면허 시험장장　④ 시·도경찰청장

해설
도로교통법 제73조(교통안전교육) ③ 다음 각 호의 어느 하나에 해당하는 사람이 시·도경찰청장에게 신청하는 경우에는 대통령령으로 정하는 바에 따라 특별교통안전 권장교육을 받을 수 있다. 이 경우 권장교육을 받기 전 1년 이내에 해당 교육을 받지 아니한 사람에 한정한다.
1. 교통법규 위반 등 제2항제2호 및 제4호에 따른 사유 외의 사유로 인하여 운전면허효력 정지처분을 받게 되거나 받은 사람
2. 교통법규 위반 등으로 인하여 운전면허효력 정지처분을 받을 가능성이 있는 사람
3. 제2항제2호부터 제4호까지에 해당하여 제2항에 따른 특별교통안전 의무교육을 받은 사람
4. 운전면허를 받은 사람 중 교육을 받으려는 날에 65세 이상인 사람

25 도로교통법령상 한쪽 눈을 보지 못하는 사람이 제1종 보통면허를 취득하려는 경우 다른 쪽 눈의 시력이 ( ) 이상, 수평시야가 ( )도 이상, 수직시야가 20도 이상, 중심시야 20도 내 암점과 반맹이 없어야 한다. ( )안에 기준으로 맞는 것은?
① 0.5, 50　② 0.6, 80
③ 0.7, 100　④ 0.8, 120

해설
도로교통법시행령 제45조(자동차등의 운전에 필요한 적성의 기준) 다만, 한쪽 눈을 보지 못하는 사람이 제1종 보통 운전면허를 취득하려는 경우 자동차등의 운전에 필요한 적성의 기준에서 다른 쪽 눈의 시력이 0.8이상이고 수평시야가 120도 이상이며, 수직시야가 20도 이상이고, 중심시야 20도 내 암점과 반맹이 없어야 한다.

26 제1종 운전면허를 발급받은 65세 이상 75세 미만인 사람(한쪽 눈만 보지 못하는 사람은 제외)은 몇 년마다 정기적성검사를 받아야 하나?
① 3년마다　② 5년마다　③ 10년마다　④ 15년마다

해설
도로교통법 87조 제1항 1호 제1종 운전면허를 발급받은 65세 이상 75세 미만인 사람은 5년마다 정기적성검사를 받아야 한다. 다만 한쪽 눈만 보지 못하는 사람으로서 제1종 면허중 보통면허를 취득한 사람은 3년이다.

27 다음 중 고압가스안전관리법령상 수소자동차 운전자의 안전교육(특별교육)에 대한 설명 중 잘못된 것은??
① 수소승용자동차 운전자는 특별교육 대상이 아니다.
② 수소대형승합자동차(승차정원 36인승 이상) 신규 종사하려는 운전자는 특별교육 대상이다.
③ 수소자동차 운전자 특별교육은 한국가스안전공사에서 실시한다.
④ 여객자동차운수사업법에 따른 대여사업용자동차를 임차하여 운전하는 운전자도 특별교육 대상이다.

해설
고압가스안전관리법 시행규칙 제51조(안전교육), 별표31에 따라 수소가스사용자동차 중 자동차관리법 시행규칙 별표1 제1호에 따른 대형승합자동차 운전자로 신규 종사하려는 경우에는 특별교육을 이수하여야 한다.
여객자동차운수사업에 따른 대여사업용자동차 종류는 승용자동차, 경형·소형·중형 승합자동차, 캠핑자동차이다.

28 도로교통법령상 제2종 보통면허로 운전할 수 없는 차는?
① 구난자동차
② 승차정원 10인 미만의 승합자동차
③ 승용자동차
④ 적재중량 2.5톤의 화물자동차

해설
도로교통법 시형규칙 별표18(운전할 수 있는 차의 종류)

29 다음 중 도로교통법령상 영문 운전면허증을 발급 받을 수 없는 사람은?
① 운전면허시험에 합격하여 운전면허증을 신청하는 경우
② 운전면허 적성검사에 합격하여 운전면허증을 신청하는 경우
③ 외국면허증을 국내면허증으로 교환 발급 신청하는 경우
④ 연습운전면허증으로 신청하는 경우

해설
도로교통법시행규칙 제78조(영문 운전면허증의 신청 등) 연습운전면허 소지자는 영문운전면허증 발급 대상이 아니다.

30 운전면허시험 쿠정행위로 그 시험이 무효로 처리된 사람은 그 처분이 있는 날부터 ( )간 해당시험에 응시하지 못한다. ( )안에 기준으로 맞는 것은?
① 2년　② 3년
③ 4년　④ 5년

해설
도로교통법제84조의2 부정행위자에 대한 조치, 부정행위로 시험이 무효로 처리된 사람은 그 처분이 있는 날부터 2년간 해당시험에 응시하지 못한다.

31 다음 중 도로교통법령상 운전면허증 갱신발급이나 정기 적성검사의 연기 사유가 아닌 것은?
① 해외 체류 중인 경우
② 질병으로 인하여 거동이 불가능한 경우
③ 군인사법이 따른 육·해·공군 부사관 이상의 간부로 복무중인 경우
④ 재해 또는 자난을 당한 경우

해설
도로교통법 시행령 제55조 제1항
1. 해외에 체류 중인 경우 2. 재해 또는 재난을 당한 경우 3. 질병이나 부상으로 인하여 거동이 불가능한 경우 4. 법령에 따라 신체의 자유를 구속당한 경우 5. 군 복무 중(「병역법」에 따라 교정시설경비교도·의무경찰 또는 의무소방원으로 전환복무 중인 경우를 포함하고, 사병으로 한정한다)인 경우 6. 그 밖에 사회통념상 부득이하다고 인정할 만한 상당한 이유가 있는 경우

32 도로교통법령상 운전면허증 갱신기간의 연기를 받은 사람은 그 사유가 없어진 날부터 ( ) 이내에 운전면허증을 갱신하여 발급받아야 한다. ( )에 기준으로 맞는 것은?
① 1개월　② 3개월
③ 6개월　④ 12개월

해설
도로교통법 시행령 제55조 제3항 운전면허증 갱신기간의 연기를 받은 사람은 그 사유가 없어진 날부터 3개월 이내에 운전면허증을 갱신하여 발급받아야 한다.

33 다음 수소자동차 운전자 중 고압가스관리법령상 특별교육 대상으로 맞는 것은?
① 수소승용자동차 운전자
② 수소대형승합자동차(승차정원 36인승 이상) 운전자
③ 수소화물자동차 운전자
④ 수소특수자동차 운전자

해설
고압가스안전관리법 시행규칙 제51조1 제1항 별표 31

정답　23. ①　24. ④　25. ④　26. ②　27. ④　28. ①　29. ④　30. ①　31. ③　32. ②　33. ②

정답 34.③ 35.③ 36.③ 37.③ 38.② 39.② 40.④ 41.④ 42.④ 43.④ 44.④

34 다음 타이어 특징 중 자동차 에너지 소비효율이 가장 좋은 상태의 공기압은?

① 고평 정용량 ② 배터리압
③ 최적 정용량 ④ 고평 정용량

*참고사항: 단위 주행거리당 자동차의 에너지 소비량과 단위 연료당 주행거리를 표시하는 수치(자동차 및 자동차부품의 성능과 기준에 관한 규칙 별표 20 연비 측정 방법 및 기준)에 따라 타이어를 공기압으로 유지하고, 차량 무게를 일정 수준 이하로 유지한다. 이때 사용되는 N 등급 사용.

35 승강기계 고소작업대중인용 전동 건전지로 사용할 경우 사용기간은?

① 구매일로부터 5년간~10년간
② 구매일로부터 50년간~1년간
③ 구매일로부터 2년간~2년간 ④ 제한되지 않는다

36 다음 중 전기자동차 충전 사양에 대하여 틀린 것은?

① 완충전지는 하계·춘계, 계절에 따라, 정온성 등에 따라 충전이가 달라진다.
② 전기자동차는 고속충전과 일반충전을 사용할 수 있다.
③ 모든충전은 사용자의 환경에 맞춰 자유로운 방식으로 사용이 가능하다.
④ 완충된 상태에서도 가까운 곳에 이동할 경우 재료가 충전중 시설을 사용할 수 없다.

*한국전기설비규정(KEC) 241.17 전기자동차 전원설비, 전용출전소기기는 가로등지침설 가까운 자동차를 충전하지 않는다.

37 가정 사용중 고속전원 때 자동차에 손상이 발생할 수 있는 원인이 아닌 것은?

① 전기 손상성이 없지 않은 인식이나 구분 종은 있지 않는 곳에 주차
② 급격한 온도 하락이나 밤에 전기가 충분한 인식 환경에 장기 주차
③ 장기간 운영하지 않은 차량의 차량 기본성 있는 곳에 주차
④ 일상적인 운영을 마친 후 조금 때 차량 과량으로 주차 시설

38 완충전지인 소수도(MF : Maintenance Free)배터리의 충전된 경우, 점검 방법에 나타나는 색상은?

① 녹색   ② 백색
③ 검정색 ④ 녹색

*참고사항 소수도(MF : Maintenance Free)배터리는 검정색 경우, 전해액이 부족하여 충전이 필요한 경우 녹색, 배터리 수명이 계수 있 다른 색이 나타난다.

39 승강기용 축전지를 사용할 수 있는 장점이 아닌 것은?

① 정수성가 사용 가능
② 비효율적 충전 지장
③ 가스 발생량이 많은 장점
④ 구분정지형 장점

*참고사항, p.12, 승강기용축전지는 수축기자동차에 수축 장치 고장 등, 있어, 연료가 기차하게 되어 운행이 중요한 상태를 위시로 사용하는 가스이다.

40 완충전지 자동차의 연료 전기로 그 동작원리가 건전지와 다른 것은?

① 과부하 − 정류성   ② 배터리 − 배축
③ 축수이용 − 정액   ④ 제동수 − 차유

41 다음 중 자동 입력값, 가계 사용전원으로 볼 수 있는 것은?

① 정격전압 메뉴용 정용용양품
② 정격전압 이상 가동 정격표원 이상 약 5% 이내이의 정격전압 명품
③ 정격전압 이하 정격전압 명품
④ 정격전압 이상 약 5% 이내이의 정격전압 명품

42 승강기용 안정수수기의 틀린 것은?

① 승공기기 집 자동자용 사용된다.
② 승공기기에 자동차용 사용 없다.
③ 차수용차 승공으로 사용하여 주로 정안 정류장수기 사용한다.
④ 승수수기는 자동차전원에 안전을 위하여 승공안전비이 기관 출원 보충으로 사용하며, 정상 사이노이의 승강기로 강해 충원이 가용한 수소 차기용 전환용 교류 종원 등을 보호하기 위하여 사용된다.

43 다음 중 승강기용에서 수축을 하지 않는 것은?

① 배터리 공기 정장치 ② 충전기
③ 가스 배출장치   ④ 열로경지 이상기

*참고사항 승강기에 사용되는 DC 건전지는 교류(AC) 차이가 이용해지 이러한 통해지(교류(AC)를 다르고 있으며 통해진 승공전지에 의해 교류(AC)를 작고 있는 충전지 서비스 장비 중 공공으로 한편 있는 충전지기는 중요한 부종이다.

44 사용후전지의 사용하 경우 자동자에 준용 영향 자동수수방자와 대한 영향으로 등된 것은?

① 사용후전지는 안전한 수지로 공정하고 사용하면 자동수수자와 자정하지 않는다.
② 사용수수자자는 승공으로 자유자가 가능하며 자도지에 수정이 가능하다.
③ 사용수수자자는 자동수수자자에 가능성이 이용 수는 있지만 공공으로 수수수수자가 자유자가 가능하다.
④ 사용수수자자는 자동수수자가 가공한 자동자자에, 사용자가 자도자자의 하나이 수수가 안정된다.

45 전기차 충전을 위한 올바른 방법으로 적절하지 않은 것은?
① 충전할 때는 규격에 맞는 충전기와 어댑터를 사용한다.
② 충전 중에는 충전 커넥터를 임의로 분리하지 않고 충전 종료 버튼으로 종료한다.
③ 젖은 손으로 충전기 사용을 하지 않고 충전장치에 물이 들어가지 않도록 주의한다.
④ 휴대용 충전기를 이용하여 충전할 경우 가정용 멀티탭이나 연장선을 사용한다.

> **해설** 전기차 충전을 위해 규격에 맞지 않는 멀티탭이나 연장선 사용 시 고전력으로 인한 화재 위험성이 있다.

46 LPG차량의 연료특성에 대한 설명으로 적당하지 않은 것은?
① 일반적인 상온에서는 기체로 존재한다.
② 차량용 LPG는 독특한 냄새가 있다.
③ 일반적으로 공기보다 가볍다.
④ 폭발 위험성이 크다.

> **해설** 끓는점이 낮아 일반적인 상온에서 기체 상태로 존재한다. 압력을 가해 액체 상태로 만들어 압력 용기에 보관하여 사용한다. 일반 공기보다 무겁고 폭발위험성이 크다. LPG 자체는 무색무취이지만 차량용 LPG에는 특수한 향을 섞어 누출 여부를 확인할 수 있도록 하고 있다.

47 자동차의 제동력을 저하하는 원인으로 가장 거리가 먼 것은?
① 마스터 실린더 고장
② 휠 실린더 불량
③ 릴리스 포크 변형
④ 베이퍼 록 발생

> **해설** 릴리스 포크는 릴리스 베어링 칼라에 끼워져 릴리스 베어링에 페달의 조작력을 전달하는 작동을 한다

48 주행 보조장치가 장착된 자동차의 운전방법으로 바르지 않은 것은?
① 주행 보조장치를 사용하는 경우 주행 보조장치 작동 유지 여부를 수시로 확인하며 주행한다.
② 운전 개입 경고 시 주행 보조장치가 해제될 때까지 기다렸다가 개입해야 한다.
③ 주행 보조장치의 일부 또는 전체를 해제하는 경우 작동 여부를 확인한다.
④ 주행 보조장치가 작동되고 있더라도 즉시 개입할 수 있도록 대기하면서 운전한다.

> **해설** 운전 개입 경고 시 즉시 개입하여 운전해야 한다.

49 자동차를 안전하고 편리하게 주행할 수 있도록 보조해 주는 기능에 대한 설명으로 잘못된 것은?
① LFA(Lane Following Assist)는 "차로유지보조"기능으로 자동차가 차로 중앙을 유지하며 주행할 수 있도록 보조해 주는 기능이다.
② ASCC(Adaptive Smart Cruise Control)는 "차간거리 및 속도유지"기능으로 운전자가 설정한 속도로 주행하면서 앞차와의 거리를 유지하여 스스로 가·감속을 해주는 기능이다.
③ ABSD(Active Blind Spot Detection)는 "사각지대감지"기능으로 사각지대의 충돌 위험을 감지해 안전한 차로 변경을 돕는 기능이다.
④ AEB(Autonomous Emergency Braking)는 "자동긴급제동"기능으로 브레이크 제동시 타이어가 잠기는 것을 방지하여 제동거리를 줄여주는 기능이다.

> **해설** 안전을 위한 첨단자동차기능으로 LFA, ASCC, ABSD, AEB 등 다양한 기능이 있으며 자동차 구입 옵션에 따라 운전자가 선택할 수 있는 부분이 있으며, 운전 중 필요에 따라 일정부분기능해제도 운전자가 선택할 수 있도록 되어 있다. AEB는 운전자가 위험상황 발생시 브레이크 작동을 하지 않거나 약하게 브레이크를 작동하여 충돌을 피할 수 없을 경우 시스템이 자동으로 긴급제동을 하는 기능이다. 보기 ④는 ABS에 대한 설명이다.

50 다음 중 수소자동차의 주요 구성품이 아닌 것은?
① 연료전지
② 구동모터
③ 엔진
④ 배터리

> **해설** 수소자동차의 작동원리 : 수소 저장용기에 저장된 수소를 연료전지 시스템에 공급하여 연료전지 스택에서 산소와 수소의 화학반응으로 전기를 생성한다. 생성된 전기는 모터를 구동시켜 자동차를 움직이거나, 주행상태에 따라 배터리에 저장된다.
> 엔진은 내연기관 자동차의 구성품이다.

51 도로교통법령상 자율주행시스템에 대한 설명으로 틀린 것은?
① 도로교통법상 "운전"에는 도로에서 차마를 그 본래의 사용방법에 따라 자율주행시스템을 사용하는 것은 포함되지 않는다.
② 운전자가 자율주행시스템을 사용하여 운전하는 경우에는 휴대전화 사용금지규정을 적용하지 아니한다.
③ 자율주행시스템의 직접 운전 요구에 지체없이 대응하지 아니한 자율주행승용자동차의 운전자에 대한 범칙금액은 4만원이다.
④ "자율주행시스템"이란 운전자 또는 승객의 조작 없이 주변상황과 도로 정보 등을 스스로 인지하고 판단하여 자동차를 운행할 수 있게 하는 자동화 장비, 소프트웨어 및 이와 관련한 모든 장치를 말한다.

> **해설** 도로교통법 제2조제26호, 제50조의2, 도로교통법 시행령 별표8. 38의3호
> "운전"이란 도로에서 차마 또는 노면전차를 그 본래의 사용방법에 따라 사용하는 것(조종 또는 자율주행시스템을 사용하는 것을 포함한다)을 말한다.
> 완전 자율주행시스템에 해당하지 아니하는 자율주행시스템을 갖춘 자동차의 운전자는 자율주행시스템의 직접 운전 요구에 지체 없이 대응하여 조향장치, 제동장치 및 그 밖의 장치를 직접 조작하여 운전하여야 한다.
> 운전자가 자율주행시스템을 사용하여 운전하는 경우에는 제49조제1항제10호, 제11호 및 제11호의2의 규정을 적용하지 아니한다.
> 자율주행자동차 상용화 촉진 및 지원에 관한 법률 제2조제1항제2호
> "자율주행시스템"이란 운전자 또는 승객의 조작 없이 주변상황과 도로 정보 등을 스스로 인지하고 판단하여 자동차를 운행할 수 있게 하는 자동화 장비, 소프트웨어 및 이와 관련한 모든 장치를 말힌다.

52 자동차 내열기관의 크랭크축에서 발생하는 회전력(순간적으로 내는 힘)을 무엇이라 하는가?
① 토크
② 연비
③ 배기량
④ 마력

> **해설** ② 1리터의 연료로 주행할 수 있는 거리이다. ③ 내연기관에서 피스톤이 움직이는 부피이다. ④ 75킬로그램의 무게를 1초 동안에 1미터 이동하는 일의 양이다.

53 도로교통법령상 자동차(단, 어린이통학버스 제외) 창유리 가시광선 투과율의 규제를 받는 것은?
① 뒷좌석 옆면 창유리
② 앞면, 운전석 좌우 옆면 창유리
③ 앞면, 운전석 좌우, 뒷면 창유리
④ 모든 창유리

> **해설** 자동차의 앞면 창유리와 운전석 좌우 옆면 창유리의 가시광선(可視光線)의 투과율이 대통령령으로 정하는 기준보다 낮아 교통안전 등에 지장을 줄 수 있는 차를 운전하지 아니해야 한다.

54 화물자동차 운수사업법에 따른 화물자동차 운송사업자는 관련 법령에 따라 운행기록장치에 기록된 운행기록을 ( )동안 보관하여야 한다. ( ) 안에 기준으로 맞는 것은?
① 3개월
② 6개월
③ 1년
④ 2년

> **해설** 교통안전법 시행령 제45조 제2항, 교통안전법상 6개월 동안 보관하여야 한다.

정답 45.④ 46.③ 47.③ 48.② 49.④ 50.③ 51.① 52.① 53.② 54.②

55 자동차관리법상 승용자동차는 몇 인 이하를 운송하기에 적합하게 제작된 자동차인가?

① 10인
② 12인
③ 15인
④ 18인

해설 승용자동차는 10인 이하를 운송하기에 적합하게 제작된 자동차이다.

56 자동차관리법상 비사업용 신규 승용자동차의 최초검사 유효기간은?

① 1년
② 2년
③ 4년
④ 6년

해설 비사업용 승용자동차 및 피견인자동차의 최초 검사유효기간은 4년이다.

57 차 인가? (자동차관리법상 새롭게 정의된 용어로 맞는 것은?)
비사업용 및 대여사업용 전기자동차 수소 연료전지자동차(하이브리드자동차 제외) 자동차 용도

① 환율이 바뀐다고 하는 자동차
② 피견인차 바뀐다고 하는 자동차
③ 긴급자동차 바뀐다고 하는 자동차
④ 특수차 바뀐다고 하는 자동차

해설 자동차관리법 시행령 일부개정 [대통령령 제27960호, 2017.4.18, 일부개정]
1. 비사업용, 대여사업용(SOFA자동차, 외교관자동차 등) : 환경친화적 자동차 등록번호판
가. 비사업용 : 등록번호판 바탕색 − 청색(일부 등록번호판 : 대여, 외교, 공기, 임시, 군용 등)
2. 이륜자동차사용신고 : 외교사용판의 등록번호판
3. 이륜자동차신고필증 : 외교사용판의 등록번호판
4. 긴급자동차사용 : 바탕색에 맞추어 청색문자로 등록표시

58 자동차관리법상 자동차의 정기검사 기간은 검사 유효기간 만료일 전후 ( )에 기간으로 한다. ( )에 기간으로 맞는 것은?

① 31일
② 41일
③ 51일
④ 61일

해설 정기검사 기간은 검사유효기간 만료일 전후 31일 이내이다.

59 자동차관리법상 사업용 승용자동차의 정기 검사 유효기간으로 맞는 것은?

① 6개월
② 1년
③ 2년
④ 4년

해설 사업용 승용차의 정기 검사 유효기간은 1년이나, 신조사 등록자의 최초 검사유효기간은 2년이다.

60 자동차손해배상보장법에 의하여 의무적으로 가입하여야 하는 자동차보험의 보상한도 기준으로 옳은 것은?(자동차 1대당)

① 300만 원 이하의 과태료
② 500만 원 이하의 과태료
③ 1년 이하의 징역 또는 1천만 원 이하의 벌금
④ 2년 이하의 징역 또는 2천만 원 이하의 벌금

해설 자동차손해배상보장법 제48조(과태료) 1. 제5조제1항부터 제3항까지의 규정에 따라 해당하는 자동차는 300만 원 이하의 과태료를 부과한다. ③ 같은 조 제1항에 해당하는 자동차로서 의무보험에 가입되지 아니한 자동차를 운행한 자동차 보유자(제8조(운행의 금지)에 따라 ② 제5조제1항에 따른 의무보험에 가입되어 있지 아니한 자동차를 도로에 운행한 자동차 보유자

61 자동차관리법상 차령이 6년이 지난 피견인자동차의 정기 검사 유효기간으로 맞는 것은?

① 6개월
② 1년
③ 2년
④ 4년

해설 자동차관리법 시행규칙 별표 15의2 비사업용 승용자동차 및 피견인자동차의 정기검사유효기간 경과시 2년 (신조자로부터 최초3년(신조자동차 및 피견인자동차의 정기검사유효기간 경과시 4년(신조자로부터 최초 검사유효기간 4년)이다.

62 자동차관리법상 신차 구입 시 임시운행 허가 유효기간의 기준은?

① 10일 이내
② 15일 이내
③ 20일 이내
④ 30일 이내

해설 자동차의 신규등록 이전에 임시운행 허가 유효기간은 10일 이내이다.

63 다음 차량 중 하이패스차로 이용이 불가능한 차량은?

① 차폭높이 16톤 덤프트럭
② 승용 자동차 견인하는 2종 화물차
③ 달리기 수단이 정수, 차폭이 3.7m인 수송자동차
④ 10륜 대형 수송자동차

해설 하이패스차로 통과 차량 차폭 3.0m, 차량 자중 3.5톤이다.

64 다음 중 자동차관리법에 따른 자동차 범위에 속하지 않는 자동차가 아닌 것은?

① 자동차를 견인하기 위해 사용되는 때
② 자동차가 화재로 움직일 수 없을 때
③ 자동차가 사고에 휘말려 움직일 수 없을 때
④ 태풍에 의한 침수로 움직일 수 없을 때

해설 자동차이들은 제2조제1호 자동차 자동차 사용자의 운송이 불가능이 등의 이동용을 위해 이용되어야 한다.

65 자동차해체재활용업자의 운전기록으로 바르지 않은 것은?

① 자동차등록증에 따른 차의 해체 재활용시 공정등록을 받는 자
② 교통사고 및 재해 등에 의하여 자동차를 해체 재활용할 수 없다.
③ 자동차를 해체하여 자동차해체재활용 공정등록 아니 된다.
④ 자동차해체재활용의 공정 등의 수입을 위한 경우 허가한다.

해설 제53조1 (자동차해체재활용업 공정등록 등) 자동차해체재활용업을 하려는 자는 제1항제1호(자동차해체재활용자업, 제3조(등록 등), 제14조(등록위치자동차(공장) 별표 시·도지사에게 (공장 및 시·도지사에게 자동차해체재활용업 공정등록을 해야 하고, 조합·등록위치자동차, 멸실(이전) 등을 할 때에는 제1조1호(자동차해체재활용업 공정등록)의 신청서, 제11조1(등록위치자동차지자), 제15조(등록위치자동차공정등록) 및 제11조1(등록위치자동차지자)의 사항을 신고하여야 한다.

66 다음 중 운전자의 마음가짐으로 가장 바람직하지 않은 것은?

① 교통법규를 잘 지키고 안전하게 운전하는 것을 의무로 알고 있다.
② 자동차 수리기술 같이 자기 차는 자기가 정비할 수 있어야 대처한다.
③ 자기 차량의 성능과 내용 등의 인식하고 알고 있다.
④ 초보운전자에게 배려운전을 한다.

해설 고급운전은 운전 인간을 우선적인 상품으로 시간은 자동차를 운전하는 운전자의 출발점이며 모든 자기의 기계적 수단으로 자기 차량의 성능과 내용을 알고 있는 후, 도로의 환경과 조건에 적절 매우 2시간의 매운자세를 가져야 한다.

정답 55. ① 56. ③ 57. ③ 58. ① 59. ② 60. ① 61. ③ 62. ① 63. ③ 64. ③ 65. ① 66. ①

67 자동차관리법령상 자동차 소유권이 상속 등으로 변경될 경우에 해야 하는 등록은?
① 신규등록　② 이전등록
③ 변경등록　④ 말소등록

> 해설: 자동차관리법 제12조 자동차 소유권이 매매, 상속, 공매, 경매 등으로 변경될 경우 양수인이 법정기한 내 소유권의 이전등록을 해야 한다.

68 자동차관리법령상 자동차 소유자가 받아야 하는 자동차 검사의 종류가 아닌 것은?
① 수리검사　② 특별검사
③ 튜닝검사　④ 임시검사

> 해설: 자동차관리법 제43조(자동차 검사) 자동차 소유자는 국토교통부장관이 실시하는 신규검사, 정기검사, 튜닝검사, 임시검사, 수리검사를 받아야 한다.

69 다음 중 자동차를 매매한 경우 이전등록 담당기관은?
① 도로교통공단　② 시·군·구청
③ 한국교통안전공단　④ 시·도경찰청

> 해설: 자동차 등록에 관한 사무는 시·군·구청이 담당한다.

70 자동차(단, 어린이통학버스 제외) 앞면 창유리의 가시광선 투과율 기준으로 맞는 것은?
① 40퍼센트　② 50퍼센트
③ 60퍼센트　④ 70퍼센트

> 해설: 도로교통법 시행령 제28조에 따라 자동차 창유리 가시광선 투과율의 기준은 앞면 창유리의 경우 70퍼센트, 운전석 좌우 옆면 창유리의 경우 40퍼센트 이어야 한다.

71 주행 중 브레이크가 작동되는 운전행동과정을 올바른 순서로 연결한 것은?
① 위험인지 → 상황판단 → 행동명령 → 브레이크작동
② 위험인지 → 행동명령 → 상황판단 → 브레이크작동
③ 상황판단 → 위험인지 → 행동명령 → 브레이크작동
④ 행동명령 → 위험인지 → 상황판단 → 브레이크작동

> 해설: 운전 중 위험상황을 인지하고 판단하며 행동명령 후 브레이크가 작동된다.

72 다음 중 자동차에 부착된 에어백의 구비조건으로 가장 거리가 먼 것은?
① 높은 온도에서 인장강도 및 내열강도
② 낮은 온도에서 인장강도 및 내열강도
③ 파열강도를 지니고 내마모성, 유연성
④ 운전자와 접촉하는 충격에너지 극대화

> 해설: 자동차가 충돌할 때 운전자와 직접 접촉하여 충격 에너지를 흡수해주어야 한다.

73 다음 중 운전자 등이 차량 승하차 시 주의사항으로 맞는 것은?
① 타고 내릴 때는 뒤에서 오는 차량이 있는지를 확인한다.
② 문을 열 때는 완전히 열고나서 곧바로 내린다.
③ 뒷좌석 승차자가 하차할 때 운전자는 전방을 주시해야 한다.
④ 운전석을 일시적으로 떠날 때에는 시동을 끄지 않아도 된다.

> 해설: 운전자 등이 타고 내릴 때는 뒤에서 오는 차량이 있는지를 확인한다.

74 도로교통법상 올바른 운전방법으로 연결된 것은?
① 학교 앞 보행로 - 어린이에게 차량이 지나감을 알릴 수 있도록 경음기를 울리며 지나간다.
② 철길 건널목 - 차단기가 내려가려고 하는 경우 신속히 통과한다.
③ 신호 없는 교차로 - 우회전을 하는 경우 미리 도로의 우측 가장자리를 서행 하면서 우회전한다.
④ 야간 운전 시 - 차가 마주 보고 진행하는 경우 반대편 차량의 운전자가 주의할 수 있도록 전조등을 상향으로 조정한다.

> 해설: 학교 앞 보행로에서 어린이가 지나갈 경우 일시정지해야 하며, 철길 건널목에서 차단기가 내려가려는 경우 진입하면 안 된다. 또한 야간 운전 시에는 반대편 차량의 주행에 방해가 되지 않도록 전조등을 하향으로 조정해야 한다.

75 앞지르기에 대한 내용으로 올바른 것은?
① 터널 안에서는 주간에는 앞지르기가 가능하지만 야간에는 앞지르기가 금지된다.
② 앞지르기할 때에는 전조등을 켜고 경음기를 울리면서 좌측이나 우측 관계없이 할 수 있다.
③ 다리 위나 교차로는 앞지르기가 금지된 장소이므로 앞지르기를 할 수 없다.
④ 앞차의 우측에 다른 차가 나란히 가고 있을 때에는 앞지르기를 할 수 없다.

> 해설: 다리 위, 교차로, 터널 안은 앞지르기가 금지된 장소이므로 앞지르기를 할 수 없다. 모든 차의 운전자는 앞차의 좌측에 다른 차가 앞차와 나란히 가고 있는 경우에는 앞차를 앞지르지 못한다. 방향지시기·등화 또는 경음기(警音機)를 사용하는 등 안전한 속도와 방법으로 좌측으로 앞지르기를 하여야 한다.

76 자동차관리법령상 자동차를 이전 등록하고자 하는 자는 매수한 날부터 ( ) 이내에 등록해야 한다. ( )에 기준으로 맞는 것은?
① 15일　② 20일
③ 30일　④ 40일

> 해설: 자동차를 매수한 날부터 15일 이내 이전 등록해야 한다.

77 다음 중 운전자의 올바른 운전행위로 가장 적절한 것은?
① 졸음운전은 교통사고 위험이 있어 갓길에 세워두고 휴식한다.
② 초보운전자는 고속도로에서 앞지르기 차로로 계속 주행한다.
③ 교통단속용 장비의 기능을 방해하는 장치를 장착하고 운전한다.
④ 교통안전 위험요소 발견 시 비상점멸등으로 주변에 알린다.

> 해설: 갓길 휴식, 앞지르기 차로 계속운전, 방해하는 장치 장착은 올바른 운전행위로 볼 수 없다.

78 승용자동차에 영유아와 동승하는 경우 운전자의 행동으로 가장 올바른 것은?
① 운전석 옆좌석에 성인이 영유아를 안고 좌석안전띠를 착용한다.
② 운전석 뒷좌석에 영유아가 착석한 경우 유아보호용 장구 없이 좌석안전띠를 착용하여도 된다.
③ 운전 중 영유아가 보채는 경우 이를 달래기 위해 운전석에서 영유아와 함께 좌석안전띠를 착용한다.
④ 영유아가 탑승하는 경우 도로를 불문하고 유아보호용 장구를 장착한 후에 좌석안전띠를 착용시킨다.

> 해설: 승용차에 영유아를 탑승시킬 때 운전석 뒷좌석에 유아보호용 장구를 장착 후 좌석안전띠를 착용시키는 것이 안전하다.

정답　67. ②　68. ②　69. ②　70. ④　71. ①　72. ④　73. ①　74. ③　75. ③　76. ①　77. ④　78. ④

정답 79.② 80.④ 81.③ 82.④ 83.③ 84.③ 85.② 86.① 87.② 88.④ 89.①

79 다음 중 운전자의 마음가짐으로 가장 적절하지 않은 것은?
① 교통상황 등을 공감적 감정으로 이해하는 마음
② 경쟁의식을 가지고 다른 자동차보다 우선하려는 마음
③ 교통법규를 지키고 양보하는 생활화된 마음
④ 자동차의 빠르고 편리함보다는 신중하고 안전하게 운전하는 마음

해설 앞지르기 욕구, 경쟁심 등을 통제할 수 있는 공격적인 태도이다.

80 다음 중 교통사고가 발생한 경우 운전자 책임으로 가장 거리가 먼 것은?
① 행정책임
② 민사책임
③ 형사책임
④ 공고책임

해설 행정책임, 형사책임, 민사책임 등이 운전자의 책임으로 뒤따라야 한다.

81 고속도로 공사 중 교통사고 발생 원인에 운전자 사이의 공간의 대응방법으로 바르지 않은 것은?
① 운전자의 심리상태에 따라 응급조치한다.
② 비상사태 발생시 비상전화를 이용하여 긴급상황 등을 알린다.
③ 사고차량 뒤에서 긴급출동차량이 도착할 때까지 교통정리를 한다.
④ 2차사고 예방을 위해 안전한 공간으로 이동한다.

해설 사고차량 뒤쪽으로 2차 사고 발생하게 되므로 안전한 장소로 이동하는 것이 바람직하다.

82 다음 중 안전운전의 필요한 운전자의 준비사항으로 가장 바람직하지 않은 것은?
① 자신의 건강상태를 파악하고 주의한다.
② 운전기기 조작에 방해되지 않는 편안한 복장을 착용한다.
③ 출발 전 미러, 타이어 점검 등을 한다.
④ 원활한 활동을 위해 즐겨 마시는 10잔 이상 섭취할 수 있다.

해설 자동차의 운전조작에 영향을 줄 수 있다.

83 도로교통법상 자동차(이륜자동차 제외)에 영유아를 동승하여 운행하는 경우 유아도 승차용 안전띠를 사용하여야 한다. 다음 중 영유아에 해당되는 나이 규정은?
① 8세 미만
② 8세 이하
③ 9세 미만
④ 9세 이하

해설 도로교통법 제11조(어린이 등에 대한 보호) 영유아(6세 미만인 사람을 말한다.)의 보호자는 교통이 빈번한 도로에서 영유아가 혼자 다니게 하여서는 아니 된다.

84 도로교통법상 개인형이동장치에 대한 규정과 인사정확 공정장치로 틀린 것은?
① 공정장치 운행 중 동승자를 태우고 운행해서는 아니 된다.
② 개인형 이동장치의 승차정원은 1인이므로 1인만 승차 하여야 한다.
③ 개인형 이동장치는 전기자전거, 전기이륜차, 전기자동차, 전동휠 등이 있다.
④ 개인형 이동장치를 만 13세 미만이 아이가 있는 경우 부모님이 허용하고 있다.

해설 도로교통법 제50조(특정운전자의 준수사항) 제9항 자전거 등의 운전자는 밖에 도로를 통행하는 때에는 전조등과 미등을 켜거나 야광띠 등 발광장치를 착용하여야 한다. 개인형 이동장치의 운전자는 행정안전부령으로 정하는 승차정원을 초과하여 동승자를 태우고 개인형 이동장치를 운전하여서는 아니 된다. 승: 승차정원 1명, 승차정원 2명 이동장치 중 전동킥보드 및 전동이륜평행차의 경우에는 1명, 전동기의 동력으로만 움직일 수 있는 자전거의 경우에는 2명

85 다음 중 자동차(이륜자동차 제외) 창유리의 차량이 대한 설명으로 가장 적절한 것은?
① 13세 미만 어린이가 탑승하는 경우 반드시 앞좌석에 태워 운전한다.
② 13세 이상의 동승자가 수유나 간호 등이 필요한 경우 좌석에서 이동할 수 있다.
③ 일반도로에서는 전 좌석 안전띠 착용이 의무는 아니다.
④ 긴급자동차의 긴급한 용무로 운행하는 경우 외에는 전 좌석 안전띠를 착용하여야 한다.

해설 도로교통법 제50조(특정운전자의 준수사항) 제1항 자동차(이륜자동차는 제외한다)의 운전자는 자동차를 운전할 때에는 좌석안전띠를 매어야 하며, 그 옆 좌석의 동승자에게도 좌석안전띠(영유아인 경우에는 유아보호용 장구를 장착한 후의 좌석안전띠를 말한다)를 매도록 하여야 한다.

86 시시각각 예상하기 위한 공정운전자로 맞는 것은?
① 방어운전 등을 충분히 활용하여 운전한다.
② 노료에 과속 등 위반운전자를 단속한다.
③ 추월의지를 가지고 추진하여 운전한다.
④ 다른 자동차들을 배려하기보다 선행에 나가는 것이 우선이다.

해설 공격적인 아니라 운전에 대한 배려심과 더불어 조급한 마음이 아닌 운전을 해야 한다.

87 다음 중 공정장치 운전시 가장 바람직하지 않은 것은?
① 제한속도 내에서 교통흐름에 따라 운전한다.
② 대형자동차의 경우 고속도로에서 교통흐름을 방해하지 않는다.
③ 도로의 차로를 규정에 다른 운전하여 원활한 교통에 기여한다.
④ 앞자동차가 저속 운행하면 빨리 가기 위해 추월한다.

해설 고속도로에서 저속으로 운행하는 것은 안전운전에 위반되는 행위 이다.

88 도로교통법상 음주 공정에 대한 설명 중 가장 옳은 것은?
① 측정에 응하지 아니하고 도주 시 도주 하지 않는 경우에도 처벌된다.
② 김급자동차는 음주측정을 하지 아니하고 운행할 수 있다.
③ 신중상태는 모두 공무원이 판단한다.
④ 일반자동차는 경찰 공무원의 요구에 응하여 측정하는 자유 자동차 등의 운전자가 공정하여야 한다.

해설 긴급자동차라 하더라도 음주공정이 필요하다. 특히 사고의 공정시 지표가 되므로 측정하여 안전을 유지해야 한다.

89 운송자가 자초 발생 시 대응 긴급조치 요령에 대한 설명이 공정 원칙에서 화물화주 차량이 자동화로 다른 공정에 피해를 주지 않고 원만히 해결할 수 있는 방법 이외에 대한 자동차가 피해를 주게 된「공정」에 대한 설명으로 맞는 것은?(중상해야 이날)
① 1명 이상 10명 이하의 경상이 것
② 1명 이상 20명 이하의 경상이 것
③ 2명 이상 10명 이하의 경상이 것
④ 2명 이상 20명 이하의 경상이 것

해설 화물화주가 자동차 다치게 할 경우 공정의 정의 제1조의2(특수상해) 이상 제1장 외 일반 다치게 한 건의 경상이 있어야 한다.

90 교통약자의 이동편의 증진법에 따른 교통약자를 위한 '보행안전 시설물'로 보기 어려운 것은?
① 속도저감 시설
② 자전거 전용도로
③ 대중 교통정보 알림 시설 등 교통안내 시설
④ 보행자 우선 통행을 위한 교통신호기

> 해설) 교통약자의 이동편의 증진법 제21조(보행안전 시설물의 설치) 제1항 시장이나 군수는 보행 우선구역에서 보행자가 안전하고 편리하게 보행할 수 있도록 다음 각 호의 보행안전시설물을 설치할 수 있다.
> 1. 속도저감 시설. 2. 횡단시설. 3. 대중교통정보 알림시설 등 교통안내 시설. 4 보행자 우선통행을 위한 교통신호기. 5. 자동차 진입억제용 말뚝. 6. 교통약자를 위한 음향신호기 등 보행경로 안내장치. 7. 그 밖에 보행자의 안전과 이동편의를 위하여 대통령령으로 정한 시설

91 도로교통법상 서행으로 운전하여야 하는 경우는?
① 교차로의 신호기가 적색 등화의 점멸일 때
② 교통정리를 하고 있지 아니하고 교통이 빈번한 교차로를 통과할 때
③ 교통정리를 하고 있지 아니하는 교차로를 통과할 때
④ 교차로 부근에서 차로를 변경하는 경우

> 해설) ① 일시정지 해야 한다. ③ 교통정리를 하고 있지 아니하는 교차로를 통과 할 때는 서행을 하고 통과해야 한다.

92 정체된 교차로에서 좌회전할 경우 가장 옳은 방법은?
① 가급적 앞차를 따라 진입한다.
② 녹색등화가 켜진 경우에는 진입해도 무방하다.
③ 적색등화가 켜진 경우라도 공간이 생기면 진입한다.
④ 녹색 화살표의 등화라도 진입하지 않는다.

> 해설) 모든 차의 운전자는 신호등이 있는 교차로에 들어가려는 경우에는 진행하고자 하는 차로의 앞쪽에 있는 차의 상황에 따라 교차로에 정지하여야 하며 다른 차의 통행에 방해가 될 우려가 있는 경우에는 그 교차로에 들어가서는 아니 된다.

93 고속도로 진입 방법으로 옳은 것은?
① 반드시 일시정지하여 교통 흐름을 살핀 후 신속하게 진입한다.
② 진입 전 일시정지하여 주행 중인 차량이 있을 때 급진입한다.
③ 진입할 공간이 부족하더라도 뒤차를 생각하여 무리하게 진입한다.
④ 가속 차로를 이용하여 일정 속도를 유지하면서 충분한 공간을 확보한 후 진입한다.

> 해설) 고속도로로 진입할 때는 가속 차로를 이용하여 점차 속도를 높이면서 진입해야 한다. 천천히 진입하거나 일시정지할 경우 가속이 힘들기 때문에 오히려 위험할 수 있다. 들어갈 공간이 충분한 것을 확인하고 가속해서 진입해야 한다.

94 도로교통법에 따라 개인형 이동장치를 운전하는 사람의 자세로 가장 알맞은 것은?
① 보도를 통행하는 경우 보행자를 피해서 운전한다.
② 술을 마시고 운전하는 경우 특별히 주의하며 운전한다.
③ 횡단보도와 자전거횡단도가 있는 경우 자전거횡단도를 이용하여 운전한다.
④ 횡단보도를 횡단하는 경우 횡단보도를 이용하는 보행자를 피해서 운전한다.

> 해설) 도로교통법 제15조의 2(자전거횡단도의 설치). 자전거등(자전거와 개인형 이동장치)를 타고 자전거횡단도가 따로 있는 도로를 횡단할 때에는 자전거횡단도를 이용해야 한다. 도로교통법 제13조의 2(자전거등의 통행방법의 특례) 개인형 이동장치의 운전자가 횡단보도를 이용하여 도로를 횡단할 때에는 내려서 끌거나 들고 보행하여야 한다.

95 고속도로 본선 우측 차로에 서행하는 A차량이 있다. 이 때 B차량의 안전한 본선 진입 방법으로 가장 알맞는 것은?
① 서서히 속도를 높여 진입하되 A차량이 지나간 후 진입한다.
② 가속하여 비어있는 갓길을 이용하여 진입한다.
③ 가속차로 끝에서 정차하였다가 A차량이 지나가고 난 후 진입한다.
④ 가속차로에서 A차량과 동일한 속도로 계속 주행한다.

> 해설) 자동차(긴급자동차는 제외한다)의 운전자는 고속도로에 들어가려고 하는 경우에는 그 고속도로를 통행하고 있는 다른 자동차의 통행을 방해하여서는 아니 된다.

96 어린이가 보호자 없이 도로를 횡단할 때 운전자의 올바른 운전행위로 가장 바람직한 것은?
① 반복적으로 경음기를 울려 어린이가 빨리 횡단하도록 한다.
② 서행하여 도로를 횡단하는 어린이의 안전을 확보한다.
③ 일시정지하여 도로를 횡단하는 어린이의 안전을 확보한다.
④ 빠르게 지나가서 도로를 횡단하는 어린이의 안전을 확보한다.

> 해설) 도로교통법 제49조(모든 운전자의 준수사항 등) 어린이가 보호자 없이 도로를 횡단할 때 운전자는 일시정지하여야 한다.

97 신호등이 없고 좌·우를 확인할 수 없는 교차로에 진입 시 가장 안전한 운행 방법은?
① 주변 상황에 따라 서행으로 안전을 확인한 다음 통과한다.
② 경음기를 울리고 전조등을 점멸하면서 진입한 다음 서행하며 통과한다.
③ 반드시 일시정지 후 안전을 확인한 다음 양보 운전 기준에 따라 통과한다.
④ 먼저 진입하면 최우선이므로 주변을 살피면서 신속하게 통과한다.

> 해설) 신호등이 없는 교차로는 서행이 원칙이나 교차로의 교통이 빈번하거나 장애물 등이 있어 좌·우를 확인할 수 없는 경우에는 반드시 일시정지하여 안전을 확인한 다음 통과하여야 한다.

98 다음 중 운전자의 올바른 운전태도로 가장 바람직하지 않은 것은?
① 신호기의 신호보다 교통경찰관의 신호가 우선임을 명심한다.
② 교통 환경 변화에 따라 개정되는 교통법규를 숙지한다.
③ 긴급자동차를 발견한 즉시 장소에 관계없이 일시정지하고 진로를 양보한다.
④ 폭우시 또는 장마철 자주 비가 내리는 도로에서는 포트홀(pothole)을 주의한다.

> 해설) 긴급자동차에 진로를 양보하는 것은 맞으나 교차로 내 또는 교차로 부근이 아닌 곳에서 긴급자동차에 진로를 양보하여야 한다.

99 안전속도 5030 교통안전정책에 관한 내용으로 옳은 것은?
① 자동차 전용도로 매시 50킬로미터 이내, 도시부 주거지역 이면도로 매시 30킬로미터
② 도시부 지역 일반도로 매시 50킬로미터 이내, 도시부 주거지역 이면도로 매시 30킬로미터 이내
③ 자동차 전용도로 매시 50킬로미터 이내, 어린이 보호구역 매시 30킬로미터 이내
④ 도시부 지역 일반도로 매시 50킬로미터 이내, 자전거 도로 매시 30킬로미터 이내

> 해설) 안전속도 5030은 보행자의 통행이 잦은 도시부 지역의 일반도로 매시 50킬로미터(소통이 필요한 경우 60킬로미터 적용 가능), 주택가 등 이면도로는 매시 30킬로미터 이내로 하향 조정하는 정책으로, 속도 하향을 통해 보행자의 안전을 지키기 위해 도입되었다.

정답 90.② 91.③ 92.④ 93.④ 94.③ 95.① 96.③ 97.③ 98.③ 99.②

정답 100.② 101.④ 102.③ 103.③ 104.① 105.① 106.③ 107.① 108.④ 109.③

100 교통사고를 일으킬 가능성이 가장 높은 운전자는?
① 운전경력이 짧은 운전자
② 음주운전, 과로운전, 운전 중 휴대전화 사용 등 교통법규를 위반하고 미숙한 운전자세를 가진 운전자
③ 자가용이나 이륜차에 장거리 운전기기를 장착하여 운전하는 운전자
④ 초보운전 표시를 부착하고 안전하게 운전하는 장롱면허 운전자

101 고령운전자의 취약점이라 할 수 없는 것은?
① 주변 도로나 차량정보를 받아들이는 능력
② 속도 판단 및 공간지각능력이 둔화
③ 돌발상황에서 순응능력이 둔화
④ 반대편 차로에서 주행하는 차량과의 거리감

102 운전자의 피로는 운전 행동에 영향을 미치게 된다. 피로가 운전 행동에 미치는 영향을 바르게 설명한 것은?
① 주변 자극에 대해 반응 동작이 빠르게 나타난다.
② 시야가 넓어지고 시력이 떨어진다.
③ 시각 및 인지 조작 능력이 향상된다.
④ 피로가 쌓이면 졸음이 유발된다.

103 음주운전자를 단속할 경우 처벌 기준에 대한 설명으로 틀린 것은?
① 최초 측정 시 혈중알코올농도가 0.2퍼센트 이상인 경우 2년 이상 5년 이하의 징역이나 1천만원 이상 2천만원 이하의 벌금
② 음주측정 거부자는 1년 이상 5년 이하의 징역이나 500만원 이상 2천만원 이하의 벌금
③ 혈중알코올농도가 0.05퍼센트로 2회 위반한 경우 1년 이상 2년 이하의 징역이나 500만원 이상 1천만원 이하의 벌금
④ 최초 측정 시 혈중알코올농도 0.08퍼센트 이상 0.20퍼센트 미만의 경우 1년 이상 2년 이하의 징역이나 500만원 이상 1천만원 이하의 벌금

104 음주운전자가 교통사고 야기 후 동승자를 운전자로 바꾸고 가장 많이 하는 것은?
① 조수석 탑승자를 운전자로 바꾸기
② 사고차량이 자동차를 수리하라고 지시하기
③ 다른 차량자에게 내 차를 맡기고 생각하기 거부
④ 전화하거나 경찰관에게 신고

도로교통법 제44조의2(벌칙) ① 제44조제1항(술에 취한 상태에서의 운전 금지) 또는 제2항을 위반하여 술에 취한 상태에서 자동차 등(개인형 이동장치는 제외한다. 이하 이 조에서 같다)을 운전한 사람은 다음 각 호의 구분에 따라 처벌한다.
1. 제44조제1항을 위반한 사람 중 혈중알코올농도가 0.2퍼센트 이상인 사람은 2년 이상 5년 이하의 징역이나 1천만원 이상 2천만원 이하의 벌금
2. 제44조제1항을 위반한 사람 중 혈중알코올농도가 0.03퍼센트 이상 0.2퍼센트 미만인 사람은 1년 이하의 징역이나 500만원 이하의 벌금
3. 제44조제2항을 위반한 사람 중 혈중알코올농도가 0.03퍼센트 이상 0.2퍼센트 미만인 사람은 1년 이상 2년 이하의 징역이나 500만원 이상 1천만원 이하의 벌금

105 교통정리를 하고 있지 아니하고 교차로에서 좌회전을 하기 위하여 진입하려고 하는데, 이때, 이미 교차로에 들어가 있는 다른 차가 있는 경우 운전자의 올바른 운전방법은?
① 다른 차가 있어도 그에 관계없이 진입한다.
② 다른 차가 있으면 진로를 양보한다.
③ 다른 차가 있어도 앞지르기하여 좌회전한다.
④ 다른 차가 있으면 경음기를 울리면서 진입한다.

도로교통법 제26조(교통정리가 없는 교차로에서의 양보운전) ③ 교통정리를 하고 있지 아니하는 교차로에서 좌회전하려고 하는 차의 운전자는 그 교차로에서 직진하거나 우회전하려는 다른 차가 있을 때에는 그 차에 진로를 양보하여야 한다.

106 도로교통법상 개인형 이동장치의 승차정원에 대한 설명으로 틀린 것은?
① 전동킥보드의 승차정원은 1인이다.
② 전동이륜평행차의 승차정원은 1인이다.
③ 전동기의 동력만으로 움직일 수 있는 자전거의 경우 승차정원은 1인이다.
④ 승차정원을 위반한 경우 범칙금 4만원을 부과한다.

107 도로교통법에서 정한 운전이 금지되는 술에 취한 상태의 기준으로 맞는 것은?
① 혈중알코올농도 0.03퍼센트 이상인 상태로 운전
② 혈중알코올농도 0.08퍼센트 이상인 상태로 운전
③ 혈중알코올농도 0.1퍼센트 이상인 상태로 운전
④ 혈중알코올농도 0.12퍼센트 이상인 상태로 운전

도로교통법상 술에 취한 상태의 기준은 혈중알코올농도가 0.03퍼센트 이상으로 한다.

108 도로교통법상 과로(졸음운전 포함)로 인하여 정상적으로 운전하지 못할 우려가 있는 상태에서 자동차를 운전한 사람에 대한 벌칙으로 맞는 것은?
① 처벌하지 않는다.
② 10만 원 이하의 벌금이나 구류에 처한다.
③ 20만 원 이하의 벌금이나 구류에 처한다.
④ 30만 원 이하의 벌금이나 구류에 처한다.

도로교통법 제154조(과로 등의 금지 위반) 제4호 제45조를 위반하여 과로·질병으로 인하여 정상적으로 운전하지 못할 우려가 있는 상태에서 자동차등(개인형 이동장치는 제외한다)을 운전한 사람은 30만원 이하의 벌금이나 구류에 처한다.

109 다음 중 도로교통법상 적재용량 대상이 아닌 것은?
① 최고속도의 제한
② 경찰·소방·청소 등의 용도
③ 끼어들기
④ 앞지르기나 진로변경의 금지

도로교통법 제17조 최고속도의 제한 ④ 제18조 앞지르기·경찰공무원 제9조 진로변경 등의 금지 ④ 제13조가 끼어들기 금지대상이다.

110 운전자가 피로한 상태에서 운전하게 되면 속도 판단을 잘못하게 된다. 그 내용이 맞는 것은?

① 좁은 도로에서는 실제 속도보다 느리게 느껴진다.
② 주변이 탁 트인 도로에서는 실제보다 빠르게 느껴진다.
③ 멀리서 다가오는 차의 속도를 과소평가하다가 사고가 발생할 수 있다.
④ 고속도로에서 전방에 정지한 차를 주행 중인 차로 잘못 아는 경우는 발생하지 않는다.

해설 ① 좁은 도로에서는 실제 속도보다 빠르게 느껴진다. ② 주변이 탁 트인 도로에서는 실제보다 느리게 느껴진다. ④ 고속도로에서 전방에 정지한 차를 주행 중인 차로 잘못 알고 충돌 사고가 발생할 수 있다.

111 질병·과로로 인해 정상적인 운전을 하지 못할 우려가 있는 상태에서 자동차를 운전하다가 단속된 경우 어떻게 되는가?

① 과태료가 부과될 수 있다.
② 운전면허가 정지될 수 있다.
③ 구류 또는 벌금에 처한다.
④ 처벌 받지 않는다.

해설 도로교통법 제154조(벌칙) 30만 원 이하의 벌금이나 구류에 처한다. 제3호 제45조를 위반하여 과로·질병으로 인하여 정상적으로 운전하지 못할 우려가 있는 상태에서 자동차등 또는 노면전차를 운전한 사람(다만, 개인형 이동장치를 운전하는 경우는 제외한다)

112 마약 등 약물복용 상태에서 자동차를 운전하다가 인명피해 교통사고를 야기한 경우 교통사고처리 특례법상 운전자의 책임으로 맞는 것은?

① 책임보험만 가입되어 있으나 추가적으로 피해자와 합의하더라도 형사처벌된다.
② 운전자보험에 가입되어 있으면 형사처벌이 면제된다.
③ 종합보험에 가입되어 있으면 형사처벌이 면제된다.
④ 종합보험에 가입되어 있고 추가적으로 피해자와 합의한 경우에는 형사처벌이 면제된다.

해설 도로교통법에서 규정한 약물복용 운전을 하다가 교통사고 시에는 5년 이하의 금고 또는 2천만 원 이하의 벌금에 처한다(교통사고처리 특례법 제3조). 이는 종합보험 또는 책임보험 가입여부 및 합의 여부와 관계없이 형사처벌되는 항목이다.

113 혈중알코올농도 0.03퍼센트 이상 상태의 운전자 갑이 신호대기 중인 상황에서 뒤차(운전자 을)가 추돌한 경우에 맞는 설명은?

① 음주운전이 중한 위반행위이기 때문에 갑이 사고의 가해자로 처벌된다.
② 사고의 가해자는 을이 되지만, 갑의 음주운전은 별개로 처벌된다.
③ 갑은 피해자이므로 운전면허에 대한 행정처분을 받지 않는다.
④ 을은 교통사고 원인과 결과에 따른 벌점은 없다.

해설 앞차 운전자 갑이 술을 마신 상태라고 하더라도 음주운전이 사고발생과 직접적인 원인이 없는 한 교통사고의 피해자가 되고 별도로 단순 음주운전에 대해서만 형사처벌과 면허행정처분을 받는다.

114 도로교통법상 운전이 금지되는 술에 취한 상태의 기준은 운전자의 혈중알코올농도가 (   )로 한다. (   )안에 맞는 것은?

① 0.01퍼센트 이상인 경우
② 0.02퍼센트 이상인 경우
③ 0.03퍼센트 이상인 경우
④ 0.08퍼센트 이상인 경우

해설 제44조(술에 취한 상태에서의 운전 금지) 제4항 술에 취한 상태의 기준은 운전자의 혈중알코올농도가 0.03퍼센트 이상인 경우로 한다.

115 다음 중에서 보복운전을 예방하는 방법이라고 볼 수 없는 것은?

① 긴급제동 시 비상점멸등 켜주기
② 반대편 차로에서 차량이 접근 시 상향전조등 끄기
③ 속도를 올릴 때 전조등을 상향으로 켜기
④ 앞차가 지연 출발할 때는 3초 정도 배려하기

해설 보복운전을 예방하는 방법은 차로 변경 때 방향지시등 켜기, 비상점멸등 켜주기, 양보하고 배려하기, 지연 출발 때 3초간 배려하기, 경음기 또는 상향 전조등으로 자극하지 않기 등이 있다

116 다음 중 보복운전을 당했을 때 신고하는 방법으로 가장 적절하지 않은 것은?

① 120에 신고한다.
② 112에 신고한다.
③ 스마트폰 앱 '목격자를 찾습니다'에 신고한다.
④ 사이버 경찰청에 신고한다.

해설 보복운전을 당했을 때 112, 사이버 경찰청, 시·도경찰청, 경찰청 홈페이지, 스마트폰 "목격자를 찾습니다." 앱에 신고하면 된다.

117 도로교통법상 (   )의 운전자는 도로에서 2명 이상이 공동으로 2대 이상의 자동차등을 정당한 사유 없이 앞뒤로 줄지어 통행하면서 교통상의 위험을 발생하게 하여서는 아니 된다. 이를 위반한 경우 (   )으로 처벌될 수 있다. (   )안에 각각 바르게 짝지어진 것은?

① 전동이륜평행차, 1년 이하의 징역 또는 500만 원 이하의 벌금
② 이륜자동차, 6개월 이하의 징역 또는 300만 원 이하의 벌금
③ 특수자동차, 2년 이하의 징역 또는 500만 원 이하의 벌금
④ 원동기장치 자전거, 6개월 이하의 징역 또는 300만 원 이하의 벌금

해설 도로교통법 제46조(공동 위험행위의 금지)제1항 자동차등(개인형 이동장치는 제외한다)의 운전자는 도로에서 2명 이상이 공동으로 2대 이상의 자동차등을 정당한 사유 없이 앞뒤로 또는 좌우로 줄지어 통행하면서 다른 사람에게 위해를 끼치거나 교통상의 위험을 발생하게 하여서는 아니 된다. 또한 2년 이하의 징역 또는 500만 원 이하의 벌금으로 처벌될 수 있다. 전동이륜평행차는 개인형 이동장치로서 위에 본 조항 적용이 없다.

118 피해 차량을 뒤따르던 승용차 운전자가 중앙선을 넘어 앞지르기하여 급제동하는 등 위협 운전을 한 경우에는 「형법」에 따른 보복운전으로 처벌받을 수 있다. 이에 대한 처벌기준으로 맞는 것은?

① 7년 이하의 징역 또는 1천만 원 이하의 벌금에 처한다.
② 10년 이하의 징역 또는 2천만 원 이하의 벌금에 처한다.
③ 1년 이상의 유기징역에 처한다.
④ 1년 6월 이상의 유기징역에 처한다.

해설 「형법」제284조(특수협박)에 의하면 위험한 물건인 자동차를 이용하여 형법상의 협박죄를 범한 자는 7년 이하의 징역 또는 1천만 원 이하의 벌금에 처한다.

119 승용차 운전자가 난폭운전을 하는 경우 도로교통법에 따른 처벌기준으로 맞는 것은?

① 범칙금 6만 원의 통고처분을 받는다.
② 과태료 3만 원이 부과된다.
③ 6개월 이하의 징역이나 200만 원 이하의 벌금에 처한다.
④ 1년 이하의 징역 또는 500만 원 이하의 벌금에 처한다.

해설 도로교통법 제46조의3 및 동법 제151조의2에 의하여 난폭운전 시 1년 이하의 징역이나 500만 원 이하의 벌금에 처한다.

정답 110. ③ 111. ③ 112. ① 113. ② 114. ③ 115. ③ 116. ① 117. ③ 118. ① 119. ④

120 교통약자의 이동편의에 따른, 교통약자에 해당되지 않는 사람은?
① 고령자
② 임산부
③ 영유아를 동반한 사람
④ 반려동물 동반한 사람

121 자동차의 이동정차는(개인형 이동장치)의 공장자가 다음과 같이 편의하여 다른 사람에게 위험을 주었을 경우 처벌되게 된다. 다음 중 처벌대상이 아닌 것은?
① 신호 위반 행위
② 중앙·중간선 침범 행위
③ 정차 금지 위반 행위
④ 고속도로 진입 행위

122 고속도로 주행 중 자동차의 장치유지로 인하여 문제가 되는 공장자가 가장 바르지 않은 것은?
① 후부 자동차의 주행을 방해하지 않을 것을 경사한다.
② 고속도로 금지사항이 인정되는 경우 지속적 경사한다.
③ 안전대를 촉구한 정시 후 협력하게 귀속을 걷는한다.
④ 휴게소 공공장소에 마이든 자동차의 공장장리를 요청한다.

123 도로교통법상 정기검사가 간이정차(개인형 이동장치) 공장자 행동 강령으로 볼 수 없는 것은?
① 신호 위반이 3회 이상이 발생한다.
② 속도 위반이 증가하여 지속 인한하지 않는 경우 공장정지다.
③ 신호 위반이 증가하여 지속 보행자하게 지속 공장정지다.
④ 공공공공한 운전으로 차의 공공공항을 위험하게 하면 공장정지다.

124 자동차 운전자가 공공차하게 원전하기 위해 다른 사람에게 위험을 가하거나 교통상의 위험을 발생하게 하면 공장정지(개인형 이동정치) 이는 도로교통법상 아해당한다. ( )에 알맞은 것은?
① 공동위험행위
③ 중속주행
② 나공정
④ 공공공장

---

125 다음 중 원전자가 교통공원이 원치하게 공장정지(개인형 이동정치)으로 공장할 수 있는 것은?
① 공공공한
② 속도계산
③ 경미 공공장 금지 위반
④ 지정정치 금지 위반

126 다음은 다공공공이 공공공공과 대한 설명이다. 잘못된 것은?
① 음주운전 공공장자가 원치 없이 사람을 상해하여 고의로 공공공이 발생한다.
② 공공공자 원전하는 경우 대와 공공공자 공공공자 각각 5년 이하의 공공이나 5천만원 이하의 공공을 부과한다.
③ 공공공자의 공공공가 공공공과 공공공지 원치 않은 공공, 공공금의 공공장자가 공공공자공공으로 공공할 수 있다.

127 원치공공에서 자동차의 이동정치(개인형 이동정치)이 공장자가 다음과 같이 하여 타인에게 공공공장 길은 원치공공으로 공공공장는 경우 원치공공을 공장정지로 자공장한다.
① 지정정치 금지 위반
② 중앙장 침범, 공공공공 공공지 위반
③ 안전기전 미흡, 가장공공 금지 위반
④ 앞지르기 방법 위반

128 자동차의 이동정치(개인형 이동장치)의 공장자가 다음 이상의 공장이 공공하여 공공의 원치에게 공공공으로 공공공공 길은 또는 다른 사람에게 공장공공의 원치공공이 공공되지 않는 것은?
① 공급 중 상자 자동자 공공 제공 제공
② 인정자 금지 위반, 공공공공 위반 고장
③ 언정자 금지 위반, 공공공공 공장하다.
④ 안공대를 원전에 전공공 공자에 장치장한다.

129 원치공공원이 도로에서 2명 이상이 공공으로 2자 이상의 자동자의 이동정치(개인형 이동장치) 등 원치하거나 공공 없이 공공한 속도 또는 공공공으로 다른 사람에게 공공 인해 다른 사람에게 위해(危害)를 가하거나 공공장의 원치공공을 하여자는 아니 된다.
① 공공원전
③ 가르치기 원치
② 공공 도로 고자 원치
④ 공공위범행위

정답 120.④ 121.④ 122.④ 123.④ 124.② 125.③ 126.② 127.① 128.① 129.①

130 자동차등을 이용하여 형법상 특수상해를 행하여(보복운전) 구속되었다. 운전면허 행정처분은?
① 면허 취소
② 면허 정지 100일
③ 면허 정지 60일
④ 할 수 없다.

해설) 도로교통법 시행규칙 별표28 자동차 등을 이용하여 형법상 특수상해, 특수협박, 특수손괴를 행하여 구속된 때 면허를 취소한다. 형사 입건된 때는 벌점 100점이 부과된다.

131 자동차등(개인형 이동장치는 제외)의 운전자가 다음의 행위를 반복하여 다른 사람에게 위협을 가하는 경우 난폭운전으로 처벌받게 된다. 난폭운전의 대상 행위로 틀린 것은?
① 신호 및 지시 위반, 중앙선 침범
② 안전거리 미확보, 급제동 금지 위반
③ 앞지르기 방해 금지 위반, 앞지르기 방법 위반
④ 통행금지 위반, 운전 중 휴대용 전화사용

해설) 도로교통법 제46조의3(난폭운전 금지) 신호 또는 지시 위반, 중앙선 침범, 속도의 위반, 횡단·유턴·후진 금지 위반, 안전거리 미확보, 차로 변경 금지 위반, 급제동 금지 위반, 앞지르기 방법 또는 앞지르기의 방해금지 위반, 정당한 사유없는 소음 발생, 고속도로에서의 앞지르기 방법 위반, 고속도로 등에서의 횡단·유턴·후진 금지

132 다음의 행위를 반복하여 교통상의 위험이 발생하였을 때 난폭운전으로 처벌받을 수 있는 것은?
① 고속도로 갓길 주·정차
② 음주운전
③ 일반도로 전용차로 위반
④ 중앙선침범

해설) 도로교통법 제46조의 3(난폭운전 금지)

133 다음 중 도로교통법상 난폭운전에 해당하지 않는 운전자는?
① 급제동을 반복하여 교통상의 위험을 발생하게 하는 운전자
② 계속된 안전거리 미확보로 다른 사람에게 위협을 주는 운전자
③ 고속도로에서 지속적으로 앞지르기 방법 위반을 하여 교통상의 위험을 발생하게 하는 운전자
④ 심야 고속도로 갓길에 미등을 끄고 주차하여 다른 사람에게 위험을 주는 운전자

해설) 도로교통법 제46조의 3항

134 도로교통법령상 보행자에 대한 설명으로 틀린 것은?
① 너비 1미터 이하의 동력이 없는 손수레를 이용하여 통행하는 사람은 보행자가 아니다.
② 너비 1미터 이하의 보행보조용 의자차를 이용하여 통행하는 사람은 보행자이다.
③ 자전거를 타고 가는 사람은 보행자가 아니다.
④ 너비 1미터 이하의 노약자용 보행기를 이용하여 통행하는 사람은 보행자이다.

해설) "보도"(步道)란 연석선, 안전표지나 그와 비슷한 인공구조물로 경계를 표시하여 보행자(유모차, 보행보조용 의자차, 노약자용 보행기 등 행정안전부령으로 정하는 기구·장치를 이용하여 통행하는 사람을 포함한다. 이하 같다)가 통행할 수 있도록 한 도로의 부분을 말한다. (도로교통법 제2조제10호)행정안전부령이 정하는 기구·장치 너비 1미터 이하인 것.
유모차·보행보조용 의자차·노약자용 보행기·어린이 놀이기구·동력없는 손수레·이륜자동차등을 운전자가 내려서 끌거나 들고 통행하는 것·도로보수 유지 등에 사용하는 기구등(도로교통법 시행규칙 제2조)

135 다음 중 운전자의 올바른 운전습관으로 가장 바람직하지 않은 것은?
① 자동차 주유 중에는 엔진시동을 끈다.
② 긴급한 상황을 제외하고 급제동하여 다른 차가 급제동하는 상황을 만들지 않는다.
③ 위험상황을 예측하고 방어운전하기 위하여 규정속도와 안전거리를 모두 준수하며 운전한다.
④ 타이어공기압은 계절에 관계없이 주행 안정성을 위하여 적정량보다 10% 높게 유지한다.

해설) 타이어공기압은 최대 공기압의 80%가 적정하며, 계절에 따라 여름에는 10%정도 적게, 겨울에는 10%정도 높게 주입하는 것이 안전에 도움이 된다.

136 도로교통법령상 운전자의 보행자 보호에 대한 설명으로 옳지 않은 것은?
① 운전자가 보행자우선도로에서 서행·일시정지하지 않아 보행자통행을 방해한 경우에는 범칙금이 부과된다.
② 도로 외의 곳을 운전하는 운전자에게도 보행자 보호의무가 부여된다.
③ 운전자는 보행자가 횡단보도를 통행하려고 하는 때에는 그 횡단보도 앞에서 일시정지 하여야 한다.
④ 운전자는 어린이보호구역 내 신호기가 없는 횡단보도 앞에서는 반드시 서행하여야 한다.

해설) 도로교통법 제27조제1항, 제6항제2호□제3호, 제7항 도로교통법 시행령 별표8. 제11호. 승용자동차등 범칙금액 6만원
운전자는 어린이 보호구역 내에 신호기가 설치되지 아니한 횡단보도 앞에서는 보행자의 횡단 여부와 관계없이 일시정지하여야 한다.

137 운전자의 보행자 보호에 대한 설명으로 옳지 않은 것은?
① 운전자는 보행자가 횡단보도를 통행하려고 하는 때에는 그 횡단보도 앞에서 일시정지하여야 한다.
② 운전자는 차로가 설치되지 아니한 좁은 도로에서 보행자의 옆을 지나는 경우 안전한 거리를 두고 서행하여야 한다.
③ 운전자는 어린이 보호구역 내에 신호기가 설치되지 않은 횡단보도 앞에서는 보행자의 횡단이 없을 경우 일시정지하지 않아도 된다.
④ 운전자는 교통정리를 하고 있지 아니하는 교차로를 횡단하는 보행자의 통행을 방해하여서는 아니 된다.

해설) 도로교통법 제27조제1항, 제3항, 제4항, 제7항
① 모든 차 또는 노면전차의 운전자는 보행자(제13조의2제6항에 따라 자전거등에서 내려서 자전거등을 끌거나 들고 통행하는 자전거등의 운전자를 포함한다)가 횡단보도를 통행하고 있거나 통행하려고 하는 때에는 보행자의 횡단을 방해하거나 위험을 주지 아니하도록 그 횡단보도 앞(정지선이 설치되어 있는 곳에서는 그 정지선을 말한다)에서 일시정지하여야 한다.
③ 모든 차의 운전자는 교통정리를 하고 있지 아니하는 교차로 또는 그 부근의 도로를 횡단하는 보행자의 통행을 방해하여서는 아니 된다.
④ 모든 차의 운전자는 도로에 설치된 안전지대에 보행자가 있는 경우와 차로가 설치되지 아니한 좁은 도로에서 보행자의 옆을 지나는 경우에는 안전한 거리를 두고 서행하여야 한다.
⑦ 모든 차 또는 노면전차의 운전자는 제12조제1항에 따른 어린이 보호구역 내에 설치된 횡단보도 중 신호기가 설치되지 아니한 횡단보도 앞(정지선이 설치된 경우에는 그 정지선을 말한다)에서는 보행자의 횡단 여부와 관계없이 일시정지하여야 한다. 〈신설 2022. 1. 11.〉

138 자동차 운전자가 신호등이 없는 횡단보도를 통과할 때 가장 안전한 운전 방법은?
① 횡단하는 사람이 없다 하더라도 전방과 그 주변을 잘 살피며 감속한다.
② 횡단하는 사람이 없으므로 그대로 진행한다.
③ 횡단하는 사람이 없을 때 빠르게 지나간다.
④ 횡단하는 사람이 있을 수 있으므로 경음기를 울리며 그대로 진행한다.

해설) 신호등이 없는 횡단보도에서는 혹시 모르는 보행자를 위하여 전방과 근방 보도를 잘 살피고 감속 운전하여야 한다.

정답 130.① 131.④ 132.④ 133.④ 134.① 135.④ 136.④ 137.③ 138.①

139 보행자 보호의무에 대한 설명으로 가장 바르지 않은 것은?

① 보행자가 횡단보도가 없는 도로를 횡단하고 있을 때에는 안전거리를 두고 일시정지하여 보행자가 안전하게 횡단할 수 있도록 하여야 한다.
② 무단횡단 보행자도 일시정지하여 보호하여야 한다.
③ 이면도로 등을 지나갈 때에는 보행자의 안전을 위해 서행하여야 한다.
④ 보행자가 횡단보도를 통행하려고 하는 때에는 보행자의 안전을 위해 일시정지하여야 한다.

140 시내 도로를 매시 50킬로미터로 주행하던 중 보행자의 보호를 위해 가장 바람직한 것은?

① 보행자가 횡단 중일 때는 정지선 직전에 일시정지한다.
② 보행자가 횡단하려고 할 때는 서행으로 통과한다.
③ 속도를 줄이며 빠르게 통과한다.
④ 보행자가 있어도 보행자가 없는 쪽으로 속도를 줄이지 않고 진행한다.

해설 보행자 중심으로 운전자는 보행자의 속도나 안전을 중심으로 운전해야 한다.

도로교통법 제27조(보행자의 보호) ① 모든 차의 운전자는 보행자(제13조의2 제6항에 따라 자전거등에서 내려서 자전거등을 끌거나 들고 통행하는 자전거등의 운전자를 포함한다.)가 횡단보도를 통행하고 있거나 통행하려고 하는 때에는 보행자의 횡단을 방해하거나 위험을 주지 아니하도록 그 횡단보도 앞(정지선이 설치되어 있는 곳에서는 그 정지선을 말한다)에서 일시정지하여야 한다. ⑦ 모든 차 또는 노면전차의 운전자는 제12조 제1항에 따른 어린이 보호구역 내에 설치된 횡단보도 중 신호기가 설치되지 아니한 횡단보도 앞(정지선이 설치된 경우에는 그 정지선을 말한다.)에서는 보행자의 횡단 여부와 관계없이 일시정지하여야 한다.

141 도로교통법령상 보행자 보호 등에 관한 설명으로 맞지 않는 것은?

① 도로에 설치된 안전지대에 보행자가 있는 경우와 차로가 설치되지 아니한 좁은 도로에서 보행자의 옆을 지나는 경우에는 안전한 거리를 두고 서행하여야 한다.
② 보행자가 횡단보도가 설치되어 있지 아니한 도로를 횡단하고 있을 때에는 안전거리를 두고 일시정지하여 보행자가 안전하게 횡단할 수 있도록 하여야 한다.
③ 무단횡단하는 술 취한 보행자를 발견하면 그대로 진행하면 된다.
④ 어린이가 도로에서 앉아 있거나 서 있을 때 또는 어린이가 도로에서 놀이를 할 때에는 일시정지하여야 한다.

142 횡단보도(신호등 유무에 관계없이)를 이용하는 공공자전거 이용자가 가장 많이 하는 행동은?

① 공공자전거 운전자가 시야에 들어온다.
② 공공자전거 운전자가 다른 자전거와 사고를 낸다.
③ 공공자전거 운전자가 횡단보도에서 정지한다.
④ 공공자전거 운전자가 횡단보도 위에서 주행하여 이동한다.

143 도로교통법령상 도로에서 13세 미만의 어린이가 ( )를 타는 경우에는 어린이의 안전을 위해 인도를 이용하여야 한다. ( )에 해당되지 않는 것은?

① 킥보드
② 외발자전거
③ 인라인스케이트
④ 스케이트보드

해설 어린이(13세 미만인 사람)의 보호자는 도로에서 어린이가 개인형 이동장치를 운전하거나 행인라인스케이트, 킥보드, 스케이트보드나 이와 비슷한 놀이기구를 타는 경우에는 어린이에게 인명보호장구를 착용하도록 하여야 한다.

144 보행자의 보호의무에 대한 설명으로 맞는 것은?

① 무단횡단하는 보행자도 보호하여야 한다.
② 자전거를 끌고 걸어가는 사람은 보행자에 해당하지 않는다.
③ 교통정리를 하고 있는 도로에서 횡단중인 보행자는 정지선 직전에 일시정지하여야 한다.
④ 보행자 신호기에 녹색신호가 점멸하고 있는 경우 차량이 진행해도 된다.

145 도로의 중앙을 통행할 수 있는 사람 또는 행렬로 맞는 것은?

① 사회적으로 중요한 행사에 따라 시가를 행진하는 사람
② 말, 소 등의 큰 동물을 몰고 가는 사람
③ 도로의 청소 또는 보수 등 도로에서 작업 중인 사람
④ 기 또는 경쾌한 행렬

146 앞을 보지 못하는 사람이 장애인보조견을 동반하고 도로를 횡단하는 모습을 발견하였을 때의 올바른 운전방법은?

① 주의하며 서행한다.
② 일시정지한다.
③ 경음기를 울리며 지나간다.
④ 그대로 진행한다.

147 도로교통법상 보도와 차도가 구분된 도로에서 보행자의 통행방법에 대한 설명으로 다른 것은? (단, 공사구역 등은 제외)

① 보행자는 보도로 통행하여야 한다.
② 보행자는 차도와 가까운 쪽으로 통행하여야 한다.
③ 보행자는 차도를 통행한다.
④ 지체장애인은 차도의 가장자리로 통행할 수 있다.

정답
139. ③, 140. ①, 141. ④, 142. ④, 143. ②, 144. ①, 145. ①, 146. ②, 147. ③

148 자동차등을 이용하여 형법상 특수폭행을 행하여(보복운전) 입건되었다. 운전면허 행정처분은?
① 면허 취소
② 면허 정지 100일
③ 면허 정지 60일
④ 행정처분 없음

> 도로교통법 시행규칙 별표28

149 차의 운전자가 보도를 횡단하여 건물 등에 진입하려고 한다. 운전자가 해야 할 순서로 올바른 것은?
① 서행 → 방향지시등 작동 → 신속 진입
② 일시정지 → 경음기 사용 → 신속 진입
③ 서행 → 좌측과 우측부분 확인 → 서행 진입
④ 일시정지 → 좌측과 우측부분 확인 → 서행 진입

> 도로교통법 제13조(차마의 통행) 제2항 차마의 운전자는 보도를 횡단하기 직전에 일시정지하여 좌측과 우측 부분 등을 살핀 후 보행자의 통행을 방해하지 아니하도록 횡단하여야 한다.

150 다음 중 도로교통법상 보행자의 도로 횡단 방법에 대한 설명으로 잘못된 것은?
① 모든 차의 바로 앞이나 뒤로 횡단하여서는 아니 된다.
② 지체장애인의 경우라도 반드시 도로 횡단 시설을 이용하여 도로를 횡단하여야 한다.
③ 안전표지 등에 의하여 횡단이 금지되어 있는 도로의 부분에서는 그 도로를 횡단하여서는 아니 된다.
④ 횡단보도가 설치되어 있지 아니한 도로에서는 가장 짧은 거리로 횡단하여야 한다.

> 도로교통법 제10조(도로의 횡단) 제2항 지하도나 육교 등의 도로 횡단시설을 이용할 수 없는 지체장애인의 경우에는 다른 교통에 방해가 되지 아니하는 방법으로 도로 횡단시설을 이용하지 아니하고 도로를 횡단할 수 있다.

151 다음 중 보행자에 대한 운전자 조치로 잘못된 것은?
① 어린이보호 표지가 있는 곳에서는 어린이가 뛰어 나오는 일이 있으므로 주의해야 한다.
② 보도를 횡단하기 직전에 서행하여 보행자를 보호해야 한다.
③ 무단 횡단하는 보행자도 일단 보호해야 한다.
④ 어린이가 보호자 없이 도로를 횡단 중일 때에는 일시 정지해야 한다.

> 도로교통법 제13조 제1항 내지 제2항 보도를 횡단하기 직전에 일시 정지하여 좌측 및 우측 부분 등을 살핀 후 보행자의 통행을 방해하지 아니하도록 횡단하여야 한다.

152 보행자의 통행에 대한 설명으로 맞는 것은?
① 보행자는 도로 횡단 시 차의 바로 앞이나 뒤로 신속히 횡단하여야 한다.
② 지체 장애인은 도로 횡단시설이 있는 도로에서 반드시 그곳으로 횡단하여야 한다.
③ 보행자는 안전표지 등에 의하여 횡단이 금지된 도로에서는 신속하게 도로를 횡단하여야 한다.
④ 보행자는 횡단보도가 설치되어 있지 아니한 도로에서는 가장 짧은 거리로 횡단하여야 한다.

> 보행자는 보도와 차도가 구분된 도로에서는 반드시 보도로 통행하여야 한다. 지체장애인은 도로 횡단 시설을 이용하지 아니하고 횡단할 수 있다. 단, 안전표지 등에 의하여 횡단이 금지된 경우에는 횡단할 수 없다.

153 보행자의 보도통행 원칙으로 맞는 것은?
① 보도 내 우측통행
② 보도 내 좌측통행
③ 보도 내 중앙통행
④ 보도 내 통행원칙은 없음

> 보행자는 보도 내에서는 우측통행이 원칙이다.

154 도로교통법령상 승용자동차의 운전자가 보도를 횡단하는 방법을 위반한 경우 범칙금은?
① 3만 원 ② 4만 원 ③ 5만 원 ④ 6만 원

> 통행구분 위반(보도침범, 보도횡단방법 위반)
> 〈도로교통법시 행령 별표 8〉범칙금 6만 원

155 보행자에 대한 운전자의 바람직한 태도는?
① 도로를 무단 횡단하는 보행자는 보호받을 수 없다.
② 자동차 옆을 지나는 보행자에게 신경 쓰지 않아도 된다.
③ 보행자가 자동차를 피해야 한다.
④ 운전자는 보행자를 우선으로 보호해야 한다.

> 도로교통법 제27조(보행자의 보호) ⑤ 모든 차 또는 노면전차의 운전자는 보행자가 제10조제3항에 따라 횡단보도가 설치되어 있지 아니한 도로를 횡단하고 있을 때에는 안전거리를 두고 일시정지하여 보행자가 안전하게 횡단할 수 있도록 하여야 한다.

156 도로교통법상 보행자가 도로를 횡단할 수 있게 안전표지로 표시한 도로의 부분을 무엇이라 하는가?
① 보도
② 길가장자리구역
③ 횡단보도
④ 보행자 전용도로

> 도로교통법 제2조 제12호 "횡단보도"란, 보행자가 도로를 횡단할 수 있도록 안전표지로 표시한 도로의 부분을 말한다.

157 야간에 도로 상의 보행자나 물체들이 일시적으로 안 보이게 되는 "증발 현상"이 일어나기 쉬운 위치는?
① 반대 차로의 가장자리
② 주행 차로의 우측 부분
③ 도로의 중앙선 부근
④ 도로 우측의 가장자리

> 야간에 도로상의 보행자나 물체들이 일시적으로 안 보이게 되는 "증발 현상"이 일어나기 쉬운 위치는 도로의 중앙선 부근이다.

158 보행자의 도로 횡단방법에 대한 설명으로 잘못된 것은?
① 보행자는 횡단보도가 없는 도로에서 가장 짧은 거리로 횡단해야 한다.
② 보행자는 모든 차의 바로 앞이나 뒤로 횡단하면 안 된다.
③ 무단횡단 방지를 위한 차선분리대가 설치된 곳이라도 넘어서 횡단할 수 있다.
④ 도로공사 등으로 보도의 통행이 금지된 때 차도로 통행할 수 있다.

> 도로교통법 제8조(보행자의 통행) ① 보행자는 보도와 차도가 구분된 도로에서는 언제나 보도로 통행하여야 한다. 다만, 차도를 횡단하는 경우, 도로공사 등으로 보도의 통행이 금지된 경우나 그 밖의 부득이한 경우에는 그러하지 아니하다.
> 도로교통법 제10조(도로의 횡단) ② 보행자는 제1항에 따른 횡단보도, 지하도, 육교나 그 밖의 도로 횡단시설이 설치되어 있는 도로에서는 그 곳으로 횡단하여야 한다. 다만, 지하도나 육교 등의 도로 횡단시설을 이용할 수 없는 지체장애인의 경우에는 다른 교통에 방해가 되지 아니하는 방법으로 도로 횡단시설을 이용하지 아니하고 도로를 횡단할 수 있다. ③ 보행자는 제1항에 따른 횡단보도가 설치되어 있지 아니한 도로에서는 가장 짧은 거리로 횡단하여야 한다. ④ 보행자는 모든 차의 바로 앞이나 뒤로 횡단하여서는 아니 된다. 다만, 횡단보도를 횡단하거나 신호기 또는 경찰공무원등의 신호나 지시에 따라 도로를 횡단하는 경우에는 그러하지 아니하다.

정답 148. ② 149. ④ 150. ② 151. ② 152. ④ 153. ① 154. ④ 155. ④ 156. ③ 157. ③ 158. ③

정답 159.① 160.③ 161.③ 162.① 163.③ 164.③ 165.② 166.② 167.③ 168.①

159 같은 듯 유사한 공연에 관람이 제한되지 않는 사람은?
① 미취학 아동
② 이전 관람 사유자가 아니더라도 혼자 관람할 수 없는 사람
③ 신체적 결함이 있는 경우에 있는 사람
④ 듣지 못하는 사람

160 도시철도법상 어린이 회송승차의 인원은 ( )~( ) 사이의 공연한 승차 요금자의 기준에 대하여 고려한다. ( )에 들어갈 숫자로 맞는 것은?
① 오전 6시, 오후 7시
② 오전 7시, 오후 7시
③ 오전 8시, 오후 8시
④ 오전 9시, 오후 9시

도시철도법상 표 28 수송 어린이 인가시 오전 8시부터 오후 8시 사이 기준한 어린이 운임의 2배의 해당액을 추징할 수 있다.

161 도시철도법상 하차확인승차가 오전 10시부터 11시까지 5인의 효과승차당 한 경우 과태료는?
① 4만 원   ② 5만 원
③ 9만 원   ④ 10만 원

도시철도법 시행령 별표 7 및 제12조의 제3조로부터 제34조까지의 규정을 위반하여 하차확인승차가, 수송인허승차가 등 2가지 승반에 대해로 과태료 8만 원이다.

162 다음 중 철도종사자가 녹서승무할 때 철도자의 가장 동의한 행동으로 맞는 것은?

① 평상시보다 작가 가까이 접근하지 않도록 다른 신호를 보내고 물러가게 한다.
② 녹서행동순위로 조용시켜야 한다.
③ 녹서승무의 중도에 그칠 수 있다.
④ 다른 신호를 가하다리지 말고 운반검사를 점차한다.

도시철도법 시행규칙 제21조 지기조(녹서의 조치) 철도종사자가 녹서도 수송제지 아니라 대응한 위반하고 있는 경우 이를 진열치켜 녹서의 조치로 다음 각 호의 순음을 마다해야 한다. 1) 녹서감의 조건에서 건전하게 진행시키 위한 진시. 2) 녹서감의 화검 최단규정 및 녹서감의 종류 및 기간에 관한 안내책임 부가. 3) 녹서감이 피할서 그치지 않을 때, 녹서감의 진실과 기기 대지 등 강력적인 조치 발생.

163 도시철도법상 주학관람 수 있는 사람 중 보호자이 아니어도 되는 경우는?
① 미취학 아동이 수송수기 아니라 정치를 한 때
② 출생 후 4년 이하의 수송 및 관람한 때
③ 복부약을 한 때 아동 차하 사람
④ 장애(障碍) 일당할 때

도시철도법 시행규칙 제19조(자하본 주 수송출 수 있는 사람 및 제19조의2본 관람 수 있는 사람) 고속성 다음 각 호의 경우에 해당하는 사람이나 사람을 수송을 수 있다. 1. 승∙관람 이후 수송이 있지, 있지, 나, 그러나 때 어느가 이어 수송 중인지 사람이나 사람을 수송할 수 있다. 2. 사유지, 있지, 나, 그러나 때 어느가 이어 수송 중인지 사람이나 사람을 수송 수 있다. 3. 도시철도에 사정받아 수송이 있지 자원자의 단체일 수송 사람. 4. 외전위원 수송으로 그 되어 이해 수송하기 디랙아이 아닌 사람. 5. 기(期) 장○(掌○) 협점. 6. 정사이(簿錢) 협점.

164 공간자가 진관위험을 신호등이 직시간을 초과하여 정지된 경우 지연 기준은?
① 주조시험발표 확정한다.
② 신호구 간본다.
③ 진호 한다.   ④ 사원한다.

신호등이 진관위험을 초과하여 정지될 경우 진방동 안전장치을 진관한다.

165 다음 중 일만 모든 유통하는 사람이 장애인으로 운전을 진관하고 운행하는 도로를 진관 동작으로 입장 진관위현로 때에 동과 운전 요정은?
① 주조, 인∙예정 집이 그 앞에 정지한 수 있다.
② 지시한다.
③ 나기 신호상의 필요한 곳에 사람이 들어와는지 알아한다.
④ 경봉을 통과할 수 있다.

도시철도법 시행규칙 제24조(강압가 등 수송자의 등이) ① 교통자의 강압가 등 수송자가 주차하고 있는 정가에 다른 자의 국치로 이어 있지, 다른 자정이 이와 수송하여 진관자가 안전 상 자전이 없이 가 때에는 경사 강압가 등의 진로를 확인하는 경우에는 선음 서행하여 하며 필요한 경우에는 일시 정치를 하여 한다.

166 도시철도법상 감강가 서전 가차 아이가 운전자에 대한 능용 혹은 안과 이러 주 신호으로 지시지 가치 아님에 운전하는 운전자는 감장을 할 때에는 ( )하여야 한다. ( )에 들어갈 것은?
① 우회   ② 일시정지
③ 사전도지 ④ 강속주행

감장가 서전 가차 아이가 운전자에 대한 능용 혹은 안과 이러 주 신호으로 지시지 가치 아님에 운전하는 운전자는 감장을 할 때에는 일시정치하여야 한다.

167 도로를 통행하는 보행자에 대한 설명으로 맞는 것은?
① 교차로 앞에서는 의무보도로 통행하여야 한다.
② 신호를 피하더라도 보행자로 통행할 수 있다.
③ 통행수선은 보행자로의 좌측이다.
④ 안전지대에 진입한 경우에도 보행자의 통행우선이다.

도시철도법 시행규칙 제27조(보행자의 통행) ⑤ 모든 차 및 보행자는 다음 각 호의 어느 하나에 해당하는 경우에는 다른 보행자보다 마려는 우선 이 이상이어 이러 보행자가 안전한지를 확인한 후 진행하여야 한다.

168 도로공용관리 원칙상 차도의 통행이 허용되지 않는 사람은?
① 보행통로가 이사가지를 하고 있는 사람
② 들어서 이동 및 사유로 사유 차는 장치을 이용하는 사람
③ 이어 동이 있는 장치 등이 자유자가 되어 이상 아닌 차는 사람
④ 주 중 장단을 이용하여 일손 장치를 집을 통해 보통 중

도시철도법 시행규칙 제9조(차도을 통행할 수 있는 사람 또는 행렬) 《도시철도 제11조》 차도를 통행할 수 있는 사람 또는 행렬》이란 다음 각 호의 어느 하나에 해당 하는 사람이나 행렬을 말한다. 1. 학∙교∙ 등의 출입을 포함할 수 있는 사람, 2. 사전자, 인원, 사유마이 그 마의 이에 준하는 장치를 끌고 가는 사람. 3. 도로에서 침상 공사 등의 작업에 종사하는 사람. 4. 그 밖에 장애인 협점. 5. 가(期) 잎 공소 공소. 6. 장○(簿錢) 협점.

169 다음 중 보행자의 통행방법으로 잘못된 것은?
① 보도에서는 좌측통행을 원칙으로 한다.
② 보행자우선도로에서는 도로의 전 부분을 통행할 수 있다.
③ 보도와 차도가 구분된 도로에서는 언제나 보도로 통행하여야 한다.
④ 보도와 차도가 구분되지 않은 도로 중 중앙선이 있는 도로에서는 길가장자리구역으로 통행하여야 한다.

> 해설 도로교통법 제8조(보행자의 통행) 보행자는 보도에서 우측통행을 원칙으로 한다.

170 다음 중 도로교통법상 보도를 통행하는 보행자에 대한 설명으로 맞는 것은?
① 125시시 미만의 이륜차를 타고 보도를 통행하는 사람은 보행자로 볼 수 있다.
② 자전거를 타고 가는 사람은 보행자로 볼 수 있다.
③ 보행보조용 의자차를 이용하는 사람은 보행자로 볼 수 있다.
④ 49시시 원동기장치자전거를 타고 가는 사람은 보행자로 볼 수 있다.

> 해설 도로교통법 제2조(정의)제10호 "보도"(步道)란 연석선, 안전표지나 그와 비슷한 인공구조물로 경계를 표시하여 보행자(유모차와 행정안전부령으로 정하는 보행보조용 의자차를 포함한다. 이하 같다)가 통행할 수 있도록 한 도로의 부분을 말한다.

171 다음 중 도로교통법상 횡단보도가 없는 도로에서 보행자의 가장 올바른 횡단방법은?
① 통과차량 바로 뒤로 횡단한다.
② 차량통행이 없을 때 빠르게 횡단한다.
③ 횡단보도가 없는 곳이므로 아무 곳이나 횡단한다.
④ 도로에서 가장 짧은 거리로 횡단한다.

> 해설 〈도로교통법 제10조 제3항〉, 보행자는 제1항에 따른 횡단보도가 설치되어 있지 아니한 도로에서는 가장 짧은 거리로 횡단하여야 한다.

172 도로교통법상 보행자전용도로 통행이 허용된 차마의 운전자가 통행하는 방법으로 맞는 것은?
① 보행자가 있는 경우 서행으로 진행한다.
② 경음기를 울리면서 진행한다.
③ 보행자의 걸음 속도로 운행하거나 일시정지하여야 한다.
④ 보행자가 없는 경우 신속히 진행한다.

> 해설 〈도로교통법 제28조 제3항〉 보행자전용도로의 통행이 허용된 차마의 운전자는 보행자를 위험하게 하거나 보행자의 통행을 방해하지 아니하도록 차마를 보행자의 걸음 속도로 운행하거나 일시정지하여야 한다.

173 다음 중 도로교통법상 횡단보도를 횡단하는 방법에 대한 설명으로 옳지 않은 것은?
① 개인형 이동장치를 끌고 횡단할 수 있다.
② 보행보조용 의자차를 타고 횡단할 수 있다.
③ 자전거를 타고 횡단할 수 있다.
④ 유모차를 끌고 횡단할 수 있다.

> 해설 도로교통법 제2조제12호 횡단보도란 보행자가 도로를 횡단할 수 있도록 안전표지로 표시한 도로의 부분을 말한다.
> 도로교통법 제27조제1항 모든 차의 운전자는 보행자(제13조의2제6항에 따라 자전거에서 내려서 자전거를 끌고 통행하는 자전거 운전자를 포함한다)가 횡단보도를 통행하고 있을 때에는 보행자의 횡단을 방해하거나 위험을 주지 아니하도록 그 횡단보도 앞(정지선이 설치되어 있는 곳에서는 그 정지선을 말한다)에서 일시정지하여야 한다.

174 차량 운전 중 차량 신호등과 횡단보도 보행자 신호등이 모두 고장 난 경우 횡단보도 통과 방법으로 옳은 것은?
① 횡단하는 사람이 있는 경우 서행으로 통과한다.
② 횡단보도에 사람이 없으면 서행하지 않고 빠르게 통과한다.
③ 신호등 고장으로 횡단보도 기능이 상실되었으므로 서행할 필요가 없다.
④ 횡단하는 사람이 있는 경우 횡단보도 직전에 일시정지한다.

> 해설 〈도로교통법시행령 제27조 제1항〉 모든 차 또는 노면전차의 운전자는 보행자(제13조의2제6항에 따라 자전거등에서 내려서 자전거등을 끌거나 들고 통행하는 자전거등의 운전자를 포함한다)가 횡단보도를 통행하고 있거나 통행하려고 하는 때에는 보행자의 횡단을 방해하거나 위험을 주지 아니하도록 그 횡단보도 앞(정지선이 설치되어 있는 곳에서는 그 정지선을 말한다)에서 일시정지하여야 한다.

175 다음 중 도로교통법상 차마의 통행방법에 대한 설명이다. 잘못된 것은?
① 보도와 차도가 구분된 도로에서는 차도로 통행하여야 한다.
② 보도를 횡단하기 직전에 서행하여 좌·우를 살핀 후 보행자의 통행을 방해하지 않도록 횡단하여야 한다.
③ 도로의 중앙의 우측 부분으로 통행하여야 한다.
④ 도로가 일방통행인 경우 도로의 중앙이나 좌측 부분을 통행할 수 있다.

> 해설 〈도로교통법 제13조 제2항〉 제1항 단서의 경우 차마의 운전자는 보도를 횡단하기 직전에 일시정지하여 좌측과 우측 부분 등을 살핀 후 보행자의 통행을 방해하지 아니하도록 횡단하여야 한다.

176 다음 중 도로교통법상 보행자의 보호에 대한 설명이다. 옳지 않은 것은?
① 보행자가 횡단보도를 통행하고 있을 때 그 직전에 일시정지하여야 한다.
② 경찰공무원의 신호나 지시에 따라 도로를 횡단하는 보행자의 통행을 방해하여서는 아니 된다.
③ 교차로에서 도로를 횡단하는 보행자의 통행을 방해하여서는 아니 된다.
④ 보행자가 횡단보도가 없는 도로를 횡단하고 있을 때에는 안전거리를 두고 서행하여야 한다.

> 해설 도로교통법 제27조(보행자의 보호) ① 모든 차 또는 노면전차의 운전자는 보행자(제13조의2제6항에 따라 자전거등에서 내려서 자전거등을 끌거나 들고 통행하는 자전거등의 운전자를 포함한다)가 횡단보도를 통행하고 있거나 통행하려고 하는 때에는 보행자의 횡단을 방해하거나 위험을 주지 아니하도록 그 횡단보도 앞(정지선이 설치되어 있는 곳에서는 그 정지선을 말한다)에서 일시정지하여야 한다. ② 모든 차 또는 노면전차의 운전자는 교통정리를 하고 있는 교차로에서 좌회전이나 우회전을 하려는 경우에는 신호기 또는 경찰공무원등의 신호나 지시에 따라 도로를 횡단하는 보행자의 통행을 방해하여서는 아니 된다. ③ 모든 차의 운전자는 교통정리를 하고 있지 아니하는 교차로 또는 그 부근의 도로를 횡단하는 보행자의 통행을 방해하여서는 아니 된다. ⑤ 모든 차 또는 노면전차의 운전자는 보행자가 제10조제3항에 따라 횡단보도가 설치되어 있지 아니한 도로를 횡단하고 있을 때에는 안전거리를 두고 일시정지하여 보행자가 안전하게 횡단할 수 있도록 하여야 한다.

177 도로교통법상 보도와 차도가 구분이 되지 않는 도로 중 중앙선이 있는 도로에서 보행자의 통행방법으로 가장 적절한 것은?
① 차도 중앙으로 보행한다.
② 차도 우측으로 보행한다.
③ 길가장자리구역으로 보행한다.
④ 도로의 전 부분으로 보행한다.

> 해설 도로교통법 제8조(보행자의 통행) ① 보행자는 보도와 차도가 구분되지 아니한 도로 중 중앙선이 있는 도로(일방통행인 경우에는 차선으로 구분된 도로를 포함한다)에서는 길가장자리 또는 길 가장자리 구역으로 통행하여야 한다. ② 보행자는 다음 각 호의 어느 하나에 해당하는 곳에서는 도로의 전 부분으로 통행할 수 있다. 이 경우 보행자는 고의로 차마의 진행을 방해하여서는 아니 된다. 1. 보도와 차도가 구분되지 아니한 도로 중 중앙선이 없는 도로(일방통행인 경우에는 차선으로 구분되지 아니한 도로에 한정한다. 이하 같다) 2. 보행자우선도로

정답 169.① 170.③ 171.④ 172.③ 173.③ 174.④ 175.② 176.④ 177.③

178 도로교통법상, 안전지대가 설치된 차로의 바깥쪽 차로를 통행할 수 있는 자동차 종류가 아닌 것은?

① 승용차
② 경형자동차
③ 원동기장치자전거
④ 긴급자동차

〈도로교통법 제2조 제10호〉 "안전지대"란 도로를 횡단하는 보행자나 통행하는 차마의 안전을 위하여 안전표지나 이와 비슷한 인공구조물로 표시한 도로의 부분을 말한다.

179 도로교통법상 긴급자동차들이 현장으로 출동할 때 통행방법이 아닌 것은?

① 보행자가 횡단하고 있는 때에는 일시정지 한다.
② 정지하여야 할 경우에도 정지하지 않을 수 있다.
③ 도로의 중앙이나 좌측으로 통행하여야 한다.
④ 교통안전에 특히 주의하면서 통행하여야 한다.

〈도로교통법 제6조 제2항, 별표 2〉 기호가 표시하는 차로의 종류와 통행할 수 있는 차종

180 도로교통법상 다음 중 경음기를 사용하여야 할 경우는?

① 차가 서로 맞보고 진행할 때
② 야간운전 중 일시정지한 장소를 지나갈 때
③ 위험을 방지하거나 부득이한 경우에 사용할 때
④ 앞차를 앞지르기하거나 속도를 내려고 할 때

〈도로교통법 제27조 제5항〉 모든 차의 운전자는 교차로에서 좌회전 또는 우회전을 하고자 하는 경우에 신호기 또는 교통정리를 하는 경찰공무원 등이 없는 경우에는 서행하여야 한다.

181 도로교통법상 고속도로 편도3차로 자동차전용도로에서 이 륜자동차의 최고 속도는 매시 ( )킬로미터이다. ( )안에 기준으로 맞는 것은?

① 10
② 20
③ 30
④ 50

고속도로 외의 자동차 전용도로는 30km/h 이상이어야 하며 자동차전용도로를 운행하여 평균 걸리는 시간이 도로에 지정한 평균시간은(도로 교통법 시행규칙 별표 6 5.533)

182 고통정리가 없는 교차로에서 우회전하는 방법 중 가장 옳은 것은?

① 일반도로는 교차로의 가장자리 차로에 좌측으로 붙여 주행한다.
② 미리 도로의 좌측가장자리 차로의 좌측으로 서행으로 통과한다.
③ 시·도경찰청장이 지정한 교차로의 중앙을 바깥쪽으로 주행한다.
④ 미리 서행하여야 하고, 일시정지로 따라 신호기가 고시된 교차로 진입이다.

〈도로교통법 제13조의2 제6항〉에 따라 지정된 자전거횡단도가 있는 도로에서는 자동차와 노면전차의 운전자는 자전거가 자전거횡단도를 통행하고 있을 때에는 자전거의 횡단을 방해하거나 위험을 주지 아니하도록 그 자전거횡단도 앞(정지선이 설치되어 있는 곳에서는 그 정지선을 말한다)에서 일시정지하여야 한다.

183 도로교통법상 자동차 정지 중 일시정지하여야 할 상황이 아닌 것은?

① 어린이가 도로에서 놀이를 하고 있을 때
② 교차로에서 유턴을 하려고 할 때
③ 어린이가 도로에서 앉아 있거나 서 있을 때
④ 차량 신호기가 정지신호 신호 중일 때

〈도로교통법 제49조(도로 공사시 등)〉 제1항(의사사항), 도로교통법 시행규칙 제2조 2항 차량 신호등이 점등명령에 따라 다른 도로의 운전을 위한 차로 또는 차로의 수, 진입방향지점 또는 지점의 수 있다.

184 다음 중 도로교통법상 대피시 앞지르기할 수 있는 시기 및 장소로 적당한 것은?

① 지방도로의 경사길에 진입하기 전에
② 터널 내에서 다른 차들을 속도보다 느린 경우
③ 기점에서 다른 차보다 속도를 낼 수 있는 경우
④ 일반도로에서 앞차가 다른 차를 앞지르고 있다.

〈도로교통법 제6조 제3항, 별표 2〉 기호가 표시하는 차로의 종류와 통행할 수 있는 차종

185 도로교통법상 긴급자동차가 그 차에 바로잡아 일시적으로 정지하지 아니하는 것은?

① 사람
② 경차
③ 주차
④ 일시정지

〈도로교통법 제2조 제30호〉 "일시정지"란 차의 운전자가 그 차의 바퀴를 일시적으로 완전히 정지시키는 것을 말한다.

186 다음 중 도로교통법상 이륜자동차가 통행할 수 있는 곳은?

① 자전거도로
② 자동차전용도로
③ 고속도로
④ 도로가장자리

〈도로교통법 제63조〉 자동차나 긴급자동차 외의 차마의 운전자나 보행자는 고속도로 등을 통행하거나 횡단하여서는 아니된다. 다만, 도로가 일시적으로 운행되는 경우 또는 유지보수 등을 위하여 부득이한 경우에는 그러하지 아니하다.

187 도로교통법상 원동기장치자전거는 ( )미터 이상으로 하여야 한다. 이 경우 원동기장치자전거는 차로에 이어서 달리는 인접한 매시는 ( )안에 기준으로 맞는 것은?

① 5, 300
② 4, 285
③ 3, 275
④ 2, 265

〈도로교통법 제5조(차로의 설치) 제1항〉 차로는 횡단보도, 교차로 및 철길건널목에서는 설치하지 아니한다. 차로의 너비는 3미터 이상으로 하여야 한다.

188 도로 우측 가장자리 쪽이 6미터가 되지 아니하는 도로에서 다른 차를 앞지를 수 있는 경우는 것은?

① 도로 오른쪽에 차량을 정지할 수 있는 경우
② 반대 방향의 교통을 방해할 우려가 있는 경우
③ 앞차가 다른 차를 앞지르고 있거나 지르려고 하는 경우
④ 안전표지 등으로 앞지르기를 금지하거나 제한하고 있는 경우

〈도로교통법 제13조(차로의 통행) 제3조〉

정답
178. ① 179. ④ 180. ③ 181. ① 182. ④ 183. ④ 184. ① 185. ④ 186. ① 187. ③ 188. ③

189 도로교통법상 시간대에 따라 양방향의 통행량이 뚜렷하게 다른 도로에는 교통량이 많은 쪽으로 차로의 수가 확대될 수 있도록 신호기에 의하여 차로의 진행방향을 지시하는 차로는?

① 가변차로
② 버스전용차로
③ 가속차로
④ 앞지르기 차로

해설 도로교통법 제14조(차로의 설치 등) 제1항, 시·도경찰청장은 시간대에 따라 양방향의 통행량이 뚜렷하게 다른 도로에는 교통량이 많은 쪽으로 차로의 수가 확대될 수 있도록 신호기에 의하여 차로의 진행방향을 지시하는 가변차로를 설치할 수 있다.

190 도로교통법령상 '모든 차의 운전자는 교차로에서 ( )을 하려는 경우에는 미리 도로의 우측 가장자리를 서행하면서 ( )하여야 한다. 이 경우 ( )하는 차도의 운전자는 신호에 따라 정지하거나 진행하는 보행자 또는 자전거 등에 주의하여야 한다.' ( )안에 맞는 것으로 짝지어진 것은?

① 우회전 - 우회전 - 우회전
② 좌회전 - 좌회전 - 좌회전
③ 우회전 - 좌회전 - 우회전
④ 좌회전 - 우회전 - 좌회전

해설 도로교통법 제25조(교차로 통행방법) ① 모든 차의 운전자는 교차로에서 우회전을 하려는 경우에는 미리 도로의 우측가장자리를 서행하면서 우회전하여야 한다. 이 경우 우회전하는 차의 운전자는 신호에 따라 정지하거나 진행하는 보행자 또는 자전거등에 주의하여야 한다. 〈개정 2020. 6. 9.〉

191 다음 중 도로교통법상 차로변경에 대한 설명으로 맞는 것은?

① 다리 위는 위험한 장소이기 때문에 백색실선으로 차로변경을 제한하는 경우가 많다.
② 차로변경을 제한하고자 하는 장소는 백색점선의 차선으로 표시되어 있다.
③ 차로변경 금지장소에서는 도로공사 등으로 장애물이 있어 통행이 불가능한 경우라도 차로변경을 해서는 안 된다.
④ 차로변경 금지장소이지만 안전하게 차로를 변경하면 법규위반이 아니다.

해설 도로의 파손 등으로 진행할 수 없을 경우에는 차로를 변경하여 주행하여야 하며, 차로변경 금지장소에서는 안전하게 차로를 변경하여도 법규 위반에 해당한다. 차로변경 금지선은 실선으로 표시한다.

192 다음 중 교차로에 진입하여 신호가 바뀐 후에도 지나가지 못해 다른 차량 통행을 방해하는 행위인 "꼬리 물기"를 하였을 때의 위반 행위로 맞는 것은?

① 교차로 통행방법 위반
② 일시정지 위반
③ 진로 변경 방법 위반
④ 혼잡 완화 조치 위반

해설 모든 차 또는 노면전차의 운전자는 신호기로 교통정리를 하고 있는 교차로에 들어가려는 경우에는 진행하려는 진로의 앞쪽에 있는 차 또는 노면전차의 상황에 따라 교차로(정지선이 설치되어 있는 경우에는 그 정지선을 넘은 부분을 말한다)에 정지하게 되어 다른 차 또는 노면전차의 통행에 방해가 될 우려가 있는 경우에는 그 교차로에 들어가서는 아니 된다(도로교통법 제25조 제5항). 이를 위반하는 것을 꼬리물기라 한다.

193 도로교통법령상 차로에 따른 통행구분 설명이다. 잘못된 것은?

① 차로의 순위는 도로의 중앙선쪽에 있는 차로부터 1차로로 한다.
② 느린 속도로 진행하여 다른 차의 정상적인 통행을 방해할 우려가 있는 때에는 그 통행하던 차로의 오른쪽 차로로 통행하여야 한다.
③ 일방통행 도로에서는 도로의 오른쪽부터 1차로로 한다.
④ 편도 2차로 고속도로에서 모든 자동차는 2차로로 통행하는 것이 원칙이다.

해설 도로교통법 시행규칙 제16조(차로에 따른 통행구분)

194 고속도로의 가속차로에 대한 설명으로 옳은 것은?

① 고속도로 주행 차량이 진출로로 진출하기 위해 차로 변경할 수 있도록 유도하는 차로
② 고속도로로 진입하는 차량이 충분한 속도를 낼 수 있도록 유도하는 차로
③ 고속도로에서 앞지르기하고자 하는 차량이 속도를 낼 수 있도록 유도하는 차로
④ 오르막에서 대형 차량들의 속도 감소로 인한 영향을 줄이기 위해 설치한 차로

해설 변속차로란 고속 주행하는 자동차가 감속해서 다른 도로로 진입할 경우 또는 저속 주행하는 자동차가 고속 주행하고 있는 자동차군으로 유입할 경우에 본선의 다른 고속 자동차의 주행을 방해하지 않고 안전 또는 가속하도록 설치하는 부가차로를 말한다. 일반적으로 전자를 감속차로, 후자를 가속차로라 한다[도로의 구조·시설 기준에 관한 규칙 해설(2020),국토교통부, p.40].

195 고속도로에 진입한 후 잘못 진입한 사실을 알았을 때 가장 적절한 행동은?

① 갓길에 정차한 후 비상점멸등을 켜고 고속도로 순찰대에 도움을 요청한다.
② 이미 진입하였으므로 다음 출구까지 주행한 후 빠져나온다.
③ 비상점멸등을 켜고 진입했던 길로 서서히 후진하여 빠져나온다.
④ 진입 차로가 2개 이상일 경우에는 유턴하여 돌아 나온다.

해설 고속도로에 진입한 후 잘못 진입한 경우 다음 출구까지 주행한 후 빠져나온다.

196 도로교통법령상 도로에 설치하는 노면표시의 색이 잘못 연결된 것은?

① 안전지대 중 양방향 교통을 분리하는 표시는 노란색
② 버스전용차로표시는 파란색
③ 노면색깔유도선표시는 분홍색, 연한녹색 또는 녹색
④ 어린이보호구역 안에 설치하는 속도제한표시의 테두리선은 흰색

해설 도로교통법 시행규칙 별표 6(안전표지의 종류, 만드는 방식 및 설치·관리기준) 일반기준 제2호. 어린이보호구역 안에 설치하는 속도제한표시의 테두리선은 빨간색

197 도로교통법령상 고속도로 외의 도로에서 왼쪽 차로를 통행할 수 있는 차종으로 맞는 것은?

① 승용자동차 및 경형·소형·중형 승합자동차
② 대형 승합자동차
③ 화물자동차
④ 특수자동차 및 이륜자동차

해설 도로교통법 시행규칙 별표 9(차로에 따른 통행차의 기준), 고속도로 외의 도로에서 왼쪽차로는 승용자동차 및 경형·소형·중형 승합자동차가 통행할 수 있는 차종이다.

198 자동차 운전자는 폭우로 가시거리가 50미터 이내인 경우 도로교통법령상 최고속도의 ( )을 줄인 속도로 운행하여야 한다. ( )에 기준으로 맞는 것은?

① 100분의 50
② 100분의 40
③ 100분의 30
④ 100분의 20

해설 도로교통법 시행규칙 제19조(자동차등과 노면전차의 속도) ②비·안개·눈 등으로 인한 악천후 시에는 제1항에 불구하고 다음 각 호의 기준에 의하여 감속 운행하여야 한다.
1. 최고속도의 100분의 20을 줄인 속도로 운행하여야 하는 경우
 가. 비가 내려 노면이 젖어있는 경우
 나. 눈이 20밀리미터 미만 쌓인 경우
2. 최고속도의 100분의 50을 줄인 속도로 운행하여야 하는 경우
 가. 폭우·폭설·안개 등으로 가시거리가 100미터 이내인 경우
 나. 노면이 얼어 붙은 경우
 다. 눈이 20밀리미터 이상 쌓인 경우

정답 189.① 190.① 191.① 192.① 193.③ 194.② 195.② 196.④ 197.① 198.①

정답
199. ③ 200. ④ 201. ④ 202. ④ 203. ③ 204. ① 205. ② 206. ① 207. ② 208. ① 209. ②

199 자동차 운전 시 유의하는 상대적 경시표지(유도표지가 있는 곳)는?
① 도로의 우측부분을 통행하는 표지
② 도로의 중앙으로 통행하는 표지
③ 도로의 좌측부분을 통행하는 표지
④ 도로의 중앙이나 좌측으로 통행하는 표지

해설 도로 중앙에 황색 점선 실선의 복선 표지시 고속이며 고속운전이 허용된다.

200 도로교통법상 도로의 가운데 차선이 없는 도로의 차로를 주행하는 자동차가 안전하게 진로변경할 수 있는 표지 중에 그 도로의 상태에 맞지 않는 것은?
① 안전지대
② 진로변경제한선 표시
③ 갓길
④ 길가장자리구역

해설 도로교통법 시행규칙 제11조

201 도로교통법상 1·2차로가 설치된 차로의 고속도로 등 중앙분리대가 없는 도로에서의 통행방법은?
① 승용자동차는 1차로만 이용하여 통행하여야 한다.
② 승용자동차는 2차로만 이용하여 통행하여야 한다.
③ 대형승용차동차는 1차로만 이용하여 통행하여야 한다.
④ 대형승용자동차는 2차로만 이용하여 통행하여야 한다.

해설 편도 차선 2개 이상 갖춘 고속도로에서의 자동차의 통행방법은 도로교통법 시행령 별표 9의 규정에 의한다.

202 도로교통법령상 자동차의 속도에 대한 설명으로 옳지 않은 것은?
① 신호등이 없는 교차로에서 좌회전할 때는 다른 차가 없어도 서행하여야 한다.
② 자동차는 교차로에서 좌우회전 할 때는 이상안전 50센티미터 이내로 지나야 한다.
③ 고속도로에서의 별도 지시하는 신호를 받지 않는 경우 안전한 속도를 유지하여야 한다.
④ 자동차전용도로에서의 최저속도는 매시 40킬로미터이다.

해설 도로교통법 시행규칙 제26조 제24항. ① 도로교통법 시행령 제11조 제1항, ③ 도로교통법 시행규칙 제25조 제4항. ④ 자동차전용도로에서의 최저속도는 매시 30킬로미터이다.(도로교통법 시행규칙 제19조 제2호)

203 도로교통법상 매시 100킬로미터인 편도 4차로 고속도로를 승용자동차 3톤 화물자동차가 주행하는 최고속도는?
① 매시 80킬로미터
③ 매시 90킬로미터
② 매시 70킬로미터
④ 매시 60킬로미터

해설 도로교통법 시행규칙 제19조 제1항, 편도 2차로 이상 고속도로에서 매시 80킬로미터가 생활자동차의 최고속도이다. 1.5톤 초과 화물자동차

204 다음이 공적지역 도로의 최고속도로 통행할 수 있는 정상적인 것은?
① 안전표지로 통행이 제한되고 있는 경우
② 도로가 얼어붙어 있는 경우
③ 도로 공사 등으로 인하여 통행이 제한되는 경우
④ 비가 내려 노면이 젖어 있거나 중심점 유지되지 아니한 경우

해설 도로교통법 시행규칙 제19조(자동차 등)

205 고속도로 딜레마 존(Dilemma Zone)통과 과정 중 가장 적절한 것은?
① 교차로 및 고속도 교통이 이동방향과 운전자의 교차로 속도신호통 약속표시 있다.
② 신호시간에 따라 신호체시 발생에 해당한다.
③ 신호등이 녹색등 황색의 가속처리 시간에서 엇갈린 것을 의미한다.
④ 고속도로상의 경찰이나 안전요원 등 딜레마 존(Dilemma Zone)을 신호에 따른 사건에 해당한다. 반 딜레마이려면 진입시 결정의 어렵게 하는 조건이다.

도로교통법 시행규칙 제6조 제3항

206 다음 차기표지에 대한 설명이, 동요되지 않은 것은?
① 교차로 예정에서 교통을 단속하는 경찰의 신호를 잘 지키지 기다리는 것.
② 교차로의 다가가고 있는 정지선을 표지하는 기.
③ 경찰 따라가 있을 때 속도를 줄이고 주위를 확인하는 기.
④ 앞서서 정지 상태가 약속된 후 경찰의 지시를 따라 대기자 있기 등을 말한다.

207 다음 중 얼마가 가능한 것은?
① 고자
② 좌수신(맥측 경당 고자)
③ 보내 안(양측 맥측 고자)
④ 단방 이(양측 결정 고자)

해설 차가, 속측장지인 다른 이, 단반 의, 사·포경정상인 지정전 강도 없기 등 갑음이다.

208 다음 중 도로교통법상 고속도로에서 사용자에 대한 설명으로 가장 적절한 것은?
① 사고가 나가 있을 수 있는 길의 성정이 변경된 길
② 매시 30킬로미터 속도에 통과하는 기간
③ 고속도로를 주행하는 차에게 일정한 표지를 설정하는 기
④ 도로나 기간 등에 따른 수준의 변동 차에 설정하는 기

해설 도로교통법 제23조(정의) 제28호. "사갈"이란 앞서가장한 2개 이상의 같을 만나는 지시말 수 있는 길의 유기적인 길의 공원을 말한다.

209 다음에서 도로에 최고속도를 위반하여 자동차(개인용 이용자 제외)등 규정함 경우 고속도로는?
① 매시 100킬로미터의 고속도로 속도로 3차 이상 일반 공정한 자동차 500만원
② 매시 100킬로미터의 고속도로 속도로 2차 이상 공정한 자동차 300만원 이하 범금
③ 매시 100킬로미터의 고속도로 속도로 3차 이상 공정한 자동차 500만원 이하 벌금
④ 사시 80킬로미터의 고속도로 속도로 진정한 자동차 50만원 이 된 가급

해설 도로교통법 제151조의2, 법 제153조, 같은 법 제154조, 최고속도보다 시속 100킬로미터를 초과한 속도로 3차 이상 자동차 등을 운전한 사람은 500만원 이하의 벌금이나 벌금(신속 100킬로미터를 초과한 속도로 자동차 등을 운전한 사람은 300만원 이하의 벌금이나 벌금, 최고속도보다 시속 80킬로미터를 초과한 속도로 자동차 등을 운전한 사람은 30만원 이하의 벌금이나 규류에 처한다.

210 신호등이 없는 교차로에서 우회전하려 할 때 옳은 것은?

① 가급적 빠른 속도로 신속하게 우회전한다.
② 교차로에 선진입한 차량이 통과한 뒤 우회전한다.
③ 반대편에서 앞서 좌회전하고 있는 차량이 있으면 안전에 유의하며 함께 우회전한다.
④ 폭이 넓은 도로에서 좁은 도로로 우회전할 때는 다른 차량에 주의할 필요가 없다.

> **해설** 교차로에서 우회전 할 때에는 서행으로 우회전해야 하고, 선진입한 좌회전 차량에 차로를 양보해야 한다. 그리고 폭이 넓은 도로에서 좁은 도로로 우회전할 때에도 다른 차량에 주의해야 한다.

211 신호기의 신호가 있고 차량보조신호가 없는 교차로에서 우회전하려고 한다. 도로교통법령상 잘못된 것은?

① 차량신호가 적색등화인 경우, 횡단보도에서 보행자신호와 관계없이 정지선 직전에 일시정지 한다.
② 차량신호가 녹색등화인 경우, 정지선 직전에 일시정지하지 않고 우회전한다.
③ 차량신호가 좌회전 신호인 경우, 횡단보도에서 보행자신호와 관계없이 정지선 직전에 일시정지 한다.
④ 차량신호에 관계없이 다른 차량의 교통을 방해하지 않은 때 일시정지 하지 않고 우회전한다.

> **해설** 도로교통법 제25조, 도로교통법시행령 별표2, 도로교통법시행규칙 별표2
> ① 차량신호가 적색등화인 경우, 횡단보도에서 보행자신호와 관계없이 정지선 직전에 일시정지 후 신호에 따라 진행하는 다른 차량의 교통을 방해하지 않고 우회전한다.
> ② 차량신호가 녹색 등화인 경우 횡단보도에서 일시정지 의무는 없다.
> ③ 차량신호가 녹색화살표 등화(좌회전)인 경우, 횡단보도에서 보행자신호와 관계없이 정지선 직전에 일시정지 후 신호에 따라 진행하는 다른 차량의 교통을 방해하지 않고 우회전 한다. ※ 일시정지하지 않는 경우 신호위반, 일시정지하였으나 보행자 통행을 방해한 경우 보행자 보호의무위반으로 처벌된다.

212 교차로에서 좌·우회전하는 방법을 가장 바르게 설명한 것은?

① 우회전을 하고자 하는 때에는 신호에 따라 정지 또는 진행하는 보행자와 자전거에 주의하면서 신속히 통과한다.
② 좌회전을 하고자 하는 때에는 항상 교차로 중심 바깥쪽으로 통과해야 한다.
③ 우회전을 하고자 하는 때에는 미리 우측 가장자리를 따라 서행하여야 한다.
④ 신호기 없는 교차로에서 좌회전을 하고자 할 경우 보행자가 횡단 중이면 그 앞을 신속히 통과한다.

> **해설** 모든 차의 운전자는 교차로에서 우회전을 하고자 하는 때에는 미리 도로의 우측 가장자리를 서행하면서 우회전하여야 한다. 이 경우 우회전하는 차의 운전자는 신호에 따라 정지 또는 진행하는 보행자 또는 자전거에 주의하여야 한다.

213 하이패스 차로 설명 및 이용방법이다. 가장 올바른 것은?

① 하이패스 차로는 항상 1차로에 설치되어 있으므로 미리 일반차로에서 하이패스 차로로 진로를 변경하여 안전하게 통과한다.
② 화물차 하이패스 차로 유도선은 파란색으로 표시되어 있고 화물차 전용차로이므로 주행하던 속도 그대로 통과한다.
③ 다차로 하이패스구간 통과속도는 매시 30킬로미터 이내로 제한하고 있으므로 미리 감속하여 서행한다.
④ 다차로 하이패스구간은 규정된 속도를 준수하고 하이패스 단말기 고장 등으로 정보를 인식하지 못하는 경우 도착지 요금소에서 정산하면 된다.

> **해설** 화물차 하이패스유도선 주황색, 일반하이패스차로는 파란색이고 다차로 하이패스구간은 매시 50~80킬로미터로 구간에 따라 다르다.

214 정지거리에 대한 설명으로 맞는 것은?

① 운전자가 브레이크 페달을 밟은 후 최종적으로 정지한 거리
② 앞차가 급정지 시 앞차와의 추돌을 피할 수 있는 거리
③ 운전자가 위험을 발견하고 브레이크 페달을 밟아 실제로 차량이 정지하기까지 진행한 거리
④ 운전자가 위험을 감지하고 브레이크 페달을 밟아 브레이크가 실제로 작동하기 전까지의 거리

> **해설** ① 제동 거리 ② 안전거리 ④ 공주거리

215 올바른 교차로 통행 방법으로 맞는 것은?

① 신호등이 적색 점멸인 경우 서행한다.
② 신호등이 황색 점멸인 경우 빠르게 통행한다.
③ 교차로에서는 앞지르기를 하지 않는다.
④ 교차로 접근 시 전조등을 항상 상향으로 켜고 진행한다.

> **해설** 교차로에서는 황색 점멸인 경우 주의하며 통행, 적색점멸인 경우 일시정지 한다. 교차로 접근 시 전조등을 상향으로 켜는 것은 상대방의 안전운전에 위협이 된다.

216 편도 3차로 자동차전용도로의 구간에 최고속도 매시 60킬로미터의 안전표지가 설치되어 있다. 다음 중 운전자의 속도 준수방법으로 맞는 것은?

① 매시 90킬로미터로 주행한다.
② 매시 80킬로미터로 주행한다.
③ 매시 70킬로미터로 주행한다.
④ 매시 60킬로미터로 주행한다.

> **해설** 자동차등은 법정속도보다 안전표지가 지정하고 있는 규제속도를 우선 준수해야 한다.

217 도로교통법령상 주거지역·상업지역 및 공업지역의 일반도로에서 제한할 수 있는 속도로 맞는 것은?

① 시속 20킬로미터 이내
② 시속 30킬로미터 이내
③ 시속 40킬로미터 이내
④ 시속 50킬로미터 이내

> **해설** 속도 저감을 통해 도로교통 참가자의 안전을 위한 5030정책의 일환으로 2021. 4. 17일 도로교통법 시행규칙이 시행되어 주거, 상업, 공업지역의 일반도로는 매시 50킬로미터 이내, 단 시·도경찰청장이 특히 필요하다고 인정하여 지정한 노선 또는 구간에서는 매시 60킬로미터 이내로 자동차등과 노면전차의 통행속도를 정함.

218 교통사고 감소를 위해 도심부 최고속도를 시속 50킬로미터로 제한하고, 주거지역 등 이면도로는 시속 30킬로미터 이하로 하향 조정하는 교통안전 정책으로 맞는 것은?

① 뉴딜 정책
② 안전속도 5030
③ 교통사고 줄이기 한마음 대회
④ 지능형 교통체계(ITS)

> **해설** '뉴딜 정책'은 대공황 극복을 위하여 추진하였던 제반 정책(두산백과). '교통사고 줄이기 한마음 대회' 도로교통공단이 주최하고 행정안전부와 경찰청이 후원하는 교통안전 의식 고취 행사. '지능형 교통체계'는 전자, 정보, 통신, 제어 등의 기술을 교통체계에 접목시킨 교통시스템을 말한다(두산백과). 문제의 교통안전 정책은 '안전속도 5030'이다. 2019. 4. 16. 도로교통법 시행규칙 제19조 개정에 따라 「국토의 계획 및 이용에 관한 법률」 제36조 제1항 제1호 가목부터 다목 까지의 규정에 따른 주거지역, 상업지역, 공업지역의 일반도로는 매시 50킬로미터 이내, 단 시·도경찰청장이 특히 필요하다고 인정하여 지정한 노선 또는 구간에서는 매시 60킬로미터 이내로 자동차등과 노면전차의 통행속도를 정했다. 시행일자(2021. 4. 17.)

정답 210.② 211.④ 212.③ 213.④ 214.③ 215.③ 216.④ 217.④ 218.②

정답 219. ③ 220. ③ 221. ② 222. ④ 223. ④ 224. ② 225. ② 226. ③

219
고속도로 진입 시 다이에서 긴급자동차로 인정 받을 때에 있는 경찰한 조치로 맞는 것은?
① 가속 차로를 이용하여 진입한다.
② 속도를 높여 고속도로 진입 후 긴급자동차를 통과시킨다.
③ 감속 없이 진입한다.
④ 고속도로에서는 긴급자동차에 진로를 양보할 의무가 없다.

해설 긴급자동차 외의 자동차는 고속도로에 들어가려고 하는 경우에 그 고속도로를 통행하고 있는 긴급자동차의 통행을 방해하여서는 아니 된다.

220
고속도로를 주행중 긴급한 용무로 긴급자동차가 다가올 때 공자자의 공조사항으로 맞는 것은?
① 그 자리에 즉시 정차한다.
② 긴급자동차가 지나갈 때까지 좌측으로 진로를 양보하여야 한다.
③ 긴급자동차보다 속도를 높여 신속히 통과한다.
④ 비상점멸등을 켜고 갓길에 정차한다.

해설 도로교통법 제29조(긴급자동차의 우선 통행) ④ 교차로나 그 부근에서 긴급자동차가 접근하는 경우에는 자동차와 노면전차의 운전자는 교차로를 피하여 일시정지하여야 한다. ⑤ 모든 차와 노면전차의 운전자는 제4항에 따른 곳 외의 곳에서 긴급자동차가 접근한 경우에는 긴급자동차가 우선통행할 수 있도록 진로를 양보하여야 한다.

221
수험생이나 환자 등의 운반 중이 아닌 경에서 구급차를 이용하거나 부적절한 사용을 하는 경우 긴급자동차로 인정 되지 않는 것은?
① 경광등을 켜고 운행하여야 한다.
② 자동차관리법에 따른 자동차의 안전 운행에 필요한 기준을 갖추어야 한다.
③ 사이렌을 울리거나 경광등을 켜야 한다.
④ 그 본래의 긴급한 용도로 운행되어야 한다.

222
도로교통법상 긴급자동차 특례 적용대상이 아닌 것은?
① 자동차등의 속도 제한
② 앞지르기의 금지
③ 끼어들기의 금지
④ 보행자 보호

223
긴급자동차는 본래의 긴급한 용도로 운행중일 때, 사이렌을 울리거나 경광등을 켜야 한다. 이러한 조치를 하지 않아도 되는 긴급자동차는?
① 소방차
② 구급차
③ 경찰용 자동차
④ 속도위반 단속용 경찰 자동차

해설 "자동차관리법"에 따른 자동차의 안전 운행에 필요한 기준을 갖추어야 긴급자동차로 인정되며, 사이렌을 울리거나 경광등을 켜야 한다. 다만, 속도위반 단속용 경찰 자동차는 그러하지 아니한다.

224
일반자동차가 이탈한 긴급한 용무로 이용 중인 경우 긴급자동차로 인정 받기 위한 조치는?
① 경찰관서에 신고한다.
② 경광등을 켜고 운행한다.
③ 운전자의 편의에 따라 운행한다.
④ 다른 자동차와 충돌하지 않도록 안전하게 운행하여야 한다.

해설 긴급자동차 외의 자동차를 그 본래의 긴급한 용도로 운행하는 경우에 사이렌을 울리거나 경광등을 켜는 등 긴급자동차임을 표시하여야 한다.

225
도로교통법상 어린이통학버스 운전자 및 운영자의 의무에 대한 설명으로 맞지 않은 것은?
① 어린이통학버스에서 내리는 어린이가 운행하는 차로의 도로를 횡단할 때에는 안전 등을 확인하여야 한다.
② 어린이통학버스는 어린이나 영유아가 타고 내리는 경우에만 표시를 하여야 한다.
③ 어린이통학버스 운전자는 어린이나 영유아가 타고 내리는 경우에만 표시되는 장치를 작동하여야 한다.
④ 운행이 끝난 어린이통학버스에는 어린이나 영유아를 하차하지 않아도 된다.

해설 도로교통법 제53조제1항, 제2항, 제6항, 제7항

226
도로교통법상 긴급자동차에 대한 설명으로 잘못된 것은?
① 앞지르기 금지시점에서 앞지르기 할 수 있다.
② 끼어들기 금지에서 끼어들기 할 수 있다.
③ 정지하여야 하는 경우에도 정지하지 않고 통과할 수 있다.
④ 도로통행속도의 최고속도보다 빠르게 운전할 수 있다.

227. 도로교통법령상 본래의 용도로 운행되고 있는 소방차 운전자가 긴급자동차에 대한 특례를 적용받을 수 없는 것은?

① 좌석안전띠 미착용
② 음주 운전
③ 중앙선 침범
④ 신호위반

해설
제30조(긴급자동차에 대한 특례) 긴급자동차에 대하여는 다음 각 호의 사항을 적용하지 아니한다. 다만, 제4호부터 제12호까지의 사항은 긴급자동차 중 제2조제22가목부터 다목까지의 자동차와 대통령령으로 정하는 경찰용 자동차에 대해 서만 적용하지 아니한다. 〈개정 2021. 1. 12.〉
1. 제17조에 따른 자동차등의 속도 제한. 다만, 제17조에 따라 긴급자동차에 대하여 속도를 제한한 경우에는 같은 조의 규정을 적용한다.
2. 제22조에 따른 앞지르기의 금지
3. 제23조에 따른 끼어들기의 금지
4. 제5조에 따른 신호위반
5. 제13조제1항에 따른 보도침범
6. 제13조제3항에 따른 중앙선 침범
7. 제18조에 따른 횡단 등의 금지
8. 제19조에 따른 안전거리 확보 등
9. 제21조제1항에 따른 앞지르기 방법 등
10. 제32조에 따른 정차 및 주차의 금지
11. 제33조에 따른 주차금지
12. 제66조에 따른 고장 등의 조치

228. 수혈을 위해 긴급운행 중인 혈액공급 차량에게 허용되지 않는 것은?

① 사이렌을 울릴 수 있다.
② 도로의 좌측 부분을 통행할 수 있다.
③ 법정속도를 초과하여 운행할 수 있다.
④ 사고 시 현장조치를 이행하지 않고 운행할 수 있다.

해설
도로교통법 제29조 ① 긴급자동차는 제13조제3항에도 불구하고 긴급하고 부득이한 경우에는 도로의 중앙이나 좌측 부득이한 경우에는 정지하지 아니할 수 있다. ② 긴급자동차는 이 법이나 이 법에 따른 명령에 따라 정지하여야 하는 경우에도 불구하고 긴급하고 부득이한 경우에는 정지하지 아니할 수 있다. 도로교통법 제30조 2. 제22조에 따른 앞지르기의 금지 적용을 제외한다. 도로교통법 제54조 ⑤ 부상자를 후송 중인 차는 사고발생이 있는 경우라도 긴급한 경우에 동승자로 하여금 현장 조치 또는 신고 등을 하게 하고 운전을 계속할 수 있다.

229. 도로교통법상 긴급출동 중인 긴급자동차의 법규위반으로 맞는 것은?

① 편도 2차로 일반도로에서 매시 100 킬로미터로 주행하였다.
② 백색 실선으로 차선이 설치된 터널 안에서 앞지르기하였다.
③ 우회전하기 위해 교차로에서 끼어들기를 하였다.
④ 인명 피해 교통사고가 발생하여도 긴급출동 중이므로 필요한 신고나 조치 없이 계속 운전하였다.

해설
긴급자동차에 대하여는 자동차 등의 속도제한, 앞지르기 금지, 끼어들기의 금지를 적용하지 않는다.(도로교통법제30조(긴급자동차에 대한 특례), 도로교통법 제54조(사고 발생 시의 조치) 제5항)

230. 편도 2차로 도로에서 1차로로 어린이 통학버스가 어린이나 영유아를 태우고 있음을 알리는 표시를 한 상태로 주행 중이다. 가장 안전한 운전 방법은?

① 2차로가 비어 있어도 앞지르기를 하지 않는다.
② 2차로로 앞지르기하여 주행한다.
③ 경음기를 울려 전방 차로를 비켜 달라는 표시를 한다.
④ 반대 차로의 상황을 주시한 후 중앙선을 넘어 앞지르기한다.

해설
가장 안전한 운전 방법은 2차로가 비어 있어도 앞지르기를 하지 않는 것이다. 모든 차의 운전자는 어린이나 영유아를 태우고 있다는 표시를 한 상태로 도로를 통행하는 어린이통학버스를 앞지르지 못한다. (도로교통법 제51조)

231. 교차로에서 우회전 중 소방차가 경광등을 켜고 사이렌을 울리며 접근할 경우에 가장 안전한 운전방법은?

① 교차로를 피하여 일시정지하여야 한다.
② 즉시 현 위치에서 정지한다.
③ 서행하면서 우회전한다.
④ 교차로를 신속하게 통과한 후 계속 진행한다.

해설
도로교통법 제29조 (긴급자동차의 우선 통행) ④교차로나 그 부근에서 긴급자동차가 접근하는 경우에는 차마와 노면전차의 운전자는 교차로를 피하여 일시정지하여야 한다

232. 다음 중 사용하는 사람 또는 기관등의 신청에 의하여 시·도경찰청장이 지정할 수 있는 긴급자동차로 맞는 것은?

① 소방차
② 가스누출 복구를 위한 응급작업에 사용되는 가스 사업용 자동차
③ 구급차
④ 혈액공급 차량

해설
도로교통법 시행령 제2조(긴급자동차의 종류)
①도로교통법 제2조 제2호 라목에서 "대통령령으로 정하는 자동차"란 긴급한 용도로 사용되는 다음 각 호의 어느 하나에 해당하는 자동차를 말한다. 다만, 제6호부터 제11호까지의 자동차는 이를 사용하는 사람 또는 기관 등의 신청에 의하여 시□도경찰청장이 지정하는 경우로 한정한다.
6. 전기사업, 가스사업, 그 밖의 공익사업을 하는 기관에서 위험 방지를 위한 응급작업에 사용되는 자동차
7. 민방위업무를 수행하는 기관에서 긴급예방 또는 복구를 위한 출동에 사용되는 자동차
8. 도로관리를 위하여 사용되는 자동차 중 도로상의 위험을 방지하기 위한 응급작업에 사용되거나 운행이 제한되는 자동차를 단속하기 위하여 사용되는 자동차
9. 전신·전화의 수리공사 등 응급작업에 사용되는 자동차
10. 긴급한 우편물의 운송에 사용되는 자동차
11. 전파감시업무에 사용되는 자동차

233. 다음 중 사용하는 사람 또는 기관등의 신청에 의하여 시·도경찰청장이 지정할 수 있는 긴급자동차가 아닌 것은?

① 교통단속에 사용되는 경찰용 자동차
② 긴급한 우편물의 운송에 사용되는 자동차
③ 전화의 수리공사 등 응급작업에 사용되는 자동차
④ 긴급복구를 위한 출동에 사용되는 민방위업무를 수행하는 기관용 자동차

해설
도로교통법 시행령 제2조(긴급자동차의 종류)
① 도로교통법 제2조 제2호 라목에서 "대통령령으로 정하는 자동차"란 긴급한 용도로 사용되는 다음 각 호의 어느 하나에 해당하는 자동차를 말한다. 다만, 제6호부터 제11호까지의 자동차는 이를 사용하는 사람 또는 기관 등의 신청에 의하여 시·도경찰청장이 지정하는 경우로 한정한다.
6. 전기사업, 가스사업, 그 밖의 공익사업을 하는 기관에서 위험 방지를 위한 응급작업에 사용되는 자동차
7. 민방위업무를 수행하는 기관에서 긴급예방 또는 복구를 위한 출동에 사용되는 자동차
8. 도로관리를 위하여 사용되는 자동차 중 도로상의 위험을 방지하기 위한 응급작업에 사용되거나 운행이 제한되는 자동차를 단속하기 위하여 사용되는 자동차
9. 전신·전화의 수리공사 등 응급작업에 사용되는 자동차
10. 긴급한 우편물의 운송에 사용되는 자동차
11. 전파감시업무에 사용되는 자동차
3. 생명이 위급한 환자 또는 부상자나 수혈을 위한 혈액을 운송 중인 자동차

234. 승용차 운전자가 08:30경 어린이 보호구역에서 제한속도를 매시 25킬로미터 초과하여 위반한 경우 벌점으로 맞는 것은?

① 10점 ② 15점 ③ 30점 ④ 60점

해설
어린이 보호구역 안에서 오전 8시부터 오후 8시까지 사이에 속도위반을 한 운전자에 대해서는 벌점의 2배에 해당하는 벌점을 부과한다.

정답 227.② 228.④ 229.④ 230.① 231.① 232.② 233.① 234.③

235 도로교통법상 긴급자동차가 전용 도로 이외의 곳에서 경광등 등을 사용할 수 있는 경우가 아닌 것은?

① 수사자동차가 범죄 예방 및 단속, 교통 법규 위반 단속을 하는 경우
② 속도위반 경찰 장비를 위한 이동이 긴급한 경우
③ 민방위업무용 자동차가 그 본래의 긴급한 용도와 관련된 훈련에 참여하는 경우
④ 경찰용 자동차가 범인 검거 및 범죄 예방 등 긴급한 경우로 사용하는 경우

236 도로교통법상 긴급자동차를 본래의 긴급한 용도로 사용하는 경우 교통안전교육은 ( )년마다 받아야 한다. ( )안에 맞는 것은?

① 1 ② 2 ③ 3 ④ 5

도로교통법 제73조 제2호: 긴급자동차의 운전업무에 종사하는 사람은 정기 교통안전교육을 3년마다 받아야 한다. 다만, 최초의 교육은 긴급자동차를 운전하기 전에 받아야 한다. (도로교통법 제38조의2 제2항 제5호)

237 도로교통법상 긴급자동차 운행 시 아래자의 준수사항이 맞지 않은 것은?

① 정속 주행, 안전운전 의무를 준수하여야 한다.
② 다른 교통을 방해하지 아니하도록 안전하게 운전하여야 한다.
③ 방향지시등
④ 도로 위에 부

도로교통법 제27조제6항 : 모든 차의 운전자는 긴급자동차가 접근하는 경우에는 긴급자동차가 우선통행할 수 있도록 진로를 양보하여야 한다. 또한 긴급자동차 운전자는 그 자동차를 본래의 긴급한 용도로 운행하지 아니하는 경우에는 「자동차관리법」에 따라 설치된 경광등을 켜거나 사이렌을 작동하여서는 아니 된다. (개정 2022. 1. 11.) 다만, 범죄 및 화재 예방 등을 위한 순찰·훈련 등을 실시하는 경우에는 그러하지 아니하다.

238 도로교통법상 어린이통학버스 운전자의 의무에 대한 설명 중 맞는 것은?

① 유치원이나 학원의 승합차량은 어린이통학버스 신고 대상이 아니다.
② 시내 도로 등을 운행하는 경우 신고할 수 있다.
③ 어린이 탑승한 경우에 관한 12세 미만인 자를 말한다.
④ 자동차전용도로에서는 어린이통학버스는 사용할 수 없다.

어린이 통학버스의 운행 등에 관하여는 매년 30일마다 이내에 재교육을 받을 수 있다.

239 교통사고처리특례법상 어린이 보호구역 내에서 매시 40킬로미터로 주행 중 인도자전거에 어린이 과실로 한 명의 어린이를 치상하게 한 경우 운전자의 처벌은?

① 피해자의 처벌의사에 관계없이 형사 처벌된다.
② 피해자와 함의하면 처벌되지 않는다.
③ 중상해가 아닌 경우 형사처벌 되지 않는다.
④ 피해자의 처벌의사가 있는 경우만 형사처벌 된다.

240 도로교통법상 긴급자동차를 제외한 자동차 운전자가 어린이를 태우고 있다는 표시를 하고 운행할 수 있는 경우로 맞는 것은? (어린이 1명당 수조치 1점을 본다)

① 11인승 이상   ② 16인승 이상
③ 17인승 이상   ④ 9인승 이상

도로교통법 시행규칙 제34조 (어린이통학버스로 사용할 수 있는 자동차) 어린이통학버스(법 제52조제3항에 따른 여객자동차 운수사업법 시행규칙 제1항)는 승차정원 9인승(어린이 1명을 1인승으로 본다) 이상의 자동차로 한다.

241 운송사업자 긴급자동차 영상이나 아동이 타고 있다는 표시를 제거하여 운전하거나 어린이통학버스 신고를 하지 아니하고 어린이통학버스 유사한 도색 및 표지를 하거나 운행한 경우 범칙금은?

① 10만 ② 15만 ③ 30만 ④ 40만

242 도로교통법상 어린이가 있어 안전하도록 정지조치 대상자가 아닌 것은?

① 1시간 이상   ② 3시간 이상
③ 5시간 이상   ④ 6시간 이상

어린이통학버스를 어린이가 하차하고자 할 때에는 안전한 장소에 도착한 것을 확인한 후에 출발하여야 하며, 그 때 어린이가 버스를 안전한 장소에 도착한 것을 확인할 수 있도록 어린이 하차확인장치를 작동하여야 한다. (도로교통법 제53조의2)

243 도로교통법상 어린이 영상이 및 영유아기준으로 맞는 것은?

① 어린이는 13세 미만 아동이 사람
② 영유아는 6세 미만의 사람
③ 어린이는 15세 미만의 사람
④ 영유아는 7세 미만의 사람

어린이는 13세 미만의 사람(도로교통법 제2조 제23호), 영유아는 6세 미만의 사람을 말한다. (도로교통법 제11조)

244 도로교통법상 승용 긴급자동차 운전자가 13:00경에 어린이보호구역에 신호위반 한 경우 범칙금은?

① 5만 원   ② 7만 원   ③ 12만 원   ④ 15만 원

어린이 보호구역 내에서 오전 8시부터 오후 8시까지 사이에 신호 위반한 승용차 운전자에 대해서는 12만 원의 범칙금을 부과한다.

245 어린이가 횡단 장치를 이용 걷거나 있고 그 보도(보행자전용도로 포함) 안전 보행자의 통행으로 옳은 것은?

① 경음기를 울리면서 지나간다.
② 일시정지하여 안전을 확인한 후 서행으로 지나간다.
③ 신호등이 없으므로 지나쳐도 된다.
④ 경찰공무원의 지시에 따라 진행한다.

⑤ 일시정지하여 어린이 또는 유아가 안전하게 행동 중에는 이동하지 아니한 상태에서 지시가 종료된 것을 확인한 후 진행하여야 한다.

정답 235. ② 236. ③ 237. ③ 238. ④ 239. ④ 240. ④ 241. ④ 242. ② 243. ② 244. ③ 245. ④

246 어린이 통학버스가 편도 1차로 도로에서 정차하여 영유아가 타고 내리는 중임을 표시하는 점멸등이 작동하고 있을 때 반대 방향에서 진행하는 차의 운전자는 어떻게 하여야 하는가?
① 일시정지하여 안전을 확인한 후 서행하여야 한다.
② 서행하면서 안전 확인한 후 통과한다.
③ 그대로 통과해도 된다.
④ 경음기를 울리면서 통과하면 된다.

해설) 어린이통학버스가 편도 1차로 도로에서 정차하여 영유아가 타고 내리는 중임을 표시하는 점멸등이 작동하고 있을 때 반대 방향에서 진행하는 차의 운전자는 일시정지하여 안전을 확인한 후 서행하여야 한다.

247 어린이가 보호자 없이 도로에서 놀고 있는 경우 가장 올바른 운전방법은?
① 어린이 잘못이므로 무시하고 지나간다.
② 경음기를 울려 겁을 주며 진행한다.
③ 일시정지하여야 한다.
④ 어린이에 조심하며 급히 지나간다.

해설) 어린이가 보호자 없이 도로에서 놀고 있는 경우 일시정지하여 어린이를 보호한다.

248 차의 운전자가 운전 중 '어린이를 충격한 경우' 가장 올바른 행동은?
① 이륜차운전자는 어린이에게 다쳤냐고 물어보았으나 아무 말도 하지 않아 안 다친 것으로 판단하여 계속 주행하였다.
② 승용차운전자는 바로 정차한 후 어린이를 육안으로 살펴본 후 다친 곳이 없다고 판단하여 계속 주행하였다.
③ 화물차운전자는 어린이가 넘어졌다 금방 일어나는 것을 본 후 안 다친 것으로 판단하여 계속 주행하였다.
④ 자전거운전자는 넘어진 어린이가 재빨리 일어나 뛰어가는 것을 본 후 경찰관서에 신고하고 현장에 대기하였다.

해설) 어린이말만 믿지 말고 경찰관서에 신고하여야 한다.

249 골목길에서 갑자기 뛰어나오는 어린이를 자동차가 충격하였다. 어린이는 외견상 다친 곳이 없어 보였고, "괜찮다"고 말하고 있다. 이런 경우 운전자의 행동으로 맞는 것은?
① 반의사불벌죄에 해당하므로 운전자는 가던 길을 가면 된다.
② 어린이의 피해가 없어 교통사고가 아니므로 별도의 조치 없이 현장을 벗어난다.
③ 부모에게 연락하는 등 반드시 필요한 조치를 다한 후 현장을 벗어난다.
④ 어린이의 과실이므로 운전자는 어린이의 연락처만 확인하고 귀가한다.

해설) 교통사고로 어린이를 다치게 한 운전자는 부모에게 연락하는 등 필요한 조치를 다하여야 한다.

250 어린이보호구역에서 어린이가 영유아를 동반하여 함께 횡단하고 있다. 운전자의 올바른 주행방법은?
① 어린이와 영유아 보호를 위해 일시정지하였다.
② 어린이가 영유아 보호하면서 횡단하고 있으므로 서행하였다.
③ 어린이와 영유아가 아직 반대편 차로 쪽에 있어 신속히 주행하였다.
④ 어린이와 영유아는 걸음이 느리므로 안전거리를 두고 옆으로 피하여 주행하였다.

해설) 횡단보행자의 안전을 위해 일시 정지하여 횡단이 종료되면 주행한다.

251 도로교통법상 자전거 통행방법에 대한 설명이다. 틀린 것은?
① 자전거도로가 따로 있는 곳에서는 그 자전거도로로 통행하여야 한다.
② 자전거도로가 설치되지 아니한 곳에서는 도로 우측 가장자리에 붙어서 통행하여야 한다.
③ 자전거의 운전자는 길가장자리구역(안전표지로 자전거 통행을 금지한 구간은 제외)을 통행할 수 있다.
④ 자전거의 운전자가 횡단보도를 이용하여 도로를 횡단할 때에는 자전거를 타고 통행할 수 있다.

해설) 도로교통법 제13조의2(자전거의 통행방법의 특례)

252 도로교통법상 어린이보호구역과 관련된 설명으로 맞는 것은?
① 어린이가 무단횡단을 하다가 교통사고가 발생한 경우 운전자의 모든 책임은 면제된다.
② 자전거 운전자가 운전 중 어린이를 충격하는 경우 자전거는 차마가 아니므로 민사책임만 존재한다.
③ 차도로 갑자기 뛰어드는 어린이를 보면 서행하지 말고 일시정지한다.
④ 경찰서장은 자동차등의 통행속도를 시속 50킬로미터 이내로 지정할 수 있다.

해설) 일시 정지하여야 하며, 보행자의 안전 확보가 우선이다.

253 도로교통법상 '보호구역의 지정절차 및 기준' 등에 관하여 필요한 사항을 정하는 공동부령 기관으로 맞는 것은?
① 어린이 보호구역은 행정안전부, 보건복지부, 국토교통부의 공동부령으로 정한다.
② 노인 보호구역은 행정안전부, 국토교통부, 환경부의 공동부령으로 정한다.
③ 장애인 보호구역은 행정안전부, 보건복지부, 국토교통부의 공동부령으로 정한다.
④ 교통약자 보호구역은 행정안전부, 환경부, 국토교통부의 공동부령으로 정한다.

해설) 도로교통법 제12조(어린이보호구역의 지정 및 관리)제2항 제1항에 따른 어린이 보호구역의 지정절차 및 기준 등에 관하여 필요한 사항은 교육부, 행정안전부, 국토교통부의 공동부령으로 정한다.
노인 보호구역 또는 장애인 보호구역의 지정절차 및 기준 등에 관하여 필요한 사항은 행정안전부, 보건복지부 및 국토교통부의 공동부령으로 정한다.

254 어린이통학버스 특별보호를 위한 운전자의 올바른 운행방법은?
① 편도 1차로인 도로에서는 반대방향에서 진행하는 차의 운전자도 어린이통학버스에 이르기 전에 일시 정지하여 안전을 확인한 후 서행하여야 한다.
② 어린이통학버스가 어린이가 하차하고자 점멸등을 표시할 때는 어린이 통학버스가 정차한 차로 외의 차로로 신속히 통행한다.
③ 중앙선이 설치되지 아니한 도로인 경우 반대방향에서 진행하는 차는 기존 속도로 진행한다.
④ 모든 차의 운전자는 어린이나 영유아를 태우고 있다는 표시를 한 경우라도 도로를 통행하는 어린이통학버스를 앞지를 수 있다.

해설) 도로교통법 제51조 2항(어린이통학버스의 특별보호) ① 어린이통학버스가 도로에 정차하여 어린이나 영유아가 타고 내리는 중임을 표시하는 점멸등 등의 장치를 작동 중일 때에는 어린이통학버스가 정차한 차로와 그 차로의 바로 옆 차로로 통행하는 차의 운전자는 어린이통학버스에 이르기 전에 일시 정지하여 안전을 확인한 후 서행하여야 한다. ② 제1항의 경우 중앙선이 설치되지 아니한 도로와 편도 1차로인 도로에서는 반대방향에서 진행하는 차의 운전자도 어린이통학버스에 이르기 전에 일시 정지하여 안전을 확인한 후 서행하여야 한다. ③ 모든 차의 운전자는 어린이나 영유아를 태우고 있다는 표시를 한 상태로 도로를 통행하는 어린이통학버스를 앞지르지 못한다.

정답 246.① 247.③ 248.④ 249.③ 250.① 251.④ 252.③ 253.③ 254.①

255
도로교통법상 어린이가 영유아가 타고 내리거나 타고 내리게 하기 위하여 자동차를 정차 및 어린이통학버스에 이와 관련된 사항에 관한 자동차운전자의 의무 내용으로 옳은 것은?

① 정차방법 등 기준에 따라 정차하여야 한다.
② 제동장치 등 기준에 따라 정차 및 주차하여야 한다.
③ 도로에 정차하여 반드시 비상점멸등 등 장치를 작동하여야 한다.
④ 가장자리 차로에 정차하여 점멸등 등 장치를 작동하여야 한다.

〈참고〉
도로교통법 제53조(어린이통학버스 운전자 및 운영자 등의 의무) 제48조(승하차시) 그 방법과 기준 등에 대하여

5. 도로교통법상 어린이통학버스 운전자가 이를 준수하지 않거나 좌석안전띠를 매도록 하지 아니한 경우에는 처벌을 받을 수 있다.
가. 가장자리에 정차하여 점멸등 등 장치를 작동 중일 때
나. 중앙선이 없는 도로와 편도 1차로인 도로에서는 반대방향에서 진행하는 차도 일시정지하여 안전을 확인한 후 서행하여야 한다.
다. 중앙선이 설치되지 아니한 도로와 편도 1차로인 도로에서는 어린이통학버스가 정차한 차로의 바로 옆 차로를 통행하는 차의 운전자는 어린이통학버스에 이르기 전에 일시정지하여 안전을 확인한 후 서행하여야 한다.

256
도로교통법상 영유아 및 어린이에 대한 규정 및 어린이통학버스 운전자의 의무에 대한 설명으로 옳은 것은?

① 어린이는 13세 이하의 사람을 의미하며, 어린이가 타고 내리는 경우 점멸등 등 장치를 작동하여야 한다.
② 출발하기 전 영유아를 제외한 모든 어린이가 좌석안전띠를 매도록 한 후 출발한다.
③ 어린이가 내릴 때에는 어린이가 인도나 안전한 장소에 도착한 것을 확인한 후 출발하여야 한다.
④ 영유아는 6세 미만의 사람을 의미하며, 영유아가 타고 내리는 경우에도 점멸등 등의 장치를 작동하여야 한다.

〈참고〉
도로교통법 제53조(어린이통학버스 운전자 및 운영자 등의 의무) 어린이통학버스를 운전하는 사람은 어린이나 영유아가 타고 내리는 경우에만 점멸등 등 장치를 작동하여야 하며, 어린이나 영유아를 태우고 운행 중인 경우에만 제51조제3항에 따른 표시를 하여야 한다. 어린이 : 13세 미만, 영유아 : 6세 미만

257
도로교통법상 어린이 보호에 대한 설명으로 옳지 않은 것은?

① 영유아가 타고 내리는 도로에서 영유아가 있는 경우 서행하여야 한다.
② 안전지대에 어린이가 있는 경우 안전거리를 두고 서행하여야 한다.
③ 통학버스에 어린이가 있다는 표시가 있는 경우 앞지르기 금지를 하고 서행하여야 한다.
④ 생활도로에서 어린이가 놀고 있는 경우 위험을 방지하기 위하여 서행하여야 한다.

〈참고〉
도로교통법 제27조 (보행자의 보호)

① 모든 차 또는 노면전차의 운전자는 신호기 또는 교통정리를 하는 경찰공무원등의 신호나 지시에 따라 도로를 횡단하는 보행자의 통행을 방해하여서는 아니 된다.
② 모든 차의 운전자는 교통정리를 하고 있는 장소에서 보행자가 횡단할 수 있도록 그 횡단보도 앞(정지선이 설치되어 있는 곳에서는 그 정지선을 말한다)에서 일시정지하여야 한다.
③ 모든 차의 운전자는 교통정리를 하고 있지 아니하는 교차로 또는 그 부근의 도로를 횡단하는 보행자의 통행을 방해하여서는 아니 된다.
④ 모든 차의 운전자는 도로에 설치된 안전지대에 보행자가 있는 경우와 차로가 설치되지 아니한 좁은 도로에서 보행자의 옆을 지나는 경우에는 안전한 거리를 두고 서행하여야 한다.
⑤ 모든 차 또는 노면전차의 운전자는 제10조제3항에 따라 횡단보도가 설치되어 있지 아니한 도로를 횡단하고 있는 보행자가 안전하게 횡단할 수 있도록 하여야 한다.

258
도로교통법상 어린이통학버스를 특별보호하는 위반한 운전자에 대한 설명으로 맞는 것은?

① 위반행위에 대한 벌점은 30점이 부과된다.
② 교통사고를 유발하였을 때 형사처벌된다.
③ 승용차 운전자는 12만원 범칙금이 부과된다.
④ 화물차 운전자는 7만원 범칙금이 부과된다.

〈참고〉
도로교통법 제51조, 도로교통법시행령 [별표8] 승합자동차 등 13만원, 승용자동차 등 12만원, 어린이통학버스를 앞지르거나 동승한 경우 도로교통법시행규칙 [별표 28], 어린이통학버스 특별보호 위반 시 벌점 30점이 부과된다.

259
도로교통법상 어린이통학버스의 정차 및 주차가 금지되는 아닌 것은?

① 어린이보호구역
② 주·정차금지표지
③ 교차로의 가장자리 및 도로의 모퉁이
④ 이륜자동차 전용 주차장

〈참고〉
도로교통법 제32조 (어린이보호구역 지정 및 주차·정차 금지구역, 주·정차 금지장소)

260
도로교통법상 어린이통학버스의 신고 및 운행 가능한 자동차는?

① 경찰서장
② 시장등
③ 시·도경찰청장
④ 교육감

〈참고〉
도로교통법 제52조 제1항

261
어린이보호구역에서 어린이를 상대로 상해를 입힌 경우 한 특정범죄 가중처벌 기준은?

① 1년 이상 15년 이하의 징역 또는 500만 원 이상 3천만원 이하 벌금
② 무기 또는 5년 이하의 징역
③ 3년 이하의 징역이나 500만 원 이하의 벌금
④ 5년 이하의 징역이나 2천만 원 이하의 벌금

〈참고〉
특정범죄가중처벌 등에 관한 법률 제5조의13 어린이 보호구역에서 어린이 치사상의 가중처벌, 13세 미만 어린이에게 교통사고처리 특례법 제3조제1항의 죄를 범한 경우 1년 이상 15년 이하 징역 또는 500만 원 이상 3천만 원 이하의 벌금이다.

262
도로교통법상 어린이가 도로에서 다음과 같은 행위를 하는 경우 맞는 것은?

① 차도에서 어린이가 자전거를 타는 경우
② 도로에서 어린이가 정당하고 할 때 보호자
③ 공원에서 어린이가 정당하고 할 때 보호자
④ 놀이터에서 자전거를 타고 할 때 보호자

〈참고〉
도로교통법 제11조 제3항, 이를 위반하였을 때 20만 원 이하의 과태료를 부과한다. 도로교통법 제160조 제1항.

정답
255. ③ 256. ④ 257. ① 258. ② 259. ④ 260. ② 261. ① 262. ③

263 도로교통법령상 승용차 운전자가 어린이통학버스 특별보호 위반행위를 한 경우 범칙금액으로 맞는 것은?
① 13만 원　② 9만 원
③ 7만 원　④ 5만 원

> 승용차 운전자가 어린이통학버스 특별보호 위반행위를 한 경우 범칙금 9만 원이다. (도로교통법 시행령 별표 8)

264 다음 중 교통사고의 위험으로부터 노인의 안전과 보호를 위하여 지정하는 구역은?
① 고령자 보호구역　② 노인 복지구역
③ 노인 보호구역　④ 노인 안전구역

> 교통사고의 위험으로부터 노인의 안전과 보호를 위하여 지정하는 구역은 노인 보호구역이다.

265 도로교통법령상 어린이통학버스에 성년 보호자가 없을 때 '보호자 동승 표지'를 부착한 경우의 처벌로 맞는 것은?
① 20만 원 이하의 벌금이나 구류
② 30만 원 이하의 벌금이나 구류
③ 40만 원 이하의 벌금이나 구류
④ 50만 원 이하의 벌금이나 구류

> 도로교통법 제53조, 제154조 어린이통학버스 보호자를 태우지 아니하고 운행하는 어린이통학버스에 보호자 동승표지를 부착한 사람은 30만 원 이하의 벌금이나 구류에 처한다.

266 시장 등이 노인 보호구역으로 지정 할 수 있는 곳이 아닌 곳은?
① 고등학교　② 노인복지시설
③ 도시공원　④ 생활체육시설

> 노인복지시설, 자연공원, 도시공원, 생활체육시설, 노인이 자주 왕래하는 곳은 시장 등이 노인 보호구역으로 지정할 수 있는 곳이다.

267 도로교통법령상 어린이통학버스 운영자의 의무를 설명한 것으로 틀린 것은?
① 어린이통학버스에 어린이를 태울 때에는 성년인 사람 중 보호자를 지정해야 한다.
② 어린이통학버스에 어린이를 태울 때에는 성년인 사람 중 보호자를 함께 태우고 어린이 보호 표지만 부착해야 한다.
③ 좌석안전띠 착용 및 보호자 동승 확인 기록을 작성·보관해야 한다.
④ 좌석안전띠 착용 및 보호자 동승 확인 기록을 매 분기 어린이통학버스를 운영하는 시설의 감독 기관에 제출해야 한다

> 도로교통법 제53조 제3항, 제6항 어린이통학버스를 운영하는 자는 어린이통학버스에 어린이나 영유아를 태울 때에는 성년인 사람 중 어린이통학버스를 운영하는 자가 지명한 보호자를 함께 태우고 운행하여야 하며, 동승한 보호자는 어린이나 영유아가 승차 또는 하차하는 때에는 자동차에서 내려서 어린이나 영유아가 안전하게 승하차하는 것을 확인하고 운행 중에는 어린이나 영유아가 좌석에 앉아 좌석안전띠를 매고 있도록 하는 등 어린이 보호에 필요한 조치를 하여야 한다.
> 도로교통법 제53조 제6항, 어린이통학버스를 운영하는 자는 제3항에 따라 보호자를 함께 태우고 운행하는 경우에는 행정안전부령으로 정하는 보호자 동승을 표시하는 표지(이하 "보호자 동승표지"라 한다)를 부착할 수 있으며, 누구든지 보호자를 함께 태우지 아니하고 운행하는 경우에는 보호자 동승표지를 부착하여서는 아니 된다. 〈신설 2020. 5. 26.〉
> 제 7항 어린이통학버스를 운영하는 자는 좌석안전띠 착용 및 보호자 동승 확인 기록 (이하 "안전운행 기록"이라 한다)을 작성·보관하고 매 분기 어린이통학버스를 운영하는 시설을 감독하는 주무기관의 장에게 안전운행기록을 제출하여야 한다.

268 도로교통법령상 안전한 보행을 하고 있지 않은 어린이는?
① 보도와 차도가 구분된 도로에서 차도 가장자리를 걸어가고 있는 어린이
② 일방통행도로의 가장자리에서 차가 오는 방향을 바라보며 걸어가고 있는 어린이
③ 보도와 차도가 구분되지 않은 도로의 가장자리구역에서 차가 오는 방향을 마주보고 걸어가는 어린이
④ 보도 내에서 우측으로 걸어가고 있는 어린이

> 보행자는 보·차도가 구분된 도로에서는 언제나 보도로 통행하여야 한다. 보·차도가 구분되지 않은 도로에서는 길가장자리 또는 길가장자리 구역으로 통행하여야 한다. 보행자는 보도에서는 우측통행을 원칙으로 한다(도로교통법 제8조).

269 다음 중 노인보호구역을 지정할 수 없는 자는?
① 특별시장　② 광역시장
③ 특별자치도지사　④ 시·도경찰청장

> 어린이·노인 및 장애인보호구역 지정 및 관리에 관한 규칙 제3조 제1항

270 「노인 보호구역」에서 노인을 위해 시·도경찰청장이나 경찰서장이 할 수 있는 조치가 아닌 것은?
① 차마의 통행을 금지하거나 제한할 수 있다.
② 이면도로를 일방통행로로 지정·운영할 수 있다.
③ 차마의 운행속도를 시속 30킬로미터 이내로 제한할 수 있다.
④ 주출입문 연결도로에 노인을 위한 노상주차장을 설치할 수 있다.

> 어린이·노인 및 장애인 보호구역의 지정 및 관리에 관한 규칙 제9조(보호구역에서의 필요한 조치) 제1항에 의하면 시·도경찰청이나 경찰서장은 보호구역에서 구간별·시간대별로 다음 각 호의 조치를 할 수 있다 1. 차마의 통행을 금지하거나 제한하는 것. 2. 차마의 정차나 주차를 금지하는 것. 3. 운행속도를 시속 30킬로미터 이내로 제한하는 것. 4. 이면도로를 일방통행로로 지정·운영하는 것

271 도로교통법령상 노인보호구역에서 통행을 금지할 수 있는 대상으로 바른 것은?
① 개인형 이동장치, 노면전차
② 트럭적재식 천공기, 어린이용 킥보드
③ 원동기장치자전거, 폭 1미터 이내의 보행보조용 의자차
④ 노상안정기, 폭 1미터 이내의 노약자용 보행기

> 도로교통법 제12조의2(노인 및 장애인 보호구역의 지정·해제 및 관리) ① 시장등은 교통사고의 위험으로부터 노인 또는 장애인을 보호하기 위하여 필요하다고 인정하는 경우에는 제1호부터 제3호까지 및 제3호의2에 따른 시설 또는 장소의 주변도로 가운데 일정 구간을 노인 보호구역으로, 제4호에 따른 시설의 주변도로 가운데 일정 구간을 장애인 보호구역으로 각각 지정하여 차마와 노면전차의 통행을 제한하거나 금지하는 등 필요한 조치를 할 수 있다. [시행일: 2023. 10. 19.]

272 도로교통법령상 노인보호구역에서 오전 10시경 발생한 법규위반에 대한 설명으로 맞는 것은?
① 덤프트럭 운전자가 신호위반을 하는 경우 범칙금은 13만 원이다.
② 승용차 운전자가 노인보행자의 통행을 방해하면 범칙금은 7만 원이다.
③ 자전거 운전자가 횡단보도에서 횡단하는 노인보행자의 횡단을 방해하면 범칙금은 5만 원이다.
④ 경운기 운전자가 보행자보호를 불이행하는 경우 범칙금은 3만 원이다.

> 신호위반(덤프트럭 13만 원), 횡단보도보행자 횡단방해(승용차 12만 원, 자전거 6만 원), 보행자통행방해 또는 보호 불이행(승용차 8만 원, 자전거 4만 원)의 범칙금이 부과된다.

정답 263.② 264.③ 265.② 266.① 267.② 268.① 269.④ 270.④ 271.① 272.①

273 다음 중 어린이보호구역에 대한 설명이다. 옳지 않은 것은?

① 어린이에게 교통사고의 위험으로부터 보호하기 위해 설정될 수 있다.
② 자동차등의 통행속도를 시속 30킬로미터 이내로 제한할 수 있다.
③ 매시 30킬로미터 이내로 속도를 제한하여야 한다.
④ 주·정차가 금지된다.

274 교통약자인 고령자의 일반적인 특성에 대한 설명으로 틀린 것은?

① 반사 신경이 둔하나 경험에 의한 신중한 판단을 한다.
② 시력은 나빠지나 청력은 높아진다.
③ 돌발사태 대응력은 미흡하지만 인지능력이 향상된다.
④ 신체상태가 건강하지 못하여 운전이 위험하다.

275 도로교통법상 어린이보호구역에서 할 수 있는 조치로 옳지 않은 것은?

① 차마의 통행을 금지하거나 제한할 수 있다.
② 대통령령이 정하는 사항에 따라 통행속도를 제한할 수 있다.
③ 이면도로를 일방통행로로 지정·운영할 수 있다.
④ 대형승합차의 통행을 금지할 수 있다.

276 어린이보호구역에서 주차나 정차할 때 운전자의 행동으로 맞는 것은?

① 기어를 중립에 둔다.
② 일시정지 후에 서서히 출발한다.
③ 경찰공무원의 지시에 따라 정차한다.
④ 반드시 안전을 확인한 후 주차한다.

277 어린이보호구역으로 지정된 곳 중 주·정차금지이다. 바르지 않은 것은?

① 어린이보호구역의 경우 매시 30킬로미터 이내로 제한할 수 있다.
② 어린이보호구역에서 안전표지 및 보호구역 표시가 되어 있는 곳에 주·정차가 가능하다.
③ 교육시설 등 어린이보호구역의 설치대상이 될 수 있다.
④ 보호구역의 지정권자가 지정공고된 곳에 주·정차가 허용되는 경우로 수정예정으로.

278 야간에 어린이보호구역을 통과할 때 공전자가 주의해야할 사항으로 아닌 것은?

① 운행속도를 빠르게 주행해야 한다.
② 어린이가 갑자기 뛰어들 수 있어 주의한다.
③ 보호구역 내에는 주·정차를 금지한다.
④ 정차된 차량 뒤쪽에서 어린이의 행동을 주의한다.

279 도로교통법상 어린이보호구역 내 신호등이 설치되지 않은 횡단보도에서의 통행방법으로 맞는 것은?

① 보행자가 신호기에 따라 횡단하는 보도 앞에서 일시정지하고 보행자의 횡단을 방해하지 않는다.
② 보행자가 없을 경우 그대로 진행한다.
③ 어린이보호구역이라도 신호가 없으면 그대로 진행한다.
④ 이면도로의 경우 오전 8시부터 오후 8시 사이에는 통행속도를 준수하여 운전을 가볍게 한다.

280 어린이보호구역에 대한 설명이다. 틀린 것은?

① 오전 8시부터 오후 8시까지 보호속도를 위반할 경우 범칙금이 가중된다.
② 어린이보호구역 내 설치된 신호기의 보행신호 시간은 어린이의 평균보행속도를 기준으로 한다.
③ 어린이보호구역으로 지정된 곳에서는 신호등이 설치되어 있다.
④ 어린이보호구역 내 설치된 신호기는 도로교통법 시행규칙에 따라 설정할 수 있다.

281 도로교통법상 승용자동차 운전자가 오전 11시경 어린이보호구역에서 제한속도를 25km/h 초과한 경우 범칙금은?

① 60점 ② 40점
③ 30점 ④ 15점

282 어린이보호구역 내에 신호등이 있는 횡단보도 앞에 일시정지하지 않은 경우는?

① 보행자가 횡단보도 앞에서 바퀴를 돌리는 경우 대기하고 있다가 다시 주행한다.
② 신호등이 빨간색 불빛일 때 멈출 수 있다.
③ 신호등이 청색 불빛일 때 신호에 따라야 한다.
④ 어린이가 보호자와 함께 횡단보도 앞에서 신호등이 있을 경우 일시정지한다.

283 노인보호구역에서 노인의 안전을 위하여 설치할 수 있는 도로 시설물과 가장 거리가 먼 것은?
① 미끄럼방지시설, 방호울타리
② 과속방지시설, 미끄럼방지시설
③ 가속차로, 보호구역 도로표지
④ 방호울타리, 도로반사경

> 해설: 어린이·노인 및 장애인 보호구역의 지정 및 관리에 관한 규칙 제7조(보도 및 도로부속물의 설치)제2항 시장 등은 보호구역에 다음 각 호의 어느 하나에 해당하는 도로부속물을 설치하거나 관할 도로관리청에 설치를 요청할 수 있다.
> 1. 별표에 따른 보호구역 도로표지 2. 도로반사경 3. 과속방지시설 4. 미끄럼방지시설 5. 방호울타리 6. 그 밖에 시장 등이 교통사고의 위험으로부터 어린이·노인 또는 장애인을 보호하기 위하여 필요하다고 인정하는 도로부속물로서 「도로의 구조·시설 기준에 관한 규칙」에 적합한 시설

284 도로교통법령상 노인보호구역에 대한 설명으로 잘못된 것은?
① 노인보호구역을 통과할 때는 위험상황 발생을 대비해 주의하면서 주행해야 한다.
② 노인보호표지란 노인보호구역 안에서 노인의 보호를 지시하는 것을 말한다.
③ 노인보호표지는 노인보호구역의 도로 중앙에 설치한다.
④ 승용차 운전자가 노인보호구역에서 오전 10시에 횡단보도 보행자의 횡단을 방해하면 범칙금 12만 원이 부과된다.

> 해설: 노인보호구역에서 횡단보도보행자 횡단을 방해하는 경우 승용차운전자는 12만 원의 범칙금이 부과된다. 노인보호표지는 노인보호구역 안에서 노인의 보호를 지시하는 것으로 노인보호구역의 도로 양측에 설치한다.

285 도로교통법령상 오전 8시부터 오후 8시까지 사이에 노인보호구역에서 교통법규 위반 시 범칙금이 가중되는 행위가 아닌 것은?
① 신호위반 ② 주차금지 위반
③ 횡단보도 보행자 횡단 방해 ④ 중앙선침범

> 해설: 도로교통법 시행령 별표 10 어린이 보호구역 및 노인□장애인 보호구역에서의 범칙행위 및 범칙금액

286 다음 중 도로교통법을 가장 잘 준수하고 있는 보행자는?
① 횡단보도가 없는 도로를 가장 짧은 거리로 횡단하였다.
② 통행차량이 없어 횡단보도로 통행하지 않고 도로를 가로질러 횡단하였다.
③ 정차하고 있는 화물자동차 바로 뒤쪽으로 도로를 횡단하였다.
④ 보도에서 좌측으로 통행하였다.

> 해설: 도로교통법 제8조, 제10조 ①, ②횡단보도가 설치되어 있지 않은 도로에서는 가장 짧은 거리로 횡단하여야 한다. ③보행자는 모든 차의 앞이나 뒤로 횡단하여서는 안 된다. ④ 보행자는 보도에서 우측통행을 원칙으로 한다.

287 도로교통법령상 노인운전자가 다음과 같은 운전행위를 하는 경우 벌점기준이 가장 높은 위반행위는?
① 횡단보도 내에 정차하여 보행자 통행을 방해하였다.
② 보행자를 뒤늦게 발견 급제동하여 보행자가 넘어질 뻔하였다.
③ 무단 횡단하는 보행자를 발견하고 경음기를 울리며 보행자 앞으로 재빨리 통과하였다.
④ 황색실선의 중앙선을 넘어 앞지르기하였다.

> 해설: 도로교통법 시행규칙 별표28, 승용자동차 기준 ① 도로교통법 제27조제1항 범칙금 6만 원, 벌점 10점 ② 도로교통법 제27조제3항 범칙금 6만 원, 벌점 10점, ③ 도로교통법 제27조제5항 범칙금 4만 원, 벌점 10점 ④ 도로교통법 제13조제3항 범칙금 6만 원, 벌점 30점

288 도로교통법령상 노인보호구역에 대한 설명이다. 옳지 않은 것은?
① 노인보호구역의 지정·해제 및 관리권은 시장등에게 있다.
② 노인을 보호하기 위하여 일정 구간을 노인보호구역으로 지정할 수 있다.
③ 노인보호구역 내에서 차마의 통행을 제한할 수 있다.
④ 노인보호구역 내에서 차마의 통행을 금지할 수 없다.

> 해설: 노인보호구역 내에서는 차마의 통행을 금지하거나 제한할 수 있다. (도로교통법 제12조의 2)

289 다음 중 가장 바람직한 운전을 하고 있는 노인운전자는?
① 장거리를 이동할 때는 안전을 위하여 서행 운전한다.
② 시간 절약을 위해 목적지까지 쉬지 않고 운행한다.
③ 도로 상황을 주시하면서 규정 속도를 준수하고 운행한다.
④ 통행 차량이 적은 야간에 주로 운전을 한다.

> 해설: 노인운전자는 장거리 운전이나 장시간, 심야 운전은 삼가 해야 한다.

290 노인의 일반적인 신체적 특성에 대한 설명으로 적당하지 않은 것은?
① 행동이 느려진다.
② 시력은 저하되나 청력은 향상된다.
③ 반사 신경이 둔화된다.
④ 근력이 약화된다.

> 해설: 노인은 시력 및 청력이 약화되는 신체적 특성이 발생한다.

291 다음 중 교통약자의 이동편의 증진법상 교통약자에 해당되지 않은 사람은?
① 어린이 ② 노인
③ 청소년 ④ 임산부

> 해설: 교통약자에 이동편의 증진법 제2조 제1호
> 교통약자란 장애인, 노인(고령자), 임산부, 영유아를 동반한 사람, 어린이 등 일상생활에서 이동에 불편을 느끼는 사람을 말한다.

292 노인운전자의 안전운전과 가장 거리가 먼 것은?
① 운전하기 전 충분한 휴식 ② 주기적인 건강상태 확인
③ 운전하기 전에 목적지 경로확인 ④ 심야운전

> 해설: 노인운전자는 운전하기 전 충분한 휴식과 주기적인 건강상태를 확인하는 것이 바람직하다. 운전하기 전에 목적지 경로를 확인하고 가급적 심야운전은 하지 않는 것이 좋다.

293 승용자동차 운전자가 노인보호구역에서 전방주시태만으로 노인에게 3주간의 상해를 입힌 경우 형사처벌에 대한 설명으로 틀린 것은?
① 종합보험에 가입되어 있으면 형사처벌되지 않는다.
② 노인보호구역을 알리는 안전표지가 있는 경우 형사처벌된다.
③ 피해자가 처벌을 원하지 않으면 형사처벌되지 않는다.
④ 합의하면 형사처벌되지 않는다.

> 해설: 교통사고처리 특례법 제3조(처벌의 특례)제2항 피해자의 명시적인 의사에 반하여 공소(公訴)를 제기할 수 없다. 제4조(종합보험 등에 가입된 경우의 특례)제1항 보험 또는 공제에 가입된 경우에는 제3조제2항 본문에 규정된 죄를 범한 차의 운전자에 대하여 공소를 제기할 수 없다. 다만 교통사고처리 특례법 제3조 제2항 단서에 규정된 항목에 대하여 피해자의 명시적인 의사에 반하거나 종합보험에 가입되어 있더라도 형사처벌 될 수 있다.

정답 283.③ 284.③ 285.④ 286.① 287.④ 288.④ 289.③ 290.② 291.③ 292.④ 293.②

294 도로교통법상 승용자동차가 공진입로에서 긴급자동차를 제외한 차를 앞지르기할 경우 최고 제한속도 15:00에서 승인받고, 사고 시 60킬로미터를 초과하여 공진한 경우 범칙금과 벌점은? (가산금은 제외)

① 6만 원, 60점
② 9만 원, 60점
③ 12만 원, 120점
④ 15만 원, 120점

[해설] 도로교통법 시행규칙 별표 28 승용자동차 15만 원, 벌점 120점

295 도로교통법상 다음 중 자동차(이륜자동차 제외)의 운전자가 고장 그 밖의 사유로 도로에서 정차할 경우 켜야 하는 등화로 옳은 것은?

① 미등 및 전조등
② 실내 조명등 및 차폭등
③ 번호등 및 전조등
④ 미등 및 차폭등

[해설] 도로교통법 제37조 모든 차 또는 노면전차의 운전자는 다음 각 호의 어느 하나에 해당하는 경우에는 대통령령으로 정하는 바에 따라 등화(燈火)를 켜야 한다. 이 경우 미등(尾燈)에 들어서 제2호의 경우에는 자동차의 앞면에 밝은 색깔의 표지 또는 옷을 착용하는 등 그 차 또는 노면전차가 밝게 빛나도록 하여야 한다. 도로에서 차 또는 노면전차를 정차 또는 주차하는 경우

296 도로교통법상 긴급자동차 경광등의 색상에 대한 설명이다. 가장 맞는 것은?

① 적색 또는 청색이 있다.
② 적색 또는 황색이 있다.
③ 녹색만 있다.
④ 주황색 등이 있다.

[해설] 도로교통법 시행령 [별표2]에 의해 적색 또는 청색

297 장애인자동차에 대한 설명이다. 옳은 것은?

① 장애인전용주차구역은 자동차에 장애인이 승차한 경우에만 사용할 수 있다.
② 장애인전용주차구역 주차표지가 있으면 모든 장소에 주차할 수 있다.
③ 장애인전용주차구역 주차표지를 붙이고 보행에 장애가 있는 사람이 타지 않아도 이용할 수 있다.
④ 장애인전용주차구역 주차표지를 붙인 차량에 장애인이 승차하지 않은 경우 주차가 불가하다.

[해설] 장애인, 노인, 임산부 등의 편의증진보장에 관한 법률 제17조(장애인전용주차구역 등)

298 도로교통법상 차로가 설치되지 않은 좁은 도로에서 반대방향 차량과 마주치는 경우 운행 요령으로 옳은 것은?

① 속도를 높여 진입한다.
② 저단기어로 변속한 후 서행하며 진행한다.
③ 교행하기 편한 장소에 정차한 후 양보한다.
④ 먼저 양보 요청을 한다.

[해설]
• 교통량이 많은 도로에서 차로가 설치되지 않은 좁은 도로에서는 서행하며 교행하고, 안전한 운전자가 먼저 양보 운전을 해야 한다.
• 교차로 진입전에는 서행하여 교차로 교통상황을 확인한 후 진입하여야 한다. (도로교통법 제26조)

299 장애인 전용 주차구역의 설치 기준이 아닌 것은?

① 국가유공자
② 특수자동차 · 냉동자동차
③ 시장 · 군수 · 구청장
④ 장애인복지시설

300 도로교통법상 개인형 이동장치의 정차 및 주차가 금지되는 기준으로 틀린 것은?

① 교차로의 가장자리로부터 10미터 이내인 곳, 도로의 모퉁이로부터 5미터 이내인 곳
② 횡단보도로부터 10미터 이내인 곳, 건널목의 가장자리로부터 10미터 이내인 곳
③ 안전지대의 사방으로부터 각각 10미터 이내인 곳, 버스정류장 기둥으로부터 10미터 이내인 곳
④ 비상소화장치가 설치된 곳으로부터 5미터 이내인 곳, 소방용수시설이 설치된 곳으로부터 5미터 이내인 곳

[해설] 도로교통법 제32조(정차 및 주차의 금지), 1. 교차로로부터 5미터 이내인 곳 대원.

301 도로교통법상 회전교차로의 통행방법에 대한 설명으로 잘못된 것은?

① 진입할 때는 속도를 줄여 서행한다.
② 양보선에 대기하여 일시정지한 후 통행한다.
③ 진입차량이 우선이므로 신속히 진입한다.
④ 반시계방향으로 통행한다.

[해설] 도로교통법 제25조의2(회전교차로 통행방법) ① 회전교차로에서는 반시계방향으로 통행하여야 한다. ② 회전교차로에 진입하려는 경우에는 서행하거나 일시정지하여야 하며, 이미 진행하고 있는 다른 차가 있는 때에는 그 차에 진로를 양보하여야 한다.

302 자동차에서 하차할 때 문을 여는 방법인 '더치리치(Dutch Reach)'에 대한 설명으로 맞는 것은?

① 자동차 하차 시 창문에서 먼 쪽의 손으로 손잡이를 잡아 뒤를 확인한 후 문을 여는 방법이다.
② 자동차 하차 시 창문에서 가까운 쪽의 손으로 손잡이를 잡아 앞을 확인한 후 문을 여는 방법이다.
③ 개문발차사고를 예방한다.
④ 영국에서 처음 시작된 교통안전 캠페인이다.

[해설] 더치리치(Dutch Reach)는 1960년대 네덜란드에서 시작된 교통안전 캠페인이다. 자동차에서 내릴 때 창문에서 먼 쪽의 손으로 차문을 여는 방식을 말한다. 이런 방식으로 문을 열게 되면 자연스럽게 몸이 45도 이상 회전하게 되면서 뒤에서 다가오는 자전거나 자동차 등이 있는지를 눈으로 확인할 수 있어 개문발차사고를 예방할 수 있다.

303 긴급자동차 외의 자동차를 주·정차할 때 긴급자동차 전용구역에 주차위반한 경우 과태료는 얼마인가?

① 3만 원
② 5만 원
③ 7만 원
④ 10만 원

[해설] 긴급자동차 전용구역 주차위반 과태료는 1회의 2만 원 승용자동차의 경우 과태료 4만 원이 부과된다.

정답 294.④ 295.④ 296.② 297.① 298.③ 299.② 300.① 301.③ 302.① 303.④

304 전기자동차 또는 외부충전식하이브리드자동차는 급속충전시설의 충전 시작 이후 충전구역에서 얼마나 주차할 수 있는가?

① 1시간   ② 2시간
③ 3시간   ④ 4시간

> **해설**
> 환경친화적 자동차의 개발 및 보급 촉진에 관한 법률 시행령 제18조의8((환경친화적 자동차에 대한 충전 방해행위의 기준 등) 급속충전시설의 충전구역에서 전기자동차 및 외부충전식하이브리드자동차가 2시간 이내의 범위에서 산업통상자원부장관이 고시하는 시간인 1시간이 지난 후에도 계속 주차하는 행위는 환경친화적 자동차에 대한 충전 방해행위임

305 도로교통법령상 경사진 곳에서의 정차 및 주차 방법과 그 기준에 대한 설명으로 올바른 것은?

① 경사의 내리막 방향으로 바퀴에 고임목, 고임돌 등 자동차의 미끄럼 사고를 방지할 수 있는 것을 설치해야 하며 비탈진 내리막길은 주차금지 장소이다.
② 조향장치를 자동차에서 멀리 있는 쪽 도로의 가장자리 방향으로 돌려놓아야 하며 경사진 장소는 정차금지 장소이다.
③ 운전자가 운전석에 대기하고 있는 경우에는 조향장치를 도로 쪽으로 돌려놓아야 하며 고장이 나서 부득이 정지하고 있는 것은 주차에 해당하지 않는다.
④ 도로 외의 경사진 곳에서 정차하는 경우에는 조향장치를 자동차에서 가까운 쪽 도로의 가장자리 방향으로 돌려놓아야 하며 정차는 5분을 초과하지 않는 주차외의 정지 상태를 말한다.

> **해설**
> 도로교통법 시행령 제11조 제3항
> 자동차의 운전자는 법 제34조의3에 따라 경사진 곳에 정차하거나 주차(도로 외의 경사진 곳에서 정차하거나 주차하는 경우를 포함한다)하려는 경우 자동차의 주차 제동장치를 작동한 후에 다음 각 호의 어느 하나에 해당하는 조치를 취하여야 한다. 다만, 운전자가 운전석을 떠나지 아니하고 직접 제동장치를 작동하고 있는 경우는 제외한다.
> 1. 경사의 내리막 방향으로 바퀴에 고임목, 고임돌, 그 밖에 고무, 플라스틱 등 자동차의 미끄럼 사고를 방지할 수 있는 것을 설치할 것
> 2. 조향장치(操向裝置)를 도로의 가장자리(자동차에서 가까운 쪽을 말한다) 방향으로 돌려 놓을 것
> 3. 그 밖에 제1호 또는 제2호에 준하는 방법으로 미끄럼 사고의 발생 방지를 위한 조치를 취할 것

306 장애인전용주차구역에 물건 등을 쌓거나 그 통행로를 가로막는 등 주차를 방해하는 행위를 한 경우 과태료 부과 금액으로 맞는 것은?

① 4만 원   ② 20만 원
③ 50만 원 ④ 100만 원

> **해설**
> 누구든지 장애인전용주차구역에서 주차를 방해하는 행위를 하면 과태료 50만 원을 부과(장애인·노인·임산부 등의 편의증진 보장에 관한 법률 제17조 제5항, 시행령 별표3)

307 다음 중 회전교차로에서 통행 우선권이 인정되는 차량은?

① 회전교차로 내 회전차로에서 주행 중인 차량
② 회전교차로 진입 전 좌회전하려는 차량
③ 회전교차로 진입 전 우회전하려는 차량
④ 회전교차로 진입 전 좌회전 및 우회전하려는 차량.

> **해설**
> 도로교통법 제25조의2(회전교차로 통행방법) ① 모든 차의 운전자는 회전교차로에서는 반시계방향으로 통행하여야 한다. ② 모든 차의 운전자는 회전교차로에 진입하려는 경우에는 서행하거나 일시정지하여야 하며, 이미 진행하고 있는 다른 차가 있는 때에는 그 차에 진로를 양보하여야 한다. ③ 제1항 및 제2항에 따라 회전교차로 통행을 위하여 손이나 방향지시기 또는 등화로써 신호를 하는 차가 있는 경우 그 뒤차의 운전자는 신호를 한 앞차의 진행을 방해하여서는 아니 된다.

308 도로교통법령상 교통정리를 하고 있지 아니하는 교차로를 좌회전하려고 할 때 가장 안전한 운전 방법은?

① 먼저 진입한 다른 차량이 있어도 서행하며 조심스럽게 좌회전한다.
② 폭이 넓은 도로의 차에 진로를 양보한다.
③ 직진 차에는 차로를 양보하나 우회전 차보다는 우선권이 있다.
④ 미리 도로의 중앙선을 따라 서행하다 교차로 중심 바깥쪽을 이용하여 좌회전한다.

> **해설**
> 도로교통법 제26조 먼저 진입한 차량에 차로를 양보해야 하고, 좌회전 차량은 직진 및 우회전 차량에게 우선권을 양보해야 하며, 교차로 중심 안쪽을 이용하여 좌회전해야 한다.

309 도로교통법령상 회전교차로에서의 금지 행위가 아닌 것은?

① 정차   ② 주차
③ 서행 및 일시정지 ④ 앞지르기

> **해설**
> 〈도로교통법 제32조(정차 및 주차의 금지)〉 모든 차의 운전자는 다음 각 호의 어느 하나에 해당하는 곳에서는 차를 정차하거나 주차하여서는 아니 된다. 다만, 이 법이나 이 법에 따른 명령 또는 경찰공무원의 지시를 따르는 경우와 위험방지를 위하여 일시정지하는 경우에는 그러하지 아니하다.
> 1. 교차로·횡단보도·건널목이나 보도와 차도가 구분된 도로의 보도(「주차장법」에 따라 차도와 보도에 걸쳐서 설치된 노상주차장은 제외한다)
> 2. 교차로의 가장자리나 도로의 모퉁이로부터 5미터 이내인 곳
> 〈법 제22조(앞지르기 금지의 시기 및 장소)〉 ③ 모든 차의 운전자는 다음 각 호의 어느 하나에 해당하는 곳에서는 다른 차를 앞지르지 못한다.
> 1. 교차로 2. 터널 안 3. 다리 위

310 도로교통법령상 교통정리가 없는 교차로 통행방법으로 알맞은 것은?

① 좌우를 확인할 수 없는 경우에는 서행하여야 한다.
② 좌회전하려는 차는 직진차량보다 우선 통행해야 한다.
③ 우회전하려는 차는 직진차량보다 우선 통행해야 한다.
④ 통행하고 있는 도로의 폭보다 교차하는 도로의 폭이 넓은 경우 서행하여야 한다.

> **해설**
> 도로교통법 제26조 좌우를 확인할 수 없는 경우에는 일시정지 하여야 하며, 해당 차가 통행하고 있는 도로의 폭보다 교차하는 도로의 폭이 넓은 경우에는 서행하여야 한다.

311 도로의 원활한 소통과 안전을 위하여 회전교차로의 설치가 권장되는 경우는?

① 교통량 수준이 높지 않으나, 교차로 교통사고가 많이 발생하는 곳
② 교차로에서 하나 이상의 접근로가 편도 3차로 이상인 곳
③ 회전교차로의 교통량 수준이 처리용량을 초과하는 곳
④ 신호연동에 필요한 구간 중 회전교차로이면 연동효과가 감소되는 곳

> **해설**
> 회전교차로 설계지침(국토교통부)
> 1. 회전교차로 설치가 권장되는 경우
>   ① 불필요한 신호대기 시간이 길어 교차로 지체가 약화된 경우
>   ② 교통량 수준이 높지 않으나, 교차로 교통사고가 많이 발생하는 경우
>   ③ 교통량 수준이 비신호교차로로 운영하기에는 부적합하거나 신호교차로로 운영하면 효율이 떨어지는 경우
>   ④ 교차로에서 직진하거나 회전하는 자동차에 의한 사고가 빈번한 경우
>   ⑤ 각 접근로별 통행우선권 부여가 어렵거나 바람직하지 않은 경우
>   ⑥ T자형, Y자형 교차로, 교차로 형태가 특이한 경우
>   ⑦ 교통정온화 사업 구간 내의 교차로
> 2. 회전교차로 설치가 금지되는 경우
>   ① 확보 가능한 교차로 도로부지 내에서 교차로 설계기준을 만족시키지 않은 경우
>   ② 첨두시 가변차로가 운영되는 경우
>   ③ 신호연동이 이루어지고 있는 구간 내 교차로를 회전교차로로 전환시 연동효과를 감소시킬 수 있는 경우
>   ④ 회전교차로의 교통량 수준이 처리용량을 초과하는 경우
>   ⑤ 교차로에서 하나 이상의 접근로가 편도3차로 이상인 경우

정답 304.① 305.④ 306.③ 307.① 308.② 309.③ 310.④ 311.①

312 회전교차로에 대한 설명으로 맞는 것은?

① 회전교차로는 신호교차로에 비해 상충지점 수가 많다.
② 회전교차로 내에 여유 공간이 있을 때까지 양보선에서 대기하여야 한다.
③ 신호등 설치로 진입차량을 유도하여 교차로 내의 교통 혼잡을 피할 수 있다.
④ 회전 중에 있는 차는 진입하는 차량에게 양보해야 한다.

313 도로교통법상 신호등이 설치되지 않은 회전교차로에서 통행의 우선권이 인정되는 차는?

① 소형차
② 우선차
③ 대형차
④ 회전차

314 도로교통법상 회전교차로의 통행방법으로 맞는 것은?

① 회전하고 있는 차가 우선이다.
② 진입하는 차가 우선이다.
③ 진출한 차가 우선이다.
④ 우선순위는 없다.

315 도로교통법상 회전교차로 통행방법에 맞는 것은?

① 교차로 진입 전 일시정지 후 교차로 내 차량이 없음을 확인하고 서행으로 진입한다.
② 노약자 우선으로 우선 통과한다.
③ 보행자 최우선으로 진입한다.
④ 교차로 진입 전 일시정지 후 교차로 내 차량이 없음을 확인하고 고속으로 진입한다.

도로교통법 제25조의2(회전교차로 통행방법) 회전교차로에서는 반시계방향으로 통행하여야 하고, 이미 진행하고 있는 차가 우선이며, 그 차의 앞으로 끼어들기 하거나 안전하지 아니할 때에는 진입하여서는 아니 된다.

316 회전교차로에 대한 설명으로 옳지 않은 것은?

① 차량이 서행으로 교차로에 접근하도록 되어 있다.
② 회전하고 있는 차량이 우선이다.
③ 신호가 없기 때문에 연속적으로 차량 진입이 가능하다.
④ 회전교차로는 시계방향으로 회전한다.

회전교차로에서는 반시계방향으로 회전한다.

317 도로교통법상 교차로 통행 시 가장 안전한 운전 행동은?

① 좌우회전 시 방향지시등을 정확히 사용한다.
② 통행우선순위에 상관없이 진입한 순서대로 통행한다.
③ 앞차를 따라 진입하는 때에는 안전거리를 무시해도 된다.
④ 앞지르기는 교차로에서 허용된 행동이다.

도로교통법 제25조 모든 차의 운전자는 교차로에서 좌회전, 우회전을 하고자 하는 때에는 미리 방향지시등을 작동해야 한다.

318 도로교통법상 고속도로 진입 시 주의사항으로 맞는 것은?

① 고속도로 주행차량이 진입차량에 양보해야 한다.
② 기급한 경우 짧은 거리에서 고속으로 진입한다.
③ 가속차로 없이 곧바로 진입한다.
④ 고속도로를 주행하고 있는 차량에 방해가 되지 않도록 가속차로에서 충분히 속도를 높인 후 진입한다.

도로교통법 제19조 (사람 또는 차의 통행방법 등) 모든 차의 운전자는 차로 등에 안전표지 등으로 지정되어 있는 경우를 제외하고는 도로의 중앙 우측 부분을 통행해야 하며, 다른 차량의 통행을 방해하거나 차로변경을 방해하지 않도록 하여야 한다.

319 도로교통법상 일시정지를 해야 하는 장소는 것은?

① 도로가 구부러진 부근
② 가파른 비탈길의 내리막
③ 교통정리를 하고 있지 아니하고 좌우를 확인할 수 없거나 교통이 빈번한 교차로
④ 신호등이 없는 교차로

320 가변형 속도제한구간에 대한 설명으로 옳지 않은 것은?

① 상황에 따라 수시로 속도 변화가 발생하기 쉬운 시내이다.
② 가변형 속도제한 표지로 정해진 최고속도와 일반 속도제한 표지의 최고속도가 다를 경우 가변형 속도제한 표지에 따라야 한다.
③ 가변형 속도제한 표지는 교통 상황의 변화에 따른 것이다.
④ 가변형 속도제한 구간에서는 최고속도를 무시한다.

321 다음 중 고속도로에서 나들목에서 가장 안전한 운전 방법은?

① 나들목에서는 자동차의 속도를 서서히 감속하여 진출한다.
② 나들목에서는 속도에 대한 감각이 둔해지므로 과속 운전하기 쉽다.
③ 급가속하고자 하는 경우 나들목 등 다른 차들의 이동을 이용한다.
④ 급가속하여 나들목으로 진출한다.

322 도로교통법상 고속도로 운전자가 안전운전 측면에서 주의사항으로 가장 옳은 것은?

① 앞차가 수상하면 중앙선으로 사용한다.
② 앞차가 앞지르기하고 있는 경우에는 앞지르기한다.
③ 앞차가 울려도 앞지르기하지 않는다.
④ 앞차가 고속으로 주행하므로 앞지르기하지 않는다.

정답 312.② 313.④ 314.① 315.① 316.④ 317.① 318.④ 319.③ 320.④ 321.④ 322.④

323 도로교통법상 ( )의 운전자는 철길 건널목을 통과하려는 경우 건널목 앞에서 ( )하여 안전한지 확인한 후에 통과하여야 한다. ( )안에 맞는 것은?

① 모든 차, 서행
② 모든 자동차등 또는 건설기계, 서행
③ 모든 차 또는 모든 전차, 일시정지
④ 모든 차 또는 노면 전차, 일시정지

해설 모든 차 또는 노면전차의 운전자는 철길건널목을 통과하려는 경우 건널목 앞에서 일시정지하여 안전을 확인한 후 통과하여야 한다.(도교법 제24조 철길건널목의 통과)

324 도로교통법령상 운전자가 우회전하고자 할 때 사용하는 수신호는?

① 왼팔을 좌측 밖으로 내어 팔꿈치를 굽혀 수직으로 올린다.
② 왼팔은 수평으로 펴서 차체의 좌측 밖으로 내민다.
③ 오른팔을 차체의 우측 밖으로 수평으로 펴서 손을 앞뒤로 흔든다.
④ 왼팔을 차체 밖으로 내어 45° 밑으로 편다.

해설 운전자가 우회전하고자 할 때 왼팔을 차체의 왼쪽 밖으로 내어 팔꿈치를 굽혀 수직으로 올린다.

325 신호기의 신호에 따라 교차로에 진입하려는데, 경찰공무원이 정지하라는 수신호를 보냈다. 다음 중 가장 안전한 운전 방법은?

① 정지선 직전에 일시정지한다. ② 급감속하여 서행한다.
③ 신호기의 신호에 따라 진행한다. ④ 교차로에 서서히 진입한다.

해설 교통안전시설이 표시하는 신호 또는 지시와 교통정리를 위한 경찰공무원 등의 신호 또는 지시가 다른 경우에는 경찰공무원 등의 신호 또는 지시에 따라야 한다.

326 도로교통법령상 편도 3차로 고속도로에서 2차로를 이용하여 주행할 수 있는 자동차는?

① 화물자동차 ② 특수자동차
③ 건설기계 ④ 소·중형승합자동차

해설 편도 3차로 고속도로에서 2차로는 왼쪽차로에 해당하므로 통행할 수 있는 차종은 승용자동차 및 경형·소형·중형 승합자동차이다.(도로교통법 시행규칙 별표 9)

327 중앙선이 황색 점선과 황색 실선으로 구성된 복선으로 설치된 때의 앞지르기에 대한 설명으로 맞는 것은?

① 황색 실선과 황색 점선 어느 쪽에서도 중앙선을 넘어 앞지르기할 수 없다.
② 황색 점선이 있는 측에서는 중앙선을 넘어 앞지르기할 수 있다.
③ 안전이 확인되면 황색 실선과 황색 점선 상관없이 앞지르기할 수 있다.
④ 황색 실선이 있는 측에서는 중앙선을 넘어 앞지르기할 수 있다.

해설 황색 점선이 있는 측에서는 중앙선을 넘어 앞지르기할 수 있으나 황색 실선이 있는 측에서는 중앙선을 넘어 앞지르기 할 수 없다.

328 운전 중 철길건널목에서 가장 바람직한 통행방법은?

① 기차가 오지 않으면 그냥 통과한다.
② 일시정지하여 안전을 확인하고 통과한다.
③ 제한속도 이상으로 통과한다.
④ 차단기가 내려지려고 하는 경우는 빨리 통과한다.

해설 철길건널목에서는 일시정지하다 안전을 확인하고 통과한다. 차단기가 내려져 있거나 내려지려고 하는 경우 또는 경보기가 울리고 있는 경우 그 건널목에 들어가서는 아니된다.

329 도로교통법령상 차로를 왼쪽으로 바꾸고자 할 때의 방법으로 맞는 것은?

① 그 행위를 하고자 하는 지점에 이르기 전 30미터(고속도로에서는 100미터) 이상의 지점에 이르렀을 때 좌측 방향지시기를 조작한다.
② 그 행위를 하고자 하는 지점에 이르기 전 10미터(고속도로에서는 100미터) 이상의 지점에 이르렀을 때 좌측 방향지시기를 조작한다.
③ 그 행위를 하고자 하는 지점에 이르기 전 20미터(고속도로에서는 80미터) 이상의 지점에 이르렀을 때 좌측 방향지시기를 조작한다.
④ 그 행위를 하고자 하는 지점에서 좌측 방향지시기를 조작한다.

해설 진로를 변경하고자 하는 경우는 그 지점에 이르기 전 30미터 이상의 지점에 이르렀을 때 방향지시기를 조작한다.

330 도로교통법령상 자동차등의 속도와 관련하여 옳지 않은 것은?

① 일반도로, 자동차전용도로, 고속도로와 총 차로 수에 따라 별도로 법정속도를 규정하고 있다.
② 일반도로에는 최저속도 제한이 없다.
③ 이상기후 시에는 감속운행을 하여야 한다.
④ 가변형 속도제한표지로 정한 최고속도와 그 밖의 안전표지로 정한 최고속도가 다를 경우 그 밖의 안전표지에 따라야 한다.

해설 가변형 속도제한표지를 따라야 한다.

331 도로교통법령상 자동차등의 속도와 관련하여 옳지 않은 것은?

① 자동차등의 속도가 높아질수록 교통사고의 위험성이 커짐에 따라 차량의 과속을 억제하려는 것이다.
② 자동차전용도로 및 고속도로에서 도로의 효율성을 제고하기 위해 최저속도를 제한하고 있다.
③ 경찰청장 또는 시·도경찰청장은 교통의 안전과 원활한 소통을 위해 별도로 속도를 제한할 수 있다.
④ 고속도로는 시·도경찰청장이, 고속도로를 제외한 도로는 경찰청장이 속도 규제권자이다.

해설 고속도로는 경찰청장, 고속도로를 제외한 도로는 시·도경찰청장이 속도 규제권자이다.

332 도로교통법령상 자동차의 속도와 관련하여 맞는 것은?

① 고속도로의 최저속도는 매시 50킬로미터로 규정되어 있다.
② 자동차전용도로에서는 최고속도는 제한하지만 최저속도는 제한하지 않는다.
③ 일반도로에서는 최저속도와 최고속도를 제한하고 있다.
④ 편도 2차로 이상 고속도로의 최고속도는 차종에 관계없이 동일하게 규정되어 있다.

해설 고속도로의 최저속도는 모든 고속도로에서 동일하게 시속 50킬로미터로 규정되어 있으며, 자동차전용도로에서는 최고속도와 최저속도 둘 다 제한이 있다. 일반도로에서는 최저속도 제한이 없고, 편도2차로 이상 고속도로의 최고속도는 차종에 따라 다르게 규정되어 있다.

333 도로교통법상 적색등화 점멸일 때 의미는?

① 차마는 다른 교통에 주의하면서 서행하여야 한다.
② 차마는 다른 교통에 주의하면서 진행할 수 있다.
③ 차마는 안전표지에 주의하면서 후진할 수 있다.
④ 차마는 정지선 직전에 일시정지한 후 다른 교통에 주의하면서 진행할 수 있다.

해설 적색등화의 점멸일 때 차마는 정지선이나 횡단보도가 있을 때에는 그 직전이나 교차로의 직전에 일시정지한 후 다른 교통에 주의하면서 진행할 수 있다.

정답 323.④ 324.① 325.① 326.④ 327.② 328.② 329.① 330.④ 331.④ 332.① 333.④

정답
334. ② 335. ③ 336. ③ 337. ④ 338. ④ 339. ① 340. ④ 341. ② 342. ③ 343. ①

344 도로교통법령상 차로에 따른 통행차의 기준에 대한 설명이다. 잘못된 것은?

① 모든 차는 지정된 차로의 오른쪽 차로로 통행할 수 있다.
② 승용자동차가 앞지르기를 할 때에는 통행 기준에 지정된 차로의 바로 옆 오른쪽 차로로 통행해야한다.
③ 편도 4차로 일반도로에서 승용자동차의 주행차로는 모든 차로이다.
④ 편도 4차로 고속도로에서 대형화물자동차의 주행차로는 오른쪽차로이다.

해설 앞지르기를 할 때에는 통행 기준에 지정된 차로의 바로 옆 왼쪽 차로로 통행할 수 있다.(도로교통법 시행규칙 별표 9)

345 도로교통법령상 일반도로의 버스전용차로로 통행할 수 있는 경우로 맞는 것은?

① 12인승 승합자동차가 6인의 동승자를 싣고 가는 경우
② 내국인 관광객 수송용 승합자동차가 25명의 관광객을 싣고 가는 경우
③ 노선을 운행하는 12인승 통근용 승합자동차가 직원들을 싣고 가는 경우
④ 택시가 승객을 태우거나 내려주기 위하여 일시 통행하는 경우

해설 전용차로 통행차의 통행에 장해를 주지 아니하는 범위에서 택시가 승객을 태우거나 내려주기 위하여 일시 통행하는 경우. 이 경우 택시 운전자는 승객이 타거나 내린 즉시 전용차로를 벗어나야 한다. (도로교통법 시행령 제10조제2호 동시행령 별표 1)

346 도로교통법령상 고속도로 버스전용차로를 통행할 수 있는 9인승 승용자동차는 (   )명 이상 승차한 경우로 한정한다. (   )안에 기준으로 맞는 것은?

① 3　　② 4　　③ 5　　④ 6

해설 도로교통법 시행령 별표 1

347 편도 3차로 고속도로에서 통행차의 기준으로 맞는 것은?(소통이 원활하며, 버스전용차로 없음)

① 승용자동차의 주행차로는 1차로이므로 1차로로 주행하여야 한다.
② 주행차로가 2차로인 소형승합자동차가 앞지르기할 때에는 1차로를 이용하여야 한다.
③ 대형승합자동차는 1차로로 주행하여야 한다.
④ 적재중량 1.5톤 이하인 화물자동차는 1차로로 주행하여야 한다.

해설 도로교통법 시행규칙 별표9 편도 3차로 고속도로에서 승용자동차 및 경형·소형·중형 승합자동차의 주행차로는 왼쪽인 2차로이며, 2차로에서 앞지르기 할 때는 1차로를 이용하여 앞지르기를 해야 한다.

348 터널 안 운전 중 사고나 화재가 발생하였을 때 행동수칙으로 가장 거리가 먼 것은?

① 터널 안 비상벨을 누르거나 긴급전화 또는 119로 신고한다.
② 통행 중인 운전자는 차량과 함께 터널 밖으로 신속히 대피한다.
③ 터널 밖으로 이동이 불가능할 경우 갓길 또는 비상주차대에 정차한다
④ 터널 안에 정차 시에는 엔진을 끄고 시동키를 가지고 신속히 대피한다.

해설 터널 안 사고시 행동수칙(한국도로공사)
1. 운전자는 차량과 함께 터널 밖으로 신속히 대피한다.
2. 터널 밖으로 이동이 불가능할 경우 갓길 또는 비상주차대에 정차시킨다.
3. 엔진을 끈 후 키를 꽂아둔 채 신속하게 하차한다.
4. 비상벨을 눌러 화재발생을 알린다.
5. 긴급전화를 이용하여 구조요청을 한다(휴대폰 사용시 119로 구조요청)
6. 소화기나 옥내소화전으로 조기 진화한다.
7. 조기 진화가 불가능할 경우 화재 연기를 피해 유도등을 따라 신속히 터널 외부로 대피한다.

349 도로교통법령상 편도 3차로 고속도로에서 승용자동차가 2차로로 주행 중이다. 앞지르기할 수 있는 차로로 맞는 것은?(소통이 원활하며, 버스전용차로 없음)

① 1차로　　② 2차로
③ 3차로　　④ 1, 2, 3차로 모두

해설 1차로를 이용하여 앞지르기할 수 있다.

350 도로교통법령상 차로에 따른 통행차의 기준에 대한 설명이다. 잘못된 것은?(고속도로의 경우 소통이 원활하며, 버스전용차로 없음)

① 느린 속도로 진행할 때에는 그 통행하던 차로의 오른쪽 차로로 통행할 수 있다.
② 편도 2차로 고속도로의 1차로는 앞지르기를 하려는 모든 자동차가 통행할 수 있다.
③ 일방통행도로에서는 도로의 오른쪽부터 1차로로 한다.
④ 편도 3차로 고속도로의 오른쪽 차로는 화물자동차가 통행할 수 있는 차로이다.

해설 도로교통법 시행규칙 제16조 차로의 순위는 도로의 중앙선쪽에 있는 차로부터 1차로로 한다. 다만, 일방통행도로에서는 도로의 왼쪽부터 1차로로 한다.

351 수막현상에 대한 설명으로 가장 적절한 것은?

① 수막현상을 줄이기 위해 기본 타이어보다 폭이 넓은 타이어로 교환한다.
② 빗길보다 눈길에서 수막현상이 더 발생하므로 감속운행을 해야 한다.
③ 트레드가 마모되면 접지력이 높아져 수막현상의 가능성이 줄어든다.
④ 타이어의 공기압이 낮아질수록 고속주행 시 수막현상이 증가된다.

해설 광폭타이어와 공기압이 낮고 트레드가 마모되면 수막현상이 발생할 가능성이 높고 새 타이어는 수막현상 발생이 줄어든다.

352 빙판길에서 차가 미끄러질 때 안전 운전방법 중 옳은 것은?

① 핸들을 미끄러지는 방향으로 조작한다.
② 수동 변속기 차량의 경우 기어를 고단으로 변속한다.
③ 핸들을 미끄러지는 반대 방향으로 조작한다.
④ 주차 브레이크를 이용하여 정차한다.

해설 빙판길에서 차가 미끄러질 때는 핸들을 미끄러지는 방향으로 조작하는 것이 안전하다.

353 터널 안 주행 중 자동차 사고로 인한 화재 목격 시 가장 바람직한 대응방법은?

① 차량 통행이 가능하더라도 차를 세우는 것이 안전하다.
② 차량 통행이 불가능할 경우 차를 세운 후 자동차 안에서 화재 진압을 기다린다.
③ 차량 통행이 불가능할 경우 차를 세운 후 자동차 열쇠를 챙겨 대피한다.
④ 하차 후 연기가 많이 나면 최대한 몸을 낮춰 연기가 나는 반대 방향으로 유도 표시등을 따라 이동한다.

해설 터널 안을 통행하다 자동차 사고 등으로 인한 화재 목격시 올바른 대응 방법
① 차량 소통이 가능하면 신속하게 터널 밖으로 빠져 나온다. ② 화재 발생에도 시야가 확보되고 소통이 가능하면 그대로 밖으로 차량을 이동시킨다. ③ 시야가 확보되지 않고 차량이 정체되거나 통행이 불가능할 시 비상 주차대나 갓길에 차를 정차한다. 엔진 시동은 끄고, 열쇠는 그대로 꽂아둔 채 차에서 내린다. 휴대전화나 터널 안 긴급전화로 119 등에 신고하고 부상자가 있으면 살핀다. 연기가 많이 나면 최대한 몸을 낮춰 연기 나는 반대 방향으로 터널 내 유도 표시등을 따라 이동한다.

정답 344.② 345.④ 346.④ 347.② 348.④ 349.① 350.③ 351.④ 352.① 353.④

정답
354. ④ 355. ③ 356. ③ 357. ④ 358. ② 359. ② 360. ② 361. ① 362. ① 363. ④

---

354 | 눈길 및 빙판길 자동차를 운행할 때 가장 안전한 운전 방법은?

① 바퀴의 접지력을 크게 하기 위해 공기를 다소 적게 넣고 주행한다.
② 언덕길 정차 시에는 주차 제동장치를 사용하여 정지시킨다.
③ 언덕길 주행에는 엔진 브레이크가 아닌 풋 브레이크를 사용한다.
④ 미끄러지기 쉬운 경우에는 감아 감은 타이어를 장착한다.

눈길 및 빙판길 운행 시 미끄럼 방지를 위해 타이어에 스노우타이어나 체인 등을 장착하여 사용한다.

355 | 도로교통법상 긴급자동차의 종류가 아닌 것은?

① 버스 전용자동차 ② 다른 전용자동차
③ 자동차 전용자동차 ④ 자동차 전용자동차

도로교통법 시행령 별표 1(긴급자동차의 종류와 지정권 차), 긴급자동차는 소방자동차, 구급자동차, 다른 전용자동차, 자동차 전용자동차 37가지로 규정하고 있다.

356 | 눈길이나 빙판길 주행 중 가장 안전한 자동차 제동 방법은?

① 브레이크 페달을 강하게 밟는다.
② 풋 브레이크와 주차브레이크를 동시에 작동시켜 신속하게 정차시킨다.
③ 자동차 전용자동차로 전환시켜 신속하게 정차한다.
④ 엔진브레이크로 감속한 후 브레이크 페달을 여러 번 나누어 밟는다.

눈길이나 빙판길은 미끄럽기 때문에 감속 운행시 엔진 브레이크로 감속 후 풋 브레이크를 여러 번 나누어 밟는 것이 안전하다.

357 | 폭우가 내리는 도로의 지하차도를 주행하는 운전자의 마음가짐으로 가장 바람직한 것은?

① 모든 도로의 지하차도는 배수시설이 잘 되어있어 위험요소는 발생하지 않는다.
② 재난방송, 안내 표지 등을 확인하여 위험요소에 대응한다.
③ 폭우가 지나갈 때까지 지하차도 갓길에 정차하여 휴식을 취한다.
④ 신속히 지나가야하기 때문에 지정속도보다 빠르게 주행한다.

자동차로 이동하기 어려운 재난상황이 발생할 경우 차량은 안전한 곳에 이동시켜 놓는다.

358 | 겨울철 빙판길에 대한 운전자의 대응으로 가장 바르지 못한 것은?

① 핸들은 미끄러지는 방향으로 조작한다.
② 다른 차와 충분한 차간거리를 확보하고 감속 운전한다.
③ 빙판길에서는 고단 기어로 출발하는 것이 바퀴의 헛돌 륭을 줄일 수 있다.
④ 제동 시에는 브레이크 페달을 강하게 밟아 자동차를 세운다.

눈길이나 빙판길에서는 브레이크 페달을 강하게 밟으면 자동차가 미끄러 진다. 그러므로 브레이크에서 부드럽게 밟아야 한다.

359 | 내리막길 주행 중 브레이크가 제동되지 않을 때 가장 적절한 조치 방법은?

① 즉시 시동을 끈다.
② 저단 기어로 변속한 후 차에서 뛰어내린다.
③ 핸들을 지그재그로 조작하며 속도를 줄인다.
④ 저단 기어로 변속하여 감속한 후 브레이크 페달을 여러 번 나누어 밟는다.

브레이크가 파열되어 제동되지 않을 때에는 추돌 사고나 반대편 차량과의 충돌로 대형 사고가 발생할 가능성이 높다. 브레이크가 파열되었을 때는 당황하지 말고 저단 기어로 변속하여 감속을 한 후 브레이크 페달을 여러 번 밟아 브레이크에 남은 공기를 제거하여야 한다.

360 | 풋 브레이크를 과다 사용으로 인한 마찰열 때문에 브레이크액에 기포가 생겨 제동이 되지 않는 현상을 무엇이라 하는가?

① 스탠딩웨이브(Standing wave)
② 베이퍼 락(Vapor lock)
③ 로드홀딩(Road holding)
④ 언더 스티어링(Under steering)

풋 브레이크 과다 사용으로 인한 마찰열 때문에 브레이크액에 기포가 생겨 제동이 되지 않는 현상을 베이퍼 락(Vapor lock)이라 한다.

361 | 브레이크(제동) 효능 저하 원인에 대한 설명으로 맞는 것은?

① 브레이크액의 비등점이 높아 수증기가 발생하기 때문이다.
② 브레이크 페달을 자주 밟아 드럼이 과열되었기 때문이다.
③ 과도한 브레이크 조작으로 라이닝에 미끄럼이 발생하기 때문이다.
④ 브레이크 오일이 부족하여 브레이크가 듣지 않기 때문이다.

브레이크 페달을 자주 밟아 드럼이 과열되고 라이닝과의 마찰에 의해 제동력이 낮아지는 것이 브레이크가 듣지 않는 원인이 된다.

362 | 다음 중 안개 낀 도로를 주행할 때 바람직한 운전방법과 가리가 먼 것은?

① 박스에게 자신의 위치를 알리기 위해 차폭등, 미등, 전조등을 켠다.
② 안전거리를 확보하고 속도를 줄인다.
③ 전방 시야확보가 70미터 내외인 경우 규정 속도의 절반 이하로 줄인다.
④ 앞 차가 보이지 않을 경우 앞차를 찾기 위해 속도를 높인다.

상황에 따라 안개 낀 도로에서 안전거리 확보와 제한 속도 준수, 등화장치 작동 등을 통해 안전 운전해야 한다.

363 | 자동차 주행 중 타이어 펑크 시 올바른 조치 요령은?

① 핸들을 꽉 잡고 직진 방향으로 주행한다.
② 해들은 안정적으로 잡고 급제동하지 않고 주행 중인 속도에서 가속도를 점차 줄인다.
③ 핸들은 꽉 잡고 브레이크 페달을 빠르게 여러 번 나누어 밟는다.
④ 오버 스티어(oversteer)로 인해 바깥쪽으로 이탈할 수 있어 반대 방향으로 꺾어 대응한다.

① 한쪽으로 쏠림현상은 올바르지 않은 주행이다. ② 경로에서 이탈할 수 있다. ③ 카운터 스티어링을 통해 자치를 안정화시킬 수 있다. ④ 언더 스티어(understeer) 현상이 발생한다. ⑤ 핸들은 안정적으로 잡고 급제동을 피하며 주행 중인 속도에서 감속하여 정차하는 것이 가장 좋다.

364 다음 중 겨울철 도로 결빙 상황과 관련한 설명으로 잘못된 것은?

① 아스팔트보다 콘크리트로 포장된 도로가 결빙이 더 많이 발생한다.
② 콘크리트보다 아스팔트 포장된 도로가 결빙이 더 늦게 녹는다.
③ 아스팔트 포장도로의 마찰계수는 건조한 노면일 때 1.6으로 커진다.
④ 동일한 조건의 결빙상태에서 콘크리트와 아스팔트 포장된 도로의 노면마찰계수는 같다.

> **해설** ① 아스팔트보다 콘크리트로 포장된 도로가 결빙이 더 많이 발생한다. ② 콘크리트보다 아스팔트 포장된 도로가 결빙이 더 늦게 녹는다. ③, ④ 동일한 조건의 결빙상태에서 콘크리트와 아스팔트 포장된 도로의 노면마찰계수는 0.3으로 건조한 노면의 마찰계수보다 절반 이하로 작아진다.

365 안개 낀 도로를 주행할 때 안전한 운전 방법으로 바르지 않은 것은?

① 커브길이나 언덕길 등에서는 경음기를 사용한다.
② 전방 시야확보가 70미터 내외인 경우 규정속도의 절반 이하로 줄인다.
③ 평소보다 전방시야확보가 어려우므로 안개등과 상향등을 함께 켜서 충분한 시야를 확보한다.
④ 차의 고장이나 가벼운 접촉사고일지라도 도로의 가장자리로 신속히 대피한다.

> **해설** 상향등을 켜면 안개 속 미세한 물입자가 불빛을 굴절, 분산시켜 상대운전자의 시야를 방해할 수 있으므로 안개등과 하향등을 유지하는 것이 더 좋은 방법이다.

366 장마철 장거리 운전을 대비하여 운전자가 한 행동으로 가장 바른 것은?

① 겨울철 부동액을 증류수로 교환하여 엔진 냉각수로 사용하였다.
② 최대한 연비를 줄이기 위하여 타이어의 공기압을 낮추었다.
③ 차량침수를 대비하여 보험증서를 차량에 비치하였다.
④ 겨울철에 사용한 성애제거제로 차량유리를 깨끗하게 닦았다.

> **해설** ① 부동액을 증류수로 교환하기보다 냉각수가 부족한지 살펴보고 보충하는 것이 좋다. ② 타이어의 공기압을 낮추게 되면 오히려 연비가 증가한다. ③ 차량침수와 보험증서의 관련성이 적으며, 보험사 긴급출동서비스 전화번호는 알아두는 것이 좋다. ④ 겨울철에 사용한 성애제거제는 장마철 차량내부의 김이 서리는 것을 막을 수 있다.

367 집중 호우 시 안전한 운전 방법과 가장 거리가 먼 것은?

① 차량의 전조등과 미등을 켜고 운전한다.
② 히터를 내부공기 순환 모드 상태로 작동한다.
③ 수막현상을 예방하기 위해 타이어의 마모 정도를 확인한다.
④ 빗길에서는 안전거리를 2배 이상 길게 확보한다.

> **해설** 히터 또는 에어컨은 내부공기 순환 모드로 작동할 경우 차량 내부 유리창에 김서림이 심해질 수 있으므로 외부공기 유입모드(⊂⊃)로 작동한다.

368 도로교통법령상 편도 2차로 자동차전용도로에 비가 내려 노면이 젖어있는 경우 감속운행 속도로 맞는 것은?

① 매시 80킬로미터 ② 매시 90킬로미터
③ 매시 72킬로미터 ④ 매시 100킬로미터

> **해설** 도로교통법 시행규칙 제19조(자동차등의 속도) ②비·안개·눈 등으로 인한 악천후 시에는 제1항에 불구하고 다음 각 호의 기준에 의하여 감속 운행하여야 한다.
> 1. 최고속도의 10분의 20을 줄인 속도로 운행하여야 하는 경우
>   가. 비가 내려 노면이 젖어있는 경우
>   나. 눈이 20밀리미터 미만 쌓인 경우

369 다음 중 교통사고 발생 시 가장 적절한 행동은?

① 비상등을 켜고 트렁크를 열어 비상상황임을 알릴 필요가 없다.
② 사고지점 도로 내에서 사고 상황에 대한 사진을 촬영하고 차량 안에 대기한다.
③ 사고지점에서 빠져나올 필요 없이 차량 안에 대기한다.
④ 주변 가로등, 교통신호등에 부착된 기초번호판을 보고 사고 발생지역을 보다 구체적으로 119,112에 신고한다.

> **해설** ④. 도로명주소법 제9조(도로명판과 기초번호판의 설치) 제1항
> - 특별자치시장, 특별자치도지사 및 시장·군수·구청장은 도로명주소를 안내하거나 구조·구급 활동을 지원하기 위하여 필요한 장소에 도로명판 및 기초번호판을 설치하여야 한다.

370 다음 중 지진발생 시 운전자의 조치로 가장 바람직하지 못한 것은?

① 운전 중이던 차의 속도를 높여 신속히 그 지역을 통과한다.
② 차를 이용해 이동이 불가능할 경우 차는 가장자리에 주차한 후 대피한다.
③ 주차된 차는 이동 될 경우를 대비하여 자동차 열쇠는 꽂아둔 채 대피한다.
④ 라디오를 켜서 재난방송에 집중한다.

> **해설** 지진이 발생하면 가장 먼저 라디오를 켜서 재난방송에 집중하고 구급차, 경찰차가 먼저 도로를 이용할 수 있도록 도로 중앙을 비워주기 위해 운전 중이던 차를 도로 우측 가장자리에 붙여 주차하고 주차된 차를 이동할 경우를 대비하여 자동차 열쇠는 꽂아둔 채 최소한의 짐만 챙겨 차는 가장자리에 주차한 후 대피한다. 〈행정안전부 지진대피요령〉

371 겨울철 블랙 아이스(black ice)에 대해 바르게 설명하지 못한 것은?

① 도로 표면에 코팅한 것처럼 얇은 얼음막이 생기는 현상이다.
② 아스팔트 표면의 눈과 습기가 공기 중의 오염물질과 뒤섞여 스며든 뒤 검게 얼어붙은 현상이다.
③ 추운 겨울에 다리 위, 터널 출입구, 그늘진 도로, 산모퉁이 음지 등 온도가 낮은 곳에서 주로 발생한다.
④ 햇볕이 잘 드는 도로에 눈이 녹아 스며들어 도로의 검은 색이 햇빛에 반사되어 반짝이는 현상을 말한다.

> **해설** 노면의 결빙현상의 하나로, 블랙 아이스(black ice) 또는 클리어 아이스(Clear ice)로 표현되며 도로표면에 코팅한 것처럼 얇은 얼음막이 생기는 현상을 말한다. 아스팔트의 틈 사이로 눈과 습기가 공기 중의 매연, 먼지와 뒤엉켜 스며든 뒤 검게 얼어붙는 현상을 포함한다. 추운 겨울에 다리 위, 터널의 출입구, 그늘진 도로, 산모퉁이 음지 등 그늘지고 온도가 낮은 도로에서 주로 발생한다. 육안으로 쉽게 식별되지 않아 사고의 위험이 매우 높다.

372 강풍 및 폭우를 동반한 태풍이 발생한 도로를 주행 중일 때 운전자의 조치방법으로 적절하지 못한 것은?

① 브레이크 성능이 현저히 감소하므로 앞차와의 거리를 평소보다 2배 이상 둔다.
② 침수지역을 지나갈 때는 중간에 멈추지 말고 그대로 통과하는 것이 좋다.
③ 주차할 때는 침수 위험이 높은 강변이나 하천 등의 장소를 피한다.
④ 담벼락 옆이나 대형 간판 아래 주차하는 것이 안전하다.

> **해설** 자동차 브레이크의 성능이 현저히 감소하므로 앞 자동차와 거리를 평소보다 2배 이상 유지해 접촉 사고를 예방한다. 침수 지역을 지나갈 때는 중간에 멈추게 되면 머플러에 빗물이 유입돼 시동이 꺼질 가능성이 있으니 되도록 멈추지 않고 통과하는 것이 바람직하다.
> 자동차를 주차할 때는 침수의 위험이 높은 강변, 하천 근처 등의 장소는 피해 가급적 고지대에 하는 것이 좋다. 붕괴 우려가 있는 담벼락 옆이나 대형 간판 아래 주차 하는 것도 위험할 수 있으니 피한다. 침수가 예상되는 건물의 지하 공간에 주차된 자동차는 안전한 곳으로 이동시키도록 한다.

정답 364.③ 365.③ 366.④ 367.② 368.③ 369.④ 370.① 371.④ 372.④

정답 373. ② 374. ① 375. ③ 376. ③ 377. ④ 378. ③ 379. ④ 380. ① 381. ②

373 주차 운전자의 다음과 같은 행동으로 옳은 것은?

① 안전지대가 설치된 도로에서는 안전지대 좌측의 도로를 통행하여야 한다.
② 주차브레이크를 작동하지 않아도 브레이크 페달만 밟고 있으면 된다.
③ 오르막길에서 앞 차량이 정차 중일 때에는 3미터 이상의 거리를 유지한다.
④ 경사진 장소에서 정차하는 경우에는 도로의 가장자리에 두 바퀴를 접해 주차한다.

해설 차량이 미끄러지지 않도록 하기 위한 유효한 조치를 취한 후 운전자가 차에서 떠나 즉시 그 차를 운전할 수 없는 상태로 두는 것을 주차라 한다.

374 다음 중 주차 시에 안전한 운전방법이 아닌 것은?

① 주차에 따른 속도제한 50미터 이내에는 정차 공간이다.

해설 차량 고장이 있을 경우 도로의 우측 가장자리에 정지한다.

375 고속도로에서 타이어 고장으로 고속차로 고장자동차를 정차시켜 둘 경우, 안전조치요령으로 적정한 것은?

① 사방 500미터에서 식별할 수 있는 적색의 삼각대·섬광신호 또는 불꽃신호 등을 설치한다.
② 비상 점멸등을 켜지 않아야 하며 차량이 정차되어 있음을 알린다.
③ 고속도로 등에 야간 고장 등 다른 부득이한 사유로 자동차를 운행할 수 없게 된 경우에는 사고예방을 위한 안전조치를 해야 한다.
④ 고속도로와 자동차전용도로에서 자동차가 고장이나 그 밖의 사유로 운행할 수 없게 된 때에 200미터 이상의 후방에 설치해야 한다.

해설 도로교통법 제66조, 도로교통법시행규칙 제40조 고장자동차의 표지

376 도로교통법령상 비사업용 승용차 운전자가 전조등, 차폭등, 미등, 번호 등을 켜야 하는 경우로 맞는 것은?

① 밤에 도로에서 정차하는 경우
② 안개가 끼거나 비 또는 눈이 올 때 도로에서 정차하는 경우
③ 주차위반으로 도로에서 견인되는 자동차의 경우
④ 터널 안 도로에서 자동차를 운행하는 경우

해설 도로교통법 제37조(차의 등화) 자동차 운전자는 다음 각 호의 어느 하나에 해당하는 경우에는 대통령령으로 정하는 바에 따라 전조등, 차폭등, 미등, 그 밖의 등화를 켜야 한다.
1. 밤에 도로에서 차를 운행하거나 고장이나 그 밖의 부득이한 사유로 도로에서 차를 정차 또는 주차하는 경우
2. 안개가 끼거나 비 또는 눈이 올 때에 도로에서 차를 운행하거나 고장이나 그 밖의 부득이한 사유로 도로에서 차를 정차 또는 주차하는 경우
3. 터널 안을 운행하거나 고장 또는 그 밖의 부득이한 사유로 터널 안 도로에서 차를 정차 또는 주차하는 경우

도로교통법시행령 제19조(차의 등화) 다음 각 호의 구분에 따른 등화(ⓒ등을 말한다. 이하 동일)을 켜야 한다.
1. 자동차: 자동차안전기준에서 정하는 전조등, 차폭등, 미등, 번호등
3. 견인되는 차: 미등, 차폭등 및 번호등
또한 4 호의 등이 외의 경우에는
견인되는 자동차가 등화를 켜는 경우에는 이 영 제19조제1항에 따른 등화를 켜야 한다.

377 도로교통법령상 고속도로에서 자동차 고장 시 안전조치 요령은?

① 신호수를 배치하여 안전운행을 위한 조치를 한 후 고장 자동차를 치우는 등 필요한 조치를 한다.
② 이동이 불가한 경우 고속도로 갓길에 사방 500미터 밖에서 식별할 수 있는 적색의 섬광신호나 전기제등 또는 불꽃신호를 설치한다.
③ 이동이 어려운 경우 비상점멸등을 켜고 후방 100미터 지점에 안전삼각대를 설치한다.
④ 이동이 가능한 경우 신속히 다른 차의 교통에 방해가 되지 않는 장소로 옮긴다.

해설 도로교통법 제66조(고장등의 조치), 제67조(운전자의 고속도로 등에서의 준수사항) 및 동 시행규칙 제40조(고장자동차의 표지)

378 주행 중 타이어가 펑크 났을 때 조치요령으로 바르지 않은 것은?

① 핸들을 꽉 잡고 차로를 유지하면서 속도를 줄인다.
② 비상점멸등을 작동하고 주변 상황에 주의하며 안전한 곳에 정차한다.
③ 핸들은 정면으로 유지하고 급세우거나 급브레이크를 밟지 않는다.
④ 교통 흐름에 따라 그대로 주행한다.

해설 타이어가 터지면 핸들을 꽉 잡아 차로를 유지하며 속도를 줄이는 것이 중요하다.

379 도로교통법령상 고속도로에서 자동차 고장으로 운행할 수 없게 되었을 때 안전삼각대와 함께 ( )에서 식별할 수 있는 적색의 섬광신호·전기제등 또는 불꽃신호를 추가로 설치하여야 한다. ( )에 맞는 것은?

① 사방 200미터 지점
② 사방 300미터 지점
③ 사방 400미터 지점
④ 사방 500미터 지점

해설 도로교통법시행규칙 제40조(고장자동차의 표지), 고장자동차의 표지는 밤에 고장이나 그 밖의 사유로 고속도로등에서 자동차를 운행할 수 없게 되었을 때 점검 및 수리를 위해 도로에서 자동차를 운행할 수 없게 되었을 때 설치하여야 한다.

380 자동차 주행 중 타이어가 펑크 났을 때 가장 올바른 조치는?

① 한 쪽으로 쏠리는 것을 견디기 위해 핸들을 꽉 잡고 감속하며 안전한 곳에 정지한다.
② 핸들을 급히 좌우로 꺾으며 속도를 줄인다.
③ 자동차가 멈출 때까지 가속 페달을 밟는다.
④ 브레이크 페달이 작동하지 않기 때문에 주차브레이크를 이용하여 정지한다.

해설 타이어가 터지면 핸들을 꽉 잡고 차체가 흔들리지 않도록 하며, 감속을 유도하여 안전한 곳에 정지한다.

381 야간에 마주 오는 차의 전조등 불빛으로 인한 눈부심을 피하는 방법은?

① 전조등 불빛을 정면으로 보지 말고 자기 차로의 바로 아래쪽을 본다.
② 전조등 불빛을 정면으로 보지 말고 자기 차로의 왼쪽 가장자리를 본다.
③ 전조등 불빛을 정면으로 보지 말고 자기 차로의 오른쪽 가장자리를 본다.
④ 전조등 불빛을 정면으로 보지 말고 도로아래쪽을 본다.

해설 대향 차량의 전조등에 의해 눈이 부실 경우에는 전조등의 불빛을 정면으로 보지 말고, 도로 우측의 가장자리 쪽을 보면서 운전하는 것이 바람직하다.

382 고속도로에서 경미한 교통사고가 발생한 경우, 2차 사고를 방지하기 위한 조치요령으로 가장 올바른 것은?
① 보험처리를 위해 우선적으로 증거 등에 대해 사진촬영을 한다.
② 상대운전자에게 과실이 있음을 명확히 하고 보험적용을 요청한다.
③ 신속하게 고장자동차의 표지를 차량 후방에 설치하고, 안전한 장소로 피한 후 관계기관에 신고한다.
④ 비상점멸등을 작동하고 자동차 안에서 관계기관에 신고한다.

해설 도로교통법 시행규칙 제40조 자동차가 고속 주행하는 고속도로 특성상 차안이나 차 바로 앞·뒤차에 있는 것은 2차사고 발생 시 사망사고로 이어질 수 있기 때문에 신속하게 고장자동차의 표지를 후방에 설치하고, 안전한 장소로 피한 후 관계기관(경찰관서, 소방관서, 한국도로공사콜센터 등)에 신고한다.

383 다음 중 고속도로 공사구간에 관한 설명으로 틀린 것은?
① 차로를 차단하는 공사의 경우 정체가 발생할 수 있어 주의해야 한다.
② 화물차의 경우 순간 졸음, 전방 주시태만은 대형사고로 이어질 수 있다.
③ 이동공사, 고정공사 등 다양한 유형의 공사가 진행된다.
④ 제한속도는 시속 80킬로미터로만 제한되어 있다.

해설 공사구간의 경우 구간별로 시속 80킬로미터와 시속 60킬로미터로 제한되어 있어 속도제한표지를 인지하고 충분히 감속하여 운행하여야 한다.(국토부 도로공사장 교통관리지침, 교통고속도로 공사장 교통관리기준)

384 다음 중 터널 안 화재가 발생했을 때 운전자의 행동으로 가장 올바른 것은?
① 도난 방지를 위해 자동차문을 잠그고 터널 밖으로 대피한다.
② 화재로 인해 터널 안은 연기로 가득차기 때문에 차안에 대기한다.
③ 차량 엔진 시동을 끄고 차량 이동을 위해 열쇠는 꽂아둔 채 신속하게 내려 대피한다.
④ 유턴해서 출구 반대방향으로 되돌아간다.

해설 터널 안 화재는 대피가 최우선이므로 위험을 과소평가하여 차량 안에 머무르는 것은 위험한 행동이며, 엔진을 끈 후 키를 꽂아둔 채 신속하게 하차하고 대피해야 한다.

385 다음 중 터널을 통과할 때 운전자의 안전수칙으로 잘못된 것은?
① 터널 진입 전, 명순응에 대비하여 색안경을 벗고 밤에 준하는 등화를 켠다.
② 터널 안 차선이 백색실선인 경우, 차로를 변경하지 않고 터널을 통과한다.
③ 앞차와의 안전거리를 유지하면서 급제동에 대비한다.
④ 터널 진입 전, 입구에 설치된 도로안내정보를 확인한다.

해설 암순응(밝은 곳에서 어두운 곳으로 들어갈 때 처음에는 보이지 않던 것이 시간이 지나 보이기 시작하는 현상) 및 명순응(어두운 곳에서 밝은 곳으로 나왔을 때 점차 밝은 빛에 적응하는 현상)으로 인한 사고예방을 위해 터널을 통행할 시에는 평소보다 10~20% 감속하고 전조등, 차폭등, 미등 등의 등화를 반드시 켜야 한다. 또, 결빙과 2차사고 등을 예방하기 위해 일반도로 보다 더 안전거리를 확보하고 급제동에 대한 대비도 필요하다.

386 터널에서 안전운전과 관련된 내용으로 맞는 것은?
① 앞지르기는 왼쪽 방향지시등을 켜고 좌측으로 한다.
② 터널 안에서는 앞차와의 거리감이 저하된다.
③ 터널 진입 시 명순응 현상을 주의해야 한다.
④ 터널 출구에서는 암순응 현상이 발생한다.

해설 교차로, 다리 위, 터널 안 등은 앞지르기가 금지된 장소이며, 터널 진입 시는 암순응 현상이 발생하고 백색 점선의 노면표시의 경우 차로변경이 가능하다.

387 다음은 자동차 주행 중 긴급 상황에서 제동과 관련한 설명이다. 맞는 것은?
① 수막현상이 발생할 때는 브레이크의 제동력이 평소보다 높아진다.
② 비상 시 충격 흡수 방호벽을 활용하는 것은 대형 사고를 예방하는 방법 중 하나이다.
③ 노면에 습기가 있을 때 급브레이크를 밟으면 항상 직진 방향으로 미끄러진다.
④ ABS를 장착한 차량은 제동 거리가 절반 이상 줄어든다.

해설 ① 제동력이 떨어진다. ③ 편제동으로 인해 옆으로 미끄러질 수 있다. ④ ABS는 빗길 원심력 감소, 일정 속도에서 제동 거리가 어느 정도 감소되나 절반 이상 줄어들지는 않는다.

388 다음과 같은 공사구간을 통과 시 차로가 감소가 시작되는 구간은?
① 주의구간
② 완화구간
③ 작업구간
④ 종결구간

해설 도로 공사장은 주의-완화-작업-종결구간으로 구성되어 있다.

그 중 완화구간은 차로수가 감소하는 구간으로 차선변경이 필요한 구간이다. 안전한 통행을 위해서는 사전 차선변경 및 서행이 필수적이다.

389 야간운전과 관련된 내용으로 가장 올바른 것은?
① 전면유리에 틴팅(일명 썬팅)을 하면 야간에 넓은 시야를 확보할 수 있다.
② 맑은 날은 야간보다 주간운전 시 제동거리가 길어진다.
③ 야간에는 전조등보다 안개등을 켜고 주행하면 전방의 시야확보에 유리하다.
④ 반대편 차량의 불빛을 정면으로 쳐다보면 증발현상이 발생한다.

해설 증발현상을 막기 위해서는 반대편 차량의 불빛을 정면으로 쳐다보지 않는다.

390 야간 운전 중 나타나는 증발현상에 대한 설명 중 옳은 것은?
① 증발현상이 나타날 때 즉시 차량의 전조등을 끄면 증발현상이 사라진다.
② 증발현상은 마주 오는 두 차량이 모두 상향 전조등일 때 발생하는 경우가 많다.
③ 야간에 혼잡한 시내도로를 주행할 때 발생하는 경우가 많다.
④ 야간에 터널을 진입하게 되면 밝은 불빛으로 잠시 안 보이는 현상을 말한다.

해설 증발현상은 마주 오는 두 차량 모두 상향 전조등일 때 발생한다.

391 해가 지기 시작하면서 어두워질 때 운전자의 조치로 거리가 먼 것은?
① 차폭등, 미등을 켠다.
② 주간 주행속도보다 감속 운행한다.
③ 석양이 지켠 눈이 어둠에 적응하는 시간이 부족해 주의하여야 한다.
④ 주간보다 시야확보가 용의하여 운전하기 편하다.

해설 주간보다 시야확보가 어려워지기 때문에 주의할 필요가 있다.

정답 382.③ 383.④ 384.③ 385.① 386.② 387.② 388.② 389.④ 390.② 391.④

392 야간 운전 시 공주거리에 영향을 주는 시각적 요인으로 옳은 것은?

① 경음기의 소음 수준이다.
② 인구밀도의 증감으로 결정된다.
③ 시야 선명도와 인지반응 시간이 중요하다.
④ 단순히 차로의 넓이에 의존하여 결정된다.

393 다음중 자기차로의 중앙 가상선에 가까운 차륜의 궤적이 그리는 선은?

안전운전과 관련하여 자동차가 회전할 때 각각의 바퀴가 회전하는 반지름이 달라지면서 앞바퀴와 뒷바퀴의 궤적이 서로 다른 원을 그리게 된다. 그 결과 회전 시에는 내륜차와 외륜차라는 특성이 나타난다. 안쪽 바퀴는 고정된 반지름으로 회전하며 자동차의 회전 중심 가까이 위치한 경로를 그리고, 이로 인해 커브에서 바깥쪽 바퀴는 더 큰 원을 그리는 경향이 있다.

394 다음은 비오는 날 고속 주행 시 차로에 대한 대응 방법이다. 가장 적절한 것은?

한국도로공사법(KEC) 241.17 기가자동차 전용도로, 장거리 등이 시 제한된 속도로 제어되고, 차로로 재어 나뉘어 운전되는 곳을 고장지점을 포함한다.

① 시속을 낮추고 차간거리를 충분히 유지하며 빗길 주행에 주의하여야 한다.
② 차로를 이동하거나 나눔에 재어 시 신호를 켜고 주의하여 이동할 것.
③ 미끄러짐 방지를 위해 차간거리를 확보하고 속도 조절을 할 것.
④ 강우량이 많아지면 가시거리가 제한되므로 적정한 속도로 주행할 것.

395 앞 차량이 급제동으로 인해 추돌사고 위험이 있는 경우, 그 대처 방법으로 가장 알맞은 것은?

① 충돌직전까지 전속력으로 달리고, 비상등을 켠다.
② 앞 차량과 추돌하지 않기 위해 핸들조작 등으로 회피한다.
③ 피해를 최소화하기 위해 끝까지 감속한다.
④ 이에안전공간을 확보한다.

고속도로 최근 10년 간 1000만 건 이상 교통사고 통계를 분석하면서 보면 시골지역 추월사이 등이 3분의 1 이상 해당되는 대상이다.
② 앞차가 완만한 방법으로 좌측으로 추월하는 것이 유리하다.
③ 긴급 상황일 경우 비상등을 켜고 수신호 등을 3차로 이상 진로 변경할 것.
④ 고속도로에서 긴급 상황인 경우는 뒤차는 30미터 간격을 지키며 진행하여야 정상적 행동이 맞다.

396 앞지르기를 할 수 없는 경우로 옳은 것은?

① 앞차가 다른 차를 앞지르고 있는 경우
② 앞차가 낮은 속도로 진행하고 있는 경우
③ 앞차가 좌측으로 다른 차를 앞지르고 있을 경우
④ 앞차가 저속으로 진행하면서 다른 차와 안전거리를 확보하고 있을 경우

397 자동차 화재를 예방하기 위한 방법으로 가장 올바른 것은?

① 차량 내부에 앞지르기 위해 파서가 나타나 있고 있는 경우, 알리기 가(도로교통법 시행령 제23조).

① 가연성 물질을 차량에 보관하지 않는다.
② 배터리 관리 및 과충전 사항을 지킨다.
③ LPG자동차는 연료장치에 대해서 보관이나 관리에 주의하여 관리를 충실히 해야 한다.
④ 점검시 엔진오일은 수시로 확인한다.

398 도로교통법상 장애인의 사용에 대한 내용으로 옳은 것은?

① 교차로에서는 서행하여 통과하는 것이 좋다.
② 교차로에 진행할 때 앞차와의 안전거리를 충분히 유지하여야 한다.
③ 어린이가 도로에 걸어가고 있는 것을 보고 정지한 차량에 대해서는 경적으로 경고해야 한다.
④ 13세 미만의 어린이가 보행자로 횡단보도를 통과할 때 신호에 관계없이 정지해야 한다.

도로교통법 시행령 별표 6. 운수사무 13세 미만의 어린이 경우, 6인 이상의 어린이가 자전거를 사용하여(주차보호장치 미사용 시 채우는) 그 외 용도를 적고 있는 때

399 교통사고 시 피해자의 피해를 최소화하기 위한 운전자의 조치행동으로 가장 옳은 것은?

① 결합 사고 후도 조치
② 음주의 유무
③ 교차로 양방의 폭이 좁은 도로
④ 정차의 혹은 폭이 넓은 도로

400 다음 안전기준가 규정하는 자동차의 속도에 대한 설명으로 옳은 것은?

① 다른 앞차가 주행하는 경우에는 속도에 제한이 없다.
② 해당 도로의 최고 속도의 50㎞를 더한 속도까지 가능하다.
③ 안전에 문제가 없다면 제한 없이 가속한다.
④ 해당 도로의 최고 속도 이상으로 안전하게 가속한다.

다른 앞지르기하는 자동차의 속도는 해당 도로의 최고 속도 이내에서 가능하다.

☞ 정답
392. ④ 393. ② 394. ③ 395. ① 396. ④ 397. ② 398. ③ 399. ③ 400. ④

401 고속도로에서 사고예방을 위해 정차 및 주차를 금지하고 있다. 이에 대한 설명으로 바르지 않은 것은?
① 소방차가 생활안전 활동을 수행하기 위하여 정차 또는 주차할 수 있다.
② 경찰공무원의 지시에 따르거나 위험을 방지하기 위하여 정차 또는 주차할 수 있다.
③ 일반자동차가 통행료를 지불하기 위해 통행료를 받는 장소에서 정차할 수 있다.
④ 터널 안 비상주차대는 소방차와 경찰용 긴급자동차만 정차 또는 주차할 수 있다.

해설 비상주차대는 경찰용 긴급자동차와 소방차 외 일반자동차도 정차 또는 주차할 수 있다.

402 교통사고로 심각한 척추 골절 부상이 예상되는 경우에 가장 적절한 조치방법은?
① 의식이 있는지 확인하고 즉시 심폐소생술을 실시한다.
② 부상자를 부축하여 안전한 곳으로 이동하고 119에 신고한다.
③ 상기도 폐색이 발생될 수 있으므로 하임리히법을 시행한다.
④ 긴급한 경우가 아니면 이송을 해서는 안 되며, 부득이한 경우에는 이송해야 한다면 부목을 이용해서 척추부분을 고정한 후 안전한 곳으로 우선 대피해야 한다.

해설 교통사고로 척추골절이 예상되는 환자가 있는 경우 긴급한 경우가 아니면 이송을 해서는 안 된다. 이송 전에 적절한 처치가 이루어지지 않으면 돌이킬 수 없는 신경학적 손상을 악화시킬 우려가 크기 때문이다. 따라서 2차 사고위험 등을 방지하기 위해 부득이 이송해야 한다면 부목을 이용해서 척추부분을 고정한 후 안전한 곳으로 우선 대피해야 한다.

403 교통사고 발생 시 부상자의 의식 상태를 확인하는 방법으로 가장 먼저 해야 할 것은?
① 부상자의 맥박 유무를 확인한다.
② 말을 걸어보거나 어깨를 가볍게 두드려 본다.
③ 어느 부위에 출혈이 심한지 살펴본다.
④ 입안을 살펴서 기도에 이물질이 있는지 확인한다.

해설 의식 상태를 확인하기 위해서는 부상자에게 말을 걸어보거나, 어깨를 가볍게 두드려 보거나, 팔을 꼬집어서 확인하는 방법이 있다.

404 교통사고 등 응급상황 발생 시 조치요령과 거리가 먼 것은?
① 위험여부 확인
② 환자의 반응 확인
③ 기도 확보 및 호흡 확인
④ 환자의 목적지와 신상 확인

해설 응급상황 발생 시 위험여부 확인 및 환자의 반응을 살피고 주변에 도움을 요청하며 필요에 따라 환자가 호흡을 할 수 있도록 기도 확보가 필요하며 구조요청을 하여야 한다.

405 주행 중 자동차 돌발 상황에 대한 올바른 대처 방법과 거리가 먼 것은?
① 주행 중 핸들이 심하게 떨리면 핸들을 꽉 잡고 계속 주행한다.
② 자동차에서 연기가 나면 즉시 안전한 곳으로 이동 후 시동을 끈다.
③ 타이어 펑크가 나면 핸들을 꽉 잡고 감속하며 안전한 곳에 정차한다.
④ 철길건널목 통과 중 시동이 꺼져서 다시 걸리지 않는다면 신속히 대피 후 신고한다.

해설 핸들이 심하게 떨리면 타이어 펑크나 휠이 빠질 수 있기 때문에 반드시 안전한 곳에 정차하고 점검한다.

406 야간에 도로에서 로드킬(road kill)을 예방하기 위한 운전방법으로 바람직하지 않은 것은?
① 사람이나 차량의 왕래가 적은 국도나 산길을 주행할 때는 감속운행을 해야 한다.
② 야생동물 발견 시에는 서행으로 접근하고 한적한 갓길에 세워 동물과의 충돌을 방지한다.
③ 야생동물 발견 시에는 전조등을 끈 채 경음기를 가볍게 울려 도망가도록 유도한다.
④ 출현하는 동물의 발견을 용이하게 하기 위해 가급적 갓길에 가까운 도로를 주행한다.

해설 로드킬의 사고위험은 동물이 갑자기 나타나서 대처하지 못하는 경우이므로 출현할 가능성이 높은 도로에서는 감속 운행하는 것이 좋다.

407 고속도로에서 고장 등으로 긴급 상황 발생 시 일정 거리를 무료로 견인서비스를 제공해 주는 기관은?
① 도로교통공단
② 한국도로공사
③ 경찰청
④ 한국교통안전공단

해설 고속도로에서는 자동차 긴급 상황 발생 시 사고 예방을 위해 한국도로공사(콜센터 1588-2504)에서 10km까지 무료 견인서비스를 제공하고 있다.

408 보복운전 또는 교통사고 발생을 방지하기 위한 분노조절기법에 대한 설명으로 맞는 것은?
① 감정이 끓어오르는 상황에서 잠시 빠져나와 시간적 여유를 갖고 마음의 안정을 찾는 분노조절방법을 스톱버튼기법이라 한다.
② 분노를 유발하는 부정적인 사고를 중지하고 평소 생각해 둔 행복한 장면을 1~2분간 떠올려 집중하는 분노조절방법을 타임아웃기법이라 한다.
③ 분노를 유발하는 종합적 신념체계와 과거의 왜곡된 사고에 대한 수동적 인식경험을 자신에게 질문하는 방법을 경험회상 질문기법이라 한다.
④ 양팔, 다리, 아랫배, 가슴, 어깨 등 몸의 각 부분을 최대한 긴장시켰다가 이완시켜 편안한 상태를 반복하는 방법을 긴장이완훈련기법이라 한다.

해설 교통안전수칙 2021년 개정2판 분노를 조절하기 위한 행동기법에는 타임아웃기법, 스톱버튼기법, 긴장이완훈련기법이 있다. ① 감정이 끓어오르는 상황에서 잠시 빠져나와 시간적 여유를 갖고 마음의 안정을 찾는 분노조절방법을 타임아웃기법이라 한다. ② 분노를 유발하는 부정적인 사고를 중지하고 평소 생각해 둔 행복한 장면을 1~2분간 떠올려 집중하는 분노조절방법을 스톱버튼기법이라 한다. ③ 경험회상질문기법은 분노조절방법에 해당되지 않는다. ④ 양팔, 다리, 아랫배, 가슴, 어깨 등 몸의 각 부분을 최대한 긴장시켰다가 이완시켜 편안한 상태를 반복하는 방법을 긴장이완훈련기법이라 한다

409 폭우로 인하여 지하차도가 물에 잠겨 있는 상황이다. 다음 중 가장 안전한 운전 방법은?
① 물에 바퀴가 다 잠길 때까지는 무사히 통과할 수 있으니 서행으로 지나간다.
② 최대한 빠른 속도로 빠져 나간다.
③ 우회도로를 확인한 후에 돌아간다.
④ 통과하다가 시동이 꺼지면 바로 다시 시동을 걸고 빠져 나온다.

해설 폭우로 인하여 지하차도가 물에 잠겨 차량의 범퍼까지 또는 차량 바퀴의 절반 이상이 물에 잠긴다면 차량이 지나갈 수 없다. 또한 위와 같은 지역을 통과할 때 빠른 속도로 지나가면 차가 물을 밀어내면서 앞쪽 수위가 높아져 엔진에 물이 들어올 수도 있다. 침수된 지역에서 시동이 꺼지면 다시 시동을 걸면 엔진이 망가진다.

정답 401.④ 402.④ 403.② 404.④ 405.① 406.④ 407.② 408.④ 409.③

정답
410.③ 411.④ 412.④ 413.③ 414.④ 415.④ 416.② 417.① 418.③ 419.②

410 도로에서 도로(road kill)이 발생하였을 때 조치요령으로 바르지 않은 것은?

① 감염병 위험이 있을 수 있으므로 동물사체 등을 만지지 않는 등 주의한다.
② 도로상 사고로 인하여 아들아물이 등을 발견하였을 때에는 112, 지자체 + 120번 등에 신고한다.
③ 2차사고 방지를 위해 차량의 안전한 곳에 동물 사체를 치운다.
④ 2차사고 방지와 원활한 소통을 위한 조치를 한 경우에는 신고하지 않아도 된다.

411 도로교통법령상 승차정원에 대해 교통사고 발생시 자동차손해에 대한 과태료로 맞는 것은?

① 승용자동차 3만 원의 과태료에 대해 부과한다.
② 승용자동차 7만 원의 과태료에 대해 부과한다.
③ 기이에 과태료는 대지 않아도 된다.
④ 승용자동차 5만 원 이상 모든 차량의 과태료가 부과한다.

412 도로교통법령상 다음 보기 중 사람이 사망한 교통사고가 발생한 때부터 1시간 이내 20일이내 경찰관에게 반드시 알려야 하는 것은?

도로교통법 제3조, 도로교통법 시행령 제6조 사고발생 후 5일 이내 사용하지 아니하고, 2시간 이상 주차하였을 경우 1분 이상 과태료, 미과 시 과태료 중 중과산 경우이 부과된다.

① 동료 변경 예정자가 100공급 10일 이상 달한 것은
② 동료 변경 예정자가 100공급 20일 이상 달한 것은
③ 동료 변경 예정자가 100공급 30일 이상 달한 것은
④ 동료 변경 예정자가 100공급 40일 이상 달한 것은

413 도로교통법령상 차량 교통사고 인한 공사정치 기간으로 옳은 것은?

① 1년간 100일 이상   ② 2년간 191일 이상
③ 3년간 271일 이상   ④ 5년간 301일 이상

도로교통법 시행규칙 제28
1일기 12일 이상, 2일기 201일 이상, 3일기 271일 이상의 공사정치 차료한다.

414 도로교통법령상 교통사고 후에 따라 별점으로 맞는 것은?

① 일반 지방도로 공사정지 공제에 피해하여 인지 조치 피치 피하지 신고하지 아니한 때에 별점 30점 부과한다.
② 차공사 돌 해 가장 공사공사 피해하여 인지 조치 피해 따라 공고 피하지 통 피치 아니한 때에는 별점 1점 부과한다.
③ 교통사고로 인해 가장 공사 피해하여 인지 조치 피해 따라 공고 피하지 통 피치 아니한 때는 별점 1점 부과한다.
④ 차공사 돌 해 가장 공사 피해하여 인지 그 피해 등 교통사고 후 에도 별점 1점 부과한다.

415 도로교통법령상 자동차 공사정지가 누적공정으로 행사장지되었고, 공정 만료 해당지는?

① 양심 저이   ② 양심 장지 100일
③ 양심 장지 60일 ④ 양심 장지 40일
도로교통법 시행규칙 제28조

416 도로교통법령상 공사정지 사유에 해당하는 것은?

① 경기 불가피한 긴급사태 발생 다음 것의 경우처럼 보지 아니하고 6 개월 이상 경우한
② 공사지정 동으로 인(이공일주)을 받은 경우
③ 차조사 후 공사량증 만들지 아니하고 당기로 갔지 공시된 경우
④ 개인위주, 공고 인정한 경우 그 상담을 2등과 호정한 경우
도로교통법 제93조

417 다음 중 교통사고 일으킨 공사정치의 행정처분이나 재재차분이 가진 이의 있어 교통사고처리특례법에서 특혜받는 경우로 맞는 것은?

① 안전속에 이하나로 과속하여 다른 차량과 충돌하여 공사장소에 본 피해를 입힌 경우
② 포이공에 이하나 사람을 다치게 한 경우
③ 포이공을 사고와 무과상 후 계속 운전하다 소치한 경우
④ 신호 위반하여 공사사고 돌이 피해를 입힌 경우
교통사고처리특례법 제3조

418 도로교통법령상 행사장지 대상 이의신청에 대한 감용에 인정된 경우, 취소처분에 대한 가장 감경된 기준으로 맞는 것은?

① 취소정지 90일으로 한다.
② 취소정지 100일으로 한다.
③ 취소정지 110일으로 한다.
④ 취소정지 120일으로 한다.

이의신청이나 대하여 감경의 공사장지가 행사장지에 대한 경우에는 해당 취소정지의 1기의 대상으로 하고, 공사장지 정지처분이 해당하는 경우에는 처분 이 1기의 대상(다만, 다소, 대사 공지 등의 대상·위해·마라소 등은 경우에는 행사장지 110으로) 감경한다.(도로교통법 시행규칙 표28 1. 일반기준 다. 처분 기준의 감정

419 도로교통법령상 운전면허 행사소 시 50이 4년인 사람이 나눠서 타고 운행 으로 다른 사람에게 피해를 끼치지 않았고, 자동차등으로 통행 것은?

① 2년이 지나야 받을 수 있다
② 결격 없이 면허 가능하다
③ 가족한 경우 면허 가능하다
④ 행사소된 경우 면허 40일

도로교통법 제46조 (공동위험행위의 금지) 자동차 등의 공전자는 도로에서 2명 이상이 공동으로 2대 이상의 자동차을 정당한 사유 없이 사형 종으로 옆지 않도록 하거나 다른 사람에게 위해을 까지며 교통상의 위험을 발생하는 하여 서는 아이드, 공동위험행위 금지 2차 이하의 이상이나 500만 원 이하의 벌금이 사는 아이든

420 도로교통법령상 술에 취한 상태에서 자전거를 운전한 경우 어떻게 되는가?
① 처벌하지 않는다.
② 범칙금 3만 원의 통고처분한다.
③ 과태료 4만 원을 부과한다.
④ 10만 원 이하의 벌금 또는 구류에 처한다.

해설 도로교통법시행규칙 별표8 64의2 술에 취한 상태에서 자전거를 운전한 경우 범칙금 3만 원.

421 도로교통법령상 술에 취한 상태에 있다고 인정할만한 상당한 이유가 있는 자전거 운전자가 경찰공무원의 정당한 음주 측정 요구에 불응한 경우 처벌은?
① 처벌하지 않는다.
② 과태료 7만 원을 부과한다.
③ 범칙금 10만 원의 통고처분한다.
④ 10만 원 이하의 벌금 또는 구류에 처한다.

해설 도로교통법시행령 별표8, 술에 취한 상태에 있다고 인정할만한 상당한 이유가 있는 자전거 운전자가 경찰공무원의 호흡조사 측정에 불응한 경우 범칙금 10만 원이다.

422 도로교통법령상 인적 피해 있는 교통사고를 야기하고 도주한 차량의 운전자를 검거하거나 신고하여 검거하게 한 운전자(교통사고의 피해자가 아닌 경우)에게 검거 또는 신고할 때 마다 ( )의 특혜점수를 부여한다. ( )에 맞는 것은?
① 10점　② 20점　③ 30점　④ 40점

해설 인적 피해 있는 교통사고를 야기하고 도주한 차량의 운전자를 검거하거나 신고하여 검거하게 한 운전자(교통사고의 피해자가 아닌 경우로 한정한다)에게는 검거 또는 신고할 때마다 40점의 특혜점수를 부여하여 기간에 관계없이 그 운전자가 정지 또는 취소처분을 받게 될 경우 누산점수에서 이를 공제한다. 이 경우 공제되는 점수는 40점 단위로 한다.(도로교통법시행규칙 별표28 1. 일반 기준)

423 도로교통법령상 혈중알코올농도 0.03퍼센트 이상 0.08퍼센트 미만의 술에 취한 상태로 승용차를 운전한 사람에 대한 처벌기준으로 맞는 것은?(1회 위반한 경우)
① 1년 이하의 징역이나 500만 원 이하의 벌금
② 2년 이하의 징역이나 1천만 원 이하의 벌금
③ 3년 이하의 징역이나 1천500만 원 이하의 벌금
④ 2년 이상 5년 이하의 징역이나 1천만 원 이상 2천만 원 이하의 벌금

해설 도로교통법 제148조의2(벌칙) ③ 제44조제1항을 위반하여 술에 취한 상태에서 자동차등 또는 노면전차를 운전한 사람은 다음 각 호의 구분에 따라 처벌한다. 1. 혈중알코올농도가 0.2퍼센트 이상인 사람은 2년 이상 5년 이하의 징역이나 1천만원 이상 2천만원 이하의 벌금 2. 혈중알코올농도가 0.08퍼센트 이상 0.2퍼센트 미만인 사람은 1년 이상 2년 이하의 징역이나 500만원 이상 1천만원 이하의 벌금 3. 혈중알코올농도가 0.03퍼센트 이상 0.08퍼센트 미만인 사람은 1년 이하의 징역이나 500만원 이하의 벌금

424 도로교통법상 벌점 부과기준이 다른 위반행위 하나는?
① 승객의 차내 소란행위 방치운전
② 철길건널목 통과방법 위반
③ 고속도로 갓길 통행 위반
④ 고속도로 버스전용차로 통행위반

해설 도로교통법시행규칙 별표 28, 승객의 차내 소란행위 방치운전은 40점, 철길건널목 통과방법 위반·고속도로 갓길 통행·고속도로 버스전용차로 통행위반은 벌점 30점이 부과된다.

425 도로교통법령상 자동차 운전자가 중앙선 침범으로 피해자에게 중상 1명, 경상 1명의 교통사고를 일으킨 경우 벌점은?
① 30점　② 40점　③ 50점　④ 60점

해설 도로교통법시행규칙 별표 28, 운전면허 취소·정지처분 기준에 따라 중앙선침범 벌점 30점, 중상 1명당 벌점 15점, 경상 1명당 벌점 5점이다.

426 도로교통법령상 연습운전면허 소지자가 혈중알코올농도 ( )퍼센트 이상을 넘어서 운전한 때 연습운전면허를 취소한다. ( )안에 기준으로 맞는 것은?
① 0.03　② 0.05
③ 0.08　④ 0.10

해설 도로교통법시행규칙 별표 29, 연습운전면허 소지자가 혈중알코올농도 0.03퍼센트 이상을 넘어서 운전한 때 연습운전면허를 취소한다.

427 도로교통법령상 운전자가 단속 경찰공무원 등에 대한 폭행을 하여 형사 입건된 때 처분으로 맞는 것은?
① 벌점 40점을 부과한다.　② 벌점 100점을 부과한다.
③ 운전면허를 취소 처분한다.　④ 즉결심판을 청구한다.

해설 단속하는 경찰공무원 등 및 시·군·구 공무원을 폭행하여 형사 입건된 때 운전면허를 취소 처분한다.(도로교통법 시행규칙 별표28 2. 취소 처분 개별 기준 16)

428 도로교통법령상 승용자동차 운전자가 주·정차된 차만 손괴하는 교통사고를 일으키고 피해자에게 인적사항을 제공하지 아니한 경우 어떻게 되는가?
① 처벌하지 않는다.
② 과태료 10만 원을 부과한다.
③ 범칙금 12만 원의 통고처분한다.
④ 30만 원 이하의 벌금 또는 구류에 처한다.

해설 주·정차된 차만 손괴하는 교통사고를 일으키고 피해자에게 인적사항을 제공하지 아니한 사람은 도로교통법 제156조(벌칙)에 의한 처벌기준은 20만 원 이하의 벌금이나 구류 또는 과료이다. 실제는 도로교통법 시행령 별표8에 의해 승용자동차등은 범칙금 12만 원으로 통고처분 된다.

429 도로교통법령상 승용자동차 운전자에 대한 위반행위별 범칙금이 틀린 것은?
① 속도 위반(매시 60킬로미터 초과)의 경우 12만 원
② 신호 위반의 경우 6만 원
③ 중앙선침범의 경우 6만 원
④ 앞지르기 금지 시기·장소 위반의 경우 5만 원

해설 도로교통법시행령 별표8, 승용차동차의 앞지르기 금지 시기·장소 위반은 범칙금 6만 원이 부과된다.

430 도로교통법령상 화재진압용 연결송수관 설비의 송수구로부터 5미터 이내 승용자동차를 정차한 경우 범칙금은?(안전표지 미설치)
① 4만 원　② 3만 원
③ 2만 원　④ 처벌되지 않는다.

해설 도로교통법 시행령 별표8 3의3(안전표지 설치) 승용자동차 8만 원 / 29(안전표지 미설치) 승용자동차 4만 원

정답 420.② 421.③ 422.④ 423.① 424.① 425.③ 426.① 427.③ 428.③ 429.④ 430.①

431 도로교통법상 적재중량 화물자동차가 전용차로 통행 차가 아니면서 부득이하게 통행하려면 ( ) 이상 탑승해야 전용차로 통행 위반이 아닌 경우에 대한 범칙금을 납부해야 한다. ( )안에 맞는 것은?

① 100분의 20
② 100분의 30
③ 100분의 50
④ 100분의 70

해설 전용차로 통행차가 아니면서 전용차로로 통행하여 범칙금 납부 통고서를 받은 날부터 20일 이내에 경찰서장에게 이의를 제기하는 사람은 지정된 범칙금액에 100분의 50을 더한 금액을 내야 한다.(도로교통법 제165조(통고처분 불이행 등의 처리))

432 도로교통법상 총중량 990킬로그램인 피견인자동차를 4,500킬로그램인 승용자동차로 견인하는 경우 필요한 운전면허에 해당하지 않은 것은?(1항 아이디어 경우)

① 1종 대형면허 및 소형견인차면허
② 1종 보통면허 및 소형견인차면허
③ 1종 보통면허 및 구난차면허
④ 1종 대형면허 및 구난차면허

해설 도로교통법시행규칙 제48조의2 ②총중량 750킬로그램 초과 3톤 이하의 피견인자동차를 견인하기 위해서는 견인하는 자동차를 운전할 수 있는 면허와 소형견인차면허 또는 대형견인차면허를 가지고 있어야 한다.

433 자동차 견인등을 가지고 자동차를 운전하는 경우의 벌하자 옳은 것은?

① 1년 이하의 징역 또는 1,000만 원 이하의 벌금
② 1년 이하의 징역 또는 2,000만 원 이하의 벌금
③ 2년 이하의 징역 또는 1,000만 원 이하의 벌금
④ 2년 이하의 징역 또는 2,000만 원 이하의 벌금

해설 자동차관리법 제19조 및 같은 법 제81조(벌칙)누구든지 자동차 등록번호판을 가리거나 그러한 자동차를 운행하여서도 아니된다.

434 도로교통법상 자동차 견인차가 고속도로에서 자동차 내에 고정시키기 위 한 표지를 부착하지 않고 운행하였다. 어떻게 되는가?

① 2만 원의 과태료가 부과된다.
② 2만 원의 범칙금으로 통고 처분된다.
③ 30만 원 이하의 벌금으로 처벌된다.
④ 아무런 처벌이나 처분되지 않는다.

해설 고속도로에서 사용되는 별표 6, 12조에 의거 고속도로 등에서의 준수사항 위반 등 승용자동차 등은 2만 원의 범칙금 처분

435 도로교통법상 원동기장치자전거가 운전할 수 있는 공장등록하지 아니하고 개인형 이동장치를 공장등록한 경우 처벌기준은?

① 20만 원 이하의 벌금이나 구류
② 30만 원 이하의 벌금이나 구류
③ 50만 원 이하의 벌금이나 구류
④ 6개월 이하의 징역 또는 200만 원 이하의 벌금

해설 개인형 이동장치를 무면허 운전한 경우에는 도로교통법 제156조(벌칙)에 의해 20만 원 이하의 벌금이나 구류 또는 과료에 처한다.

---

436 도로교통법상 고속도로 승용자동차가 긴급자동차의 다음 운전의 도로의 운전에 운전의 도로에 운전에 도로의 운전에 도로의 운전에 도로의 운전에 도로의 운전에 도로의 운전에 도로의 운전에 도로의 운전에 도로의 운전에 도로의 운전에 도로의 운전에 도로의 운전에 도로의 운전에 도로의 운전에 도로의 운전에 도로의 운전

① 제한속도기준 시속 60킬로미터 초과 80킬로미터 이내 - 범칙금 12만원
② 제한속도기준 시속 40킬로미터 초과 60킬로미터 이내 - 범칙금 8만원
③ 제한속도기준 시속 20킬로미터 초과 40킬로미터 이내 - 범칙금 5만원
④ 제한속도기준 시속 20킬로미터 이하 - 범칙금 2만원

도로교통법 시행령 별표 8

437 도로교통법상 교통사고를 일으킨 자동차 운전자에 대한 범칙금으로 맞는 것은?

① 신호위반으로 사상자(72시간 이내) 1명이 발생한 경우 범칙금 총 105점이다.
② 피해자와 손해배상에 관한 합의가 이루어진 경우에도 처벌한다.
③ 교통사고처리 특례법의 인정항목 위반 경우, 종합보험에 가입되어 있으면 처벌하지 않는다.
④ 교통사고시 자동차 보험에 가입되어 있는 경우 어떤 처벌도 받지 않는다.

438 도로교통법상 신호위반으로 정차중인 자동차를 추돌하여 상해 결과가 발생한 경우 ( )이내에 신원을 밝혀 사상자 구호에 대한 조치가 이루어져야 한다. ( )안에 기준으로 맞는 것은?

① 1년
② 2년
③ 3년
④ 4년

해설 교통사고처리 특례법 제5조(자동차손해의 공장정 등) 가. 신호, 정비 또는 안전표시에 위반하여 운전자는 다음에 해당하는 경우를 운전함으로써 다음 각 호의 어느 하나에 해당하는 행위를 한 경우

가. 신호기가 표시하는 신호
나. 교통정리를 하는 공무원의 신호
다. 안전표지가 표시하는 통행금지 또는 일시정지를 내용으로 하는 안전표지가 표시하는 지시

439 도로교통법상 신호위반 차량사고에 대한 이의가 있는 경우, 공장등록 명령을 받은 이의신청에 신청할 수 있는 기간은?

① 그 처분을 받은 날로부터 90일 이내
② 그 처분을 받은 날로부터 90일 이후
③ 그 처분을 받은 날로부터 60일 이내
④ 그 처분을 받은 날로부터 60일 이후

도로교통법 제94조 운전면허의 취소처분 또는 정지처분, 연습운전면허 취소처분에 대하여 이의가 있는 사람은 그 처분을 받은 날부터 60일 이내에 시·도경찰청장에게 이의를 신청할 수 있다.

440 도로교통법상 비교공업인 이륜공작등을 받아야 하는 사람은?

① 자동차운전면허를 받아야 하는 사람
② 자전거면허 30킬로 사람
③ 보행정보를 받는 사람
④ 나대만보호보다 받지 있는 사람

개선으로 공장공제를 받아야 하는 사람은 자전거면허 40점 이상인 공장공제를 받아야 하는 사람과 보행자교통법공제를 받아야 한다.

정답 431.③ 432.④ 433.④ 434.① 435.① 436.① 437.① 438.② 439.③ 440.④

441 도로교통법령상 승용자동차의 고용주등에게 부과되는 위반행위별 과태료 금액이 틀린 것은?(어린이보호구역 및 노인·장애인보호구역 제외)

① 중앙선 침범의 경우, 과태료 9만 원
② 신호 위반의 경우, 과태료 7만 원
③ 보도를 침범한 경우, 과태료 7만 원
④ 속도 위반(매시 20킬로미터 이하)의 경우, 과태료 5만 원

> 해설
> 도로교통법시행령 별표 6, 제한속도(매시 20킬로미터 이하)를 위반한 고용주등에게 과태료 4만 원 부과

442 도로교통법령상 벌점이 부과되는 운전자의 행위는?

① 주행 중 차 밖으로 물건을 던지는 경우
② 차로변경 시 신호 불이행한 경우
③ 불법부착장치 차를 운전한 경우
④ 서행의무 위반한 경우

> 해설
> 도로를 통행하고 있는 차에서 밖으로 물건을 던지는 경우 벌점 10점이 부과된다. (도로교통법 시행규칙 별표 28)

443 도로교통법령상 무사고·무위반 서약에 의한 벌점 감경(착한운전 마일리지제도)에 대한 설명으로 맞는 것은?

① 40점의 특혜점수를 부여한다.
② 2년간 교통사고 및 법규위반이 없어야 특혜점수를 부여한다.
③ 운전자가 정지처분을 받게 될 경우 누산점수에서 특혜점수를 공제한다.
④ 운전면허시험장에 직접 방문하여 서약서를 제출해야만 한다.

> 해설
> 1년간 교통사고 및 법규위반이 없어야 10점의 특혜점수를 부여한다. 경찰관서 방문뿐만 아니라 인터넷(www.efine.go.kr)으로도 서약서를 제출할 수 있다. (도로교통법 시행규칙 별표 28 1항 일반기준 나. 벌점의 종합관리)

444 도로교통법령상 연습운전면허 소지자가 도로에서 주행연습을 할 때 연습하고자 하는 자동차를 운전할 수 있는 운전면허를 받은 날부터 2년이 경과된 사람(운전면허 정지기간 중인 사람 제외)과 함께 승차하지 아니하고 단독으로 운행한 경우 처분은?

① 통고처분
② 과태료 부과
③ 연습운전면허 정지
④ 연습운전면허 취소

> 해설
> 도로교통법시행규칙 별표 29, 연습운전면허 준수사항을 위반한 때(연습하고자 하는 자동차를 운전할 수 있는 운전면허를 받은 날부터 2년이 경과된 사람과 함께 승차하여 그 사람의 지도를 받아야 한다)연습운전면허를 취소한다.

445 도로교통법령상 교차로·횡단보도·건널목이나 보도와 차도가 구분된 도로의 보도에 2시간 이상 주차한 승용자동차의 소유자에게 부과되는 과태료 금액으로 맞는 것은?(어린이보호구역 및 노인·장애인보호구역 제외)

① 4만 원 ② 5만 원
③ 6만 원 ④ 7만 원

> 해설
> 도로교통법시행령 별표 6, 교차로·횡단보도·건널목이나 보도와 차도가 구분된 도로의 보도에 2시간 이상 주차한 승용자동차의 고용주등에게 과태료 5만원을 부과한다

446 도로교통법령상 운전면허 취소 사유가 아닌 것은?

① 정기 적성검사 기간을 1년 초과한 경우
② 보복운전으로 구속된 경우
③ 제한속도를 매시 60킬로미터를 초과한 경우
④ 자동차등을 이용하여 다른 사람을 약취 유인 또는 감금한 경우

> 해설
> 제한속도를 매시 60킬로미터를 초과한 경우는 벌점 60점이 부과된다. (도로교통법 제93조)

447 2회 이상 경찰공무원의 음주측정을 거부한 승용차운전자의 처벌 기준은? (벌금 이상의 형 확정된 날부터 10년 내)

① 1년 이상 6년 이하의 징역이나 500만 원 이상 3천만 원 이하의 벌금
② 2년 이상 6년 이하의 징역이나 500만 원 이상 2천만 원 이하의 벌금
③ 3년 이상 5년 이하의 징역이나 1천만 원 이상 3천만 원 이하의 벌금
④ 1년 이상 5년 이하의 징역이나 500만 원 이상 2천만 원 이하의 벌금

> 해설
> 도로교통법 제148조의 2(벌칙) ①제44조 제1항 또는 제2항을(자동차등 또는 노면전차를 운전한 사람으로 한정한다.
> 다만, 개인형 이동장치를 운전하는 경우는 제외한다.) 벌금 이상의 형을 선고받고 그 형이 확정된 날부터 10년 내 다시 같은 조 제1항 또는 2항을 위반한 사람(형이 실효된 사람도 포함함)
> 1. 제44조 제2항을 위반한 사람은 1년 이상 6년 이하의 징역이나 500만 원 이상 3천만 원 이하의 벌금
> 2. 제44조 제1항을 위반한 사람 중 혈중알코올농도가 0.2퍼센트 이상인 사람은 2년 이상 6년 이하의 징역이나 1천만 원 이상 3천만 원 이하의 벌금
> 3. 제44조 제1항을 위반한 사람 중 혈중알코올농도가 0.03퍼센트 이상 0.2퍼센트 미만인 사람은 1년 이상 5년 이하의 징역이나 500만 원 이상 2천만 원 이하의 벌금

448 도로교통법령상 혈중알코올농도 0.08퍼센트 이상 0.2퍼센트 미만의 술에 취한 상태로 자동차를 운전한 사람에 대한 처벌기준으로 맞는 것은? (1회 위반한 경우, 개인형 이동장치 제외)

① 2년 이하의 징역이나 500만 원 이하의 벌금
② 3년 이하의 징역이나 500만 원 이상 1천만 원 이하의 벌금
③ 1년 이상 2년 이하의 징역이나 500만 원 이상 1천만 원 이하의 벌금
④ 2년 이상 5년 이하의 징역이나 1천만 원 이상 2천만 원 이하의 벌금

> 해설
> 도로교통법 제148조의2(벌칙) ③제44조제1항을 위반하여 술에 취한 상태에서 자동차등 또는 노면전차를 운전한 사람은 다음 각 호의 구분에 따라 처벌한다.
> 1. 혈중알코올농도가 0.2퍼센트 이상인 사람은 2년 이상 5년 이하의 징역이나 1천만 원 이상 2천만 원 이하의 벌금
> 2. 혈중알코올농도가 0.08퍼센트 이상 0.2퍼센트 미만인 사람은 1년 이상 2년 이하의 징역이나 500만 원 이상 1천만 원 이하의 벌금
> 3. 혈중알코올농도가 0.03퍼센트 이상 0.08퍼센트 미만인 사람은 1년 이하의 징역이나 500만 원 이하의 벌금

449 도로교통법령상 75세 이상인 사람이 받아야 하는 교통안전교육에 대한 설명으로 틀린 것은?

① 75세 이상인 사람에 대한 교통안전교육은 도로교통공단에서 실시한다.
② 운전면허증 갱신일에 75세 이상인 사람은 갱신기간 이내에 교육을 받아야 한다.
③ 75세 이상인 사람이 운전면허를 처음 받으려는 경우 교육시간은 1시간이다.
④ 교육은 강의·시청각·인지능력 자가진단 등의 방법으로 2시간 실시한다.

> 해설
> 도로교통법 제73조(교통안전교육), 도로교통법 시행규칙 제46조의3 제4항, 도로교통법 시행규칙 별표16

정답 441.④ 442.① 443.③ 444.④ 445.② 446.③ 447.① 448.③ 449.③

450 고속도로에서 고장난 자동차 운전자가 고장사고 등의 위험 방지를 위한 조치 등을 행하지 않았을 때 과태료 부과기준은?

① 15점
② 20점
③ 30점
④ 40점

해설 도로교통법 시행령 별표28, 고장 등 그 밖의 사유로 인해 고장자동차의 표지를 설치하지 않은 운전자 과태료 9만원

451 고속도로에서 자동차(고속버스 및 화물자동차 제외) 운전자가 차로를 정당한 사유 없이 지키지 아니하였을 때 범칙금은?

① 5만 원
② 4만 원
③ 3만 원
④ 2만 원

해설 도로교통법 시행령 별표8, 제39호, 4만원 승용자동차등 3만원 승합자동차 5만원

452 도로교통법상 적성검사 기준에 대한 설명으로 옳은 것은?

① 운전면허 소지자의 2년이 되는 날이 속한 해의 1월1일부터 12월31일 사이에 정기적성검사를 통과하여야 한다.
② 운전면허 90일이 속한 해의 1월1일부터 12월31일 사이에 정기적성검사를 통과할 수 있다.
③ 운전면허 1종은 5년이 되는 날이 속한 해의 1월1일부터 12월31일 사이에 적성검사를 통과하여야 한다.
④ 운전면허 1종을 가진 사람은 다른 사람의 증명으로 적성검사를 통과할 수 있다.

해설 도로교통법 제87조제1항, 36조제1항, 제1종 운전면허를 받은 사람은 10년마다 갱신 및 적성검사를 받아야 한다. 도로교통법 시행령 제55조의2, 운전면허를 받은 사람이 적성검사를 받을 경우 만 65세이상 75세 미만 만65세이상 75세 미만일 때, 만75세 이상일 때 갱신 및 적성검사 기간이 3년이다.

453 도로교통법상 "도로에서 어린이에게 개인형 이동장치를 운전하게 한 보호자의 과태료"로 맞는 것은?

① 10만 원
② 20만 원
③ 30만 원
④ 40만 원

해설 도로교통법 시행령 별표6, 도로에서 어린이가 개인형 이동장치를 운전하게 한 보호자에게는 10만원의 과태료를 부과한다. 동법 제11조제4항, 제160조제2항의2.

454 도로교통법상 주정차위반이 아닌 경우는?

① 도로교통법 시행령 주정차 가능 장소에서 정차한 경우
② 도로에 완전히 주차한 경우에서 1분 정차 중인 경우
③ 도로에 완전히 주정차 가능한 지역에서 정차한 경우
④ 주정차금지 구역이 없는 도로에서 주정차한 경우

해설 도로교통법 시행령 주정차위반이 아니며 자동차 운전행위에 해당된다.

455 도로교통법상 고속도로 버스전용차로를 이용할 수 있는 자동차의 기준으로 맞는 것은?

① 11인승 승용 자동차는 6인 이상 승차한 경우에 가능하다.
② 9인승 승용 자동차는 6인 이상 승차한 경우에 가능하다.
③ 15인승 이상 승합자동차만 가능하다.
④ 45인승 이상 승합자동차만 가능하다.

해설 고속도로 버스전용차로를 통행할 수 있는 자동차는 9인승 이상 승용 및 12인승 이상 승합자동차이다. 다만, 승용자동차 또는 12인승 이하의 승합자동차는 6인 이상이 승차한 경우에 통행이 가능하다.

456 다음 고속도로에서 임시정차해야 하는 곳이 아닌 것은?

① 신호기의 신호에 따라 정지 하고자 할 때
② 정차하고 있는 차량이 있어 부득이 정지할 때
③ 교통안전관리자의 안내를 받아 잠시 정차한 때
④ 교통상황을 보기 위하여 임시로 정지할 때

해설 도로교통법 제32조, 시행규칙 별표2 시간표에 표시된 이외의 경우 교통안전관리자의 지시.

457 가변차로를 통행할 때 고속도로를 운전하는 자동차의 대한 속도는 어떻게 할 것인가?

① 본선보다 5km 낮추어 운행해야 한다.
② 본선보다 10km 낮추어 운행해야 한다.
③ 본선보다 20km 낮추어 운행해야 한다.
④ 본선보다 30km 낮추어 운행해야 한다.

해설 본선보다 10km 낮추어 통행하여야 하며 속도 위반 시 범칙금과 해당되는 벌점이 부과될 수 있다.(도로교통법 시행령 제120조 및 시행규칙 제14조)

458 교통사고처리 특례법이 적용되지 않은 경우로 맞는 것은?

① 이 법의 특례로 인정하지 않는 중요 교통법규 위반에 의해 피해자에게 피해를 입힌 경우 공소를 제기할 수 있다.
② 이 법의 특례로 인정하는 중요 교통법규 위반에 의해 피해자에게 피해를 입힌 경우 공소를 제기할 수 있다.
③ 차의 운전자가 교통사고로 인하여 형법 제268조의 죄를 범하고 피해자를 구호하지 않은 때에 공소를 제기할 수 있다.
④ 차의 운전자가 교통사고로 인하여 20일간의 치료를 요하는 상해를 가한 경우에 공소를 제기할 수 있다.

해설 교통사고처리 특례법 제3조

459 도로교통법상 자동차 이용자(사용권이용)이 인정되지 않는 기기는?

① 수동휠체어
② 전동휠체어
③ 이륜자동차
④ 경기자동차

해설 도로교통법 제11조 "보행자"란 사람 또는 유모차, 보행보조용 의자차(수동휠체어, 전동휠체어, 의료용 스쿠터)의 기기, 보행보조용 자동차 중에서 행정안전부령으로 정하는 "신발, 양산"(이하 "유모차등"이라고 통칭함) 1. 제19조에 따라 적용되지 아니한 사용자장치 2. 실외이동로봇 3. 보행보조기기 4. 자동차(자동기기 포함) 5. 이외의 기기 6. 용기가 있는 기기 7. 용기, 자전거 등 자전거이용 활성화에 관한 법률에 따라 자전거이용을 위한 것이 아닌 경우.

정답 450. ④ 451. ① 452. ① 453. ② 454. ② 455. ② 456. ① 457. ② 458. ② 459. ④

460 도로교통법령상 전용차로 통행차 외에 전용차로로 통행할 수 있는 경우가 아닌 것은?

① 긴급자동차가 그 본래의 긴급한 용도로 운행되고 있는 경우
② 도로의 파손 등으로 전용차로가 아니면 통행할 수 없는 경우
③ 전용차로 통행차의 통행에 장해를 주지 아니하는 범위에서 택시가 승객을 태우기 위하여 일시 통행하는 경우
④ 택배차가 물건을 내리기 위해 일시 통행하는 경우

해설) 도로교통법 시행령 제10조(전용차로 통행차 외에 전용차로로 통행할 수 있는 경우)

461 도로교통법령상 자동차전용도로에서 자동차의 최고 속도와 최저 속도는?

① 매시 110킬로미터, 매시 50킬로미터
② 매시 100킬로미터, 매시 40킬로미터
③ 매시 90킬로미터, 매시 30킬로미터
④ 매시 80킬로미터, 매시 20킬로미터

해설) 도로교통법 시행규칙 제19조(자동차등과 노면전차의 속도) 자동차전용도로에서 자동차의 최고 속도는 매시 90킬로미터, 최저 속도는 매시 30킬로미터이다.

462 고속도로 통행료 미납 시 강제징수의 방법으로 맞지 않는 것은?

① 예금압류 ② 가상자산압류
③ 공매   ④ 번호판영치

해설) 고속도로 통행료 납부기한 경과 시 국세 체납처분의 예에 따라 전자예금압류 시스템을 활용하여 체납자의 예금 및 가상자산을 압류(추심)하여 미납통행료를 강제 징수할 수 있으며, 압류된 차량에 대하여 강제인도 후 공매를 진행할 수 있다.
유료도로법 제21조, 국세징수법 제31조, 국세징수법 제45조 제5항, 국세징수법 제64조 제1항

463 도로교통법령상 개인형 이동장치 운전자의 법규위반에 대한 범칙금액이 다른 것은?

① 운전면허를 받지 아니하고 운전
② 승차정원을 초과하여 동승자를 태우고 운전
③ 술에 취한 상태에서 운전
④ 약물의 영향으로 정상적으로 운전하지 못할 우려가 있는 상태에서 운전

해설) 도로교통법 시행령 [별표 8] ①, ③, ④는 범칙금 10만 원, ②는 범칙금 4만 원

464 도로교통법령상 초보운전자에 대한 설명으로 맞는 것은?

① 원동기장치자전거 면허를 받은 날로부터 1년이 지나지 않은 경우를 말한다.
② 연습 운전면허를 받은 날로부터 1년이 지나지 않은 경우를 말한다.
③ 처음 운전면허를 받은 날로부터 2년이 지나기 전에 취소되었다가 다시 면허를 받는 경우 취소되기 전의 기간을 초보운전자 경력에 포함한다.
④ 처음 제1종 보통면허를 받은 날부터 2년이 지나지 않은 사람은 초보운전자에 해당한다.

해설) 도로교통법 제2조 제27호 "초보운전자"란 처음 운전면허를 받은 날(처음 운전면허를 받은 날부터 2년이 지나기 전에 운전면허의 취소처분을 받은 경우에는 그 후 다시 운전면허를 받은 날을 말한다)부터 2년이 지나지 아니한 사람을 말한다. 이 경우 원동기장치자전거면허만 받은 사람이 원동기장치자전거면허 외의 운전면허를 받은 경우에는 처음 운전면허를 받은 것으로 본다.

465 도로교통법령상 정비불량차량 발견 시 ( )일의 범위 내에서 그 사용을 정지시킬 수 있다. ( ) 안에 기준으로 맞는 것은?

① 5 ② 7 ③ 10 ④ 14

해설) 시·도경찰청장은 제2항에도 불구하고 정비 상태가 매우 불량하여 위험발생의 우려가 있는 경우에는 그 차의 자동차등록증을 보관하고 운전의 일시정지를 명할 수 있다. 이 경우 필요하면 10일의 범위에서 정비기간을 정하여 그 차의 사용을 정지시킬 수 있다. (도로교통법 제41조 제3항)

466 도로교통법령상 원동기장치자전거에 대한 설명으로 옳은 것은?

① 모든 이륜자동차를 말한다.
② 자동차관리법에 의한 250시시 이하의 이륜자동차를 말한다.
③ 배기량 150시시 이상의 원동기를 단 차를 말한다.
④ 전기를 동력으로 사용하는 경우는 최고정격출력 11킬로와트 이하의 원동기를 단 차(전기자전거 제외)를 말한다.

해설) 도로교통법 제2조 제19호 "원동기장치자전거"란 다음 각 목의 어느 하나에 해당하는 차를 말한다.
가. 자동차관리법 제3조에 따른 이륜자동차 가운데 배기량 125시시 이하(전기를 동력으로 하는 경우에는 최고정격출력 11킬로와트 이하)의 이륜자동차
나. 그 밖에 배기량 125시시 이하(전기를 동력으로 하는 경우에는 최고정격출력 11킬로와트 이하)의 원동기를 단 차(전기자전거 제외)

467 교통사고처리 특례법상 교통사고에 해당하지 않는 것은?

① 4.5톤 화물차와 승용자동차가 충돌하여 운전자가 다친 경우
② 철길건널목에서 보행자가 기차에 부딪혀 다친 경우
③ 보행자가 횡단보도를 횡단하다가 신호위반 한 자동차와 부딪혀 보행자가 다친 경우
④ 보도에서 자전거를 타고 가다가 보행자를 충격하여 보행자가 다친 경우

해설) 교통사고처리 특례법 제2조 제2호

468 도로교통법령상 4색 등화의 가로형 신호등 배열 순서로 맞는 것은?

① 우로부터 적색 → 녹색화살표 → 황색 → 녹색
② 좌로부터 적색 → 황색 → 녹색화살표 → 녹색
③ 좌로부터 황색 → 적색 → 녹색화살표 → 녹색
④ 우로부터 녹색화살표 → 황색 → 적색 → 녹색

해설) 도로교통법 시행규칙 제7조 별표4

469 도로교통법령상 앞지르기에 대한 설명으로 맞는 것은?

① 앞차의 우측에 다른 차가 앞차와 나란히 가고 있는 경우 앞지르기를 해서는 안 된다.
② 최근에 개설한 터널, 다리 위, 교차로에서는 앞지르기가 가능하다.
③ 차의 운전자가 앞서가는 다른 차의 좌측 옆을 지나서 그 차의 앞으로 나가는 것을 말한다.
④ 고속도로에서 승용차는 버스전용차로를 이용하여 앞지르기할 수 있다.

해설) 도로교통법 제2조(정의)제29호, 제21조

470 도로교통법령상 자동차가 아닌 것은?

① 승용자동차 ② 원동기장치자전거
③ 특수자동차 ④ 승합자동차

해설) 도로교통법 제2조 18호

정답 460.④ 461.③ 462.④ 463.② 464.④ 465.③ 466.④ 467.② 468.② 459.③ 470.②

정답
471. ③ 472. ③ 473. ④ 474. ③ 475. ② 476. ① 477. ① 478. ② 479. ①

---

471 도로교통법령상 도로에 설치하는 노면표시의 색채에 대한 설명으로 맞는 것은?

① 중앙선표시, 안전지대 표시는 노란색이다.
② 버스전용차로표시, 안전지대 표시는 노란색이다.
③ 소방시설 주변 정차·주차금지 표시는 빨간색이다.
④ 주차 금지 표시 및 정차·주차금지 표시는 빨간색이다.

> 해설 도로교통법 시행규칙 별표6. ① 중앙선표시, ④ 주차금지 표시 및 정차·주차금지 표시는 노란색이다. ② 버스전용차로표시, 안전지대 중 양측면이 모두 노란색 표시는 노란색이다.

---

472 교통사고 감소를 위해 도로자전 및 시설에 설치한 과속방지 턱으로 통과할 수 있는 적정차량의 속도는 제한속도인가?

① 최고속도가 100킬로미터 매시 110킬로미터 이하로 주행하여야 할 필요가 있는 구간에서 설치한다.
② 최고속도가 80킬로미터 매시 95킬로미터 이하로 주행하여야 할 필요가 있는 구간에서 설치한다.
③ 최고속도가 90킬로미터 매시 100킬로미터 이하로 주행하여야 할 필요가 있는 구간에서 설치한다.
④ 최고속도가 60킬로미터 매시 82킬로미터 이하로 주행하여야 할 필요가 있는 구간에서 설치한다.

> 해설
> 1. 도로교통법 시행규칙 제19조 [별표3] 및 별지 제1호, 구역 또는 도로의 구간을 정하여 자동차 등의 통행속도를 제한할 수 있는 공공장소의 경우 제한속도 이내로 주행하여야 한다.
> 2. 도로교통법 시행규칙 제17조 [별표6] 시·도경찰청이 주·야간에 자동차 최고속도가 매시 30킬로미터 이하로 주행하여야 할 필요가 있는 구간에는 과속방지턱 등을 설치한다.
> 3. 도로교통법 시행규칙 제17조 [별표6] 시설에 자동차 최고속도는 매시 20킬로미터 이하인 공공장소의 경우.

---

473 도로교통법령상 자전거도로 및 자전거 횡단시설를 설치할 수 있는 자가 아닌 것은?

① 특별시장·광역시장·특별자치시장·특별자치도지사
② 시장·군수
③ 경찰서장
④ 특별자치시장·특별자치도지사 또는 시장·군수

> 해설 도로교통법 제15조(자전거횡단도의 설치) 시·도경찰청장은 도로를 횡단하는 자전거 운전자의 안전을 위하여 자전거횡단도를 설치할 수 있다. ② 도로교통법 제15조 2(자전거횡단도의 설치 등) ① 시장등은 도로 중 자전거의 통행이 잦은 구간에 자전거전용도로를 설치할 수 있다. 다만, 시장등은 보행자의 통행에 큰 불편을 주는 경우에는 자전거횡단도를 설치하지 아니할 수 있다.

---

474 도로교통법령상 자전거의 통행방법에 대한 설명으로 틀린 것은?

① 도로 옆 갓길로 자전거가 가도록 통행하여야 한다.
② 교차로에서 우회전하고자 할 경우 미리 도로 우측가장자리를 사용하여 통행한다.
③ 교차로에서 좌회전하고자 할 경우 미리 도로의 중앙으로 서행하여야 한다.
④ 자전거도로가 설치되지 아니한 곳에서는 도로 우측가장자리에 붙어서 통행하여야 한다.

> 해설 자전거 운전자는 (도로교통법) 제25조 제3항에도 불구하고 교차로에서 좌회전하려는 경우에는 미리 도로의 우측 가장자리로 붙어서 서행하면서 교차로의 가장자리 부분을 이용하여 좌회전하여야 한다.(도로교통법 제25조 제3항) 훅턴(hook-turn)을 이야기하는 것이다.

---

475 다음 중 사용하는 사람 또는 기관 등의 신청에 의하여 시·도경찰청장이 지정할 수 있는 긴급자동차로 맞는 것은?

① 혈액공급차량
② 경찰용 자동차 중 범죄수사, 교통단속, 그 밖의 긴급한 경찰업무수행에 사용되는 자동차
③ 교도소의 자동차
④ 교통단속을 하기 위하여 사용되는 자동차

> 해설 도로교통법 시행령 제2조 ①소방청 자동차 ②긴급자동차, ④대통령령이 정하는 자동차 중 대통령령으로 정하는 자동차.

---

476 도로교통법령상 어린이 용어의 정의에 대한 설명으로 맞는 것은?

① "어린이"란 13세 미만인 사람을 말한다.
② "어린이통학버스"는 초등학생을 운송하는 자동차로 말한다.
③ "자전거등"이라 함은 자전거와 개인형 이동장치를 말한다.
④ "자전거"란 자전거이용활성화에 관한 법률에 따른 자전거를 말한다.

> 해설 도로교통법 제2조, 제8호, 제21조, 제21조의2, "자전거"란 자전거이용활성화에 관한 법률 제2조 제1호 및 제1호의2에 따른 자전거 및 전기자전거를 말한다.

---

477 도로교통법령상 개인형 이동장치 운전자 준수사항으로 맞지 않은 것은?

① 개인형 이동장치는 경기 등의 용도로 운전해서는 안 된다.
② 승차정원을 초과하여 동승자를 태우고 운전하여서는 아니 된다.
③ 야간 도로 상에서 운전하는 경우 전조등과 미등을 켜야 한다.
④ 자전거도로가 설치되지 아니한 곳에서는 가장자리로 통행하여야 한다.

> 해설 개인형 이동장치의 승차정원을 초과하여 동승자를 태우고 운전할 수 없다.(도로교통법 제19조의2, 제180조 제1항)

---

478 자전거 이용 활성화에 관한 법률상 ( )세 미만은 전기자전거를 운행할 수 없다. ( )안에 기준으로 맞는 것은?

① 10   ② 13
③ 15   ④ 18

> 해설 자전거 이용 활성화에 관한 법률 제22조의2(전기자전거 운행 제한) 13세 미만인 어린이의 보호자는 어린이가 전기자전거를 운행하게 하여서는 아니 된다.

---

479 도로교통법령상 자전거 운전자가 교차로에서 좌회전에 대한 설명으로 맞는 것은?

① 우측 가장자리로 붙어서 서행하면서 교차로의 가장자리 부분을 이용하여 좌회전하여야 한다.
② 좌측 가장자리로 붙어서 교차로의 가장자리를 이용하여 좌회전하여야 한다.
③ 도로의 1차로 중앙으로 서행하면서 교차로의 중앙을 이용하여 좌회전하여야 한다.
④ 도로의 가장자리로 붙어서 서행하면서 교차로의 중심 안쪽을 이용하여 좌회전하여야 한다.

> 해설 자전거 운전자는 교차로에서 좌회전하려는 경우에는 미리 도로의 우측 가장자리로 붙어서 서행하면서 교차로의 가장자리 부분을 이용하여 좌회전하여야 한다.(도로교통법 제25조)

480 전방에 자전거를 끌고 차도를 횡단하는 사람이 있을 때 가장 안전한 운전 방법은?

① 횡단하는 자전거의 좌·우측 공간을 이용하여 신속하게 통행한다.
② 차량의 접근정도를 알려주기 위해 전조등과 경음기를 사용한다.
③ 자전거 횡단지점과 일정한 거리를 두고 일시정지 한다.
④ 자동차 운전자가 우선권이 있으므로 횡단하는 사람을 정지하게 한다.

해설) 전방에 자전거를 끌고 도로를 횡단하는 사람이 있을 때 가장 안전한 운전 방법은 안전거리를 두고 일시정지하여 안전하게 횡단할 수 있도록 한다.

481 다음 중 도로교통법상 자전거를 타고 보도 통행을 할 수 없는 사람은?

① 「장애인복지법」에 따라 신체장애인으로 등록된 사람
② 어린이
③ 신체의 부상으로 석고붕대를 하고 있는 사람
④ 「국가유공자 등 예우 및 지원에 관한 법률」에 따른 국가유공자로서 상이등급 제1급부터 제7급까지에 해당하는 사람

해설) 도로교통법 제13조의2(자전거의 통행방법의 특례) 제4항, 도로교통법 시행규칙 제14조의4(자전거를 타고 보도 통행이 가능한 신체장애인)

482 도로교통법령상 어린이 보호구역 내의 차로가 설치되지 않은 좁은 도로에서 자전거를 주행하여 보행자 옆을 지나갈 때 안전한 거리를 두지 않고 서행하지 않은 경우 범칙 금액은?

① 10만 원   ② 8만 원
③ 4만 원   ④ 2만 원

해설) 도로교통법 제27조 제4항 모든 차의 운전자는 도로에 설치된 안전지대에 보행자가 있는 경우와 차로가 설치되지 아니한 좁은 도로에서 보행자의 옆을 지나는 경우에는 안전한 거리를 두고 서행하여야 한다. 도로교통법 시행령 별표10 범칙금 4만 원

483 도로교통법령상 어린이가 도로에서 타는 경우 인명보호장구를 착용하여야 하는 행정안전부령으로 정하는 위험성이 큰 놀이기구에 해당하지 않는 것은?

① 킥보드   ② 전동이륜평행차
③ 롤러스케이트 ④ 스케이트보드

해설) 도로교통법 제11조제4항, 도로교통법 시행규칙 제2조. 제13조 전동이륜평행차는 어린이가 도로에서 운전하여서는 아니되는 개인형 이동장치이다.

484 도로교통법령상 자전거등의 통행방법으로 적절한 행위가 아닌 것은?

① 진행방향 가장 좌측 차로에서 좌회전하였다.
② 도로 파손 복구공사가 있어서 보도로 통행하였다.
③ 횡단보도 이용 시 내려서 끌고 횡단하였다.
④ 보행자 사고를 방지하기 위해 서행을 하였다.

해설) 도로교통법 제13조의2(자전거등의 통행방법의 특례) 자전거도 우측통행을 해야 하며 자전거도로가 설치되지 아니한 곳에서는 도로 우측 가장자리에 붙어 통행하여야 한다. 도로교통법 제25조(교차로 통행방법)제3항 제2항에도 불구하고 자전거등의 운전자는 교차로에서 좌회전하려는 경우에는 미리 도로의 우측 가장자리로 붙어 서행하면서 교차로의 가장자리 부분을 이용하여 좌회전하여야 한다.

485 다음 중 자동차 배기가스 재순환장치(Exhaust Gas Recirculation, EGR)가 주로 억제하는 물질은?

① 질소산화물(NOx)   ② 탄화수소(HC)
③ 일산화탄소(CO)   ④ 이산화탄소(CO_2)

해설) 배기가스 재순환장치(Exhaust Gas Recirculation, EGR)는 불활성인 배기가스의 일부를 흡입 계통으로 재순환시키고, 엔진에 흡입되는 혼합 가스에 혼합되어서 연소 시의 최고 온도를 내려 유해한 오염물질인 NOx(질소산화물)을 주로 억제하는 장치이다.

486 주행 중에 가속 페달에서 발을 떼거나 저단으로 기어를 변속하여 차량의 속도를 줄이는 운전 방법은?

① 기어 중립   ② 풋 브레이크
③ 주차 브레이크 ④ 엔진 브레이크

해설) 엔진브레이크 사용에 대한 설명이다.

487 도로교통법령상 자전거도로를 주행할 수 있는 전기자전거의 기준으로 옳지 않은 것은?

① 부착된 장치의 무게를 포함한 자전거 전체 중량이 30킬로그램 미만인 것
② 시속 25킬로미터 이상으로 움직일 경우 전동기가 작동하지 아니할 것
③ 전동기만으로는 움직이지 아니할 것
④ 페달(손페달을 제외한다)과 전동기의 동시 동력으로 움직일 것

해설) 자전거 이용 활성화에 관한 법률 제2조(정의) 제1의2 "전기자전거"란 자전거로서 사람의 힘을 보충하기 위하여 전동기를 장착하고 다음 각 목의 요건을 모두 충족하는 것을 말한다.
가. 페달(손페달을 포함한다)과 전동기의 동시 동력으로 움직이며, 전동기만으로는 움직이지 아니할 것
나. 시속 25킬로미터 이상으로 움직일 경우 전동기가 작동하지 아니할 것 다. 부착된 장치의 무게를 포함한 자전거의 전체 중량이 30킬로그램 미만일 것

488 도로교통법령상 자전거 운전자가 밤에 도로를 통행할 때 올바른 주행 방법으로 가장 거리가 먼 것은?

① 경음기를 자주 사용하면서 주행한다.
② 전조등과 미등을 켜고 주행한다.
③ 반사조끼 등을 착용하고 주행한다.
④ 야광띠 등 발광장치를 착용하고 주행한다.

해설) 도로교통법 제50조(특정운전자의 준수사항)제9항 자전거등의 운전자는 밤에 도로를 통행하는 때에는 전조등과 미등을 켜거나 야광띠 등 발광장치를 착용하여야 한다.

489 도로교통법령상 자전거 운전자가 법규를 위반한 경우 범칙금 대상이 아닌 것은?

① 신호위반   ② 중앙선침범
③ 횡단보도 보행자 횡단 방해   ④ 제한속도 위반

해설) 도로교통법 시행령 별표 8 신호위반 3만 원, 중앙선침범 3만 원, 횡단보도 보행자 횡단 방해 3만 원의 범칙금에 처하고 속도위반 규정은 도로교통법 제17조(자동차등과 노면전차의 속도) ① 자동차등(개인형 이동장치는 제외한다. 이하 이 조에서 같다)과 노면전차의 도로 통행 속도는 행정안전부령으로 정한다.

490 도로교통법령상 승용차가 자전거 전용차로를 통행하다 단속되는 경우 도로교통법상 처벌은?

① 1년 이하 징역에 처한다.
② 300만 원 이하 벌금에 처한다.
③ 범칙금 4만 원의 통고처분에 처한다.
④ 처벌할 수 없다.

해설) 전용차로의 종류(도로교통법 시행령 별표1: 전용차로의 종류와 전용차로 통행할 수 있는 차), 전용차로의 설치(도로교통법 제15조 제2항 및 제3항)에 따라 범칙금 4만 원이 부과된다.

491 연료의 소비 효율이 가장 높은 운전방법은?

① 최고속도로 주행한다.   ② 최저속도로 주행한다.
③ 경제속도로 주행한다.   ④ 안전속도로 주행한다.

해설) 경제속도로 주행하는 것이 가장 연료의 소비효율을 높이는 운전방법이다.

정답 480.③ 481.③ 482.③ 483.② 484.① 485.① 486.④ 487.④ 488.① 489.④ 490.③ 491.③

📋 정답
492.④ 493.① 494.② 495.④ 496.② 497.② 498.④ 499.② 500.④ 501.② 502.②

492 화물자동차의 정의로 가장 적절한 것은?
① 승용의 목적
② 화물을 운반하는 것을 목적으로 하고 그 구조에 따라 용도가 화물운반용인 자동차
③ 특수한 용도
④ 긴급자동차

493 화물자동차 사용 신고 및 정기검사 등의 적용을 가장 타당한 것은?
① 화물자동차 사용 신고 및 정기검사 등은 자동차관리법에 정한다
② 모든 차량은 6년마다 정기검사
③ 화물자동차 정기 검사는 16년이 지난 후 검사한다
④ 화물자동차 사용 신고 및 정기검사 등은 자동차운수사업법에 정한다

494 다음 중 자동차검사 유효기간으로 가장 바람직한 것은?
① 자동차의 검사에 대하여 검사 종류 및 유효기간 등 공통한 것
② 택시는 신규 등록 후, 검사 등 공통한 것
③ 화물차는 타이어 안전을 위하여 1년 6개월 30회식 등 공통한 것
④ 차량속도에 따른 정상 자동차의 있어 공통한 운용을 찾는다.

495 수소자동차 점검 중 주의하지 않은 것은?
① 자동차 등록시 수소자동차 시장에서 거리 반드시 리셋이 필요하다.
② 고장 때 임의로 부위 정비 할 수 없으며 반드시 정비 기술자를 요청한다.
③ 수소자동차 운용시 정기적인 점검이 있지 않다.
④ 수소전기자동차(수소자동차 30인승 이상)에 사용하는 자동차 전용의 전용기(혼합 기술)을 이수하여야 한다.

496 친환경 경제운전 중 연료 차단(fuel cut) 상태인 아닌 것은?
① 가지정된 고장 시 엔진 브레이크 연결 시 엔진 브레이크를 활용
② 엔진이 차량 속도에 의해 저동하지 않을 때 가 연료 공급을 차단한다.
③ 내리막길에서는 엔진브레이크를 적극적으로 활용한다.
④ 공회전상태로 오래 두어서 가장 적절한 운전을 이용한다.

497 다음 중 자동차의 친환경 경제운전 방법은?
① 타이어 공기압 낮춤다
② 에어컨 작동은 고단으로 시작한다
③ 에어컨 작동은 에어컨 시동과는 관련 없이 고민하여 시동과 동시에 사용한다
④ 자동차 연료는 경제적으로 채운다.

498 다음 중 경제운전에 대한 공회전의 공통으로 가장 바람직하지 않은 것은?
① 배터리의 공기 사기 가동을 맞게 끼지 않기
② 세적하기 공기를 타이어로 사용하지 않기
③ 외롭고 정차할 때 시동을 공회전하지 않기
④ 수기간 주차 시 엔진 공회전 경제운전

499 환경친화적 자동차의 개발 및 보급 촉진에 관한 법률상 환경친화적 자동차가 아닌 자동차는?
① 전기자동차
② 태양광자동차
③ 하이브리드자동차
④ 수소전기자동차

500 수소자동차에 대한 설명으로 옳은 것은?
① 수소는 가장 가벼운 원소로 가장 가연성 있는 수소자동차는 가장 연료의
② 수소자동차는 수소를 주입하는 수소가스 충전이 용이하여 산소와 결합하여 에너지
③ 수소자동차는 지구 온실가스에 의한 이산화탄소 가스 배출이 없어 공통한 것
④ 자동차의 인전관리에 따른 정기 검사에 앞서 인 청소를 안전하게 공통한다.

501 다음 중 자동차 배기가스의 미세먼지를 줄이기 위한 가장 적절한 공통 방법은?
① 배기미용 공기 가 가스배출을 맞기 않기
② 배기기 공기 가연을 위하여 유수사로 사용한다
③ 공회전 정지 않고 급진 발진을 공통한다
④ 정기 배기 매기 관련이 있지 않고 적정 공이 사용한다

502 다음 중 자동차 연상 공해성으로 가장 바람직한 것은?
① 가공의 때 장치 차를 가급 수동하다
② 연성수 매기 때 바에서 잠고 공포가 없이 공의되었다
③ 경로의 배기 때 바에서 잠고 공회전 없이 시공하다
④ 가드레일브레이크 패들을 자주 사용한다.

503 도로교통법령상 소통이 원활한 편도 3차로 고속도로에서 승용자동차의 앞지르기 방법에 대한 설명으로 잘못된 것은?

① 승용자동차가 앞지르기하려고 1차로로 차로를 변경한 후 계속해서 1차로로 주행한다.
② 3차로로 주행 중인 대형승합자동차가 2차로로 앞지르기한다.
③ 소형승합자동차는 1차로를 이용하여 앞지르기한다.
④ 5톤 화물차는 2차로를 이용하여 앞지르기한다.

해설 고속도로에서 승용자동차가 앞지르기할 때에는 1차로를 이용하고, 앞지르기를 마친 후에는 지정된 주행 차로에서 주행하여야 한다.(도로교통법 시행규칙 별표 9)

504 다음 중 수소자동차의 주요 구성품이 아닌 것은?

① 연료전지시스템(스택) ② 수소저장용기
③ 내연기관에 의해 구동되는 발전기 ④ 구동용 모터

해설 수소자동차는 용기에 저장된 수소를 연료전지시스템(스택)에서 산소와 화학반응으로 생성된 전기로 모터를 구동하여 자동차를 움직이는 방식임

505 다음 중 수소자동차 점검에 대한 설명으로 틀린 것은?

① 수소는 가연성 가스이므로 수소자동차의 주기적인 점검이 필수적이다.
② 수소자동차 점검은 환기가 잘 되는 장소에서 실시해야 한다.
③ 수소자동차 점검 시 가스배관라인, 충전구 등의 수소 누출 여부를 확인해야 한다.
④ 수소자동차를 운전하는 자는 해당 차량이 안전 운행에 지장이 없는지 점검해야 할 의무가 없다..

해설 교통안전법 제7조(차량 운전자 등의 의무)에 의하면 차량을 운전하는 자 등은 법령이 정하는 바에 따라 당해 차량이 안전운행에 지장이 없는지를 점검하고 보행자와 자전거 이용자에게 위험과 피해를 주지 아니하도록 안전하게 운전하여야 한다.

506 수소자동차 운전자의 충전소 이용 시 주의사항으로 올바르지 않은 것은?

① 수소자동차 충전소 주변에서 흡연을 하여서는 아니 된다.
② 수소자동차 연료 충전 중에 자동차를 이동할 수 있다.
③ 수소자동차 연료 충전 중에는 시동을 끈다.
④ 충전소 직원이 자리를 비웠을 때 임의로 충전기를 조작하지 않는다.

해설 ① 수소자동차 충전소 주변에서는 흡연이 금지되어 있다. ② 수소자동차 연료 충전 완료 상태를 확인한 후 이동한다. ③ 수소자동차 연료 충전 이전에 시동을 반드시 끈다. ④ 수소자동차 충전소 설비는 충전소 직원만이 작동할 수 있다.

507 다음 중 수소자동차 연료를 충전할 때 운전자의 행동으로 적절치 않은 것은?

① 수소자동차에 연료를 충전하기 전에 시동을 끈다.
② 수소자동차 충전소 충전기 주변에서 흡연을 하였다.
③ 수소자동차 충전소 내의 설비 등을 임의로 조작하지 않았다.
④ 연료 충전이 완료 된 이후 시동을 걸었다.

해설 수소자동차 충전소 내 시설에서는 지정된 장소를 제외하고 흡연을 하여서는 안된다. 「고압가스안전관리법」 시행규칙 별표5, KGS Code FP216/FP217 2.1.2 화기와의 거리에 따라 가스설비의 외면으로부터 화기 취급하는 장소까지 8m이상의 우회거리를 두어야 한다.

508 다음 중 운전습관 개선을 통한 친환경 경제운전이 아닌 것은?

① 자동차 연료를 가득 유지한다. ② 출발은 부드럽게 한다.
③ 정속주행을 유지한다. ④ 경제속도를 준수한다.

해설 운전습관 개선을 통해 실현할 수 있는 경제운전은 공회전 최소화, 출발을 부드럽게, 정속주행을 유지, 경제속도 준수, 관성주행 활용, 에어컨 사용자제 등이 있다.(국토교통부와 교통안전공단이 제시하는 경제운전)

509 긴급자동차가 긴급한 용도 외에 경광등을 사용할 수 있는 경우가 아닌 것은?

① 소방차가 화재예방을 위하여 순찰하는 경우
② 도로관리용 자동차가 도로상의 위험을 방지하기 위하여 도로 순찰하는 경우
③ 구급차가 긴급한 용도와 관련된 훈련에 참여하는 경우
④ 경찰용 자동차가 범죄예방을 위하여 순찰하는 경우

해설 도로교통법 시행령 제10조의2(긴급한 용도 외에 경광등 등을 사용할 수 있는 경우) 법 제2조제22호 각 목의 자동차 운전자는 법 제29조제6항 단서에 따라 해당 자동차를 그 본래의 긴급한 용도로 운행하지 아니하는 경우에도 다음 각 호의 어느 하나에 해당하는 경우에는 「자동차관리법」에 따라 해당 자동차에 설치된 경광등을 켜거나 사이렌을 작동할 수 있다.
1. 소방차가 화재 예방 및 구조·구급 활동을 위하여 순찰을 하는 경우
2. 법 제2조제22호 각 목에 해당하는 자동차가 그 본래의 긴급한 용도와 관련된 훈련에 참여하는 경우
3. 제2조제1항제1호에 따른 자동차가 범죄 예방 및 단속을 위하여 순찰을 하는 경우

510 어린이통학버스 운전자가 영유아를 승하차하는 방법으로 바른 것은?

① 영유아가 승차하고 있는 경우에는 점멸등 장치를 작동하여 안전을 확보하여야 한다.
② 교통이 혼잡한 경우 점멸등을 잠시 끄고 영유아를 승차시킨다.
③ 영유아를 어린이통학버스 주변에 내려주고 바로 출발한다.
④ 어린이보호구역에서는 좌석안전띠를 매지 않아도 된다.

해설 도로교통법 제53조(어린이통학버스 운전자 및 운영자 등의 의무) ① 어린이통학버스를 운전하는 사람은 어린이나 영유아가 타고 내리는 경우에만 점멸등 등의 장치를 작동하여야 하며, 어린이나 영유아를 태우고 운행 중인 경우에만 제51조 제3항에 따른 표시를 하여야 한다. ② 어린이통학버스를 운전하는 사람은 어린이나 영유아가 어린이통학버스를 탈 때에는 승차한 모든 어린이나 영유아가 좌석 안전띠를 매도록 한 후에 출발하여야 하며, 내릴 때에는 보도나 길가장자리구역 등 자동차로부터 안전한 장소에 도착한 것을 확인한 후에 출발하여야 한다.

511 도로교통법령상 자전거 운전자가 지켜야 할 내용으로 맞는 것은?

① 보행자의 통행에 방해가 될 때는 서행 및 일시정지해야 한다.
② 어린이가 자전거를 운전하는 경우에 보도로 통행할 수 없다.
③ 자전거의 통행이 금지된 구간에서는 자전거를 끌고 갈 수도 없다.
④ 길가장자리구역에서는 2대까지 자전거가 나란히 통행할 수 있다.

해설 도로교통법 제13조의2(자전거등의 통행방법의 특례)

512 도로교통법령상 자전거(전기자전거 제외) 운전자의 도로 통행 방법으로 가장 바람직하지 않은 것은?

① 어린이가 자전거를 타고 보도를 통행하였다.
② 안전표지로 자전거 통행이 허용된 보도를 통행하였다.
③ 도로의 파손으로 부득이하게 보도를 통행하였다.
④ 통행 차량이 없어 도로 중앙으로 통행하였다.

해설 ①,②,③의 경우 보도를 통행할 수 있다.(도로교통법 제13조의2 제4항)

513 도로교통법령상 개인형 이동장치 운전자에 대한 설명으로 바르지 않은 것은?

① 횡단보도를 이용하여 도로를 횡단할 때에는 개인형 이동장치에서 내려서 끌거나 들고 보행하여야 한다.
② 자전거도로가 설치되지 아니한 곳에서는 도로 우측 가장자리에 붙어서 통행하여야 한다.
③ 전동이륜평행차는 승차정원 1명을 초과하여 동승자를 태우고 운전할 수 있다.
④ 밤에 도로를 통행하는 때에는 전조등과 미등을 켜거나 야광띠 등 발광장치를 착용하여야 한다.

해설 도로교통법 제13조의2 제2항·제6항, 제50조 제9항·제10항

정답 503.① 504.③ 505.④ 506.② 507.② 508.① 509.② 510.① 511.① 512.④ 513.③

Chapter 02 긴급자동차-4시 2강형

01 긴급자동차 종류에 속하지 않는 것 중 관련 법령으로 옳은 것 2가지는?

① 제1종 대형면허로 자동트레일러를 운전할 수 있다.
② 제1종 특수면허로 위험물운반자동차를 운전할 수 있다.
③ 제2종 보통면허로 250시시 이륜자동차를 운전할 수 있다.
④ 제2종 소형면허로 원동기장치자전거를 운전할 수 있다.

도로교통법 시행규칙 별표 18(운전할 수 있는 차의 종류), 매년 1월말 경 이륜자동차는 총 배기량 125시시 초과 이륜자동차는 2종 소형면허가 필요하다.

02 다음 중 긴급자동차 하는 경기자동차로 2가지이 2가지는?(특별 인 상인 이외 경찰청 경우)

① 수혈병 공급용 3천급 때
② 다른 자동차를 견인하는 긴급자동차가 사용하는 때
③ 자동차를 이용하여 긴급한 경우
④ 긴급자동차를 긴급한 목적이 아니라 긴급자동차가 사용하는 때

자동차를 이용하여 범죄 수사 등 긴급자동차 등을 소유한 긴급자동차로 사용자 공공기관은 긴급자동차가 되며 긴급자동차이 긴급하게 대응이 있는 긴급자동차 긴급자동차가 긴급자동차로 되지 않고 긴급자동차가 되지 않는다.

03 긴급자동차 시 긴급자동차자에게 반납하여야 하는 사유 2가지는?

① 긴급자동차 차량이 전손사고 발생 때
② 긴급자동차 표시 사용이 차량등 정지 때
③ 긴급자동차 속이성자동차가 지정을 받은 때
④ 긴급자동차 사용자가 긴급자동차가 6개월 경과한 때

긴급자동차 지정 공공 긴급한 긴급자동차 그 긴급자동차의 등에 그 사용자의 긴급자동차 등은 7일 이내 지방경찰청장에 반납하여야 한다. 사용자는 긴급자동차 때, 긴급자동차가 하며 지방경찰청장에게 긴급자동차를 반납하여야 한다.

04 자동차에 속하지 가장 공통된 사항으로 옳은 것 2가지는?

① 타이어 마모상태
② 경고 후면의 화물
③ 운전자의 걸기에 상태 여부
④ 타이어의 매월 공기상태

긴급자동차 속도경기가 높기 때문에 고속의 긴급자동차의 매우 중요한 긴급자동차이다.

05 긴급자동차로 긴급대상으로 속하지 않은 2가지는?

① 기사자동차 우리국경의 중국자동차가 지진자동차가 긴급의 6 중에서
② 장거리 공간 긴급 자동차가는 배터리를 경계하고 주행사이 보정한다.
③ 대기기기이 낮은 긴급자동차의 경우에는 자동 정비에 사용하기를 배고 한다.
④ 다시는 말지없게 하지 않다가 하기를 배고 사용하기를 배고 이의를 사용하기에는 배터리를 배고 한다.

① 시리즈를 제외하고 중심사용기 주행자동차지 중심자동차로부터 유로고자치차(자동차 원리는 사용된다고 한다. 15시 2).
② 배터리 사용량이 있고 긴급자동차의 경우 기다 자동차에 긴급자동차 사용가나가 있어나 사용하는 긴급자동차의 긴급자동차이 긴급자동차가 긴급자동차 어느다.
③ 운동 간급자동차는 배터리 사용그 사상과 긴급, 긴급자동차 정보 긴급자동차 많은 이 사용하이기 배터리 시작되고 사용되지 않는다.

06 자동차관리법상 자동차의 종류로 옳은 것 2가지는?

① 건설기계   ② 화물자동차
③ 경운기   ④ 특수자동차

자동차관리법상 자동차는 승용자동차, 승합자동차, 화물자동차, 특수자동차, 이륜자동차가 있다.

07 다음 중 자동차검사의 검사 항목으로 옳지 않은 것 2가지는?

① 공기압 검사로 자동차의 성능 과 안전성을 공식적으로 확인한다.
② 신규검사: 신규 등록을 위해 시청에 자동차를 공식차로 공식한다.
③ 수시검사: 자동차를 긴급 후 일정 주기마다 2,000킬로미터 속도정비기 기사 공식한다.
④ 신규검사: 신규 등록을 위해 시행하는 검사이다.

자동차의 긴급기기에 이상이 있거나 사고 등 자동차 소유자의 신청을 받아 시행하는 긴급자동차이 공로법상 공식하는 공식이 자동차 긴급 그리고 공로법상 공식하는 긴급자동차 10,000km(유로기준)에 대한 긴급이 있는 공식 검사이며, 긴급 의무검사 긴급으로 공식화되는 2005년 2월 15일 공식된다.

08 긴급자동차 속도의 사용으로 옳은 것 2가지는?

① 야간에 일반화된 긴급 일하다 긴급자동차가 지정을 사용한다.
② 등이 많이 일하는 일하기 일하면 공식시간의 공식되어 사용한다.
③ 자동차의 무게의 공식지지 가지아 하기 위해서 일반의 긴급(건성) 을 사용한다.
④ 차량이 일하는 일하는 도로공사에도 긴급자동차 안전지대에서 긴급자동차가 사용해야 한다.

공로로에서 아이들의 일하는 일하는 일본어 일시자동차 사용하여 하며, 공사가 지나치면 차려우지도 심리사고 영향이 될 수 있기 때문에 지나이어야 한다. 긴급이 있는 경우에는 긴급자동차의 사용해야 한다.

09 다음 중 고속도로에서 긴급자동차의 자동정비의 긴급장비는 2가지는?

① 긴급자동차는 긴급자동차자 긴급차 전방 긴급자동차 후 긴급장비한다.
② 긴급자동차는 긴급긴급 긴급장치를 경계한 긴급 공로한다.
③ 자동정비를 위하여 공정 긴급자동차를 경계한다.
④ 긴급장비는 자동 집게 다져진 긴급자동차가 같지 않고 긴급 을 경계할 수 있게 일단 긴급자동차한다.

사이의 경계자동차를 긴급 수직하거나 사용이 나와 긴급차의 긴급차량이 파기되기 이때 경우의 긴급 긴급 긴급 중에 통해 긴급장비를 예방하는 것 긴급자동차의 경계한다.

10 다음 설명 중 옳은 2가지는?

① 공자동차 지역은 'Δ'로 표시한다.
② 공자동차가 지켜하는 긴급 공자동차의 긴급가 긴급 긴급 을 공공해야 한다.
③ 일반긴급자동차에서 공자동차 정비에 30미 이는 후 긴급자동차 가 공자해야 한다.
④ 긴급자동차 긴급기가 긴급하는 긴급 긴급 차도 지나는 긴급차 를 긴급해야 한다.

공자동차 긴급 긴급자동차 긴급해야 하며, Δ이 긴급차들에 의해 긴급자동차가 긴급하지 못하게 긴급이지는 경우이 긴급자동차 공공해야 한다.

정답
01. ①,④ 02. ①,② 03. ①,② 04. ①,② 05. ①,③ 06. ②,④ 07. ①,② 08. ①,② 09. ③,④ 10. ②,③

11 교통정리가 없는 교차로에서의 양보 운전에 대한 내용으로 맞는 것 2가지는?
① 좌회전하고자 하는 차의 운전자는 그 교차로에서 직진 또는 우회전하려는 차에 진로를 양보해야 한다.
② 교차로에 들어가고자 하는 차의 운전자는 이미 교차로에 들어가 있는 좌회전 차가 있을 때에는 그 차에 진로를 양보할 의무가 없다.
③ 교차로에 들어가고자 하는 차의 운전자는 폭이 좁은 도로에서 교차로에 진입 하려는 차가 있을 경우에는 그 차에 진로를 양보해서는 안 된다.
④ 우선순위가 같은 차가 교차로에 동시에 들어가고자 하는 때에는 우측 도로의 차에 진로를 양보해야 한다.

> 해설
> 교통정리가 없는 교차로에서 좌회전하고자 하는 차의 운전자는 그 교차로에서 직진 또는 우회전하려는 차에 진로를 양보해야 하며, 우선순위가 같은 차가 교차로에 동시에 들어가고자 하는 때에는 우측 도로의 차에 진로를 양보해야 한다.

12 자동차 등록의 종류가 아닌 것 2가지는?
① 경정등록 ② 권리등록
③ 설정등록 ④ 말소등록

> 해설
> 자동차등록은 신규, 변경, 이전, 말소, 압류, 경정, 예고등록이 있고, 특허등록은 권리등록, 설정등록 등이 있다. (자동차등록령)

13 운전 중 집중력에 대한 내용으로 가장 적합한 2가지는?
① 운전 중 동승자와 계속 이야기를 나누는 것은 집중력을 높여 준다.
② 운전자의 시야를 가리는 차량 부착물은 제거하는 것이 좋다.
③ 운전 중 집중력은 안전운전과는 상관이 없다.
④ TV/DMB는 뒷좌석 동승자들만 볼 수 있는 곳에 장착하는 것이 좋다.

> 해설
> 운전 중 동승자와 계속 이야기를 나누면 집중력을 흐리게 하며 운전 중 집중력은 항상 필요하다.

14 도로교통법령상 운전 중 서행을 하여야 하는 경우 또는 장소에 해당하는 2가지는?
① 신호등이 없는 교차로
② 어린이가 보호자 없이 도로를 횡단하는 때
③ 앞을 보지 못하는 사람이 흰색 지팡이를 가지고 도로를 횡단하고 있는 때
④ 도로가 구부러진 부근

> 해설
> 신호등이 없는 교차로는 서행을 하고, 어린이가 보호자 없이 도로를 횡단하는 때와 앞을 보지 못하는 사람이 흰색 지팡이를 가지고 도로를 횡단하고 있는 경우에서는 일시정지를 하여야 한다.

15 도로교통법령상 긴급자동차의 준수사항으로 옳은 것 2가지는?
① 속도에 관한 규정을 위반하는 자동차 등을 단속하는 긴급자동차는 자동차의 안전운행에 필요한 기준에서 정한 긴급자동차의 구조를 갖추어야 한다.
② 국내외 요인에 대한 경호업무수행에 공무로 사용되는 긴급자동차는 사이렌을 울리거나 경광등을 켜지 않아도 된다.
③ 일반자동차는 전조등 또는 비상표시등을 켜서 긴급한 목적으로 운행되고 있음을 표시하여도 긴급자동차로 볼 수 없다.
④ 긴급자동차는 원칙적으로 사이렌을 울리거나 경광등을 켜야만 우선통행 및 법에서 정한 특례를 적용받을 수 있다.

> 해설
> 도로교통법 시행령 제3조(긴급자동차의 준수 사항)

16 다음 중 회전교차로의 통행 방법으로 가장 적절한 2가지는?
① 회전교차로에서 이미 회전하고 있는 차량이 우선이다.
② 회전교차로에 진입하고자 하는 경우 신속히 진입한다.
③ 회전교차로 진입 시 비상점멸등을 켜고 진입을 알린다.
④ 회전교차로에서는 반시계 방향으로 주행한다.

> 해설
> 제25조의2(회전교차로 통행방법)
> ① 모든 차의 운전자는 회전교차로에서는 반시계방향으로 통행하여야 한다.
> ② 모든 차의 운전자는 회전교차로에 진입하려는 경우에는 서행하거나 일시정지하여야 하며, 이미 진행하고 있는 다른 차가 있는 때에는 그 차에 진로를 양보하여야 한다.

17 고속도로를 주행할 때 옳은 2가지는?
① 모든 좌석에서 안전띠를 착용하여야 한다.
② 고속도로를 주행하는 차는 진입하는 차에 대해 차로를 양보하여야 한다.
③ 고속도로를 주행하고 있다면 긴급자동차가 진입한다 하여도 양보할 필요는 없다.
④ 고장자동차의 표지(안전삼각대 포함)를 가지고 다녀야 한다.

> 해설
> 고속도로를 진입하는 차는 주행하는 차에 대해 차로를 양보해야 하며 주행 중 긴급자동차가 진입하면 양보해야 한다.

18 음주 운전자에 대한 처벌 기준으로 맞는 2가지는?
① 혈중알코올농도 0.08퍼센트 이상의 만취 운전자는 운전면허 취소와 형사처벌을 받는다.
② 경찰관의 음주 측정에 불응하거나 혈중알코올농도 0.03퍼센트 이상의 상태에서 인적 피해의 교통사고를 일으킨 경우 운전면허 취소와 형사처벌을 받는다.
③ 혈중알코올농도 0.03퍼센트 이상 0.08퍼센트 미만의 단순 음주운전일 경우에는 120일간의 운전면허 정지와 형사처벌을 받는다.
④ 처음으로 혈중알코올농도 0.03퍼센트 이상 0.08퍼센트 미만의 음주운전자가 물적 피해의 교통사고를 일으킨 경우에는 운전면허가 취소된다.

> 해설
> 혈중알코올농도 0.03퍼센트 이상 0.08퍼센트 미만의 단순 음주운전일 경우에는 100일간의 운전면허 정지와 형사처벌을 받으며, 혈중알코올농도 0.03퍼센트 이상의 음주 운전자가 인적 피해의 교통사고를 일으킨 경우에는 운전면허가 취소된다.

19 도로를 주행할 때 안전 운전 방법으로 맞는 2가지는?
① 주차를 위해서는 되도록 안전지대에 주차를 하는 것이 안전하다.
② 황색 신호가 켜지면 신호를 준수하기 위하여 교차로 내에 정지한다.
③ 앞 차량이 급제동할 때를 대비하여 추돌을 피할 수 있는 거리를 확보한다.
④ 앞지르기할 경우 앞 차량의 좌측으로 통행한다.

> 해설
> 앞 차량이 급제동할 때를 대비하여 추돌을 피할 수 있는 거리를 확보하며 앞지르기할 경우 앞 차량의 좌측으로 통행한다.

20 도로교통법상 다인승전용차로를 통행할 수 있는 차의 기준으로 맞는 2가지는?
① 3명 이상 승차한 승용자동차
② 3명 이상 승차한 화물자동차
③ 3명 이상 승차한 승합자동차
④ 2명 이상 승차한 이륜자동차

> 해설
> 도로교통법 시행령 별표 1(전용차로의 종류와 전용차로로 통행할 수 있는 차)

정답 11. ①, ④ 12. ②, ③ 13. ②, ④ 14. ①, ④ 15. ②, ④ 16. ①, ④ 17. ①, ④ 18. ①, ② 19. ③, ④ 20. ①, ③

정답 21. ③, ④ 22. ③, ④ 23. ③, ④ 24. ①, ④ 25. ①, ④ 26. ①, ④ 27. ②, ③ 28. ①, ④

21. 도로교통법상 보행자 통행에 대한 설명 중 맞는 것 2가지는?

① 자전거를 끌고 걷는 사람은 보행자에 해당하지 않는다.
② 교통정리를 하고 있지 아니하는 도로의 횡단보도에 보행자가 통행하고 있을 때에는 보행자의 통행을 방해하여서는 아니 된다.
③ 시·도경찰청장은 보행자의 통행을 보호하기 위해 도로에 보행자 전용도로를 설치할 수 있다.
④ 보행자는 도로 횡단 시 차의 바로 앞이나 뒤로 신속히 횡단하여야 한다.

22. 운전중지 관련 내용 중 맞는 것은?

① 도로에 가장 적은 안전 장치의 개당 장치에 때에는 충을 설치하여 운행할 수 있다.
② 이륜 공장이 고장으로 교통안전에 지장을 주고 교통량이 많은 장소에 있어서는 아니 된다.
③ 자동차 등은 특정의 경기대회나 기타의 필요한 경우 교통지장방지를 위해 필요한 조치를 할 수 있다.
④ 모든 차의 운전자는 안전 장치에 이상이 있는 경우 정비를 하지 아니한 채 운행하여서는 아니 된다.

23. 빗길 및 고갯, 통행공건이 곤란한 경우로 맞는 것 2가지는?

① 피견인 자동차는 통행공건이 곤란하여 다른 자동차에 견인되어 통행하고 있는 때.
② 화물자동차가 지형 및 도로조건으로 통행이 인정되는 경우이며 최고속도를 준수하여야 한다.
③ 고갯길의 오르막에서 내기가 좋을 수 있을 때에는 의자를 사용하여 운행하여야 한다.
④ 빗길의 내리막 및 고갯기의 평평한 부분에서는 미끌림방지 공공장치를 사용한다.

24. 차량이 교차로의 내에 진입한 경우 신호기가 진행하지 아니한 정지 또는 교차로 인에서 그 정지선등 외에서 공장이 된 경우 통행으로 맞는 것 2가지는?

① 차량신호등 색상에 따라 정지하는 것이 원칙이다.
② 그 사실상에 통과할다.
③ 차량은 통행하고 있는 속도로 교차로 밖으로 신속히 진행하여야 한다.
④ 정지한 교차로를 방해하는 경우에는 정지하여 신호를 다시 받아야 한다.
④ 교차자는 교차로내에서 정지하여야 한다.

25. 도로교통법상 자동차(개인형 이동자치 제외)등 공공장치 시설이 아닌에 대한 자정 기준에 대한 내용이다. 맞는 공장 연결로 2가지는?

① 혈중알코올농도 0.2% 이상으로 운전한 경우 - 2년 이상 5년 이하의 징역
② 음주운전을 2회 이상 위반한 사람 - 2년 이상 5년 이하의 징역
③ 도로교통법 제44조 1항 위반으로 음주 - 1년 이상 3년 이하의 징역
④ 음주측정 거부가 2회 이상 위반한 사람 - 1년 이상 5년 이하의 징역

26. 도로교통법상 교통사고 발생 시 자경을 수단하여 하는 운전자에게 조치로 하는 공장을 계속할 수 있는 경우 2가지는?

① 공장이 긴급한 공공차를 운송 중인 경우
② 위급한 환자 후송 중인 경우
③ 긴급한 우편물을 운송하는 경우
④ 긴급 점검 수단을 진압하러 출동하는 경우

27. 보행자의 통행에 대한 설명 중 맞는 것 2가지는?

① 보행자는 도로 횡단 시 차의 바로 앞이나 뒤로 횡단하여야 한다.
② 무단횡단 방지를 위한 공공경련 등이 설치된 도로에서는 기점을 가로질러 횡단할 수 있다.
③ 도로의 공지를 이동할 때에도 보행자의 공공경사 설치여부는 횡단할 수 있다.
④ 도로횡단시 공공경연을 이용하지 않고 도로를 가로질러 횡단하는 것은 법규 위반이 아니다. 반드시 지정된 장소를 통하여야 한다.

28. 다음 중 도로교통법상 자전거운전자의 대한 공공으로 맞는 것은 2가지는?

① 운행이 정상치 않아 자전거 등의 속도로 교통안전에 지장을 주지 않아야 한다.
② 자전거 운전자는 교차로에서 좌회전 신호에 따라 곧바로 좌회전할 수 있다.
③ 공장이 발생한 경우의 공장에서 보내를 방치하지 않아야 한다.
④ 도로교통법 제2조(정의)에 따른 자·도로교통공장은 자·도로 공장으로 구분된다. 다만, 자전거 공공장치이 자전거에 따라 통행에 경장치 지정·공장시 된다.

29 노인보호구역에서 자동차에 싣고 가던 화물이 떨어져 노인에게 2주 진단의 상해를 발생시킨 경우 교통사고처리 특례법상 처벌로 맞는 2가지는?

① 피해자의 처벌의사에 관계없이 형사처벌 된다.
② 피해자와 합의하면 처벌되지 않는다.
③ 손해를 전액 보상받을 수 있는 보험에 가입되어 있으면 처벌되지 않는다.
④ 손해를 전액 보상받을 수 있는 보험가입 여부와 관계없이 형사처벌 된다.

> 교통사고처리 특례법 제3조(처벌의 특례) 제2항 제12호 도로교통법 제39조 제4항을 위반하여 자동차의 화물이떨어지지 아니하도록 필요한 조치를 하지 아니하고 운전한 경우에 해당되어 종합보험에 가입되어도 형사처벌을 받게 된다.

30 비보호좌회전 교차로에서 좌회전하고자 할 때 설명으로 맞는 2가지는?

① 마주 오는 차량이 없을 때 반드시 녹색등화에서 좌회전하여야 한다.
② 마주 오는 차량이 모두 정지선 직전에 정지하는 적색등화에서 좌회전하여야 한다.
③ 녹색등화에서 비보호 좌회전할 때 사고가 나면 안전운전의무 위반으로 처벌받는다.
④ 적색등화에서 비보호 좌회전할 때 사고가 나면 안전운전의무 위반으로 처벌받는다.

> 비보호좌회전은 비보호 좌회전 안전표지가 있고, 차량신호가 녹색신호이고, 마주 오는 차량이 없을 때 좌회전할 수 있다. 또한 녹색등화에서 비보호좌회전 때 사고가 발생하면 2010.8.24. 이후 안전운전의무 위반으로 처벌된다.

31 중앙 버스전용차로가 운영 중인 시내 도로를 주행하고 있다. 가장 안전한 운전방법 2가지는?

① 다른 차가 끼어들지 않도록 경음기를 계속 사용하며 주행한다.
② 우측의 보행자가 무단 횡단할 수 있으므로 주의하며 주행한다.
③ 좌측의 버스정류장에서 보행자가 나올 수 있어 서행한다.
④ 적색신호로 변경될 수 있으므로 신속하게 통과한다.

> 중앙 버스전용차로(BRT) 구간 시내도로로 주행 중일 경우 버스정류장이 중앙에 위치하고 횡단보도 길이가 짧아 보행자의 무단횡단 사고가 많으므로 주의하며 서행해야 한다.

32 다음 중 도로교통법상 차로를 변경할 때 안전한 운전방법으로 맞는 2가지는?

① 차로를 변경할 때 최대한 빠르게 해야 한다.
② 백색실선 구간에서만 할 수 있다.
③ 진행하는 차의 통행에 지장을 주지 않을 때 해야 한다.
④ 백색점선 구간에서만 할 수 있다.

> 차로 변경은 차로변경이 가능한 구간에서 안전을 확인한 후 차로를 변경해야 한다.

33 교차로에서 우회전할 때 가장 안전한 운전 행동으로 맞는 2가지는?

① 방향지시등은 우회전하는 지점의 30미터 이상 후방에서 작동한다.
② 백색 실선이 그려져 있으면 주의하며 우측으로 진로 변경한다.
③ 진행 방향의 좌측에서 진행해 오는 차량에 방해가 없도록 우회전한다.
④ 다른 교통에 주의하며 신속하게 우회전한다.

> 교차로에 접근하여 백색 실선이 그려져 있으면 그 구간에서는 진로 변경해서는 안 되고, 다른 교통에 주의하며 서행으로 회전해야 한다. 그리고 우회전할 때 신호등 없는 교차로에서는 통행 우선권이 있는 차량에게 차로를 양보해야 한다.

34 승용자동차 운전자가 앞지르기할 때의 운전 방법으로 옳은 2가지는?

① 앞지르기를 시작할 때에는 좌측 공간을 충분히 확보하여야 한다.
② 주행하는 도로의 제한속도 범위 내에서 앞지르기 하여야 한다.
③ 안전이 확인될 경우에는 우측으로 앞지르기할 수 있다.
④ 앞차의 좌측으로 통과한 후 후사경에 우측 차량이 보이지 않을 때 빠르게 진입한다.

> 모든 차의 운전자는 다른 차를 앞지르고자 하는 때에는 앞차의 좌측으로 통행하여야 한다. 앞지르고자 하는 모든 차의 운전자는 반대 방향의 교통과 앞차 앞쪽의 교통에도 주의를 충분히 기울여야 하며, 앞차의 속도□차로와 그 밖의 도로상황에 따라 방향지시기□등화 또는 경음기를 사용하는 등 안전한 속도와 방법으로 앞지르기를 하여야 한다.

35 도로교통법령상 주차가 가능한 장소로 맞는 2가지는?

① 도로의 모퉁이로부터 5미터 지점
② 소방용수시설이 설치된 곳으로부터 7미터 지점
③ 비상소화장치가 설치된 곳으로부터 7미터 지점
④ 안전지대로부터 5미터 지점

> 주차 금지장소 : ① 횡단보도로부터 10미터 이내 ② 소방용수시설이 설치된 곳으로부터 5미터 이내 ③ 비상소화장치가 설치된 곳으로부터 5미터 이내 ④ 안전지대 사방으로부터 각각 10미터 이내 (도로교통법 제32조)
> 제34조의2(정차 또는 주차를 금지하는 장소의 특례) ① 다음 각 호의 어느 하나에 해당하는 경우에는 제32조제1호・제4호・제5호・제7호・제8호 또는 제33조제3호에도 불구하고 정차하거나 주차할 수 있다.
> 1. 「자전거 이용 활성화에 관한 법률」 제2조제2호에 따른 자전거이용시설 중 전기자전거 충전소 및 자전거주차장치에 자전거를 정차 또는 주차하는 경우
> 2. 시장등의 요청에 따라 시・도경찰청장이 안전표지로 자전거등의 정차 또는 주차를 허용한 경우
> ② 시・도경찰청장이 안전표지로 구역・시간・방법 및 차의 종류를 정하여 정차나 주차를 허용한 곳에서는 제32조제7호・제8호 또는 제33조제3호에도 불구하고 정차하거나 주차할 수 있다.

36 다음 중 긴급자동차에 해당하는 2가지는?

① 경찰용 긴급자동차에 의하여 유도되고 있는 자동차
② 수사기관의 자동차이지만 수사와 관련 없는 기능으로 사용되는 자동차
③ 사고차량을 견인하기 위해 출동하는 구난차
④ 생명이 위급한 환자 또는 부상자나 수혈을 위한 혈액을 운송 중인 자동차

> 도로교통법 시행령 제2조(긴급자동차의 종류)
> ① 「도로교통법」 (이하 "법"이라 한다) 제2조제22라목에서 "대통령령으로 정하는 자동차"란 긴급한 용도로 사용되는 다음 각 호의 어느 하나에 해당하는 자동차를 말한다. 다만, 제6호부터 제11호까지의 자동차는 이를 사용하는 사람 또는 기관 등의 신청에 의하여 시・도경찰청장이 지정하는 경우로 한정한다.
> 1. 경찰용 자동차 중 범죄수사, 교통단속, 그 밖의 긴급한 경찰업무 수행에 사용되는 자동차
> 2. 국군 및 주한 국제연합군용 자동차 중 군 내부의 질서 유지나 부대의 질서 있는 이동을 유도(誘導)하는 데 사용되는 자동차
> 3. 수사기관의 자동차 중 범죄수사를 위하여 사용되는 자동차
> 4. 다음 각 목의 어느 하나에 해당하는 시설 또는 기관의 자동차 중 도주자의 체포 또는 수용자, 보호관찰 대상자의 호송・경비를 위하여 사용되는 자동차
>   가. 교도소・소년교도소 또는 구치소
>   나. 소년원 또는 소년분류심사원
>   다. 보호관찰소
> 5. 국내외 요인(要人)에 대한 경호업무 수행에 공무(公務)로 사용되는 자동차
> 6. 전기사업・가스사업, 그 밖의 공익사업을 하는 기관에서 위험 방지를 위한 응급작업에 사용되는 자동차
> 7. 방위업무를 수행하는 기관에서 긴급예방 또는 복구를 위한 출동에 사용되는 자동차
> 8. 도로관리를 위하여 사용되는 자동차 중 도로상의 위험을 방지하기 위한 응급작업에 사용되거나 운행이 제한되는 자동차를 단속하기 위하여 사용되는 자동차
> 9. 전신・전화의 수리공사 등 응급작업에 사용되는 자동차
> 10. 긴급한 우편물의 운송에 사용되는 자동차
> 11. 전파감시업무에 사용되는 자동차
>
> ② 제1항 각 호에 따른 자동차 외에 다음 각 호의 어느 하나에 해당하는 자동차는 긴급자동차로 본다.
> 1. 제1항제1호에 따른 경찰용 긴급자동차에 의하여 유도되고 있는 자동차
> 2. 제1항제2호에 따른 국군 및 주한 국제연합군용의 긴급자동차에 의하여 유도되고 있는 국군 및 주한 국제연합군의 자동차
> 3. 생명이 위급한 환자 또는 부상자나 수혈을 위한 혈액을 운송 중인 자동차

정답 29. ①, ④ 30. ①, ③ 31. ②, ③ 32. ③, ④ 33. ①, ③ 34. ①, ② 35. ②, ③ 36. ①, ④

정답 37. ② 38. ③ 39. ④ 40. ② 41. ② 42. ④ 43. ② 44. ① ④

37 다음은 도로교통법에서 정의하고 있는 용어이다. 틀린 내용은 2가지는?

① "차도"란 연석선, 안전표지 또는 그와 비슷한 인공구조물을 이용하여 경계를 표시하여 모든 차가 통행할 수 있도록 설치된 도로의 부분을 말한다.
② "자전거도로"란 안전표지, 위험방지용 울타리나 그와 비슷한 인공구조물로 경계를 표시하여 자전거 및 개인형 이동장치가 통행할 수 있도록 설치된 도로를 말한다.
③ "자동차"란 철길이나 가설된 선을 이용하지 아니하고 원동기를 사용하여 운전되는 차를 말한다.
④ "주차"란 운전자가 승객을 기다리거나 화물을 싣거나 차를 계속하여 정지 상태에 두는 것을 말한다.

도로교통법 제2조

38 도로교통법상 긴급하고 부득이한 경우 긴급자동차가 할 수 있는 것은 2가지는?

① 교통사고를 일으킨 때 사상자 구호 조치 없이 계속 운행할 수 있다.
② 생명이 위급한 환자 또는 부상자나 수혈 공급을 위하여 진행할 수 있다.
③ 도로의 중앙이나 좌측으로 통행할 수 있다.
④ 정차나 주차금지 장소에 주차할 수 있다.

39 어린이 통학버스의 특별 보호에 관한 설명으로 맞는 것은 2가지는?

① 어린이 통학버스를 앞지르기하고자 할 때는 다른 차의 앞지르기 방법과 같다.
② 어린이들이 승하차 시, 중앙선이 없는 도로에서는 반대편에서 오는 차량도 안전을 확인한 후 서행하여야 한다.
③ 어린이들이 승하차 시, 편도 1차로 도로에서 반대편에서 오는 차량은 일시정지하여 안전을 확인한 후 서행하여야 한다.
④ 어린이들이 승하차 시, 편도 2차로 도로에서는 반대편에서 오는 차량도 안전을 확인한 후 서행하여야 한다.

40 다음 중 도로교통법상 긴급자동차로 볼 수 있는 것은 2가지는?

① 고장수리를 위해 자동차 정비 공장으로 가고 있는 소방차
② 수사기관의 자동차이지만 수사와 관련 없는 기능으로 사용되는 자동차
③ 구류된 사람을 호송 중인 운송차
④ 세관의 자동차 중 범죄수사에 사용되는 자동차

도로교통법 제2조 제22호 "긴급자동차"란 다음 각 목의 자동차로서 그 본래의 긴급한 용도로 사용되고 있는 자동차를 말한다. 가. 소방차, 나. 구급차, 다. 혈액 공급차량, 라. 그 밖에 대통령령으로 정하는 자동차 도로교통법 시행령 제2조, 제10조 중 사용하는 사람 또는 기관 등의 신청에 의하여 시·도경찰청장이 지정하는 자동차

41 도로교통법상 어린이 보호구역에 대한 설명으로 맞는 것은 2가지는?

① 어린이 보호구역에서 통행속도는 시속 100미터 이내로 제한할 수 있다.
② 유치원의 주변도로에는 어린이 보호구역을 지정할 수 있다.
③ 어린이 보호구역 내 설치된 신호기의 보행 시간은 어린이 최고 보행속도를 기준으로 한다.
④ 어린이 보호구역으로 지정된 어린이집 주변도로에서 통행속도는 시속 30킬로미터 이내로 제한할 수 있다.

어린이 보호구역으로 지정하여 자동차 등의 통행속도를 시속 30킬로미터 이내로 제한할 수 있다.

42 도로교통법상 개인형 이동장치에 대한 설명으로 바르지 않은 것은 2가지는?

① 시속 25킬로미터 이상으로 운행할 경우 전동기가 작동하지 아니하여야 한다.
② 차체 중량이 35킬로그램 미만이어야 한다.
③ 운전면허를 반납한 65세 이상인 사람이 운전할 수 있다.
④ 최고 정격출력 11킬로와트 이하의 원동기를 단 차로 교통약자도 이용할 수 있다.

도로교통법 제2조(정의) 19의2호 "개인형 이동장치"란 제19호나목의 원동기장치자전거 중 시속 25킬로미터 이상으로 운행할 경우 전동기가 작동하지 아니하고 차체 중량이 30킬로그램 미만인 것으로서 행정안전부령으로 정하는 것을 말한다.

43 도로교통법상 자동차의 정의에 대한 가장 옳은 설명은 2가지는?

① 자동차관리법의 적용을 받는 자동차이다.
② 건설기계(자동차관리법 기준)은 자동차에 포함된다.
③ 원동기장치자전거는 도로교통법 기준의 자동차에 포함된다.
④ 경운기는 자동차에 포함되지 않는다.

도로교통법 제2조 제18호 자동차란 철길이나 가설된 선을 이용하지 아니하고 원동기를 사용하여 운전되는 차(견인되는 자동차도 자동차의 일부로 본다)로서 다음 각 목의 차를 말한다.

44 도로교통법상 주·정차 방법에 대한 설명으로 맞는 것은 2가지는?

① 도로에서 정차를 하고자 하는 때에는 차도의 우측 가장자리에 세워야 한다.
② 안전표지로 주차를 허용한 경우를 제외하고는 다음 각 호의 어느 하나에 해당하는 곳에 차를 세워서는 아니 된다.
③ 명시적인 주·정차금지 장소이면 기급자동차의 경우 1분을 초과하여 정차할 수 없다.
④ 경사진 도로에서는 고임목을 받치거나 조향장치를 도로 가장자리 방향으로 돌려놓아야 한다.

1. 경사진 곳에 자동차를 바로 세워 둘 때는 고임목, 돌, 그 밖에 고정시킬 수 있는 것을 사용하는 경우는 제외한다. (시행 2018. 9. 28.)
2. 조향장치(操向裝置)를 도로의 가장자리(자동차에서 가까운 쪽을 말한다) 방향으로 돌려놓을 것
3. 그 밖에 제1호 및 제2호에 준하는 방법으로 미끄럼 사고의 발생 방지를 위한 조치를 취할 것

45 운전자의 준수 사항에 대한 설명으로 맞는 2가지는?
① 승객이 문을 열고 내릴 때에는 승객에게 안전 책임이 있다.
② 물건 등을 사기 위해 일시 정차하는 경우에도 시동을 끈다.
③ 운전자는 차의 시동을 끄고 안전을 확인한 후 차의 문을 열고 내려야 한다.
④ 주차 구역이 아닌 경우에는 누구라도 즉시 이동이 가능하도록 조치해 둔다.

> 해설
> 운전자가 운전석으로부터 떠나는 때에는 차의 시동을 끄고 제동 장치를 철저하게 하는 등 차의 정지 상태를 안전하게 유지하고 다른 사람이 함부로 운전하지 못하도록 필요한 조치를 하도록 규정하고 있다.

46 어린이 보호구역에 대한 설명과 주행방법이다. 맞는 것 2가지는?
① 어린이 보호를 위해 필요한 경우 통행속도를 시속 30킬로미터 이내로 제한 할 수 있고 통행할 때는 항상 제한속도 이내로 서행한다.
② 위 ①의 경우 속도제한의 대상은 자동차, 원동기장치자전거, 노면전차이며 어린이가 횡단하는 경우 일시정지한다.
③ 대안학교나 외국인학교의 주변도로는 어린이 보호구역 지정 대상아니므로 횡단보도가 아닌 곳에서 어린이가 횡단하는 경우 서행한다.
④ 어린이 보호구역에 속도 제한 및 횡단보도에 관한 안전표지를 우선적으로 설치할 수 있으며 어린이가 중앙선 부근에 서 있는 경우 서행한다.

> 해설
> 도로교통법 제12조(어린이 보호구역의 지정 및 관리) 제1항 : 시장등은 교통사고의 위험으로부터 어린이를 보호하기 위하여 필요하다고 인정하는 경우 자동차등과 노면전차의 통행속도를 시속 30킬로미터 이내로 제한할 수 있다. 제4호 : 외국인학교, 대안학교도 어린이 보호구역으로 지정할 수 있다. 제5항 제2호 : 어린이 보호구역에 어린이의 안전을 위하여 속도제한 및 횡단보도에 관한 안전표지를 우선적으로 설치할 수 있다.

47 긴급한 용도로 운행 중인 긴급자동차에게 양보하는 운전방법으로 맞는 2가지는?
① 모든 자동차는 좌측 가장자리로 피하는 것이 원칙이다.
② 비탈진 좁은 도로에서 서로 마주보고 진행하는 경우 올라가는 긴급자동차는 도로의 우측 가장자리로 피하여 차로를 양보하여야 한다.
③ 교차로 부근에서는 교차로를 피하여 일시정지하여야 한다.
④ 교차로나 그 부근 외의 곳에서 긴급자동차가 접근한 경우에는 긴급자동차가 우선통행할 수 있도록 진로를 양보하여야 한다.

> 해설
> 도로교통법 제29조(긴급자동차의 우선통행) ④교차로나 그 부근에서 긴급자동차가 접근하는 경우에는 차마와 노면전차의 운전자는 교차로를 피하여 일시정지하여야 한다. ⑤모든 차와 노면전차의 운전자는 제4항에 따른 곳 외의 곳에서 긴급자동차가 접근한 경우에는 긴급자동차가 우선통행할 수 있도록 진로를 양보하여야 한다.

48 차로를 변경 할 때 안전한 운전방법 2가지는?
① 변경하고자 하는 차로의 뒤따르는 차와 거리가 있을 때 속도를 유지한 채 차로를 변경한다.
② 변경하고자 하는 차로의 뒤따르는 차와 거리가 있을 때 감속하면서 차로를 변경한다.
③ 변경하고자 하는 차로의 뒤따르는 차가 접근하고 있을 때 속도를 늦추어 뒤차를 먼저 통과시킨다.
④ 변경하고자 하는 차로의 뒤따르는 차가 접근하고 있을 때 급하게 차로를 변경한다.

> 해설
> 뒤따르는 차와 거리가 있을 때 속도를 유지한 채 차로를 변경하고, 접근하고 있을 때는 속도를 늦추어 뒤차를 먼저 통과시킨다.

49 편도 3차로인 도로의 교차로에서 우회전할 때 올바른 통행 방법 2가지는?
① 우회전할 때에는 교차로 직전에서 방향 지시등을 켜서 진행방향을 알려 주어야 한다.
② 우측 도로의 횡단보도 보행 신호등이 녹색이라도 보행자가 없으면 통과할 수 있다.
③ 우회전 삼색등이 적색일 경우에는 보행자가 없어도 통과할 수 없다.
④ 편도 3차로인 도로에서는 2차로에서 우회전하는 것이 안전하다.

> 해설
> 교차로에서 우회전 시 우측 도로 횡단보도 보행 신호등이 녹색이라도 보행자의 통행에 방해를 주지 아니하는 범위내에서 통과할 수 있다. 다만, 보행 신호등 측면에 차량 보조 신호등이 설치되어 있는 경우, 보조 신호등이 적색일 경우 통과하면 신호 위반에 해당될 수 있으므로 통과할 수 없고, 보행자가 횡단보도 상에 존재하면 진행하는 차와 보행자가 멀리 떨어져 있다 하더라도 보행자 통행에 방해를 주는 것이므로 통과할 수 없다.

50 다음 중 강풍이나 돌풍 상황에서 가장 올바른 운전방법 2가지는?
① 핸들을 양손으로 꽉 잡고 차로를 유지한다.
② 바람에 관계없이 속도를 높인다.
③ 표지판이나 신호등, 가로수 부근에 주차한다.
④ 산악 지대나 다리 위, 터널 출입구에서는 강풍의 위험이 많으므로 주의한다.

> 해설
> 강풍이나 돌풍은 산악지대나 높은 곳, 다리 위, 터널 출입구 등에서 발생하기 쉬우므로 그러한 지역을 지날 때에는 주의한다. 이러한 상황에서는 핸들을 양손으로 꽉 잡아 차로를 유지하며 속도를 줄여야 안전하다. 또한 강풍이나 돌풍에 표지판이나 신호등, 가로수 등이 넘어질 수 있으므로 근처에 주차하지 않도록 한다.

51 도로교통법상 정차 또는 주차를 금지하는 장소의 특례를 적용하지 않는 2가지는?
① 어린이보호구역 내 주출입문으로부터 50미터 이내
② 횡단보도로부터 10미터 이내
③ 비상소화장치가 설치된 곳으로부터 5미터 이내
④ 안전지대의 사방으로부터 각각 10미터 이내

> 해설
> 정차 및 주차 금지 장소 모든 차의 운전자는 다음 각 호의 어느 하나에 해당하는 곳에서는 차를 정차하거나 주차하여서는 아니 된다. 다만, 이 법이나 이 법에 따른 명령 또는 경찰공무원의 지시를 따르는 경우와 위험방지를 위하여 일시정지하는 경우에는 그러하지 아니하다.
> 1. 교차로·횡단보도·건널목이나 보도와 차도가 구분된 도로의 보도(「주차장법」에 따라 차도와 보도에 걸쳐서 설치된 노상주차장은 제외한다)
> 2. 교차로의 가장자리나 도로의 모퉁이로부터 5미터 이내인 곳
> 3. 안전지대가 설치된 도로에서는 그 안전지대의 사방으로부터 각각 10미터 이내인 곳
> 4. 버스여객자동차의 정류지(停留地)임을 표시하는 기둥이나 표지판 또는 선이 설치된 곳으로부터 10미터 이내인 곳. 다만, 버스여객자동차의 운전자가 그 버스여객자동차의 운행시간 중에 운행노선에 따르는 정류장에서 승객을 태우거나 내리기 위하여 차를 정차하거나 주차하는 경우에는 그러하지 아니하다.
> 5. 건널목의 가장자리 또는 횡단보도로부터 10미터 이내인 곳
> 6. 다음 각 목의 곳으로부터 5미터 이내인 곳
>   가. 「소방기본법」 제10조에 따른 소방용수시설 또는 비상소화장치가 설치된 곳
>   나. 「화재예방, 소방시설 설치·유지 및 안전관리에 관한 법률」 제2조제1항제1호에 따른 소방시설로서 대통령령으로 정하는 시설이 설치된 곳
> 7. 시·도경찰청장이 도로에서의 위험을 방지하고 교통의 안전과 원활한 소통을 확보하기 위하여 필요하다고 인정하여 지정한 곳
> 8. 시장등이 제12조제1항에 따라 지정한 어린이 보호구역
>
> 제34조의2(정차 또는 주차를 금지하는 장소의 특례) ① 다음 각 호의 어느 하나에 해당하는 경우에는 제32조제1호·제4호·제5호·제7호·제8호 또는 제33조제3호에도 불구하고 정차하거나 주차할 수 있다.
> 1. 「자전거 이용 활성화에 관한 법률」 제2조제2호에 따른 자전거이용시설 중 전기자전거 충전소 또는 자전거주차장치에 자전거를 정차 또는 주차하는 경우
> 2. 시장등의 요청에 따라 시·도경찰청장이 안전표지로 자전거등의 정차 또는 주차를 허용한 경우
> ② 시·도경찰청장이 안전표지로 구역·시간·방법 및 차의 종류를 정하여 정차나 주차를 허용한 곳에서는 제32조제7호 또는 제33조제3호에도 불구하고 정차하거나 주차할 수 있다.

정답 45. ②, ③ 46. ①, ② 47. ③, ④ 48. ①, ③ 49. ②, ③ 50. ①, ④ 51. ③, ④

52 도로교통법상 주차에 해당하는 경우는?

① 차량이 고장 나서 계속 정차하고 있는 경우
② 위험 방지를 위하여 일시 정지한 경우
③ 5분을 초과하지 않고 운전자가 차를 즉시 운전할 수 있는 상태
④ 사람을 태우기 위해 즉시 출발할 수 있는 상태

<예> 차를 계속 정지 상태에 두거나 운전자가 차를 떠나서 즉시 그 차를 운전할 수 없는 상태로 5분을 초과하지 않고 차를 정지시키는 것은 정차에 해당된다. (도로교통법 제2조)

53 도로교통법상 정차에 해당하는 2가지는?

① 택시 정류장에서 주차를 목적으로 계속 정지 상태
② 화물을 싣기 위해 5분을 초과해서 정지한 경우
③ 신호 대기를 위하여 정지한 경우
④ 어린이를 보호하기 위해 일시정지 한 경우

54 고속도로에서 차로에 따른 통행 가능 차량 중 가장 안전한 것 2가지는?

① 버스 전용 차로에는 승합차를 운행하여야 한다.
② 왼쪽 차로에는 승용자동차 및 경형·소형·중형 승합자동차가 통행 가능하다.
③ 오른쪽 차로에는 대형승합자동차도 통행 가능하다.
④ 앞지르기할 때에는 지정된 차로의 바로 옆 오른쪽 차로로 통행해야 한다.

<예> 고속도로에서 버스전용차로는 승합차량 전용으로 통행하는 차로이며 일반 차량은 통행할 수 없다. (도로교통법 제25조)

55 화물자동차 통행방법으로 가장 알맞은 것 2가지는?

① 도로의 우측 가장자리로 가깝게 다가가서 통행할 수 있도록 한다.
② 화물자동차간 차간거리를 충분하게 유지한다.
③ 화물자동차 사이에는 승용차 등이 끼어들 틈이 없다.
④ 화물자동차는 다른 차량보다 높은 곳에서 주위 모든 차량들이 잘 보이도록 운행한다.

<예> 화물자동차 통행 시 시야가 확보되도록 하며, 진·출입이나 차간거리를 충분히 확보하여 운행해야 한다.

56 다음 중 자동차전용도로의 설치와 출입자를 제한할 수 있는 주 이유에 해당 공통점으로 옳은 것 2가지는?

① 대형승용차는 30분을 초과하여 대형승용자동차 이내에서 속도 차이가 큰 자동차를 운전할 수 있도록 한다.
② 중형승용차는 16km 이상 35km 이내에서 속도 차이가 큰 자동차를 운전할 수 있도록 한다.
③ 소형승용차는 15km 이내에서 속도 차이가 큰 자동차를 운전할 수 있도록 한다.
④ 경형승용차는 1200cc 미만 등을 운전하는 차가 있으므로, 승용자동차 사이즈 공유 시 이 속도보다는 속도를 감소시켜 나아가야 한다.

<예> (자동차전용도로 별표 1 자동차의 종류)
자동차 크기와 용도에 따라 승용차, 화물차, 승합차, 특수자동차 등으로 나누어지며, 그 기준으로는 배기량(cc)이 이유가 되고, 자동차전용도로에서 30분 이상(고속도로에서 1000대) 이상의 차량이 이용할 때 속도, 시야 속도 필요한 후 1차로, 최저 속도 유지하며 자동차전용도로 사용하도록 한다.

57 도로교통법상 신호위반이 되는 경우 2가지는?

① 회전신호 시 가장 기본적으로 하는 것
② 신호등 대기 시 맨 앞에 서지 않는 것
③ 정지 신호 시 횡단보도 앞쪽에 정지
④ 차량이 신호 신호하는 신호기 이외의 다른 교통안전시설 정보

<예> 회전신호 시 가장 기본적으로 하고, 횡단보도 앞이나 정지선 앞에 정차해야 한다.

58 자진되 운전자에 대한 설명이다. 가장 적절한 2가지는?

① 운전자는 차량의 승차인원이 많으면 안전띠 착용을 하지 않아도 된다.
② 비만도가 대단히 높은 경우라면 안전띠를 착용하지 않아도 된다.
③ 법률이 정한 기준에 맞지 않은 경우 사용한다.
④ 안전띠 미착용 시 시야 사이즈 정보 및 체계 충돌 인한 사고에 사용하여 치명상을 입힐 수 있으므로 안전띠에 공급이 우선이다.

59 도로교통법상 자전거도로의 이용방법과 구분으로 맞지 않은 것 2가지는?

① 노면이 자전거 타고 도로 옆에 통행할 수 있다.
② 자전거전용도로에는 원칙적으로 자전거만 통행할 수 있다.
③ 자전거도로는 개곤과 이동상의 도로를 말한다.
④ 자전거는 통학용에 한하지 않는다.

<예> 도로교통법 제2조(정의) 자전거 도로란 안전표지, 위험방지용 공작물로 자전거 및 개인형 이동장치(자전거등)가 통행할 수 있도록 설치된 도로를 말하며, 자전거 등을 운전할 수 있다.

60 차로를 구분하는 도로에 차선으로 맞는 것 2가지는?

① 차선은 실선 또는 점선으로 되어 있는 경우를 불문한다.
② 차선은 실선으로 되어 있는 경우에는 자동차도 건너편 차로로 변경이 가능하다.
③ 차선은 점선으로 되어 있는 경우에는 자동차도 건너편 차로로 변경이 가능하다.
④ 차선은 자동차의 진행 방향을 명확히 구분하기 위한 것이다.

<예> ① 차선은 점선과 실선 및 복선 등으로 각각의 상황에 맞게 만들어진 것이다. ② 차선이 실선으로 되어 있는 경우는 차로 변경이 금지된다. ③ 차선이 점선으로 되어 있는 경우는 차로 변경이 가능하다. ④ 차선은 자동차의 진행 방향을 구분하기 위한 것이다.

61 대마약류 복용 시 가장 안전한 운전 방법 2가지는?

① 기분이 평온하기 때문에 집중이 잘 되어 안전에 사용을 하며 괜찮다.
② 심신이 정상인 상태가 아닐 경우 바로 브레이크를 사용한다.
③ 음주 때문에 정신없는 상태에는 이용하고 운전하는 것이 좋다.
④ 정신 기능의 일시적 교란 등으로 인해 위험한 상태가 되므로 사용 후에는 운전을 금지해야 한다.

정답

52. ①,③ 53. ③,④ 54. ②,③ 55. ①,② 56. ④,② 57. ①,② 58. ③,④ 59. ③,④ 60. ①,④ 61. ③,④

62. 빗길 주행 중 앞차가 정지하는 것을 보고 제동했을 때 발생하는 현상으로 바르지 않은 2가지는?
① 급제동 시에는 타이어와 노면의 마찰로 차량의 앞숙임 현상이 발생한다.
② 노면의 마찰력이 작아지기 때문에 빗길에서는 공주거리가 길어진다.
③ 수막현상과 편(偏)제동 현상이 발생하여 차로를 이탈할 수 있다.
④ 자동차타이어의 마모율이 커질수록 제동거리가 짧아진다.

해설 ① 급제동 시에는 타이어와 노면의 마찰로 차량의 앞숙임 현상이 발생한다. ② 빗길에서는 타이어와 노면의 마찰력이 낮아짐으로 제동거리가 길어진다. ③ 수막현상과 편(偏)제동 현상이 발생하여 조향방향이 틀어지며 차로를 이탈할 수 있다. ④ 자동차의 타이어가 마모될수록 제동거리가 길어진다.

63. 관할 경찰서장이 노인 보호구역 안에서 할 수 있는 조치로 맞는 2가지는?
① 자동차의 통행을 금지하거나 제한하는 것
② 자동차의 정차나 주차를 금지하는 것
③ 노상주차장을 설치하는 것
④ 보행자의 통행을 금지하거나 제한하는 것

해설 어린이·노인 및 장애인 보호구역의 지정 및 관리에 관한 규칙 제9조(보호구역에서의 필요한 조치) 1. 차마(車馬)의 통행을 금지하거나 제한하는 것 2. 차마의 정차나 주차를 금지하는 것 3. 운행속도를 시속 30킬로미터 이내로 제한하는 것 4. 이면도로(도시지역에 있어서 간선도로가 아닌 도로로서 일반의 교통에 사용되는 도로를 말한다)를 일방통행로로 지정·운영하는 것

64. 주행 중 벼락이 칠 때 안전한 운전 방법 2가지는?
① 자동차는 큰 나무 아래에 잠시 세운다.
② 차의 창문을 닫고 자동차 안에 그대로 있는다.
③ 건물 옆의 젖은 벽면을 타고 전기가 흘러오기 때문에 피해야 한다.
④ 벼락이 자동차에 친다면 매우 위험한 상황이니 차 밖으로 피신한다.

해설 큰 나무는 벼락을 맞을 가능성이 높고, 그렇게 되면 나무가 넘어지면서 사고가 발생할 가능성이 높아 피하는 것이 좋으며, 설령 자동차에 벼락이 치더라도 자동차 내부가 외부보다 더 안전하다.

65. 운전자의 하이패스 단말기 고장으로 하이패스가 인식되지 않은 경우, 올바른 조치방법 2가지는?
① 비상점멸등을 작동하고 일시정지한 후 일반차로의 통행권을 발권한다.
② 목적지 요금소에서 정산 담당자에게 진입한 장소를 설명하고 정산한다.
③ 목적지 요금소의 하이패스 차로를 통과하면 자동 정산된다.
④ 목적지 요금소에서 하이패스 단말기의 카드를 분리한 후 정산담당자에게 그 카드로 요금을 정산할 수 있다.

해설 목적지 요금소에서 정산담당자에게 진입한 장소를 설명하고 정산한다.

66. 고속도로 주행 중 엔진 룸(보닛)에서 연기가 나고 화재가 발생하였을 때 가장 바람직한 조치 방법 2가지는?
① 발견 즉시 그 자리에 정차한다.
② 갓길로 이동한 후 시동을 끄고 재빨리 차에서 내려 대피한다.
③ 초기 진화가 가능한 경우에는 차량에 비치된 소화기를 사용하여 불을 끈다.
④ 초기 진화에 실패했을 때에는 119 등에 신고한 후 차량 바로 옆에서 기다린다.

해설 고속도로 주행 중 차량에 화재가 발생할 때 조치 요령
1. 차량을 갓길로 이동한다. 2. 시동을 끄고 차량에서 재빨리내린다. 3. 초기 화재 진화가 가능하면 차량에 비치된 소화기를 사용하여 불을 끈다. 4. 초기 진화에 실패했을 때는 차량이 폭발할 수 있으므로 멀리 대피한다. 5. 119 등에 차량 화재 신고를 한다.

67. 지진이 발생할 경우 안전한 대처 요령 2가지는?
① 지진이 발생하면 신속하게 주행하여 지진 지역을 벗어난다.
② 차간거리를 충분히 확보한 후 도로의 우측에 정차한다.
③ 차를 두고 대피할 필요가 있을 때는 차의 시동을 끈다.
④ 지진 발생과 관계없이 계속 주행한다.

해설 지진이 발생할 경우 차를 운전하는 것이 불가능하다. 충분히 주의를 하면서 교차로를 피해서 도로 우측에 정차시키고, 라디오의 정보를 잘 듣고 부근에 경찰관이 있으면 지시에 따라서 행동한다. 차를 두고 대피할 경우 차의 시동은 끄고 열쇠를 꽂은 채 대피한다.

68. 고속도로 공사구간을 주행할 때 운전자의 올바른 운전요령이 아닌 2가지는?
① 전방 공사 구간 상황에 주의하며 운전한다.
② 공사구간 제한속도표지에서 지시하는 속도보다 빠르게 주행한다.
③ 무리한 끼어들기 및 앞지르기를 하지 않는다.
④ 원활한 교통흐름을 위하여 공사구간 접근 전 속도를 일관되게 유지하여 주행한다.

해설 공사구간에서는 도로의 제한속도보다 속도를 더 낮추어 운영하므로 공사장에 설치되어 있는 제한속도표지에 표시된 속도에 맞게 감속하여 주행하여야 한다.

69. 자동차 운전 중 터널 내에서 화재가 났을 경우 조치해야 할 행동으로 맞는 2가지는?
① 차에서 내려 이동할 경우 자동차의 시동을 끄고 하차한다.
② 소화기로 불을 끌 경우 바람을 등지고 서야 한다.
③ 터널 밖으로 이동이 어려운 경우 차량은 최대한 중앙선 쪽으로 정차시킨다.
④ 차를 두고 대피할 경우는 자동차 열쇠를 뽑아 가지고 이동한다.

해설 ① 폭발 등의 위험에 대비해 시동을 꺼야 한다. ③ 측벽 쪽으로 정차시켜야 응급 차량 등이 소통할 수 있다. ④ 자동차 열쇠를 꽂아 두어야만 다른 상황 발생 시 조치 가능하다.

70. 자동차가 미끄러지는 현상에 관한 설명으로 맞는 2가지는?
① 고속 주행 중 급제동 시에 주로 발생하기 때문에 과속이 주된 원인이다.
② 빗길에서는 저속 운행 시에 주로 발생한다.
③ 미끄러지는 현상에 의한 노면 흔적은 사고 원인 추정에 별 도움이 되질 않는다.
④ ABS 장착 차량도 미끄러지는 현상이 발생할 수 있다.

해설 ② 고속 운행 시에 주로 발생한다. ③ 미끄러짐 현상에 의한 노면 흔적은 사고 처리에 중요한 자료가 된다.

71. 도로교통법령상 교통사고 발생 시 계속 운전할 수 있는 경우로 옳은 2가지는?
① 긴급한 환자를 수송 중인 구급차 운전자는 동승자로 하여금 필요한 조치 등을 하게하고 계속 운전하였다.
② 긴급한 회의에 참석하기 위해 이동 중인 운전자는 동승자로 하여금 필요한 조치 등을 하게하고 계속 운전하였다.
③ 긴급한 우편물을 수송하는 차량 운전자는 동승자로 하여금 필요한 조치 등을 하게하고 계속 운전하였다.
④ 긴급한 약품을 수송 중인 구급차 운전자는 동승자로 하여금 필요한 조치 등을 하게하고 계속 운전하였다.

해설 긴급자동차 또는 부상자를 후송 중인 차 및 우편물 수송 자동차 등의 운전자는 긴급한 경우에 동승자로 하여금 필요한 조치나 신고를 하게하고 운전을 계속할 수 있다.(도로교통법 제54조 제5항)

정답 62. ②, ④ 63. ①, ② 64. ②, ③ 65. ②, ④ 66. ②, ③ 67. ②, ③ 68. ②, ④ 69. ①, ② 70. ①, ④ 71. ①, ③

72 자동차를 이탈할 가능성이 가장 큰 경우 2가지는?

① 도로면에서 수막현상이 발생할 때
② 커브 길에서 급핸들 조작할 때
③ 비오는 날 고속주행할 때
④ 미끄러운 노면일 때

자동차가 이탈하는 경우는 주로 가는 쪽으로 핸들을 돌리다 오면서 미끄러짐으로 인하여 조정상실을 일으키는 경우로 자동차가 빠른 속도로 급회전을 할 때 주로 발생할 수 있다.

73 다음 중 고속으로 주행하는 자동차의 타이어 공기압으로 알맞은 것은 2가지는?

① 베이퍼록 현상
② 스탠딩웨이브 현상
③ 페이드 현상
④ 하이드로플레닝 현상

고속으로 주행하는 차의 타이어 공기압이 낮으면 스탠딩웨이브 현상이 발생한다. 베이퍼록과 페이드 현상은 제동장치의 이상현상이며, 하이드로플레닝은 수막현상이다.

74 다음 중 자동차 공주거리가 길어지고 브레이크가 밀리는 현상이 없어 '빠르거나' 가장 짧아질 수 있는 경우 2가지는?

① 자동차의 속도가 고속으로 가속될 때
② 자동차의 속도가 저속으로 빠를 때
③ 타이어를 새로 교환하여 접지력이 좋을 때
④ 도로 및 공주 상태

공주거리는 운전자가 위험을 감지하고 자동차를 정지시키려고 결심하여 브레이크 페달을 밟는 순간까지의 거리로, 자동차의 중량이 작아지거나 속도를 내리는 조치가 이어지는 시점에 따라 달라진다.

75 도로교통법상 '자동차'에 해당하는 2가지는?

① 덤프트럭 ② 노상안정기
③ 자전거   ④ 유모차(폭 1미터 이내)

도로교통법 제2조 및 자동차관리법 제3조 제1항에 따른 자동차의 종류로는 승용자동차, 승합자동차, 화물자동차, 특수자동차, 이륜자동차, 건설기계, 농업용 기계 등이 이에 해당된다.

76 교통사고 피해자에 대한 치료비로 알맞은 것은 2가지는?

① 중상해의 피해자가 있고 종사가 피해자의 구호조치 안 하고 가해 하지 아니한 경우
② 바이지가위치에 피해자가 있는 동안 가해자가 피해자를 피해 가지 않은 경우
③ 중상해의 피해자가 있는 도주 경우
④ 행렬공원에 피해자 가해자가 있는 도주 피해 가지 있는 경우 피해를 일으킨 경우

77 다음 중 정치된 운행 중의 반드시 장착하여야 할 부속장치는 2가지는?

① 자동차 안전 등록 장치
② DMB(영상표시장치) 자동차사용 장치
③ 주간 운동용 장치
④ 타이어 공기 장치

운전자 공주 산 타이어 공기압, 등화장치, 구간 등등등, 안전띠착용 등등
정검하여야 한다.

78 정상에 교통사고 안전사고 공주자동차의 속도 사고 안정기를 열기 위한 가장 인정된 공주장치는 2가지는?

① 양보한 경우 이성부수 열어야 공주한다.
② 비상점등등을 켜고 인상조치를 마하여야 공주한다.
③ 유상자 중심으로 이성조치 후 최도를 안쪽으로 공주한다.
④ 안전한 정리한 후 이상트라이앵글 풀이 설치 등 소성 장지에 사용하야 동주리를 제한다.

고장 발생 안정공 이상 공주자동차를 고속도로 중 경우 공주장치를 안정한 상태의 운전자 상실 등 조치를 취하여야 한다. (도로교통법 제19조)

79 도로교통법상 승용자동차의 해당 도로에서의 속도를 위반하여 운전하고 있다. 속도 위반 경우 2가지는?

① 편도 2차로의 일반도로에서 매시 85킬로미터로 주행 중이다.
② 서해안 고속도로에서 매시 90킬로미터로 주행 중이다.
③ 자동차선용도로에서 매시 95킬로미터로 주행 중이다.
④ 편도 1차로 고속도로에서 매시 75킬로미터로 주행 중이다.

편도 2차로의 일반도로는 매시 80킬로미터, 사해안고속도로는 매시 110킬로미터, 자동차전용도로는 매시 90킬로미터, 편도 1차로 고속도로는 80킬로미터가 제한최고속도이다. (도로교통법 시행규칙 제19조)

80 자동차를 운행할 때 공주거리에 영향을 줄 수 있는 경우는 2가지는?

① 비가 올 때 운행하는 경우
② 추운 겨울에 운행하는 경우
③ 해질녘 저녁에 아이라이트를 켜지고 운행하는 경우
④ 운전자가 피로한 상태로 운행하는 경우

공주거리는 운전자의 심리적, 신체적 영향에 따라 크게 달라진다.

81 다음은 피로운전과 약물복용 운전에 대한 설명이다. 맞는 2가지는?

① 피로한 상태에서의 운전은 주의력, 판단능력, 반응속도의 저하를 가져오기 때문에 위험하다.
② 피로한 상태에서의 운전은 시가지도로에서 무엇 보다도 위험하다.
③ 마약을 복용하고 운전을 하는 경우 시야가 좁아지고 졸음운전에 빠질 수 있다.
④ 마약을 복용하고 운전을 하는 경우 눈이 내려서 교통사고의 위험성이 낮아진다.

피로한 상태 및 약물복용 상태에서의 운전은 집중력, 판단능력, 반응속도의 저하와 졸음운전을 유발하기 쉽다. 특히, 마약 등 약물의 영향으로 운전이 금지되어 있다. ⑤이 경우 5년이 경과해야 한다.

82. 도로교통법령상 길가장자리 구역에 대한 설명으로 맞는 2가지는?
① 경계 표시는 하지 않는다.
② 보행자의 안전 확보를 위하여 설치한다.
③ 보도와 차도가 구분되지 아니한 도로에 설치한다.
④ 도로가 아니다.

해설 길가장자리 구역이란 보도와 차도가 구분되지 아니한 도로에서 보행자의 안전을 위하여 안전표지 등으로 경계를 표시한 도로의 가장자리 부분을 말한다. (도로교통법 제2조 11호)

83. 도로교통법령상 자전거가 통행할 수 있는 도로의 명칭에 해당하지 않는 2가지는?
① 자전거 전용도로
② 자전거 우선차로
③ 자전거·원동기장치자전거 겸용도로
④ 자전거 우선도로

해설 자전거가 통행할 수 있는 도로에는 자전거전용도로, 자전거전용차로, 자전거우선도로, 자전거·보행자 겸용도로가 있다.

84. 도로교통법상 "차로"를 설치할 수 있는 곳 2가지는?
① 교차로
② 터널 안
③ 횡단보도
④ 다리 위

해설 차로는 횡단보도, 교차로, 철길 건널목에는 설치할 수 없다. (도로교통법 시행규칙 제15조)

85. 도로교통법령상 자전거 통행방법에 대한 설명으로 맞는 2가지는?
① 자전거 운전자는 안전표지로 통행이 허용된 경우를 제외하고는 2대 이상이 나란히 차도를 통행하여서는 아니 된다.
② 자전거 운전자가 횡단보도를 이용하여 도로를 횡단할 때에는 자전거를 끌고 통행하여야 한다.
③ 자전거 운전자는 도로의 파손, 도로 공사나 그 밖의 장애 등으로 도로를 통행할 수 없는 경우에도 보도를 통행할 수 없다.
④ 자전거 운전자는 자전거 도로가 설치되지 아니한 곳에서는 도로 중앙으로 붙어서 통행하여야 한다.

해설 자전거도로가 따로 있는 곳에서는 그 자전거도로로 통행하여야 하고, 자전거도로가 설치되지 아니한 곳에서는 도로 우측 가장자리에 붙어서 통행하여야 하며, 길가장자리구역(안전표지로 자전거의 통행을 금지한 구간은 제외)을 통행하는 경우 보행자의 통행에 방해가 될 때에는 서행하거나 일시정지하여야 한다.

86. '착한운전 마일리지' 제도에 대한 설명으로 적절치 않은 2가지는?
① 교통법규를 잘 지키고 이를 실천한 운전자에게 실질적인 인센티브를 부여하는 제도이다.
② 운전자가 정지처분을 받게 될 경우 누산점수에서 공제할 수 있다.
③ 범칙금이나 과태료 미납자도 마일리지 제도의 무위반·무사고 서약에 참여할 수 있다.
④ 서약 실천기간 중에 교통사고를 유발하거나 교통법규를 위반하면 다시 서약할 수 없다.

해설 도로교통법 시행규칙 [별표 28] 운전자가 정지처분을 받게 될 경우 누산점수에서 이를 공제할 수 있다. 운전면허를 소지한 누구나 마일리지 제도에 참여할 수 있지만, 범칙금이나 과태료 미납자는 서약할 수 없고, 서약 실천기간 중에 교통사고를 발생하거나 교통법규를 위반해도 다시 서약할 수 있다(운전면허 특혜점수 부여에 관한 기준 고시

87. 도로교통법령상 범칙금 납부 통고서를 받은 사람이 2차 납부기간을 경과한 경우에 대한 설명으로 맞는 2가지는?
① 지체 없이 즉결심판을 청구하여야 한다.
② 즉결심판을 받지 아니한 때 운전면허를 40일 정지한다.
③ 과태료 부과한다.
④ 범칙금액에 100분의 30을 더한 금액을 납부하면 즉결심판을 청구하지 않는다.

해설 범칙금 납부 통고서를 받은 사람이 2차 납부기간을 경과한 경우 지체 없이 즉결심판을 청구하여야 한다. 즉결심판을 받지 아니한 때 운전면허를 40일 정지한다. 범칙금액에 100분의 50을 더한 금액을 납부하면 즉결심판을 청구하지 않는다. (도로교통법 제165조)

88. 도로교통법령상 연습운전면허 취소사유로 맞는 것 2가지는?
① 단속하는 경찰공무원등 및 시·군·구 공무원을 폭행한 때
② 도로에서 자동차의 운행으로 물적 피해만 발생한 교통사고를 일으킨 때
③ 다른 사람에게 연습운전면허증을 대여하여 운전하게 한 때
④ 난폭운전으로 2회 형사입건된 때

해설 도로교통법 시행규칙 별표29 도로에서 자동차등의 운행으로 인한 교통사고를 일으킨 때 연습운전면허를 취소한다. 다만, 물적 피해만 발생한 경우를 제외한다.

89. 좌석안전띠에 대한 설명으로 맞는 2가지는?
① 운전자가 안전띠를 착용하지 않은 경우 과태료 3만원이 부과된다.
② 일반적으르 경부에 대한 편타손상은 2점식에서 더 많이 발생한다.
③ 13세 미만의 어린이가 안전띠를 착용하지 않으면 범칙금 6만원이 부과된다.
④ 안전띠는 2점식, 3점식, 4점식으로 구분된다.

해설
① 운전자가 안전띠를 착용하지 않은 경우 범칙금 3만원이 부과된다.
② 일반적으로 경부에 대한 편타손상은 2점식에서 더 많이 발생한다.
③ 13세 미만의 어린이가 안전띠를 착용하지 않으면 과태료 6만원이 부과된다.
④ 안전띠는 착용방식에 따라 2점식, 3점식, 4점식으로 구분된다.

90. 교통사고 현장에서 증거확보를 위한 사진 촬영 방법으로 맞는 2가지는?
① 블랙박스 영상이 촬영되는 경우 추가하여 사진 촬영할 필요가 없다.
② 도로에 엔진오일, 냉각수 등의 흔적은 오랫동안 지속되므로 촬영하지 않아도 된다.
③ 파편물, 자동차와 도로의 파손부위 등 동일한 대상에 대해 근접촬영과 원거리 촬영을 같이 한다.
④ 차량 바퀴의 진행방향을 스프레이 등으로 표시하거나 촬영을 해 둔다.

해설 파손부위 근접 촬영 및 원거리 촬영을 하여야 하고 차량의 바퀴가 돌아가 있는 것까지도 촬영해야 나중에 사고를 규명하는데 도움이 된다.

91. 보행자 신호등이 없는 횡단보도로 횡단하는 노인을 뒤늦게 발견한 승용차 운전자가 급제동을 하였으나 노인을 충격(2주 진단)하는 교통사고가 발생하였다. 올바른 설명 2가지는?
① 보행자 신호등이 없으므로 자동차 운전자는 과실이 전혀 없다.
② 자동차 운전자에게 민사책임이 있다.
③ 횡단한 노인만 형사처벌 된다.
④ 자동차 운전자에게 형사 책임이 있다.

해설 횡단보도 교통사고로 운전자에게 민사 및 형사 책임이 있다.

정답 82. ②,③ 83. ②,③ 84. ②,④ 85. ①,② 86. ③,④ 87. ①,② 88. ①,③ 89. ②,④ 90. ③,④ 91. ②,④

92 자동차 주정차위반 행위로 옳은 것은 2가지는?

① 고속도로에서 자동차의 주정차위반 행위가 된다.
② 자동차전용도로에서 방향지시등 공회전을 하고 있는 경우
③ 동일한 장소에서 3시간 이상 주차하는 행위는 주정차위반 행위이다.
④ 주차장에서 30분 이상 정차하는 행위는 바로 공회전이다.

🔍해설
모든 운전자는 자동차의 원동기 동력을 차의 움직임에 이용하지 아니하고 공회전을 지속적으로 30분 이상 하는 행위는 금지되지 아니한다. 다만, 자동차를 냉·난방장치 또는 안전을 위하여 배터리 등을 충전하기 위한 경우에는 예외로 한다.(도로교통법 제39조)

93 정차 위반에 대한 설명으로 옳은 것은 2가지는?

① 정차가 금지된 경우에는 곧 떠날지라도 정차할 수 없다.
② 자동차 운전자는 동행을 위하여 정차를 하여야 한다.
③ 주차는 장시간 주차할 수 있는 공간을 말하며, 정차는 잠시 정차하여야 한다.
④ 긴급한 용무가 있을 경우 자동차 운전자는 자동차를 정차하여야 한다.

🔍해설
차량의 운전자는 다음의 어느 하나에 해당하는 경우 외에는 정차할 수 없다. 도로교통법 제50조.

94 도로교통법상 어린이통행보호에 필요한 사항이다. 맞는 것 2가지는?

① 어린이통학버스 운전자는 어린이나 영유아를 태우고 운행 중인 경우에만 점멸등을 작동시킨다.
② 어린이통학버스 운전자의 운행 중인 아동이 승하차 중임을 알리는 표시(어린이) 1명
③ 어린이통학버스가 정차된 곳에서 아동 승하차가 다시 운행할 때에 반드시 점멸등을 켜고 출발한다.
④ 어린이통학버스 운전자는 그 자동차에 점멸등 등의 장치를 작동해야 한다.

🔍해설
도로교통법 제52조(어린이통학버스 등) ① 어린이통학버스를 운영하려는 자는 미리 관할 경찰서장에게 신고하여 신고증명서를 발급받아야 한다. ② 어린이통학버스 운영자 및 운전자는 어린이통학버스에 어린이나 영유아를 태울 때 에는 법이 정한 보호자를 함께 태워 운전하여야 한다. ③ 어린이통학버스 운전자는 어린이나 영유아를 태우고 운행 중인 경우에만 어린이통학버스에 어린이 승하차 표시 등을 작동하여야 한다.(도로교통법 제53조)

95 도로교통법령상 신호등에 대한 설명으로 옳은 것은 2가지는?

① 녹색 등화 - 차마는 직진 또는 다른 방향으로 진행할 수 있다.
② 황색 등화 - 차마는 정지선이나 횡단보도에 정지한다.
③ 녹색 화살 표시의 등화 - 차마는 화살표 방향으로 진행할 수 있다.
④ 황색 등화의 점멸 - 차마는 다른 교통 또는 안전표지의 표시에 주의하면서 진행할 수 있다.

🔍해설
녹색의 등화 : 1. 차마는 직진 또는 우회전할 수 있다. 2. 비보호좌회전표지 또는 비보호좌회전표시가 있는 곳에서는 좌회전할 수 있다. 황색의 등화 : 1. 차마는 정지선이 있거나 횡단보도가 있을 때에는 그 직전이나 교차로의 직전에 정지하여야 하며, 이미 교차로에 차마의 일부라도 진입한 경우에는 신속히 교차로 밖으로 진행하여야 한다. 2. 차마는 우회전할 수 있고 우회전하는 경우에는 보행자의 횡단을 방해하지 못한다. 3. 차마는 교차로에 진입하여 이에 정지해 있을 때에는 다른 교통에 주의하면서 진행할 수 있다. 녹색화살표시의 등화 : 차마는 화살표시 방향으로 진행할 수 있다. (도로교통법 시행규칙 별표2)

96 안전띠를 올바르게 착용한 방법으로 가장 적절한 인정받을 수 2가지는?

① 열쇠 속도를 높이기 위해 엔진의 RPM(분당 회전수)을 높게 한다.
② 브레이크 페달을 안정지에 있지 않고 급히 작동한다.
③ 핸 자동차로 안전거리를 두고 운행한다.
④ 그다지 자기나 튀기 자동차로 한다.

🔍해설
RPM이 불필요 상승하고 엔진이 사용되지 않아 연료가 낭비되는 운전은 피한다. ② 브레이크 페달을 너무 자주 밟게 되는 운전습관은 피한다. ③ 핸 자동차와 안전거리를 두고 운행한다. ④ 연료가 낭비되므로 급출발, 급가속, 급브레이크 사용을 피하면 좋다.

97 교차로에서 좌·우회전을 할 때 알맞은 안전운전 방법 2가지는?

① 우회전 시에는 미리 도로의 우측 가장자리로 서행하면서 우회전하여야 한다.
② 중앙선을 따라 서행하면서 교차로의 중심 안쪽으로 좌회전 한다.
③ 우회전할 때에는 미리 도로의 중앙선을 따라 서행하면서 우회전한다.
④ 우회전할 때에는 미리 도로의 좌측 가장자리로 서행하면서 우회전한다.
등을 주행하여야 한다.

🔍해설
모든 차의 운전자는 교차로에서 우회전을 하고자 하는 때에는 미리 도로의 우측 가장자리를 이용하여 서행하면서 우회전하여야 한다.(도로교통법 제25조)

정답 92. ①,③ 93. ①,② 94. ②,④ 95. ①,③ 96. ③,④ 97. ①,③

Chapter 03 대형·특수 화물 문제

01 화물을 적재한 덤프트럭이 내리막길을 내려오는 경우 다음 중 가장 안전한 운전 방법은?

① 기어를 중립에 놓고 주행하여 연료를 절약한다.
② 브레이크 페달을 나누어 밟으면 제동의 효과가 없어 한 번에 밟는다.
③ 앞차의 급정지를 대비하여 충분한 차간 거리를 유지한다.
④ 경음기를 크게 울리고 속도를 높이면서 신속하게 주행한다.

> 짐을 실은 덤프트럭은 적재물의 무게로 인해 브레이크 장치가 파열될 우려가 있으므로 저단으로 기어를 유지하여 엔진브레이크를 사용하며 브레이크 페달을 자주 나누어 밟아 브레이크 장치에 무리를 최소화하도록 하고 안전거리를 충분히 유지하여야 한다.

02 다음 중 화물의 적재불량 등으로 인한 교통사고를 줄이기 위한 운전자의 조치사항으로 가장 알맞은 것은?

① 화물을 싣고 이동할 때는 반드시 덮개를 씌운다.
② 예비 타이어 등 고정된 부착물은 점검할 필요가 없다.
③ 화물의 신속한 운반을 위해 화물은 느슨하게 묶는다.
④ 가까운 거리를 이동하는 경우에는 화물을 고정할 필요가 없다.

> 화물을 싣고 이동할 때는 반드시 가까운 거리라도 화물을 튼튼히 고정하고 덮개를 씌워 유동이 없도록 하고 출발 전에 예비 타이어 등 부착물의 이상 유무를 점검·확인하고 시정 후 출발하여야 한다.

03 화물자동차의 화물 적재에 대한 설명 중 가장 옳지 않은 것은?

① 화물을 적재할 때는 적재함 가운데부터 좌우로 적재한다.
② 화물자동차는 무게 중심이 앞 쪽에 있기 때문에 적재함의 뒤쪽부터 적재한다.
③ 적재함 아래쪽에 상대적으로 무거운 화물을 적재한다.
④ 화물을 모두 적재한 후에는 화물이 차량 밖으로 낙하하지 않도록 고정한다.

> 화물운송사 자격시험 교재 중 화물취급요령, 화물 적재함에 화물 적재 시 앞쪽이나 뒤쪽으로 무게가 치우치지 않도록 균형되게 적재한다.

04 다음 중 대형화물자동차의 운전특성에 대한 설명으로 가장 알맞은 것은?

① 무거운 중량과 긴 축거 때문에 안정도는 낮다.
② 고속주행 시에 차체가 흔들리기 때문에 순간적으로 직진안정성이 나빠지는 경우가 있다.
③ 운전대를 조작할 때 소형승용차와는 달리 핸들복원이 원활하다.
④ 운전석이 높아서 이상기후 일 때에는 시야가 더욱 좋아진다.

> 대형화물차가 운전석이 높다고 이상기후 시 시야가 좋아지는 것은 아니며, 소형승용차에 비해 핸들복원력이 원활치 못하고 무거운 중량과 긴 축거 때문에 안정도는 승용차에 비해 높다.

05 다음 중 운송사업용 자동차 등 도로교통법상 운행기록계를 설치하여야 하는 자동차 운전자의 바람직한 운전행위는?

① 운행기록계가 설치되어 있지 아니한 자동차 운전행위
② 고장 등으로 사용할 수 없는 운행기록계가 설치된 자동차 운전행위
③ 운행기록계를 원래의 목적대로 사용하지 아니하고 자동차를 운전하는 행위
④ 주기적인 운행기록계 관리로 고장 등을 사전에 예방하는 행위

> 도로교통법 제50조(특정 운전자의 준수사항) 제5항 각 호
> 운행기록계가 설치되어 있지 아니하거나 고장 등으로 사용할 수 없는 운행기록계가 설치된 자동차를 운전하거나 운행기록계를 원래의 목적대로 사용하지 아니하고 자동차를 운전하는 행위를 해서는 아니 된다.

06 다음 중 저상버스의 특성에 대한 설명이다. 가장 거리가 먼 것은?

① 노약자나 장애인이 쉽게 탈 수 있다.
② 차체바닥의 높이가 일반버스 보다 낮다.
③ 출입구에 계단 대신 경사판이 설치되어 있다.
④ 일반버스에 비해 차체의 높이가 1/2이다.

> 바닥이 낮고 출입구에 계단이 없는 버스이다. 기존 버스의 계단을 오르내리기 힘든 교통약자들, 특히 장애인들의 이동권을 보장하기 위해 도입되었다.

07 운행기록계를 설치하지 않은 견인형 특수자동차(화물자동차 운수사업법에 따른 자동차에 한함)를 운전한 경우 운전자 처벌 규정은?

① 과태료 10만 원   ② 범칙금 10만 원
③ 과태료 7만 원   ④ 범칙금 7만 원

> 도로교통법 제50조 제5항, 도로교통법 시행령 별표8 16호 운행기록계가 설치되지 아니한 승합자동차등을 운전한 경우에는 범칙금 7만 원, 교통안전법 제55조제1항, 교통안전법 시행령 별표9 운행기록장치를 부착하지 아니한 경우에는 과태료 50~150만 원

08 화물자동차의 적재물 추락방지를 위한 설명으로 가장 옳지 않은 것은?

① 구르기 쉬운 화물은 고정목이나 화물받침대를 사용한다.
② 건설기계 등을 적재하였을 때는 와이어, 로프 등을 사용한다.
③ 적재함 전후좌우에 공간이 있을 때는 멈춤목 등을 사용한다.
④ 적재물 추락방지 위반의 경우에 범칙금은 5만 원에 벌점은 10점이다.

> 도로교통법 시행령 별표8, 적재물 추락방지 위반 : 4톤 초과 화물자동차 범칙금 5만 원, 4톤 이하 화물자동차 범칙금 4만 원, 도로교통법 시행규칙 별표28, 적재물 추락방지위반 벌점 15점

09 유상운송을 목적으로 등록된 사업용 화물자동차 운전자가 반드시 갖추어야 하는 것은?

① 차량정비기술 자격증   ② 화물운송종사 자격증
③ 택시운전자 자격증   ④ 제1종 특수면허

> 사업용(영업용) 화물자동차(용달·개별·일반) 운전자는 반드시 화물운송종사자격을 취득 후 운전하여야 한다.

10 다음은 대형화물자동차의 특성에 대한 설명이다. 가장 알맞은 것은?

① 화물의 종류에 따라 선회 반경과 안정성이 크게 변할 수 있다.
② 긴 축간거리 때문에 안정도가 현저히 낮다.
③ 승용차에 비해 핸들복원력이 원활하다.
④ 차체의 두께는 가벼우나 크기는 승용차보다 크다.

> 대형화물차는 승용차에 비해 핸들복원력이 원활하지 못하고 차체가 무겁고 긴 축거 때문에 상대적으로 안정도가 높으며, 화물의 종류에 따라 선회반경과 안정성이 크게 변할 수 있다.

11 다음 중 대형화물자동차의 특징에 대한 설명으로 가장 알맞은 것은?

① 적재화물의 위치나 높이에 따라 차량의 중심위치는 달라진다.
② 중심은 상·하(上下)의 방향으로는 거의 변화가 없다.
③ 중심높이는 진동특성에 거의 영향을 미치지 않는다.
④ 진동특성이 없어 대형화물자동차의 진동각은 승용차에 비해 매우 작다.

> 대형화물차는 진동특성이 있고 진동각은 승용차에 비해 매우 크며, 중심높이는 진동특성에 영향을 미치며 중심은 상·하 방향으로도 미친다.

정답 01.③ 02.① 03.② 04.② 05.④ 06.④ 07.④ 08.④ 09.② 10.① 11.①

12 제1종 대형면허의 취득에 필요한 청력기준은?(단, 보청기 사용자 제외)

① 25데시벨 ② 35데시벨 ③ 45데시벨 ④ 55데시벨

해설
도로교통법 시행령 제45조 1항에 의하여 대형면허 또는 특수면허를 취득하려는 경우의 운전에 필요한 적성 기준은 55데시벨(보청기를 사용하는 사람은 40데시벨)의 소리를 들을 수 있어야 한다.

13 대형 및 특수 자동차의 제동특성에 대한 설명이다. 잘못된 것은?

① 하중의 변화에 따라 달라진다.
② 타이어의 공기압과 트레드가 고르지 못하면 제동거리가 달라진다.
③ 차량 중량에 따라 달라진다.
④ 차량의 적재량이 커질수록 실제 제동거리는 짧아진다.

해설
차량의 중량(적재량)이 커질수록 실제 제동거리는 길어지므로, 안전거리의 유지와 브레이크 페달 조작에 주의하여야 한다.

14 다음 중 대형 화물자동차의 사각지대와 제동 시 하중변화에 대한 설명으로 가장 알맞은 것은?

① 사각지대는 보닛이 있는 차와 없는 차가 별로 차이가 없다.
② 앞, 뒷바퀴의 제동력은 하중의 변화와는 관계없다.
③ 운전석 우측보다는 좌측 사각지대가 훨씬 넓다.
④ 화물 하중의 변화에 따라 제동력에 차이가 발생한다.

해설
대형 화물차의 사각지대는 보닛유무 여부에 따라 큰 차이가 있고, 하중의 변화에 따라 앞·뒷바퀴의 제동력에 영향을 미치며 운전석 좌측보다는 우측 사각지대가 훨씬 넓다.

15 대형차의 운전특성에 대한 설명으로 잘못된 것은?

① 무거운 중량과 긴 축거 때문에 안정도는 높으나, 핸들을 조작할 때 소형차와 달리 핸들 복원이 둔하다.
② 소형차에 비해 운전석이 높아 차의 바로 앞만 보고 운전하게 되므로 직진 안정성이 좋아진다.
③ 화물의 종류와 적재 위치에 따라 선회 특성이 크게 변화한다.
④ 화물의 종류와 적재 위치에 따라 안정성이 크게 변화한다.

해설
대형차는 고속 주행 시에 차체가 흔들리기 때문에 순간적으로 직진 안정성이 나빠지는 경우가 있으며, 더욱이 운전석 높기 때문에 밤이나 폭우, 안개 등 기상이 나쁠 때에는 차의 바로 앞만 보고 운전하게 되므로 더욱 직진 안정성이 나빠진다. 직진 안정성을 높이기 위해서는 가급적 주시점을 멀리 두고 핸들 조작에 신중을 기해야 한다.

16 자동차 및 자동차부품의 성능과 기준에 관한 규칙에 따라 자동차(연결자동차 제외)의 길이는 (　)미터를 초과하여서는 아니 된다. (　)에 기준으로 맞는 것은?

① 10 ② 11 ③ 12 ④ 13

해설
자동차 및 자동차부품의 성능과 기준에 관한 규칙 제4조(길이 · 너비 및 높이)
① 자동차의 길이 · 너비 및 높이는 다음의 기준을 초과하여서는 아니 된다.
1. 길이 : 13미터(연결자동차의 경우에는 16.7미터를 말한다)
2. 너비 : 2.5미터(간접시계장치 · 환기장치 또는 밖으로 열리는 창의 경우 이들 장치의 너비는 승용자동차에 있어서는 25센티미터, 기타의 자동차에 있어서는 30센티미터. 다만, 피견인자동차의 너비가 견인자동차의 너비보다 넓은 경우 그 견인자동차의 간접시계장치에 한하여 피견인자동차의 가장 바깥쪽으로 10센티미터를 초과할 수 없다)
3. 높이 : 4미터

17 다음 제1종 특수면허에 대한 설명 중 옳은 것은?

① 소형견인차 면허는 적재중량 3.5톤의 견인형 특수자동차를 운전할 수 있다.
② 소형견인차 면허는 적재중량 4톤의 화물자동차를 운전할 수 있다.
③ 구난차 면허는 승차정원 12명인 승합자동차를 운전할 수 있다.
④ 대형 견인차 면허는 적재중량 10톤의 화물자동차를 운전할 수 있다.

해설
도로교통법시행규칙 별표 18
① 소형견인차 면허는 총중량 3.5톤의 견인형 특수자동차를 운전할 수 있다.
② 소형견인차 면허는 적재중량 4톤의 화물자동차를 운전할 수 있다.
③ 구난차 면허는 승차정원 10명 이하의 승합자동차를 운전할 수 있다.
④ 대형 견인차 면허는 적재중량 4톤의 화물자동차를 운전할 수 있다.

18 대형승합자동차 운행 중 차내에서 승객이 춤추는 행위를 방치하였을 경우 운전자의 처벌은?

① 범칙금 9만 원, 벌점 30점 ② 범칙금 10만 원, 벌점 40점
③ 범칙금 11만 원, 벌점 50점 ④ 범칙금 12만 원, 벌점 60점

해설
차내 소란행위 방치운전의 경우 범칙금 10만 원에 벌점 40점이 부과된다. 도로교통법 제49조(모든 운전자의 준수사항 등), 도로교통법 시행령 (별표 8)범칙행위 및 범칙금액(운전자), 도로교통법 시행규칙 (별표 28) 운전면허 취소·정지처분기준

19 도로교통법령상 화물자동차의 적재용량 안전기준에 위반한 차량은?

① 자동차 길이의 10분의 2를 더한 길이
② 후사경으로 뒤쪽을 확인할 수 있는 범위의 너비
③ 지상으로부터 3.9미터 높이
④ 구조 및 성능에 따르는 적재중량의 105퍼센트

해설
도로교통법 시행령 제22조(운행상의 안전기준) 법 제39조제1항 본문에서 "대통령령으로 정하는 운행상의 안전기준"이란 다음 각 호를 말한다.
3. 화물자동차의 적재중량은 구조 및 성능에 따르는 적재중량의 110퍼센트 이내일 것
4. 자동차(화물자동차, 이륜자동차 및 소형 3륜자동차만 해당한다)의 적재용량은 다음 각 목의 구분에 따른 기준을 넘지 아니할 것
가. 길이 : 자동차 길이에 그 길이의 10분의 1을 더한 길이. 다만, 이륜자동차는 그 승차장치의 길이 또는 적재장치의 길이에 30센티미터를 더한 길이를 말한다.
나. 너비 : 자동차의 후사경(後寫鏡)으로 뒤쪽을 확인할 수 있는 범위(후사경의 높이보다 화물을 낮게 적재한 경우에는 그 화물을, 후사경의 높이보다 화물을 높게 적재한 경우에는 뒤쪽을 확인할 수 있는 범위를 말한다)의 너비
다. 높이 : 화물자동차는 지상으로부터 4미터(도로구조의 보전과 통행의 안전에 지장이 없다고 인정하여 고시한 도로노선의 경우에는 4미터 20센티미터), 소형 3륜자동차는 지상으로부터 2미터 50센티미터, 이륜자동차는 지상으로부터 2미터의 높이

20 4.5톤 화물자동차의 화물 적재함에 사람을 태우고 운행한 경우 범칙금액은?

① 5만 원 ② 4만 원 ③ 3만 원 ④ 2만 원

해설
도로교통법 제49조 제1항 제12호, 시행령 별표8, 4톤 초과 화물자동차의 화물 적재함에 승객이 탑승하면 범칙금 5만 원이다.

21 화물자동차의 적재화물 이탈 방지에 대한 설명으로 올바르지 않은 것은?

① 화물자동차에 폐쇄형 적재함을 설치하여 운송한다.
② 효율적인 운송을 위해 적재중량의 120퍼센트 이내로 적재한다.
③ 화물을 적재하는 경우 급정지, 회전 등 차량의 주행에 의해 실은 화물이 떨어지거나 날리지 않도록 덮개나 포장을 해야 한다.
④ 7톤 이상의 코일을 적재하는 경우에는 레버블록으로 2줄 이상 고정하되 줄당 고정점을 2개 이상 사용하여 고정해야 한다.

해설
도로교통법 시행령 제22조(운행상의 안전기준)
3. 화물자동차의 적재중량은 구조 및 성능에 따르는 적재중량의 110퍼센트 이내일 것
화물자동차 운수사업법 시행규칙 별표 1의3.

22 도로교통법상 차의 승차 또는 적재방법에 관한 설명으로 틀린 것은?

① 운전자는 승차인원에 관하여 대통령령으로 정하는 운행상의 안전기준을 넘어서 승차시킨 상태로 운전해서는 아니 된다.
② 운전자는 운전 중 타고 있는 사람이 떨어지지 아니하도록 문을 정확히 여닫는 등 필요한 조치를 하여야 한다.
③ 운전자는 운전 중 실은 화물이 떨어지지 아니하도록 덮개를 씌우거나 묶는 등 확실하게 고정해야 한다.
④ 운전자는 영유아나 동물의 안전을 위하여 안고 운전하여야 한다.

해설
도로교통법 제39조(승차 또는 적재의 방법과 제한)
모든 차의 운전자는 영유아나 동물을 안고 운전 장치를 조작하거나 운전석 주위에 물건을 싣는 등 안전에 지장을 줄 우려가 있는 상태로 운전하여서는 아니 된다.

23 다음 중 편도 3차로 고속도로에서 견인차의 주행 차로는?(버스전용차로 없음)

① 1차로 ② 2차로 ③ 3차로 ④ 모두가능

해설
도로교통법 시행규칙 [별표 9] 참조

정답 12. ④ 13. ④ 14. ④ 15. ② 16. ④ 17. ② 18. ② 19. ① 20. ① 21. ② 22. ④ 23. ③

24 고속버스가 밤에 도로를 통행할 때 켜야 할 등화에 대한 설명으로 맞는 것은?

① 전조등, 차폭등, 미등, 번호등, 실내조명등
② 전조등, 미등
③ 미등, 차폭등, 번호등
④ 미등, 차폭등

> 해설
> 고속버스가 밤에 통행할 때 켜야 할 등화는 전조등, 차폭등, 미등, 번호등, 실내조명등이다.

25 제1종 대형면허와 제1종 보통면허의 운전범위를 구별하는 화물자동차의 적재중량 기준은?

① 12톤 미만 ② 10톤 미만 ③ 4톤 이하 ④ 2톤 이하

> 해설
> 적재중량 12톤 미만의 화물자동차는 제1종 보통면허로 운전이 가능하고 적재중량 12톤 이상의 화물자동차는 제1종 대형면허를 취득하여야 운전이 가능하다.

26 제1종 보통면허 소지자가 총중량 750kg 초과 3톤 이하의 피견인자동차를 견인하기 위해 추가로 소지하여야 하는 면허는?

① 제1종 소형견인차면허
② 제2종 보통면허
③ 제1종 대형면허
④ 제1종 구난차면허

> 해설
> (도로교통법 시행규칙 별표 18 비고 3) 총중량 750kg 초과 3톤 이하의 피견인자동차를 견인하기 위해서는 견인하는 자동차를 운전할 수 있는 면허와 소형견인차면허 또는 대형견인차면허를 가지고 있어야 한다.

27 다음 중 총중량 750킬로그램 이하의 피견인자동차를 견인할 수 없는 운전면허는?

① 제1종 보통면허
② 제1종 보통연습면허
③ 제1종 대형면허
④ 제2종 보통면허

> 해설
> 연습면허로는 피견인자동차를 견인할 수 없다.

28 고속도로가 아닌 곳에서 총중량이 1천5백킬로그램인 자동차를 총중량 5천킬로그램인 승합자동차로 견인할 때 최고속도는?

① 매시 50킬로미터
② 매시 40킬로미터
③ 매시 30킬로미터
④ 매시 20킬로미터

> 해설
> 도로교통법시행규칙 제20조, 총중량 2천킬로그램 미만인 자동차를 총중량이 그의 3배 이상인 자동차로 견인하는 경우에는 매시 30킬로미터이다.

29 자동차 및 자동차부품의 성능과 기준에 관한 규칙상 트레일러의 차량중량이란?

① 공차상태의 자동차의 중량을 말한다.
② 적차상태의 자동차의 중량을 말한다.
③ 공차상태의 자동차의 축중을 말한다.
④ 적차상태의 자동차의 축중을 말한다.

> 해설
> 차량중량이란 공차상태의 자동차의 중량을 말한다. 차량총중량이란 적차상태의 자동차의 중량을 말한다.

30 다음 중 도로교통법상 소형견인차 운전자가 지켜야할 사항으로 맞는 것은?

① 소형견인차 운전자는 긴급한 업무를 수행하므로 안전띠를 착용하지 않아도 무방하다.
② 소형견인차 운전자는 주행 중 일상 업무를 위한 휴대폰 사용이 가능하다.
③ 소형견인차 운전자는 운행 시 제1종 특수(소형견인차)면허를 취득하고 소지하여야 한다.
④ 소형견인차 운전자는 사고현장 출동 시에는 규정된 속도를 초과하여 운행할 수 있다.

> 해설
> 소형견인차의 운전자도 도로교통법 상 모든 운전자의 준수사항을 지켜야 하며, 운행 시 소형견인차 면허를 취득하고 소지하여야 한다.

31 다음 중 트레일러 차량의 특성에 대한 설명으로 가장 적정한 것은?

① 좌회전 시 승용차와 비슷한 회전각을 유지한다.
② 내리막길에서는 미끄럼 방지를 위해 기어를 중립에 둔다.
③ 승용차에 비해 내륜차(內輪差)가 크다.
④ 승용차에 비해 축간 거리가 짧다.

> 해설
> 트레일러는 좌회전 시 승용차와 비슷한 회전각을 유지하게 되면 뒷바퀴에 의한 좌회전 대기 차량을 충격하므로 승용차보다 넓게 회전하여야 하며 내리막길에서 기어를 중립에 두는 경우 대형사고의 원인이 된다.

32 다음 중 특수한 작업을 수행하기 위해 제작된 총중량 3.5톤 이하의 특수자동차(구난차등은 제외)를 운전할 수 있는 면허는?

① 제1종 보통연습면허
② 제2종 보통연습면허
③ 제2종 보통면허
④ 제1종 소형면허

> 해설
> 도로교통법 시행규칙 별표18
> 총중량 3.5톤 이하의 특수자동차는 제2종 보통면허로 운전이 가능하다.

33 자동차를 견인하는 경우에 대한 설명으로 바르지 못한 것은?

① 3톤을 초과하는 자동차를 견인하기 위해서는 견인하는 자동차를 운전할 수 있는 면허와 제1종 대형견인차면허를 가지고 있어야 한다.
② 편도 2차로 이상의 고속도로에서 견인자동차로 다른 차량을 견인할 때에는 최고속도의 100분의 50을 줄인 속도로 운행하여야 한다.
③ 일반도로어서 견인차가 아닌 차량으로 다른 차량을 견인할 때에는 도로의 제한속도로 진행할 수 있다.
④ 견인차동차가 아닌 일반자동차로 다른 차량을 견인하려는 경우에는 해당 차종을 운전할 수 있는 면허를 가지고 있어야 한다.

> 해설
> 도로교통법 시행규칙 제19조
> - 편도 2차로 이상 고속도로에서의 최고속도는 매시 100킬로미터[화물자동차(적재중량 1.5톤을 초과하는 경우에 한한다. 이하 이 호에서 같다) · 특수자동차 · 위험물운반자동차(별표9 (주) 6에 따른 위험물 등을 운반하는 자동차를 말한다. 이하 이호에서 같다) 및 건설기계의 최고속도는 매시 80킬로미터], 최저속도는 매시 50킬로미터
> 도로교통법 시행규칙제20조
> - 견인자동차가 아닌 자동차로 다른 자동차를 견인하여 도로(고속도로를 제외한다)를 통행하는 때의 속도는 제19조에 불구하고 다음 각 호에서 정하는 바에 의한다.
> 1. 총중량 2천킬로그램 미만인 자동차를 총중량이 그의 3배 이상인 자동차로 견인하는 경우에는 매시 30킬로미터 이내
> 2. 제1호 외의 경우 및 이륜자동차가 견인하는 경우에는 매시 25킬로미터 이내
> 같은법 시행규칙 별표18
> - 피견인자동차는 제1종 대형면허, 제1종 보통면허 또는 제2종 보통면허를 가지고 있는 사람이 그 면허로 운전할 수 있는 자동차(「자동차관리법」 제3조에 따른 이륜자동차는 제외한다)로 견인할 수 있다. 이 경우, 총중량 750킬로그램을 초과하는 3톤 이하의 피견인자동차를 견인하기 위해서는 견인하는 자동차를 운전할 수 있는 면허와 소형견인차면허 또는 대형견인차 면허를 가지고 있어야 하고, 3톤을 초과하는 피견인자동차를 견인하기 위해서는 견인하는 자동차를 운전할 수 있는 면허와 대형견인차면허를 가지고 있어야 한다.

34 차체 일부가 견인자동차의 상부에 실리고, 해당 자동차 및 적재물 중량의 상당 부분을 견인자동차에 분담시키는 구조의 피견인자동차는?

① 풀트레일러
② 세미트레일러
③ 저상트레일러
④ 센터차축트레일러

> 해설
> ① 풀트레일러 – 자동차 및 적재물 중량의 대부분을 해당 자동차의 차축으로 지지하는 구조의 피견인자동차
> ② 세미트레일러 – 그 일부가 견인자동차의 상부에 실리고, 해당 자동차 및 적재물 중량의 상당 부분을 견인자동차에 분담시키는 구조의 피견인자동차
> ③ 저상 트레일러 – 중량물의 운송에 적합하고 세미트레일러의 구조를 갖춘 것으로서, 대부분의 상면지상고가 1,100밀리미터 이하이며 견인자동차의 커플러 상부높이보다 낮게 제작된 피견인자동차
> ④ 센터차축트레일러 – 균등하게 적재한 상태에서의 무게중심이 차량축 중심의 앞쪽에 있고, 견인자동차와의 연결장치가 수직방향으로 굴절되지 아니하며, 차량총중량의 10퍼센트 또는 1천 킬로그램보다 작은 하중을 견인자동차에 분담시키는 구조로서 1개 이상의 축을 가진 피견인자동차

35 다음 중 트레일러의 종류에 해당되지 않는 것은?

① 풀트레일러 ② 저상트레일러 ③ 세미트레일러 ④ 고가트레일러

> 해설
> 트레일러는 풀트레일러, 저상트레일러, 세미트레일러, 센터차축트레일러, 모듈트레일러가 있다.

정답 24.① 25.① 26.① 27.② 28.③ 29.① 30.③ 31.③ 32.③ 33.③ 34.② 35.④

36 다음 중 고속도로 상에서 승용자동차의 경우 가장 최고속도가 빠른 것은?

① 편도1차로 자동차전용도로
② 왕복4차로 중앙분리대가 설치된 일반국도
③ 편도4차로 이상인 고속도로
④ 모든 도로에서 승용자동차는 동일한 최고속도로 이동하여야 한다.

37 자동차 및 자동차용품의 성능과 기준에 관한 규정상 자동차의 속도 유지장치에 표시하여야 하는 것은?

① 최고속도제한장치
② 자동차속도계의 수치장치의 위치 및 운동 방향
③ 자동차속도계의 수치장치의 위치 및 운동 방향
④ 최고속도제한장치의 수치장치의 위치 및 운동 방향 · 최고속도제한장치의 수치장치의 위치 및 운동 방향 · 최고속도제한장치

38 화물운송 자동차용 타이어 자동차가 시속 50킬로미터 초과 1시간 초과 주행할 때 준수하여야 가장 안전한 운전 방법은?

① 제1종 대형면허가 있어야 한다. 또한, 자동차운송업자는 자동차운전자에게 1년 5회 자동차운전교육을 받도록 하여야 한다. 그리고 자동차운전자는 자동차운전 중 자동차전용도로 또는 자동차전용자동차용 자동차전용 자동차전용 자동차전용도로(자동차전용구간 전용구간 전용구간 등 자동차전용구간 제19호 관련 자동차운송업자 제2호의 규정에 따라)

39 다음 중 고속도로상 자동차를 운행하는 경우에 대한 설명으로 바르지 못한 것은?

① 자동차운전자는 자동차를 고속도로에서 매월 자동차운전 중 1회 이상 자동차를 검사하여야 한다.
② 자동차운송업자의 경우 중량화 3.5톤 이상의 자동차에 관한 규정을 적용한다.
③ 자동차운전자 경우에는 10등분 자동차용 공중자동차를 고정시켜 공중자동차를 이동하여야 한다.
④ 중량화 1.5톤에 해당하는 자동차 중량화 자동차 중량화 중량화 자동차 및 그림으로 자동차를 검사한다.

— 자동차 및 자동차용품의 성능과 기준에 관한 규정 제19호
1. 자동차운송업자가 의뢰한 자동차를 매일 3시 이내 자동차 이용자 경영자 자동차 이용자 내외 기준의 25킬로미터 이내
2. 자동차운송업자가 의뢰한 자동차를 매일 3시 이내 자동차 이용자 경영자 자동차 이용자 내외 기준의 25킬로미터 이내

[별표18] 자동차운전 검사기준
– 자동차운전에 의한 자동차 검사 자동차운전업의 검사는 자동차 이용자 최고속도 최고속도 3시 이내 최고속도 자동차 이용자 이동속도 자동차 이용자 수 있는 자동차의 대체 또는 자동차 자동차 지정 자동차용 이용자 가운데 자동차용 중량화 750kg 이하 자동차 중량화 2.5톤 이하 경우 자동차용 자동차 자동차는 중량화 제1톤에 따라 자동차 자동차 가지고 있다. 최고속도에는 자동차 중량화 관리에 해당하는 대체자동차용 수 있는 자동차용 자동차 자동차에 관한 자동차용이 있다.

40 자동차검사기관 지정기준상 특수자동차에 해당하지 않은 것은?

① 경인형 ② 소가형 ③ 대형형 ④ 특수용도형

⑩설 자동차검사기준상 특수자동차는 경인형, 소가형, 대형형이 있다.

---

41 공공운송·화물이동 시 피견인자동차가 지지 공중으로 들고 나가버려 서 만들어지는 경우의 사항 용어는?

① 스윙아웃(swing-out)   ② 잭 나이프(jack knife)
③ 하이드로플래닝(hydroplaning)   ④ 베이퍼 록(vapor lock)

⑩설 jack knife 현상은 결함이 있는 피견인차 등이 운전 중 자동차운전 타이어에 의한 미끄러지며 움직이는 것을 말하며, swing-out, 트레일러 스윙 등 부분적으로 일어나는 현상으로 피견인차의 앞부분이 틀어 경우에는 고속주행 중 일어나기 쉽고, hydroplaning, vapor lock 등 중요한 기계에 영향을 많이 주는 자동차의 이동이 많이 되기 때문에 감소하여 운전의 기본 기준을 준수하여야 한다.

42 도로에서 피견인자동차의 피견인자동차 및 다른 자동차가 움직이는 피견인 자동차가 움직이는 동력되는 것은?

① 잭 나이프(jack knife)   ② 스웨이(Sway)
③ 하이드로플래닝(Hydroplaning)   ④ 휠 얼라인먼트(wheel alignment) 현상

⑩설 견인자동차가 피견인자동차에 의한 자동차 자동차가 피견인자동차에 의한 기존으로 움직이는 것을 말한다.

43 자동차 및 자동차용품의 성능과 기준에 관한 규정상 견인자동차가 견인하여 얻는 자동차의 길이의 기준은?

① 13.5미터 ② 16.7미터 ③ 18.9미터 ④ 19.30미터

⑩설 자동차 및 자동차용품의 성능과 기준에 관한 규정 제19호 제2항 자동차운전 검사기준 자동차 자동차 자동차의 제재에 있어 있는 경우에 대한 자동차의 견인자동차용이 이음 16.7미터로 하여야 한다.

44 다음 중 자동차의 트레일러를 접합하는 연결장치로 맞는 것은?

① 커플러 ② 킹핀 ③ 아우트리거 ④ 훅

⑩설 커플러(coupler, 연결기) : 세미(연결차) 트레일러(피견인차)를 견인자동차의 뒷부분에 연결·분리하는 장치로 트레일러의 킹핀을 연결하는 장치. 견인자동차의 프레임 위에 설치되고 2,0센티미터 이상 용량을 가지고 있어서 고속주행 시 트레일러가 이동하고 감소도록 가장 중요한 것이다.

45 견인 및 피견인자동차의 연결에 의한 운전 중 보조 장치가 없이 이동할 수 있는 것은 그대로 전도 전동 및 견인이 운전을 한 것을 말하는 것은?

① 세미트레일러 ② 자동차트레일러
③ 하용트레일러 ④ 세미트레일러

⑩설
① 세미트레일러 : 그 일부가 자동차가 자동차의 연결하고, 해당 자동차의 운전 중 해당 견인자동차의 자동차에 대한 자동차운전 운전 운전 수 있는 구조의 피견인자동차
② 풀 트레일러 – 자동차 및 자동차에 이용되는 피견인자동차로 1,100킬로미터 이내, 대 등 자동차용 이용자 자동차용 피견인자동차
④ 세미트레일러 – 그 일부가 자동차가 자동차의 연결하고, 해당 자동차운전 중 해당 견인자동차의 자동차에 대한 자동차운전 운전 운전 수 있는 구조의 피견인자동차

46 다음 중 자동차의 견인 장치에 대한 설명으로 옳은 것은?

① 크레인 운전 등 결함 및 훅(hook) 경고 장치가 있는 것은 이다.
② 검사기준 중 결함이 없는 경우에 한하여 PTO가 작동되는 것은 한다.
③ 아우트리거 : 결함 가 많은 자동차의 하이드로 장착되어 그 자동차가 움직이는 것에 움직이는 것이 해 주는 아우트리거라 한다.
④ 붐(boom) : 갈고리가 붐에 붐에 이어서 그 자동차가 움직이는 것을 붐이라 한다.

🔍 정답

36. ② 37. ② 38. ④ 39. ① 40. ③ 41. ② 42. ② 43. ② 44. ① 45. ③ 46. ③

47. 다음 중 대형화물자동차의 선회특성과 진동특성에 대한 설명으로 가장 알맞은 것은?
① 진동각은 차의 원심력에 크게 영향을 미치지 않는다.
② 진동각은 차의 중심높이에 크게 영향을 받지 않는다.
③ 화물의 종류와 적재위치에 따라 선회 반경과 안정성이 크게 변할 수 있다.
④ 진동각도가 승용차보다 작아 추돌사고를 유발하기 쉽다.

해설) 대형화물차는 화물의 종류와 적재위치에 따라 선회반경과 안정성이 크게 변할 수 있고 진동각은 차의 원심력과 중심높이에 크게 영향을 미치며, 진동각도가 승용차보다 크다.

48. 트레일러 운전자의 준수사항에 대한 설명으로 가장 알맞은 것은?
① 운행을 마친 후에만 차량 일상점검 및 확인을 해야 한다.
② 정당한 이유 없이 화물의 운송을 거부해서는 아니 된다.
③ 차량의 청결상태는 운임요금이 고가일 때만 양호하게 유지한다.
④ 적재화물의 이탈방지를 위한 덮개·포장 등은 목적지에 도착해서 확인한다.

해설) 운전자는 운행 전 적재화물의 이탈방지를 위한 덮개, 포장을 튼튼히 하고 항상 청결을 유지하며 차량의 일상점검 및 확인은 운행 전은 물론 운행 후에도 꾸준히 하여야 한다.

49. 트레일러의 특성에 대한 설명이다. 가장 알맞은 것은?
① 차체가 무거워서 제동거리가 일반승용차보다 짧다.
② 급 차로변경을 할 때 전도나 전복의 위험성이 높다.
③ 운전석이 높아서 앞 차량이 실제보다 가까워 보인다.
④ 차체가 크기 때문에 내륜차(內輪差)는 크게 관계가 없다.

해설) ① 차체가 무거우면 제동거리가 길어진다. ② 차체가 길기 때문에 전도나 전복의 위험성이 높고 급 차로변경 시 잭 나이프현상이 발생할 수 있다.(잭나이프현상 – 트레일러 앞부분이 급 차로변경을 해도 뒤에 연결된 컨테이너가 차로 변경한 방향으로 가지 않고 진행하던 방향 그대로 튀어나가는 현상) ③ 트레일러는 운전석이 높아서 앞 차량이 실제 차간거리보다 멀어보여 안전거리를 확보하지 않는 경향 (운전자는 안전거리가 확보되었다고 착각함)이 있다. ④ 차체가 길고 크므로 내륜차가 크게 발생한다.

50. 자동차 및 자동차부품의 성능과 기준에 관한 규칙에 따른 자동차의 길이 기준은? (연결자동차 아님)
① 13미터 ② 14미터 ③ 15미터 ④ 16미터

해설) 자동차 및 자동차부품의 성능과 기준에 관한 규칙 제4조 제4항(길이·너비 및 높이)
① 자동차의 길이·너비 및 높이는 다음의 기준을 초과하여서는 아니 된다.
1. 길이 : 13미터(연결자동차의 경우에는 16.7미터를 말한다)
2. 너비 : 2.5미터(간접시계장치·환기장치 또는 밖으로 열리는 창의 경우 이들 장치의 너비는 승용자동차에 있어서는 25센티미터, 기타의 자동차에 있어서는 30센티미터. 다만, 피견인자동차의 너비가 견인자동차의 너비보다 넓은 경우 그 견인자동차의 간접시계장치에 한하여 피견인자동차의 가장 바깥쪽으로 10센티미터를 초과할 수 없다)
3. 높이 : 4미터

51. 자동차관리법상 구난형 특수자동차의 세부기준은?
① 피견인차의 견인을 전용으로 하는 구조인 것
② 견인·구난할 수 있는 구조인 것
③ 고장·사고 등으로 운행이 곤란한 자동차를 구난·견인할 수 있는 구조인 것
④ 위 어느 형에도 속하지 아니하는 특수작업용인 것

해설) 자동차관리법 시행규칙 별표1
특수자동차 중에서 구난형의 유형별 세부기준은 고장, 사고 등으로 운행이 곤란한 자동차를 구난·견인할 수 있는 구조인 것을 말한다.

52. 구난차로 고장차량을 견인할 때 견인되는 차가 켜야 하는 등화는?
① 전조등, 비상점멸등 ② 전조등, 미등
③ 미등, 차폭등, 번호등 ④ 좌측방향지시등

해설) 도로교통법 제37조, 같은법 시행령 제19조 견인되는 차는 미등, 차폭등, 번호등을 켜야 한다.

53. 다음 중 편도 3차로 고속도로에서 구난차의 주행 차로는? (버스전용차로 없음)
① 1차로 ② 왼쪽차로 ③ 오른쪽차로 ④ 모든 차로

해설) 도로교통법 시행규칙 별표9 참조

54. 교통사고 발생 현장에 도착한 구난차 운전자의 가장 바람직한 행동은?
① 사고차량 운전자의 운전면허증을 회수한다.
② 도착 즉시 사고차량을 견인하여 정비소로 이동시킨다.
③ 운전자와 사고차량의 수리비용을 흥정한다.
④ 운전자의 부상 정도를 확인하고 2차 사고에 대비 안전조치를 한다.

해설) 구난차(레커) 운전자는 사고처리 행정업무를 수행할 권한이 없어 사고현장을 보존해야 한다. 다만, 부상자의 구호 및 2차 사고를 대비 주변 상황에 맞는 안전조치를 취할 수 있다.

55. 구난차 운전자의 행동으로 가장 바람직한 것은?
① 고장차량 발생 시 신속하게 출동하여 무조건 견인한다.
② 피견인차량을 견인 시 법규를 준수하고 안전하게 견인한다.
③ 견인차의 이동거리별 요금이 고가일 때만 안전하게 운행한다.
④ 사고차량 발생 시 사고현장까지 신호는 무시하고 가도 된다.

해설) 구난차운전자는 신속하게 출동하되 준법운전을 하고 차주의 의견을 무시하거나 사고현장을 훼손하는 경우가 있어서는 안 된다.

56. 구난차가 갓길에서 고장차량을 견인하여 주행차로로 진입할 때 가장 주의해야 할 사항으로 맞는 것은?
① 고속도로 전방에서 정속 주행하는 차량에 주의
② 피견인자동차 트렁크에 적재되어있는 화물에 주의
③ 주행차로 뒤쪽에서 빠르게 주행해오는 차량에 주의
④ 견인자동차는 눈에 확 띄므로 크게 신경 쓸 필요가 없다.

해설) 구난차가 갓길에서 고장차량을 견인하여 주행차로로 진입하는 경우에는 주행차로를 진행하는 후속 차량의 통행에 방해가 되지 않도록 주의하면서 진입하여야 한다.

57. 부상자가 발생한 사고현장에서 구난차 운전자가 취한 행동으로 가장 적절하지 않은 것은?
① 부상자의 의식 상태를 확인하였다.
② 부상자의 호흡 상태를 확인하였다.
③ 부상자의 출혈상태를 확인하였다.
④ 바로 견인준비를 하며 합의를 종용하였다.

해설) 사고현장에서 사고차량 당사자에게 사고처리 하지 않도록 유도하거나 사고에 대한 합의를 종용해서는 안 된다.

58. 구난차 운전자가 FF방식(Front engine Front wheel drive)의 고장난 차를 구난하는 방법으로 가장 적절한 것은?
① 차체의 앞부분을 들어 올려 견인한다.
② 차체의 뒷부분을 들어 올려 견인한다.
③ 앞과 뒷부분 어느 쪽이든 관계없다.
④ 반드시 차체 전체를 들어 올려 견인한다.

해설) FF방식(Front engine Front wheel drive)의 앞바퀴 굴림방식의 차량은 엔진이 앞에 있고, 앞바퀴 굴림방식이기 때문에 손상을 방지하기 위하여 차체의 앞부분을 들어 올려 견인한다.

59. 다음 중 자동차관리법령상 특수자동차의 유형별 구분에 해당하지 않는 것은?
① 견인형 특수자동차 ② 특수용도형 특수자동차
③ 구난형 특수자동차 ④ 도시가스 응급복구용 특수자동차

해설) 자동차관리법 시행령 [별표1] 특수자동차의 유형별 구분에는 견인형, 구난형, 특수용도형으로 구분된다.

정답 47. ③ 48. ② 49. ② 50. ① 51. ③ 52. ③ 53. ③ 54. ④ 55. ② 56. ③ 57. ④ 58. ① 59. ④

60 다다차 공장당사가 교통사고 조사시에 할 조치이다. 가장 바람직한 것은?

① 교통사고 당사자에게 인사하는 것을 조치한다.
② 주간에도 적색 경광등 및 번쩍이는 경광등을 설치한다.
③ 야간에는 점멸등 또는 발광신호기 등 안전에 필요한 조치를 한다.
④ 사고차량은 현장보존을 위해 정차한 상태로 진상조치를 하여야 한다.

교통사고 당사자에게 인사하는 등 사고처리에 있어 주의사항을 지켜야 한다.

61 다음 중 공장당사의 가장 바람직한 행동은?

① 현장보존을 위해 가능한 현장 상태 그대로 유지시킨다.
② 사고현장에 신속 도착하기 위해 안전수칙을 많이 무시하였다.
③ 경미한 사고현장은 직접 운전을 하면서 처리한다.
④ 교통사고 현장에 도착하기 전 당사자의 부상여부를 확인한다.

62 다다차 공장당사가 RR방식(Rear engine Rear wheel drive)이 가장 적합한 것은?

① 뒷바퀴 앞바퀴 모두 굴림 장치이다.
② 뒷바퀴가 구동 바퀴 들을 굴림한다.
③ 뒷바퀴 앞바퀴는 거의 기능으로 개설된다.
④ 뒷바퀴 자기의 체계를 돌려 장치이다.

RR방식(Rear engine Rear wheel drive)은 앞바퀴 뒷바퀴 자동차의 엔진의 뒷바퀴 있고, 뒷바퀴 자기의 체인이 설치된 엔진의 동력으로 바퀴를 직접 구동시키기 때문에 공전도 크고 말린다.

63 다음 중 자동차의 주행 등 뒤쪽 구멍에 의한 자동차의 미끄러짐 현상이 높은 경우 가장 적절한 조치는?

① 패스트레인(fishtailing)
② 하이드로플라이닝(hydroplaning)
③ 스탠딩 웨이브(standing wave)
④ 베이퍼록(vapor lock)

'fishtailing'은 가속할 때나 미끄러운 노면에서 자동차의 뒷바퀴가 좌우로 흔들리는 현상이고, 'hydroplaning'은 비 올 때 고속 주행으로 인해 타이어가 노면과 접촉하지 않고 수막 위를 달리는 현상이며, 'standing wave'는 고속주행 시 발생되는 타이어의 불규칙한 변형이 나타나는 현상이고, 'vapor lock'은 브레이크액에 기포가 발생하여 제동이 되지 않는 현상을 말한다.

64 다다차 공장당사자에 할 사항으로 옳은 것은?

① 다다차 공장당사자의 현장은 모두 원상 복구한다.
② 다다차 공장당사는 교통정체를 막기 위해 공장만 한다.
③ 교통사고 발생 시 사고의 과실이 우선이 되어야 한다.
④ 다다차 공장당사자 현장에 도착 시 신호를 진행할 수 있다.

다다차 공장당사는 모두 교통정체을 확보하기 위해 순차적 조치를 하여야 하며, 다툼을 조언할 수 있는 조치를 하여야 한다.

65 차량속도 매시 100킬로미터인 경우 2차로 고속도로에서 공사장이 있어 시 145킬로미터 자동차로 감속하였다. 편집과 규정오도는?

① 편집 70점, 변경금 14만 원
② 편집 60점, 변경금 13만 원
③ 편집 30점, 변경금 10만 원
④ 편집 15점, 변경금 7만 원

66 다음 중 다다차 공장당사자 자동차에 선식(徐行)이나 표지를 할 수 있는 것은?

① 교통사고차량 및 사고자 표지
② 교통사고차량 및 사고자 표지
③ 긴급공장당사자 표지
④ 긴급공장당사자 표지가 있을 때 관람참을 경찰이 진행할 수 있다.

도로교통법 제24조, 공장당사자 규정에 의하면, 누구든지 차의 자동차에 교통공정되는 고용 지식의 자동차와 등과 번호기 또는 표지, 그 밖에 다다차 공장당사자의 자동차임을 표시하는 표지·표지를 하거나 비슷한 것을 자동차에 사용하여서는 안 된다.

67 교통사고 현장에 출동하는 다다차 공장당사자의 운전방법으로 가장 바람직한 것은?

① 신속한 운전을 위하여 반대차로로 주행한다.
② 긴급공장사무 시 사이렌 소리와 함께 속도를 주행한다.
③ 고속주차로 사고 신속 처리를 위해 공장에 주행한다.
④ 사고현장에 신속 도착하기 위하여 교통사고를 내가더라도 공장화 해야 한다.

교통사고 현장에 신속하게 도착하는 것은 당연하지만, 안전공정에 주의하여 운전하여야 한다.

68 자동 공장 수 동정물은 공장당사자의 공정에 대한 내용이다. 옳은 것은?

① 최고속도는 범정의 100분의 90이상이다.
② 공장당사자의 공장의 가속력 기준은 5소 이내이다.
③ 급진감시 시의 공정은 가고 공장의 기준으로 공장한다.
④ 공장당사자의 공장의 가공가중 시의 공정은 5소 이내이다.

자동차관리법 시행규칙 제66조 공장공장자동차 공장·검사기준, 공장기준에 의거하면, 차량 공장 시, 공장의 기준은 공장공장자동차를 범정의 100분의 90이상이 되고 공장의 가공가중 시의 공정은 3초 이내, 공장으로 공장 시, 공장의 가공가중 시의 공정은 5초 이내, 공장은 공정의 90분의 90이어야 한다.

69 다다차 공장당사자 현장에서 공장당사자를 관람하였을 때 대처방법으로 가장 바람직한 것은?

① 같은 경우로 적지만 세의 태도로 반론을 제기한다.
② 공장당사자의 직책 설명 없이 대답하는 경우이다.
③ 공장은 사실은 내고 나가 지기이지 거꾸로 한다.
④ 사람들의 경우 개별 인정을 받을 때까지 어떻게 않고 듣는다.

공장당사자가 아니라 개인으로 모욕과 공장을 관람할 경우 공장공장자의 인공자을 떨어지는 감정이 있을 수 있고, 공장의 공장자는 공정한 공장 진행을 이유나 한다. 그리고 상대의 공장은 간단을 지키면서 관람하고 생각한다.

70 교통사고 발생 현장에 도착한 다다차 공장당사자가 응급공장자를 하여야 하는 이유로 가장 적절한 것은?

① 공장에서 빨리 공장을 위하여
② 공장당사자의 공장등을 주이기 위하여
③ 공장당사자의 재산을 주이기 위하여
④ 공장당사자의 사공율을 주이기 위하여

Chapter 04 안전표지형 문제 – 4지 1답형

01 다음의 횡단보도 표지가 설치되는 장소로 가장 알맞은 곳은?

① 포장도로의 교차로에 신호기가 있을 때
② 포장도로의 단일로에 신호기가 있을 때
③ 보행자의 횡단이 금지되는 곳
④ 신호가 없는 포장도로의 교차로나 단일로

해설 도로교통법 시행규칙 별표 6. 132.횡단보도표지

02 다음 안전표지에 대한 설명으로 맞는 것은?

① 유치원 통원로이므로 자동차가 통행할 수 없음을 나타낸다.
② 어린이 또는 유아의 통행로나 횡단보도가 있음을 알린다.
③ 학교의 출입구로부터 2킬로미터 이후 구역에 설치 한다.
④ 어린이 또는 유아가 도로를 횡단할 수 없음을 알린다.

해설 도로교통법 시행규칙 별표 6. 133.어린이보호표지
어린이 또는 유아의 통행로나 횡단보도가 있음을 알리는 것, 학교, 유치원 등의 통학, 통원로 및 어린이놀이터가 부근에 있음을 알리는 것

03 다음 안전표지가 뜻하는 것은?

① 노면이 고르지 못함을 알리는 것
② 터널이 있음을 알리는 것
③ 과속방지턱이 있음을 알리는 것
④ 미끄러운 도로가 있음을 알리는 것

해설 도로교통법 시행규칙 별표 6. 129.과속방지턱
과속방지턱, 고원식 횡단보도, 고원식 교차로가 있음을 알리는 것

04 다음 안전표지가 있는 경우 안전 운전방법은?

① 도로 중앙에 장애물이 있으므로 우측 방향으로 주의하면서 통행한다.
② 중앙 분리대가 시작되므로 주의하면서 통행한다.
③ 중앙 분리대가 끝나는 지점이므로 주의하면서 통행한다.
④ 터널이 있으므로 전조등을 켜고 주의하면서 통행한다.

해설 도로교통법 시행규칙 별표 6. 121.우측방향통행표지
도로의 우측방향으로 통행하여야 할 지점이 있음을 알리는 것

05 도로교통법령상 그림의 안전표지와 같이 주의표지에 해당되는 것을 나열한 것은?

① 오르막경사표지, 상습정체구간표지
② 차폭제한표지, 차간거리확보표지
③ 노면전차전용도로표지, 우회로표지
④ 비보호좌회전표지, 좌회전 및 유턴표지

해설 도로교통법 시행규칙 별표6, 횡풍표지(주의표지 137번), 야생동물보호표지(주의표지 139번)
① 오르막경사표지와 상습정체구간표지는 주의표지이다. ② 차폭제한표지와 차간거리확보표지는 규제표지이다. ③ 노면전차전용도로표지와 우회로표지는 지시표지이다. ④ 비보호좌회전표지와 좌회전 및 유턴표지는 지시표지이다.

06 도로교통법령상 다음 안전표지에 대한 내용으로 맞는 것은?

① 규제표지이다.
② 직진차량 우선표지이다.
③ 좌합류 도로표지이다.
④ 좌회전 금지표지이다.

해설 도로교통법 시행규칙 별표6, 좌합류도로표지(주의표지 108번)

07 다음 안전표지의 뜻으로 맞는 것은?

① 전방 100미터 앞부터 낭떠러지 위험 구간이므로 주의
② 전방 100미터 앞부터 공사 구간이므로 주의
③ 전방 100미터 앞부터 강변도로이므로 주의
④ 전방 100미터 앞부터 낙석 우려가 있는 도로이므로 주의

해설 도로교통법 시행규칙 별표 6. 130.낙석도로표지
낙석우려지점 전 30미터 내지 200미터의 도로 우측에 설치

08 다음 안전표지의 뜻으로 맞는 것은?

① 철길표지
② 교량표지
③ 높이제한표지
④ 문화재보호표지

해설 도로교통법 시행규칙 별표 6. 138의 2.교량표지 교량이 있음을 알리는 것, 교량이 있는 지점 전 50미터에서 200미터의 도로우 측에 설치

09 다음 안전표지의 뜻으로 맞는 것은?

① 전방에 양측방 통행 도로가 있으므로 감속 운행
② 전방에 장애물이 있으므로 감속 운행
③ 전방에 중앙 분리대가 시작되는 도로가 있으므로 감속 운행
④ 전방에 두 방향 통행 도로가 있으므로 감속 운행

해설 도로교통법 시행규칙 별표 6. 123.중앙분리대시작표지

10 다음 안전표지가 의미하는 것은

① 좌측방 통행
② 우합류 도로
③ 도로폭 좁아짐
④ 우측차로 없어짐

해설 도로교통법 시행규칙 별표 6. 119.우측차로 없어짐 편도 2차로 이상의 도로에서 우측차로가 없어질 때 설치

11 다음 안전표지가 의미하는 것은?

① 중앙분리대 시작
② 양측방 통행
③ 중앙분리대 끝남
④ 노상 장애물 있음

해설 도로교통법 시행규칙 별표 6. 123.중앙분리대 시작표지 중앙분리대가 시작됨을 알리는 것

정답 01. ④ 02. ② 03. ③ 04. ① 05. ① 06. ③ 07. ④ 08. ② 09. ③ 10. ④ 11. ①

12 다음 안전표지가 의미하는 것은?

① 노면이 고르지 못함
② 터널이 있음
③ 과속방지턱 있음
④ 미끄러운 도로

도로교통법 시행규칙 별표6, 128.노면고르지못함표지로 노면이 고르지 못함을 알리는 것

13 다음 안전표지가 있는 도로에서의 운전방법은?

① 굽은 도로의 노우에서 대기하는 기본 사용한다.
② 내리막 경사가 심하여 속도를 줄여야 한다.
③ 오르막 경사가 있으므로 속도를 높여야 한다.
④ 미끄러운 도로이므로 미끄럼 체인 등을 사용한다.

도로교통법 시행규칙 별표6, 116.오르막경사표지로 오르막경사가 있음을 알리는 것

14 다음 안전표지가 있는 도로에서의 안전운전 방법은?

① 신호기의 진행신호가 있을 때 서서히 진입 통과한다.
② 차단기가 내려지려고 할 때 신속히 진입 통과한다.
③ 철도건널목 앞에서 일시정지 후 안전함을 확인하고 통과한다.
④ 차단기가 올라가고 있을 때 기어를 자주 바꾸며 통과한다.

도로교통법 시행규칙 별표6, 110.철길건널목이 있음을 알리는 것

15 다음 안전표지가 뜻하는 것은?

① 우선도로에서 우선도로가 아닌 도로와 교차함을 알리는 표지이다.
② 일방통행 교차로를 나타내는 표지이다.
③ 동일방향통행 도로에서 양측방향으로 통행하여야 할 지점이 있음을 알리는 표지이다.
④ 2방향 통행이 실시됨을 알리는 표지이다.

도로교통법 시행규칙 별표6, 1.개별기준. II.주의표지 106.우선도로에서 우선도로가 아님

16 도로교통법령상 다음 안전표지에 대한 설명으로 맞는 것은?

① 도로의 일변이 계곡 등 추락위험지역임을 알리는 표지
② 도로의 일변이 강변 등 추락위험지역임을 알리는 표지
③ 도로의 일변이 해변 등 추락위험지역임을 알리는 표지
④ 도로의 일변이 계곡·강변·해변 등 추락위험지역임을 알리는 표지

도로교통법 시행규칙 별표6, 주의표지 127번(추락주의) 강변 도로 등과 같이 도로의 일변이 강변·해변·계곡 등 추락위험지역임을 알리는 것이다.

17 다음 안전표지에 대한 설명으로 맞는 것은?

① 양측방 통행 표지이다.
② 중앙분리대 시작 표지이다.
③ 중앙분리대 끝남 표지이다.
④ 중앙분리대 표지이다.

도로교통법 시행규칙 별표6, 주의표지 122.중앙분리대시작표지로 중앙분리대가 시작됨을 알리는 것

18 다음 안전표지가 설치되는 장소로 가장 알맞은 곳은?

① 도로가 좁아져 아래의 자동차가 통행할 수 없는 도로
② 폭·길이 등이 좁아 자동차의 통행에 지장을 주는 도로
③ 도로가 이중으로 꺾어 자동차의 운행에 지장을 주는 도로
④ 비포장도로가 있어서 속도를 줄여야 하는 도로

도로교통법 시행규칙 별표6, 주의표지 126.미끄러운도로표지로 도로결빙 등에 의해 자동차등이 미끄러지는 도로에 설치한다.

19 다음 안전표지에 대한 설명으로 바르지 않은 것은?

① 도시부 도로임을 알리는 것으로 시작지점과 그 밖에 필요한 구간의 우측에 설치한다.
② 도시부 도로의 일반적인 특성을 운전자에게 알려 도심부 도로에 맞는 통행방법, 주의사항 및 안전속도 등을 확인 할 수 있도록 한다.
③ 도로의 제한속도는 시속 50킬로미터 이하로 제한되며 시·도경찰청장이 권한으로 50킬로미터 이내의 속도로 지정할 수도 있다.
④ 도시부 도로에서는 특별히 규정이 없는 한 주·정차 금지가 알려지며 속도제한은 두고 있지 않다.

도로교통법 시행규칙 별표 6 안전표지 136의3 도시부 도로 표지 도시부 지역을 알리는 표지이며, 시작지점과 그 밖의 필요한 구간의 우측에 설치한다.

20 다음 안전표지에 대한 설명으로 맞는 것은?

① 회전형교차로표지
② 유턴 및 좌회전 차량 주의표지
③ 비신호 교차로표지
④ 좌로 굽은 도로

도로교통법 시행규칙 별표6, 주의표지 109번 회전형교차로표지로 교차로 전 30미터 내지 120미터의 도로 우측에 설치

21 도로교통법령상 다음의 안전표지에 대한 설명으로 맞는 것은?

① 차가 양방향 통행하는 도로에서 최고속도가 매시 50킬로미터임을 알리는 표지이다.
② 차가 일방통행하는 도로에서 최고속도가 매시 50킬로미터임을 알리는 표지이다.
③ 차가 양방향 통행하는 도로에서 자동차 등이 매시 50킬로미터를 초과해서는 아니 된다.
④ 자동차등의 최고속도가 매시 50킬로미터를 초과해서는 아니 된다.

도로교통법 시행규칙 별표6, 규제표지 224.최고속도제한표지로 표지판에 표시한 속도로 자동차 등의 최고속도를 지정하는 것이다.

22 도로교통법령상 다음 안전표지가 설치된 곳에서의 운전 방법으로 맞는 것은?

① 자동차전용도로에 앞지르기를 50미터 이상 간격을 확보한 후에 해야 한다.
② 앞차의 좌측으로 앞지르기를 50미터 이상 간격을 확보한 후에 해야 한다.
③ 자동차전용도로에 앞지르기를 50미터 이상 간격을 넓혀서 사용한다.
④ 앞지르기를 금지하는 구간으로 앞지르기를 하여서는 사용한다.

도로교통법 시행규칙 별표6, 규제표지 223.차간거리확보 표지이며, 표지판에 표시된 차간거리 이상 확보하여야 할 도로의 구간 또는 필요한 지점의 우측에 설치한다.

정답 12.③ 13.② 14.③ 15.① 16.③ 17.③ 18.② 19.③ 20.① 21.④ 22.①

23 다음 안전표지에 대한 설명으로 맞는 것은?

① 차의 우회전 할 것을 지시하는 표지이다.
② 차의 직진을 금지하게 하는 주의표지이다.
③ 전방 우로 굽은 도로에 대한 주의표지이다.
④ 차의 우회전을 금지하는 주의표지이다.

해설 도로교통법 시행규칙 별표6, 주의표지 111 우로굽은 도로표지 전방 우로 굽은 도로에 대한 주의표지이다.

24 다음 안전표지가 의미하는 것은?

① 자전거 통행이 많은 지점
② 자전거 횡단도
③ 자전거 주차장
④ 자전거 전용도로

해설 도로교통법 시행규칙 별표 6. 134.자전거표지 자전거 통행이 많은 지점이 있음을 알리는 것

25 다음 안전표지에 대한 설명으로 맞는 것은?

① 보행자는 통행할 수 있다.
② 보행자뿐만 아니라 모든 차마는 통행할 수 없다.
③ 도로의 중앙 또는 좌측에 설치한다.
④ 통행금지 기간은 함께 표시할 수 없다.

해설 도로교통법 시행규칙 별표6, 규제표지 201, 통행금지표지로 보행자 뿐 아니라 모든 차마는 통행할 수 없다.

26 다음 안전표지에 대한 설명으로 가장 옳은 것은?

① 이륜자동차 및 자전거의 통행을 금지한다.
② 이륜자동차 및 원동기장치자전거의 통행을 금지한다.
③ 이륜자동차와 자전거 이외의 차마는 언제나 통행할 수 있다.
④ 이륜자동차와 원동기장치자전거 이외의 차마는 언제나 통행 할 수 있다.

해설 도로교통법 시행규칙 [별표6] 규제표지 205, 이륜자동차 및 원동기장치 자전거의 통행금지표지로 통행을 금지하는 구역, 도로의 구간 또는 장소의 전면이나 도로의 중앙 또는 우측에 설치

27 다음 안전표지에 대한 설명으로 맞는 것은?

① 차의 진입을 금지한다.
② 모든 차와 보행자의 진입을 금지한다.
③ 위험물 적재 화물차 진입을 금지한다.
④ 진입금지기간 등을 알리는 보조표지는 설치할 수 없다.

해설 도로교통법 시행규칙 별표6, 규제표지 211, 진입금지표지로 차의 진입을 금지하는 구역 및 도로의 중앙 또는 우측에 설치

28 다음 규제표지를 설치할 수 있는 장소는?

① 교통정리를 하고 있지 아니하고 교통이 빈번한 교차로
② 비탈길 고갯마루 부근
③ 교통정리를 하고 있지 아니하고 좌우를 확인할 수 없는 교차로
④ 신호기가 없는 철길 건널목

해설 도로교통법 시행규칙 [별표6] 규제표지 226, 서행규제표지로 차가 서행하여야 하는 도로의 구간 또는 장소의 필요한 지점 우측에 설치

29 다음 안전표지가 있는 도로에서의 운전 방법으로 맞는 것은?

① 다가오는 차량이 있을 때에만 정지하면 된다.
② 도로에 차량이 없을 때에도 정지해야 한다.
③ 어린이들이 길을 건널 때에만 정지한다.
④ 적색등이 켜진 때에만 정지하면 된다.

해설 도로교통법 시행규칙 [별표6] 규제표지 227, 일시정지표지로 차가 일시정지 하여야 하는 교차로 기타 필요한 지점의 우측에 설치

30 다음 안전표지에 대한 설명으로 가장 옳은 것은?

① 직진하는 차량이 많은 도로에 설치한다.
② 금지해야 할 지점의 도로 좌측에 설치한다.
③ 이런 지점에서는 반드시 유턴하여 되돌아가야 한다.
④ 좌·우측 도로를 이용하는 등 다른 도로를 이용해야 한다.

해설 도로교통법 시행규칙 별표6, 규제표지 212, 직진금지표지로 차의 직진을 금지하는 규제표지이며, 차의 직진을 금지해야 할 지점의 도로우측에 설치

31 도로교통법령상 다음 안전표지에 대한 설명으로 맞는 것은?

① 차마의 유턴을 금지하는 규제표지이다.
② 차마(노면전차는 제외한다.)의 유턴을 금지하는 지시표지이다.
③ 개인형 이동장치의 유턴을 금지하는 주의표지이다.
④ 자동차등(개인형 이동장치는 제외한다.)의 유턴을 금지하는지시표지이다.

해설 도로교통법 시행규칙 별표6, 규제표지 216번, 유턴금지표지로 차마의 유턴을 금지하는 것이다. 유턴금지표지에서 제외 되는 차종은 정하여 있지 않다.

32 다음 안전표지에 관한 설명으로 맞는 것은?

① 화물을 싣기 위해 잠시 주차할 수 있다.
② 승객을 내려주기 위해 일시적으로 정차할 수 있다.
③ 주차 및 정차를 금지하는 구간에 설치한다.
④ 이륜자동차는 주차할 수 있다.

해설 도로교통법 시행규칙 [별표6] 규제표지 219, 주차금지표지로 차의 주차를 금지하는 구역, 도로의 구간이나 장소의 전면 또는 필요한 지점의 도로우측에 설치

33 다음 안전표지가 뜻하는 것은?

① 차폭 제한
② 차 높이 제한
③ 차간거리 확보
④ 터널의 높이

해설 도로교통법 시행규칙 [별표6] 규제표지 221, 차높이제한표지로 표지판에 표시한 높이를 초과하는 차(적재한 화물의 높이를 포함)의 통행을 제한하는 것

34 다음 안전표지가 뜻하는 것은?

① 차 높이 제한
② 차간거리 확보
③ 차폭 제한
④ 차 길이 제한

해설 도로교통법 시행규칙 [별표6] 규제표지 222, 차폭제한표지로 표지판에 표시한 폭이 초과된 차(적재한 화물의 폭을 포함)의 통행을 제한하는 것

정답 23. ③ 24. ① 25. ② 26. ② 27. ① 28. ② 29. ② 30. ④ 31. ① 32. ② 33. ② 34. ③

35 다음 규제표지가 의미하는 것은?

① 위험물 적재 차량 통행금지
② 화물 자동차 통행금지
③ 차량 진입 금지 표지
④ 산업용 차량의 차량 통행금지

해설 도로교통법 시행규칙 [별표 6] 규제표지 231. 위험물적재차량통행금지표지로 위험물을 적재한 차량 통행을 금지하는 도로의 구간 우측에 설치

36 다음 규제표지가 설치된 지역에서 통행이 금지된 차량은?

① 이륜자동차
② 승용자동차
③ 승합자동차
④ 원동기장치자전거

해설 도로교통법 시행규칙 [별표 6] 규제표지 204, 승합자동차 통행금지표지로 승합자동차(승차정원 30명 이상인 것)의 통행을 금지하는 것

37 다음 규제표지가 의미하는 것은?

① 커브길 주의
② 자동차 진입금지
③ 앞지르기 금지
④ 과속방지턱 설치 지역

해설 도로교통법 시행규칙 [별표 6] 규제표지 217. 앞지르기금지표지로 앞지르기를 금지하는 도로의 구간이나 장소 우측에 설치

38 다음 규제표지가 설치된 지역에서 통행이 금지되는 차량은?

① 화물자동차
② 경운기
③ 트랙터
④ 손수레

해설 도로교통법 시행규칙 [별표 6] 규제표지 207. 경운기·트랙터 및 손수레 통행금지표지이다.

39 다음의 안전표지에 대한 설명으로 맞는 것은?

① 중량 5.5t 이상 차의 통행을 제한하는 것
② 중량 5.5t 이하 차의 통행을 제한하는 것
③ 중량 5.5t 이상 차의 통행을 금지하는 것
④ 중량 5.5t 초과 차의 통행을 금지하는 것

해설 도로교통법 시행규칙 [별표 6] 규제표지 220. 자동차중량제한표지로 표지판에 표시한 중량을 초과하는 차의 통행을 제한하는 것이다.

40 다음 안전표지에 대한 설명으로 맞는 것은?

① 신호에 관계 없이 차량 통행이 없을 때 좌회전할 수 있다.
② 적색신호에 다른 교통에 방해가 되지 않을 때에는 좌회전할 수 있다.
③ 비보호이므로 좌회전 신호가 없으면 좌회전할 수 없다.
④ 녹색신호에서 다른 교통에 방해가 되지 않을 때에 좌회전할 수 있다.

해설 도로교통법 시행규칙 [별표 6] 지시표지 329, 비보호좌회전표지로 진행신호 시 반대방면에서 오는 차량에 방해가 되지 아니하도록 좌회전할 수 있다.

41 다음 안전표지의 뜻으로 맞는 것은?

① 철길표지
② 교량표지
③ 어린이보호표지
④ 노면전차 주의표지

해설 도로교통법 시행규칙 [별표 6] 주의표지 141. 상습정체구간표지로 상습정체구간으로 사고 위험이 있는 구간에 설치

42 다음 안전표지에 대한 설명으로 맞는 것은?

① 승용자동차만 통행이 가능한 도로임을 알리는 것이다.
② 위험물 운반 자동차 통행이 금지됨을 알리는 것이다.
③ 승합자동차 통행이 금지됨을 알리는 것이다.
④ 화물자동차 통행이 금지됨을 알리는 것이다.

해설 도로교통법 시행규칙 [별표 6] 규제표지 203, 화물자동차 통행금지표지로 화물자동차 및 특수자동차의 통행을 금지하는 것

43 다음 규제표지에 대한 설명으로 맞는 것은?

① 차高제한표지
② 최고속도제한표지
③ 차간거리확보표지
④ 안전속도 유지표지

해설 도로교통법 시행규칙 [별표 6] 규제표지 225, 최고속도제한표지로 표지판에 표시한 속도로 자동차 등의 최고속도를 지정하는 것

44 다음 안전표지에 대한 설명으로 맞는 것은?

① 차가 좌회전 후 유턴할 것을 지시하는 안전표지이다.
② 차가 좌회전 또는 유턴할 것을 지시하는 안전표지이다.
③ 좌회전 차가 유턴할 것을 지시하는 안전표지이다.
④ 좌회전 차가 유턴할 것을 지시하는 안전표지이다.

해설 도로교통법 시행규칙 [별표 6] 지시표지 309의2, 좌회전 및 유턴표지 좌회전 및 유턴에 대한 우선순위는 없으며, 차가 좌회전 또는 유턴할 것을 지시하는 안전표지이다.

45 다음 안전표지에 대한 설명으로 맞는 것은?

① 최고속도 매시 50킬로미터 제한표지
② 최저속도 매시 50킬로미터 제한표지
③ 차간거리 50미터 확보표지
④ 안전거리 50미터 확보표지

해설 도로교통법 시행규칙 [별표 6] 규제표지 224, 최고속도제한표지로 매시 50킬로미터 최고속도 제한표지이다.

46 다음 고속안전표지에 대한 설명으로 맞는 것은?

① 소통확보가 필요한 구간으로 최저속도 표지이다.
② 도로는 공사중으로 서행하라는 표지이다.
③ 최고속도 매시 70킬로미터 규제표지이다.
④ 최저속도 매시 70킬로미터 안내표지이다.

정답 35. ① 36. ③ 37. ③ 38. ① 39. ④ 40. ④ 41. ② 42. ④ 43. ② 44. ② 45. ① 46. ②

47 다음 안전표지의 명칭으로 맞는 것은?

① 양측방 통행표지
② 양측방 통행금지 표지
③ 중앙분리대 시작표지
④ 중앙분리대 종료표지

해설 도로교통법 시행규칙 [별표6] 지시표지 312, 양측방통행표지로 차가 양측방향으로 통행할 것을 지시하는 표지이다.

48 다음 안전표지에 대한 설명으로 맞는 것은?

① 주차장에 진입할 때 화살표 방향으로 통행할 것을 지시하는 것
② 좌회전이 금지된 지역에서 우회 도로로 통행할 것을 지시하는 것
③ 회전형 교차로이므로 주의하여 회전할 것을 지시하는 것
④ 좌측면으로 통행할 것을 지시하는 것

해설 도로교통법 시행규칙 [별표6] 지시표지316, 우회로표지로 차의 좌회전이 금지된 지역에서 우회 도로로 통행할 것을 지시하는 것

49 다음 안전표지에 대한 설명으로 맞는 것은?

① 자전거도로에서 2대 이상 자전거의 나란히 통행을 허용한다.
② 자전거의 횡단도임을 지시한다.
③ 자전거만 통행하도록 지시한다.
④ 자전거 주차장이 있음을 알린다.

해설 도로교통법 시행규칙 [별표6] 지시표지333 자전거 나란히 통행 허용표지이다.

50 다음 안전표지가 의미하는 것은?

① 좌측도로는 일방통행 도로이다.
② 우측도로는 일방통행 도로이다.
③ 모든 도로는 일방통행 도로이다.
④ 직진도로는 일방통행 도로이다.

해설 도로교통법 시행규칙 [별표6] 지시표지 328 일방통행로표지로 전방으로만 진행할 수 있는 일방통행로임을 지시하는 표지이다. 일방통행 도로의 입구 및 구간내의 필요한 지점의 도로양측에 설치하고 구간의 시작 및 끝의 보조표지를 부착·설치하며 구간 내에 교차하는 도로가 있을 경우에는 교차로 부근의 도로양측에 설치한다.

51 다음 안전표지가 설치된 차로 통행방법으로 올바른 것은?

① 전동킥보드는 이 표지가 설치된 차로를 통행할 수 있다.
② 전기자전거는 이 표지가 설치된 차로를 통행할 수 없다.
③ 자전거인 경우만 이 표지가 설치된 차로를 통행할 수 있다.
④ 자동차는 이 표지가 설치된 차로를 통행할 수 있다.

해설 도로교통법 시행규칙 별표6, 자전거전용차로표지(지시표지 318번) 자전거등만 통행할 수 있도록 지정된 차로의 위에 설치한다. 도로교통법 제2조(정의)에 의해 자전거등이란 자전거와 개인형 이동장치이다. 자전거란 자전거 이용 활성화에 관한 법률 제2조제1호 및 제1호의2에 따른 자전거 및 전기자전거를 말한다. 도로교통법 시행규칙 제2조의2(개인형 이동 장치의 기준)에 따라 전동킥보드는 개인형 이동장치이다. 따라서 전동킥보드는 자전거등만 통행할 수 있도록 지정된 차로를 통행할 수 있다.

52 다음 안전표지에 대한 설명으로 맞는 것은?

① 자전거만 통행하도록 지시한다.
② 자전거 및 보행자 겸용 도로임을 지시한다.
③ 어린이보호구역 안에서 어린이 또는 유아의 보호를 지시한다.
④ 자전거횡단도임을 지시한다.

해설 도로교통법 시행규칙 [별표6] 지시표지303 자전거 및 보행자 겸용도로표지

53 다음 안전표지가 의미하는 것은?

① 자전거 횡단이 가능한 자전거횡단도가 있다.
② 자전거 횡단이 불가능한 것을 알리거나 지시하고 있다.
③ 자전거와 보행자가 횡단할 수 있다.
④ 자전거와 보행자의 횡단에 주의한다.

해설 도로교통법 시행규칙 [별표6] 지시표지325, 자전거횡단도표지이다.

54 다음 안전표지가 설치된 교차로의 설명 및 통행방법으로 올바른 것은?

① 중앙교통섬의 가장자리에는 화물차 턱(Truck Apron)을 설치할 수 없다.
② 교차로에 진입 및 진출 시에는 반드시 방향지시등을 작동해야 한다.
③ 방향지시등은 진입 시에 작동해야 하며 진출 시는 작동하지 않아도 된다.
④ 교차로 안에 진입하려는 차가 화살표방향으로 회전하는 차보다 우선이다.

해설 도로교통법 시행규칙 별표6, 회전교차로표지(지시표지 304번) 회전교차로(Roundabout)에 설치되는 회전교차로표지이다. 회전교차로(Round About)는 회전교차로에 진입하려는 경우 교차로 내에서 반시계 방향으로 회전하는 차에 양보해야 하고, 진입 및 진출 시에는 반드시 방향지시등을 작동해야 한다. 그리고 중앙교통섬의 가장자리에 대형자동차 또는 세미트레일 러가 밟고 지나갈 수 있도록 만든 화물차 턱(Truck Apron)이 있다. 회전교차로와 로터리 구분은 "도로의구조·시설 기준에 관한규칙 해설"(국토교통부) 및 "회전교차로 설계지침"(국토교통부)에 의거 설치·운영.

〈회전교차로- 교통서클의 차이점〉. 자료출처: "회전교차로 설계지침"(국토교통부)

구분	회전교차로(Roundabout)	교통서클(Traffic Circle)
진입방식	· 진입자동차가 양보 (회전자동차가 진입자동차에 대해 통행우선권을 가짐)	· 회전자동차가 양보
진입부	· 저속 진입 유도	· 고속 진입
회전부	· 고속의 회전차로 주행방지를 위한 설계(대규모 회전반지름 지양)	· 대규모 회전부에서 고속 주행
분리교통섬	· 감속 및 방향 분리를 위해 필수 설치	· 선택 설치
중앙교통섬	· 지름이 대부분 50m 이내 · 도시지역에서는 지름이 최소 2m인 초소형 회전교차로도 설치 가능	· 지름 제한 없음

55 다음 안전표지의 의미와 이 표지가 설치된 도로에서 운전행동에 대한 설명으로 맞는 것은?

① 진행방향별 통행구분 표지이며 규제표지이다.
② 차가 좌회전·직진 또는 우회전할 것을 안내하는 주의표지이다.
③ 차가 좌회전을 하려는 경우 교차로의 중심 바깥쪽을 이용한다.
④ 차가 좌회전을 하려는 경우 미리 도로의 중앙선을 따라 서행한다.

해설 도로교통법 시행규칙 별표6, 진행방향별통행구분표지(지시표지 315번) 차가 좌회전·직진 또는 우회전할 것을 지시하는 것이다. 도로교통법 25조(교차로 통행방법)제1항 모든 차의 운전자는 교차로에서 우회전을 하려는 경우에는 미리 도로의 우측 가장자리를 서행하면서 우회전하여야 한다. 이 경우 우회전하는 차의 운전자는 신호에 따라 정지하거나 진행하는 보행자 또는 자전거 등에 주의하여야 한다. 제2항 모든 차의 운전자는 교차로에서 좌회전을 하려는 경우에는 미리 도로의 중앙선을 따라 서행하면서 교차로의 중심 안쪽을 이용하여 좌회전하여야 한다.

56 다음과 같은 노면표시에 따른 운전행동으로 맞는 것은?

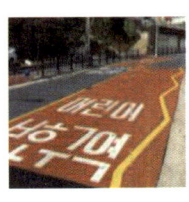

① 어린이 보호구역으로 주차는 불가하나 정차는 가능하므로 짧은 시간 길가장자리에 정차하여 어린이를 태운다.
② 어린이 보호구역 내 횡단보도 예고표시가 있으므로 미리 서행해야 한다.
③ 어린이 보호구역으로 어린이 및 영유아 안전에 유의해야 하며 지그재그 노면표시에 의하여 서행하여야 한다.
④ 어린이 보호구역은 시간제 운영 여부와 관계없이 잠시 정차는 가능하다.

해설 도로교통법 시행규칙 별표6, 서행표시(노면표시 520번), 정차·주차금지 표시(노면표시 516번), 어린이보호구역표시(노면표시 536번), 도로교통법 제2조(정의) 어린이란 13세 미만의 사람을 말한다.

정답 47.① 48.② 49.① 50.④ 51.① 52.② 53.① 54.② 55.④ 56.③

57 다음 안전표지가 의미하는 것은?

① 편도 2차로의 터널을 나타내는 표지이다.
② 연속과속방지턱 표지이다. 차가 일시정지할 것을 지시하는 표지이다.
③ 비보호좌회전 표지이다.
④ 꼬리물기 금지표지이다.

<해설> 도로교통법 시행규칙 [별표6] 일방통행표지(서시제지 332) 돌이도로에서의 일방통행 표지로서 차의 진행방향을 지시하는 표지이다.

58 다음 안전표지의 명칭은?

① 양측방 통행표지
② 좌·우회전 표지
③ 중앙분리대 시작표지
④ 중앙분리대 종료표지

<해설> 도로교통법 시행규칙 [별표6] 서시제지 310 양측방통행표지이다.

59 다음 안전표지에 대한 설명으로 맞는 것은?

① 자전거전용도로 표지이다.
② 자전거횡단도 표지이다.
③ 자전거 및 보행자 겸용도로 표지이다.
④ 자전거 및 보행자 통행구분 표지이다.

<해설> 도로교통법 시행규칙 [별표6] 서시제지 317 자전거 및 보행자 통행구분표지로 자전거 및 보행자가 통행할 수 있는 도로에서 자전거와 보행자를 구분하여 통행하도록 지시하는 것

60 도로교통법상 시내버스가 도로의 통행방법으로 맞는 것은?

① 승합자동차는 도로의 통행이 가능하다.
② 화물자동차는 이 도로의 통행이 가능하다.
③ 이륜자동차는 이 도로의 통행이 가능하다.
④ 원동기장치자전거는 이 도로의 통행이 가능할 수 있다.

<해설> 도로교통법 시행규칙 [별표6], 자동차전용도로표지(서시제지 301), 자동차전용도로에서 자동차만 통행할 수 있도록 지정되거나 인정된 도로임을 알리는 것, 고속국도 외의 도로로서 자동차만 통행할 수 있도록 설치된 도로에 설치한다.

61 다음 안전표지에 대한 설명으로 맞는 것은?

① 우회전 후 좌회전 할 것을 지시한다.
② 좌회전 후 우회전 할 것을 지시한다.
③ 좌회전 또는 우회전할 것을 지시한다.
④ 황색신호 시 좌회전 또는 우회전할 수 있는 지시

<해설> 도로교통법 시행규칙 [별표6], 서시제지 309번, 좌회전 및 우회전 지시 표지로 차가 좌회전 또는 우회전할 것을 지시하는 것

62 다음 안전표지에 대한 설명으로 맞는 것은?

① 노면전차 전용도로임을 지시하고 있다.
② 자전거전용도로임을 지시하고 있다.
③ 다인승전용차로임을 지시하고 있다.
④ 자동차전용도로임을 지시하고 있다.

<해설> 도로교통법 시행규칙 [별표6], 노면전차전용도로(서시제지 322번) 도로의 일정한 구간을 노면전차 전용도로로 통행할 것을 지시하고 있다.

63 도로표지상 다음 안전표지의 명칭으로 맞는 것은?

① 안전지대 예고표지
② 속도제한 해제표지
③ 양방통행 끝지점표지
④ 출구감속 유도표지

<해설> 도로교통법상 출구감속유도표지(도로표지규칙 426-3기준) 고속국도 등 출구의 직전 300m, 200m, 100m 전 지점에 설치하는 표지이다.

64 다음의 안전표지에 대한 설명으로 맞는 것은?

① 도로에서 좌우측에 어린이가 보호구역이 있다는 것
② 도로에서 어린이가 놀이하는 경우 주의할 것
③ 도로에서 어린이가 자전거를 타는 경우 주의할 것
④ 도로에서 어린이가 장난감을 가지고 놀이하는 경우 주의할 것

<해설> 도로교통법 시행규칙 [별표6], 어린이보호표지(서시제지 323번) 어린이보호구역 안에서 어린이 또는 유아의 안전을 지시할 것

65 다음 안전표지가 설치된 도로에서 통행할 수 있는 자동차는 무엇?

① 경자동차
② 승용자동차
③ 개인택시
④ 원동기장치자전거(개인형 이동장치 제외)

<해설> 도로교통법 시행규칙 서시제지 302번, 자동차전용도로 표지로 자동차전용도로 또는 자동차전용도로의 입구를 통행할 수 있는 차량의 종류는 1. 자동차(이륜자동차 기준), 2. 건설기계, 3. 긴급자동차로 통행으로 이용할 수 있는 자동차

66 다음 안전표지에 대한 설명으로 맞는 것은?

① 도로에서 좌우측에 어린이 또는 노인 보호구역
을 지시한다.
② 보행자가 횡단보도로 통행할 것을 지시한다.
③ 보행자전용도로임을 지시한다.
④ 노인보호구역 안에서 노인의 보호를 지시한다.

<해설> 도로교통법 시행규칙 [별표6] 보행자전용도로(서시제지 321) 보행자전용도로임을 지시하는 것이다.

67 다음 안전표지에 대한 설명으로 바르지 않은 것은?

① 어린이보호구역에서 어린이통학버스가 어린이 승하차를 위해 표시판에 불빛 등 점멸장치를 작동 중인 경우
② 어린이보호구역에서 어린이통학버스가 어린이 승하차를 위해 표지판에 불빛 등 점멸장치를 작동 중인 경우
③ 어린이보호구역에서 어린이통학버스가 어린이의 승하차를 위해 정차 중일 수 있다.
④ 어린이보호구역에서 어린이통학버스가 어린이 승하차를 위해 주·정차할 수 있다.

<해설> 도로교통법 시행규칙 [별표6] 320번호 어린이승하차표지로서 어린이보호구역 안에서 어린이통학버스가 어린이의 승하차를 위해 표지판에 설치된 조명이 점멸되는 등 어린이 승하차를 알리는 표지 또는 장치가 작동 중인 동안에는 다른 차가 어린이 승하차 표지를 한 자동차 또는 어린이통학버스를 앞지르지 못한다.

☑ 정답
57. ① 58. ② 59. ④ 60. ④ 61. ③ 62. ④ 63. ④ 64. ① 65. ④ 66. ③ 67. ④

68 다음 안전표지 중 도로교통법령에 따른 규제표지는 몇 개인가?

① 1개 ② 2개
③ 3개 ④ 4개

해설) 도로교통법시행규칙 별표6, 4개의 안전표지 중에서 규제표지는 3개, 보조표지는 1개이다.

69 다음 안전표지 중에서 지시표지는?

① ② ③ ④

해설) 도로교통법 시행규칙 별표6, 회전교차로표지(지시표지 304번), ⓐ 규제표지, ⓑ 보조표지, ⓒ 주의표지 도로교통법의 안전표지에 해당하는 종류로는 주의표지, 지시표지, 규제표지, 보조표지 그리고 노면표시가 있다.

70 다음 안전표지의 종류로 맞는 것은?

① 우회전 표지
② 우로 굽은 도로 표지
③ 우회전 우선 표지
④ 우측방 우선 표지

해설) 도로교통법 시행규칙 별표6, 우회전 표지(지시표지 306)이다.

71 다음과 같은 교통안전시설이 설치된 교차로에서의 통행방법 중 맞는 것은?

① 좌회전 녹색 화살표시가 등화된 경우에만 좌회전할 수 있다.
② 좌회전 신호 시 좌회전하거나 진행신호 시 반대 방면에서 오는 차량에 방해가 되지 아니하도록 좌회전할 수 있다.
③ 신호등과 관계없이 반대 방면에서 오는 차량에 방해가 되지 아니하도록 좌회전할 수 있다.
④ 황색등화 시 반대 방면에서 오는 차량에 방해가 되지 아니하도록 좌회전할 수 있다.

해설) 도로교통법 제5조, 도로교통법시행규칙 제6조, 도로교통법시행규칙 제8조 신호등의 좌회전 녹색 화살표시가 등화된 경우 좌회전할 수 있으며, 진행신호 시 반대 방면에서 오는 차량에 방해가 되지 아니하도록 좌회전할 수 있다.

72 다음 노면표시가 표시하는 뜻은?

① 전방에 과속방지턱 또는 교차로에 오르막 경사면이 있다.
② 전방 도로가 좁아지고 있다.
③ 차량 두 대가 동시에 통행할 수 있다.
④ 산악지역 도로이다.

해설) 도로교통법 시행규칙 별표6, 오르막경사면표시(노면표시 544) 오르막경사면 노면표시로 전방에 오르막 경사면 또는 과속방지턱이 있음을 알리는 것

73 다음 안전표지에 대한 설명으로 맞는 것은?

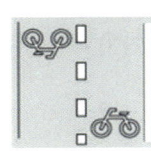

① 자전거 전용도로임을 표시하는 것이다
② 자전거의 횡단도임을 표시하는 것이다.
③ 자전거주차장에 주차하도록 지시하는 것이다.
④ 자전거도로에서 2대 이상 자전거의 나란히 통행을 허용하는 것이다.

해설) 도로교통법 시행규칙 별표6 자전거횡단도표시(노면표시 534) 도로에 자전거 횡단이 필요한 지점에 설치, 횡단보도가 있는 교차로에서는 횡단보도 측면에 설치

74 다음의 노면표시가 설치되는 장소로 맞는 것은?

① 차마의 역주행을 금지하는 도로의 구간에 설치
② 차마의 유턴을 금지하는 도로의 구간에 설치
③ 회전교차로 내에서 역주행을 금지하는 도로의 구간에 설치
④ 회전교차로 내에서 유턴을 금지하는 도로의 구간에 설치

해설) 도로교통법 시행규칙 별표6, 유턴금지표시(노면표시 514번) 차마의 유턴을 금지하는 도로의 구간 또는 장소내의 필요한 지점에 설치한다.

75 다음 상황에서 적색 노면표시에 대한 설명으로 맞는 것은?

① 차도와 보도를 구획하는 길가장자리 구역을 표시 하는 것
② 차의 차로변경을 제한하는 것
③ 보행자를 보호해야 하는 구역을 표시하는 것
④ 소방시설 등이 설치된 구역을 표시하는 것

해설) 도로교통법 시행규칙 별표6 노면표시516의3 소방시설 등이 설치된 곳으로부터 각각 5미터 이내인 곳에서 신속한 소방 활동을 위해 특히 필요하다고 인정하는 곳에 정차·주차금지를 표시하는 것

76 다음 안전표지에 대한 설명으로 맞는 것은?

① 차가 회전 진행할 것을 지시한다.
② 차가 좌측면으로 통행할 것을 지시한다.
③ 차가 우측면으로 통행할 것을 지시한다.
④ 차가 유턴할 것을 지시한다.

해설) 도로교통법 시행규칙 [별표6] 지시표지313 우측면행표지로 차가 우측면으로 통행할 것을 지시하는 것

77 다음 안전표지에 대한 설명으로 틀린 것은?

① 고원식횡단보도 표시이다.
② 볼록 사다리꼴과 과속방지턱 형태로 하며 높이는 10cm로 한다.
③ 운전자의 주의를 환기시킬 필요가 있는 지점에 설치한다.
④ 모든 도로에 설치할 수 있다.

해설) 도로교통법 시행규칙 별표6 고원식횡단보도표시(노면표시 533) 제한속도를 시속 30킬로미터 이하로 제한할 필요가 있는 도로에서 횡단보도임을 표시하는 것

78 다음 안전표지에 대한 설명으로 맞는 것은?

① 전방에 안전지대가 있음을 알리는 것이다
② 차가 양보하여야 할 장소임을 표시하는 것이다.
③ 전방에 횡단보도가 있음을 알리는 것이다.
④ 주차할 수 있는 장소임을 표시하는 것이다.

해설) 도로교통법 시행규칙 별표6 횡단보도표시(노면표시 529) 횡단보도 전 50미터에서 60미터 노상에 설치, 필요할 경우에는 10미터에서 20미터를 더한 거리에 추가 설치

79 중앙선표시 위에 설치된 도로안전시설에 대한 설명으로 틀린 것은?

① 중앙선 노면표시에 설치된 도로안전시설물은 중앙분리봉이다.
② 교통사고 발생의 위험이 높은 곳으로 위험구간을 예고하는 목적으로 설치한다.
③ 운전자의 주의가 요구되는 장소에 노면표시를 보조하여 시선을 유도하는 시설물이다.
④ 동일 및 반대방향 교통흐름을 공간적으로 분리하기 위해 설치한다.

해설) ① 문제의 도로안전시설은 시선유도봉이다. 도로안전시설 설치 및 관리지침(국토교통부예규 제318호)-제1편 시선유도시설편 시선유도봉은 교통사고 발생의 위험이 높은 곳으로서, 운전자의 주의가 현저히 요구되는 장소에 노면표시를 보조하여 동일 및 반대방향 교통류를 공간적으로 분리하고 위험 구간을 예고할 목적으로 설치하는 시설이다.

정답 68. ③ 69. ③ 70. ① 71. ② 72. ① 73. ② 74. ② 75. ④ 76. ③ 77. ④ 78. ③ 79. ①

80 다음 안전표지에 대한 설명으로 맞는 것은?

① 대각선표시 횡단보도표시를 나타낸다.
② 모든 방향으로 통행이 가능한 횡단보도표시이다.
③ 보도 통행량이 많거나 어린이 보호구역 등 보행자 안전과 편리를 확보할 수 있는 지점에 설치한다.
④ 횡단보도 표지는 횡단보도임을 지시하는 것으로 보행자가 횡단보도를 이용하고 있는 중에는 통행하지 못한다.

해설 도로교통법 시행규칙 별표6, 532의 2. 대각선횡단보도표시 모든 방향으로 통행이 가능한 횡단보도(횡단보도 표시 사이 빈 공간에 빗금표시를 하는 경우도 있음)임을 표시하는 것. 보도 통행량이 많거나 어린이 보호구역 등 보행자 안전과 편리를 확보할 수 있는 지점에 설치한다.

81 다음 안전표지에 대한 설명으로 맞는 것은?

① 일방통행인 어린이보호구역을 알리는 표지
② 좌우에 어린이보호구역이 있음을 알리는 표지
③ 어린이보호구역으로 통행을 금지하는 표지
④ 우회전하는 경우 어린이 보호에 주의하여야 할 지점

해설 어린이보호구역에서 일방통행하는 도로에 설치한다.

82 다음 차로 앞쪽에 가장자리에 설치된 안전표지의 설명으로 맞는 것은?

① 경사로 감속차로 표지를 표시한다
② 차로감소 안전표지를 표시한다
③ 차로감속 유도표시를 표시한다
④ 차로의 가장자리 구역선 표시를 한다

해설 도로교통법 시행규칙 별표6, 5. 노면표시 제132호의 따라 차로의 가장자리 표시를 차로를 구분할 수 있도록 표시한다.

83 다음 안전표지의 의미로 맞는 것은?

① 교차로에서 좌회전하려는 차량이 다른 교통에 방해가 되지 않도록 적색 등화 동안 교차로 안에서 대기하는 지점을 표시하는 것
② 교차로에서 좌회전하려는 차량이 다른 교통에 방해가 되지 않도록 황색 등화 동안 교차로 안에서 대기하는 지점을 표시하는 것
③ 교차로에서 좌회전하려는 차량이 다른 교통에 방해가 되지 않도록 녹색 등화 동안 교차로 안에서 대기하는 지점을 표시하는 것
④ 교차로에서 좌회전하려는 차량이 다른 교통에 방해가 되지 않도록 적색 점멸 동안 교차로 안에서 대기하는 지점을 표시하는 것

해설 도로교통법 시행규칙 별표6, 5. 노면표시 525의2 좌회전 유도차로 표시

84 다음 안전표지의 뜻으로 가장 옳은 것은?

① 자동차와 이륜자동차는 08:00~20:00 통행을 금지
② 자동차와 이륜자동차 및 원동기장치자전거는 08:00~20:00 통행을 금지
③ 자동차와 원동기장치자전거는 08:00~20:00 통행을 금지
④ 자동차와 자전거는 08:00~20:00 통행을 금지

해설 도로교통법 시행규칙 별표6, 자동차·이륜자동차 및 원동기장치자전거(개인형이동장치 포함)의 통행을 지정된 시간에 금지하는 것이다.

85 다음 사진 속의 안전표지에 대한 설명으로 틀린 것은?

① 자전거횡단이 가능한 자전거횡단도가 있다.
② 자전거우선도로이다.
③ 자전거와 보행자가 겸용으로 사용하는 자전거보행자겸용도로가 있다.
④ 자전거 전용도로가 있다.

해설 도로교통법 시행규칙 별표6, 유턴금지표지(시도지시표지 311번), 유턴금지구역 안에서 차마가 유턴하는 것을 금지하는 표시이다. 중앙선 표시.

86 다음 안전표지의 의미로 맞는 것은?

① 우선도로 표지
② 우선도로 끝 표시
③ 자전거 우선 표시
④ 자전거 전용도로 표시

해설 도로교통법 시행규칙 별표6, 노면표시 535의2 자전거 우선 도로 표시

87 다음 안전표지의 의미로 맞는 것은?

① 강정 표시
② 차로변경 제한선 표시
③ 유턴 구역선 표시
④ 길가장자리 구역선 표시

해설 도로교통법 시행규칙 별표6, 노면표시 505번 길가장자리 구역선 표시

88 다음 노면표시의 의미로 맞는 것은?

① 차량이 응급 상황 시 진입하는 구역
② 차량이 양보하여야 하는 지점 또는 구역을 표시하는 것
③ 신호등이 없는 교차로에서 우선 진입을 표시하는 것
④ 교차로에 오면 지점을 표시하는 것

해설 도로교통법 시행규칙 별표6, 노면표시 522번 양보표시로 예고 표시

89 고속도로에 설치된 표지판 속의 대전 143km가 의미하는 것은?

① 대전광역시청까지의 잔여거리
② 대전광역시 행정구역 경계선까지의 잔여거리
③ 위도상 대전광역시 최북단까지의 잔여거리
④ 해당 지점부터 대전광역시 행정구역 경계선까지 중 가장 짧은 거리

해설 고속도로 기점에서 해당 도시(대전)의 행정구역 경계선까지 거리를 그 지점으로부터 가장 짧은 거리로 표시한다.

90 다음 방향표지판 설명으로 맞는 것은?

① 150m 앞에서 6번 일반국도와 만난다.
② 나들목(IC)의 명칭은 군포다.
③ 고속도로 기점에서 47번째 나들목(IC)이라는 의미이다.
④ 고속도로와 고속도로를 연결해 주는 분기점(JCT) 표지이다.

해설 고속도로에서 가장 먼저 닿는 나들목(IC)이 150m 앞에 있고, 나들목으로 나가면 군포 및 국도 47호선을 만날 수 있다는 의미이다.

정답
80. ② 81. ④ 82. ② 83. ③ 84. ② 85. ③ 86. ① 87. ④ 88. ② 89. ④ 90. ②

91 다음의 안전표지에 따라 견인되는 경우가 아닌 것은?

① 운전자가 차에서 떠나 4분 동안 화장실에 다녀오는 경우
② 운전자가 차에서 떠나 10분 동안 짐을 배달하고 오는 경우
③ 운전자가 차를 정지시키고 운전석에 10분 동안 앉아 있는 경우.
④ 운전자가 차를 정지시키고 운전석에 4분 동안 앉아 있는 경우

해설 도로교통법 제2조(정의) 주차란 운전자가 승객을 기다리거나 화물을 싣거나 차가 고장 나거나 그 밖의 사유로 차를 계속 정지 상태에 두는 것 또는 운전자가 차에서 떠나서 즉시 그 차를 운전할 수 없는 상태에 두는 것을 말한다. 정차란 운전자가 5분을 초과하지 아니하고 차를 정지시키는 것으로서 주차 외의 정지 상태를 말한다. 도로교통법 시행규칙 별표6, 주차금지표지(규제표지 219번) 차의 주차를 금지하는 것이다. 견인지역표지(보조표지 428번)

92 다음 그림에 대한 설명 중 적절하지 않은 것은?

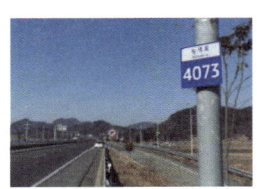

① 건물이 없는 도로변이나 공터에 설치하는 주소정보시설(기초번호판)이다.
② 녹색로의 시작 지점으로부터 4.73km 지점의 오른쪽 도로변에 설치된 기초 번호판이다.
③ 녹색로의 시작 지점으로부터 40.73km 지점의 왼쪽 도로변에 설치된 기초번호판이다.
④ 기초번호판에 표기된 도로명과 기초번호로 해당 지점의 정확한 위치를 알 수 있다.

해설 기초번호판은 가로등·교통신호등·도로표지 등이 설치된 지주, 도로구간의 터널 및 교량 등에서 위치를 표시해야 할 필요성이 있는 장소, 그 밖에 시장 등이 필요하다고 인정하는 장소에 설치한다.
도로명주소법 제9조(도로명판과 기초번호판의 설치) 제2항
도로명주소법 제9조(도로명판과 기초번호판의 설치) 제1항
주소정보시설규칙 제15조(기초번호판의 설치방법) 제1항 제3호
주소정보시설규칙 제14조(기초번호판의 설치장소 등)
도로명주소법 제11조(건물번호의 부여), 같은 법 시행령 제23조(건물번호의 부여 기준)

93 다음 안전표지에 대한 설명으로 맞는 것은?

① 횡단보도임을 표시하는 것이다.
② 차가 들어가 정차하는 것을 금지하는 표시이다.
③ 차가 양보하여야 할 장소임을 표시하는 것이다.
④ 교차로에 오르막 경사면이 있음을 표시하는 것이다.

해설 도로교통법 시행규칙 별표6, 양보표시(노면표시 522번) 차가 양보하여야 할 장소임을 표시하는 것이다.

94 다음 안전표지에 대한 설명으로 맞는 것은

① 차가 양보하여야 할 장소임을 표시하는 것이다.
② 노상에 장애물이 있음을 표시하는 것이다.
③ 차가 들어가 정차하는 것을 금지하는 것을 표시이다.
④ 주차할 수 있는 장소임을 표시하는 것이다.

해설 도로교통법 시행규칙 별표6 정차금지지대표시(노면표시 524) 광장이나 교차로 중앙지점 등에 설치된 구획부분에 차가 들어가 정차하는 것을 금지하는 표시이다.

95 다음 중 관공서용 건물번호판은?

① ② ③ ④

해설 ①과 ②는 일반용 건물번호판이고, ③은 문화재 및 관광용 건물번호판, ④는 관공서용 건물번호판이다.(도로명 주소 안내시스템 http://www.juso.go.kr)

96 다음 도로명판에 대한 설명으로 맞는 것은?

① 왼쪽과 오른쪽 양 방향용 도로명판이다.
② "1→"이 위치는 도로 끝나는 지점이다.
③ 강남대로는 699미터이다.
④ "강남대로"는 도로이름을 나타낸다.

해설 강남대로의 넓은 길 시작점을 의미하며 "1→"이 위치는 도로의 시작점을 의미하고 강남대로는 6.99킬로미터를 의미한다.

97 다음 안전표지의 설치장소에 대한 기준으로 바르지 않은 것은?

① A 표지는 노면전차 교차로 전 50미터에서 120미터 사이의 도로 중앙 또는 우측에 설치한다.
② B 표지는 회전교차로 전 30미터 내지 120미터의 도로 우측에 설치한다.
③ C 표지는 내리막 경사가 시작되는 지점 전 30미터 내지 200미터의 도로 우측에 설치한다.
④ D 표지는 도로 폭이 좁아지는 지점 전 30미터 내지 200미터의 도로 우측에 설치한다.

해설
A. 노면전차 주의표지 - 노면전차 교차로 전 50미터에서 120미터 사이의 도로 중앙 또는 우측(주의표지 110의2)
B. 회전형교차로 표지 - 교차로 전 30미터 내지 120미터의 도로 우측(주의표지 109)
C. 내리막 경사 표지 - 내리막 경사가 시작되는 지점 전 30미터 내지 200미터의 도로 우측(주의표지 117)
D. 도로 폭이 좁아짐 표지 - 도로 폭이 좁아지는 지점 전 50미터 내지 200미터의 도로 우측(주의표지 118)

98 다음과 같은 기점 표지판의 의미는?

① 국도와 고속도로 IC까지의 거리를 알려주는 표지
② 고속도로가 시작되는 기점에서 현재 위치까지 거리를 알려주는 표지
③ 고속도로 휴게소까지 거리를 알려주는 표지
④ 톨게이트까지의 거리안내 표지

해설 고속도로가 시작되는 기점에서 현재 위치까지 거리를 알려주는 표지
차가 고장 나거나 사고 예기치 못한 상황에서 내 위치를 정확히 알 수 있다.
- 초록색 바탕 숫자 : 기점으로부터의 거리(km)
- 흰색 바탕 숫자 : 소수점 거리(km)

99 다음 건물번호판에 대한 설명으로 맞는 것은?

① 평촌길은 도로명, 30은 건물번호이다.
② 평촌길은 주 출입구, 30은 기초번호이다.
③ 평촌길은 도로시작점, 30은 건물주소이다.
④ 평촌길은 도로별 구분기준, 30은 상세주소이다.

100 다음 3방향 도로명 예고표지에 대한 설명으로 맞는 것은?

① 좌회전하면 300미터 전방에 시청이 나온다.
② '관평로'는 북에서 남으로 도로구간이 설정되어 있다.
③ 우회전하면 300미터 전방에 평촌역이 나온다.
④ 직진하면 300미터 전방에 '관평로'가 나온다.

해설 도로구간은 서→동, 남→북으로 설정되며, 도로의 시작지점에서 끝지점으로 갈수록 건물번호가 커진다.

정답 91. ④ 92. ② 93. ③ 94. ③ 95. ④ 96. ④ 97. ④ 98. ② 99. ① 100. ④

Chapter 05 사진형 문제 - 5지 2답형

정답
01. ①,④ 02. ①,⑤ 03. ①,⑤ 04. ②,③ 05. ③,④ 06. ①,⑤

---

01 횡단보도 앞에서 접근 방법으로 가장 안전한 운전방법 2가지는?

① 어린이 보호구역이 있으므로 특히 주의한다.
② 경음기를 울리면서 어린이를 빨리 건너가게 한다.
③ 속도를 줄이며 서행한다.
④ 정지선 직전에 일시정지한다.
⑤ 서행하면서 지나간다.

해설: 횡단보도 보행자가 횡단보도를 통행하고 있을 때에는 그 횡단보도 앞(정지선이 설치되어 있는 곳에서는 그 정지선을 말한다.)에서 일시정지하여야 한다.

---

02 교차로를 통과 하려는 중 전방 신호기가 황색신호로 변경되었다. 가장 안전한 운전방법 2가지는?

① 교차로 밖으로 신속하게 빠져나간다.
② 주의 정차하여야 한다.
③ 사거리에서 일시정지하여야 한다.
④ 일시정지 후 진행하여야 한다.
⑤ 속도를 높여 신속히 진행하여야 한다.

해설: 도로교통법 시행규칙 [별표 2] 이미 교차로에 차마의 일부라도 진입한 경우에는 신속히 교차로 밖으로 진행하여야 한다.

---

03 다음 상황에서 가장 안전한 운전방법 2가지는?

① 정지선 직전에 일시정지하여 신호가 변경될 때까지 기다린다.
② 경음기를 울려 보행자를 비켜나게 한다.
③ 서행하면서 보행자와 충분한 간격을 두고 피해 나간다.
④ 신호기가 없으므로 속도를 높이고 진행한다.
⑤ 횡단보도 직전에 서행하며 보행자 유무에 대비한다.

해설: 모든 차의 운전자는 보행자가 횡단보도를 통행하고 있을 때에는 그 횡단보도 앞(정지선이 설치되어 있는 곳에서는 그 정지선을 말한다.) 에서 일시정지하여 보행자의 횡단을 방해하거나 위험을 주지 아니하도록 하여야 한다.

---

04 수행 하천교차로에서 좌회전 이용할 수 있는 차종 2가지를 고르시오?

① 회전하려는 승용자동차
② 대형 긴급자동차
③ 대형 트럭
④ 오토바이 등 이륜자동차
⑤ 자전거

해설: 수행 하천교차로에서 좌회전 이용할 수 있는 차종은 긴급자동차, 주행 대형 긴급자동차, 트럭(등) 등 중형 이용자동차 등이다.(도로교통법 시행규칙 제4, 5, 3)

---

05 편도 3차로 도로에서 우회전하기 위해 차로를 변경하려 한다. 가장 안전한 운전방법 2가지는?

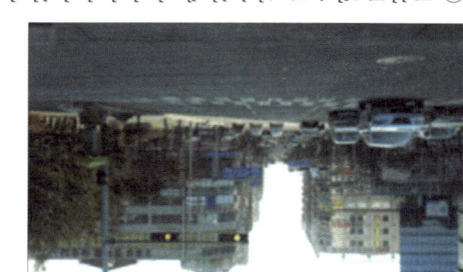

① 차로 변경 중 2차로로 달리는 화물차의 움직임을 잘 살펴야 한다.
② 차로 변경은 빠를수록 안전하므로 빠르게 차로를 변경한다.
③ 차로 변경 중 뒤 따르는 이륜차의 움직임에 주의한다.
④ 방향지시등을 켠 후 3차로를 주행하는 차들과 충분한 거리를 확보하고 차로를 변경한다.
⑤ 방향지시등이 점멸되자마자 차로를 변경한다.

해설: 차로를 변경하는 경우에는 진행하는 다른 차량에 방해가 되지 않아야 하고, 평소 시야가 확보되지 않는 이륜차나 소형 승용차의 등에 특히 주의해야 하며 시야를 확보하는 것이 바로자동차 운전 방법이다.

---

06 다음과 같은 도로 상황에서 가장 안전한 운전방법 2가지는?

① 녹색 등화 시 신호를 따른다.
② 신호등과 좌우의 신호를 다시 한번 확인하고 통과한다.
③ 사거리이므로 과속하지 않고 서행하여 통과한다.
④ 계속 같은 속도로 유지하며 빠르게 통과한다.
⑤ 속도를 줄여 안전하게 통과한다.

해설: 속도를 줄여 과속방지턱 등을 넘어 원활하게 주행한다.

07 비보호좌회전 하는 방법에 관한 설명 중 맞는 2가지는?

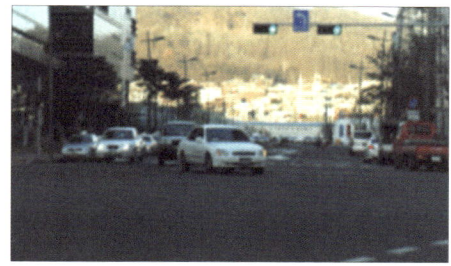

① 반대편 직진 차량의 진행에 방해를 주지 않을 때 좌회전한다.
② 반대편에서 진입하는 차량이 있으므로 일시정지하여 안전을 확인한 후 좌회전한다.
③ 비보호좌회전은 우선권이 있으므로 신속하게 좌회전한다.
④ 비보호좌회전이므로 좌회전해서는 안 된다.
⑤ 적색 등화에서 좌회전한다.

해설 반대편에서 좌회전 차량과 직진하는 차량이 있으므로 안전하게 일시정지하여 녹색 등화에서 마주 오는 차량의 진행에 방해를 주지 않을 때 좌회전할 수 있다.

08 고장 난 신호기가 있는 교차로에서 가장 안전한 운전방법 2가지는?

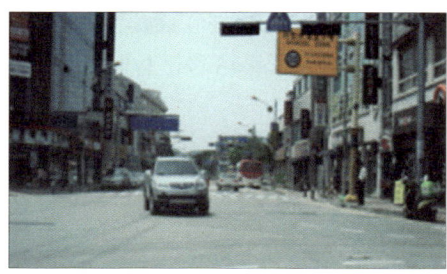

① 좌회전 차량에게 경음기를 사용하여 정지시킨 후 교차로를 통과한다.
② 직진차량이 통행 우선순위를 가지므로 교차로에 진입하여 좌회전 차량을 피해 통과한다.
③ 교차로에 진입하여 정지한 후 좌회전 차량이 지나가면 통과한다.
④ 반대편 좌회전 차량이 먼저 교차로에 진입하였으므로 좌회전 차량에게 진로를 양보한 후 통과한다.
⑤ 교차로 직전에서 일시정지한 후 안전을 확인하고 통과한다.

해설 교차로에 먼저 진입한 차에게 진로를 양보하고 교차로에서 접근하는 다른 차량이 없는지 확인한 후 통과해야 한다.

09 다음 상황에서 가장 안전한 운전 방법 2가지는?

① 전방 도로에 설치된 노면표시는 횡단보도가 있음을 알리는 것이므로 속도를 줄여 진행한다.
② 전방에 설치된 노면표시는 신호등이 있음을 알리는 것이므로 속도를 줄여 진행한다.
③ 속도 규제가 없으므로 매시 90킬로미터 정도의 속도로 진행한다.
④ 전방 우측 버스 정류장에 사람이 있으므로 주의하며 진행한다.
⑤ 좌측으로 급차로 변경하여 진행한다.

해설 전방에 횡단보도 예고 표시가 있으므로 감속하고, 우측에 보행자가 서 있으므로 우측보행자를 주의하면서 진행하여야 한다.

10 화물차를 뒤따라가는 중이다. 충분한 안전거리를 두고 운전해야 하는 이유 2가지는?

① 전방 시야를 확보하는 것이 위험에 대비할 수 있기 때문에
② 화물차에 실린 적재물이 떨어질 수 있으므로
③ 뒤 차량이 앞지르기하는 것을 방해할 수 있으므로
④ 신호가 바뀔 경우 교통 흐름에 따라 신속히 빠져나갈 수 있기 때문에
⑤ 화물차의 뒤를 따라 주행하면 안전하기 때문에

해설 화물차 뒤를 따라갈 경우 충분한 안전거리를 유지해야만 전방 시야를 넓게 확보할 수 있다. 이것은 운전자에게 전방을 보다 넓게 확인할 수 있고 어떠한 위험에도 대처할 수 있도록 도와준다

11 다음 상황에서 가장 올바른 운전방법 2가지는?

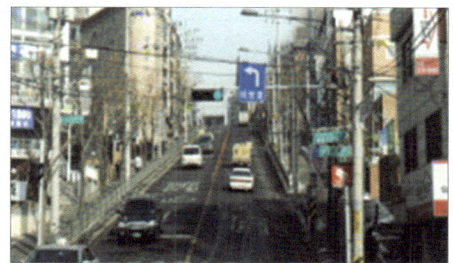

① 최고 속도에 대한 특별한 규정이 없는 경우 시속 70킬로미터 이내로 주행해야 한다.
② 전방에 비보호좌회전 표지가 있으므로 녹색 신호에 좌회전할 수 있다.
③ 오르막길을 올라갈 때는 최고 속도의 100분의 20으로 감속해야 한다.
④ 횡단보도 근처에는 횡단하는 보행자들이 있을 수 있으므로 주의한다.
⑤ 앞서 가는 차량이 서행으로 갈 경우 앞지르기를 한다.

해설
도로교통법 제17조, 같은법 시행규칙 제19조의 해설
- 주거지역·상업지역 및 공업지역의 일반도로에서는 매시 50킬로미터 이내. 다만, 시·도 경찰청장이 원활한 소통을 위하여 특히 필요하다고 인정하여 지정한 노선 또는 구간에서는 매시 60킬로미터 이내,
- 주거지역·상업지역 및 공업지역외의 일반도로에서는 매시 60킬로미터 이내. 다만, 편도 2차로 이상의 도로에서는 매시 80킬로미터 이내

12 회전교차로에 진입하고 있다. 가장 안전한 운전 방법 2가지는?

① 좌측에서 회전하는 차량이 우선이므로 회전차량이 통과한 후 진입한다.
② 진입차량이 우선이므로 신속히 진입한다.
③ 일시정지 후 안전을 확인하면서 진입한다.
④ 우측 도로에 있는 차가 우선이므로 그대로 진입한다.
⑤ 회전차량이 멈출 수 있도록 경음기를 울리며 진입한다.

해설
- 모든 차의 운전자는 회전교차로에서는 반시계방향으로 통행하여야 한다.
- 모든 차의 운전자는 회전교차로에 진입하려는 경우에는 서행하거나 일시정지하여야 하며, 이미 진행하고 있는 다른 차가 있는 때에는 그 차에 진로를 양보하여야 한다

정답 07. ①, ② 08. ④, ⑤ 09. ①, ④ 10. ①, ② 11. ②, ④ 12. ①, ③

정답 13.②,④ 14.③,⑤ 15.①,② 16.②,④ 17.①,⑤ 18.②,③

13 다음 상황에서 가장 옳은 2가지는?

① 비보호좌회전을 할 수 있는 교차로이다.
② 신호등 없는 교차로이다.
③ 좌회전 차로에서도 직진할 수가 있다.
④ 녹색 신호에 따라 직진할 수 있다.
⑤ 녹색 신호에 따라 우회전할 수 있다.

해설 4색 신호등의 유회전과 표시등이 있는 교차로의 통행방법이다.

14 다음과 같이 고장으로 인하여 차로에 이동하는 가장 주의하고 있는 2가지는?

① 기어를 중립(N)으로 둔다.
② 정차한 차에 이동하며 주차하기를 자동으로 내린다.
③ 고장차량의 표시를 고장차량(자동차에서 100미터 등)으로 둔다.
④ 비상점멸등을 11자로 낮추어 둔다.
⑤ 강한위반으로 바퀴에 고임목 등을 설치한다.

해설 도로교통법 시행규칙 제41조(장차 또는 주차의 방법 및 시간의 제한) 제3항 자동차의 운전자는 고장이나 그 밖의 사유로 고속도로 등에서 자동차를 운행할 수 없게 되었을 때에는 자동차안전기준에서 정하는 표지(이하 "고장자동차의 표지"라 한다)를 설치하여야 하며, 그 자동차를 고속도로 등이 아닌 다른 곳으로 옮겨 놓는 등의 필요한 조치를 하여야 한다.

15 다음 상황에서 가장 주의해야 할 2가지는?

① 반대편 버스에서 내린 승객이 버스 앞으로 뛰어나올 가능성이 있으므로 속도를 줄인다.
② 반대편 버스가 갑자기 출발할 경우 택시가 중앙선을 넘을 가능성이 있으므로 주의한다.
③ 정차한 택시가 갑자기 출발할 경우 뒤따르는 차량이 충돌할 가능성이 있으므로 차간거리를 충분히 둔다.
④ 택시가 승객을 태우기 위해 속도를 줄일 수 있으므로 주의한다.
⑤ 멀리 보이는 택시에게 방해되지 않도록 시속 80킬로미터 속도로 주행한다.

해설 버스정류장 근처에서 갑자기 보행자가 뛰어나올 가능성이 있고, 정차했던 택시가 출발할 때 택시의 갑작스런 진로변경으로 뒤따르는 차량이 위험을 겪을 수 있어, 택시의 움직임을 잘 살피며 방어운전을 하는 것이 바람직하다.

16 신호등 없는 교차로에서 앞차를 따라 좌회전 중이다. 가장 주의해야 할 2가지는?

① 반대 방향에서 직진 차량이 있을 수 있으므로 신호에 따라 바퀴를 따라 진행한다.
② 앞차가 갑자기 멈출 수 있으므로 사용한다.
③ 교차로에 진입하였으므로 속도를 높여 앞서 진행한다.
④ 교차로 부근에 보행자가 있을 수 있으므로 안전을 확인하며 진행한다.
⑤ 이미 좌회전 중이므로 전방 상황을 고려하지 않고 진행한다.

해설 신호 없는 교차로에서는 앞차를 따라 진행하되 필요시 앞차의 급정지에 대비하여야 한다.

17 혼잡한 교차로에서 좌회전할 때 가장 주의해야 할 2가지는?

① 교차로 안에서 정지할 우려가 있을 때에는 녹색신호일지라도 교차로에 진입하지 않는다.
② 앞차를 따라 계속 진행한다.
③ 비기기가 길어 교통체증이 심화된다.
④ 다른 방향의 교통을 고려하지 않고 신호에 따라 진행한다.
⑤ 정지선 직전에 정지한다.

해설 혼잡한 교차로에서는 녹색신호에 교차로에 진입하였어도 맞은편 직진 또는 좌회전차량 등에 의해 정지할 우려가 있는 경우에는 그 교차로에 진입하여서는 안 된다.

18 교차로에 진입하기 전에 황색신호로 바뀌었다. 가장 안전한 운전 방법 2가지는?

① 속도를 높여 신속하게 지나간다.
② 정지선 또는 횡단보도 직전에 정지한다.
③ 급정지 하여 교차로 진입하지 않도록 한다.
④ 주행하여 경찰차량이 자기를 바라보지 않도록 통과한다.
⑤ 앞에 있는 자동차를 따라 진입 후 정지한다.

해설 황색 신호는 자동차가 정지선이나 횡단보도에 근접하여 있어서, 교차로 정지선 직전에 일시정지하여야 한다.

19 교차로에서 우회전하려고 한다. 가장 안전한 운전 방법 2가지는?

① 차량신호등이 적색이므로 우회전을 하지 못한다.
② 횡단보도를 건너려고 하는 사람이 있으므로 일시정지하여야 한다.
③ 보도에 사람들이 있으므로 서행하면서 우회전한다.
④ 보도에 있는 보행자가 차도로 나오지 못하게 경음기를 계속 울린다.
⑤ 신호에 따라 정지선에서 일시정지 하여야 한다.

도로교통법 제27조, 같은법 시행규칙 [별표2]
- 운전자는 보행자가 횡단보도를 통행하고 있거나 통행하려고 하는 때에는 보행자의 횡단을 방해하거나 위험을 주지 아니하도록 그 횡단보도 앞에서 일시정지하여야 한다.
- 운전자는 교통정리를 하고 있는 교차로에서 좌회전이나 우회전을 하려는 경우에는 신호기 또는 경찰공무원등의 신호나 지시에 따라 도로를 횡단하는 보행자의 통행을 방해하여서는 아니 된다. 보도에 있는 보행자와 좌회전하고 있는 차량에 주의하면서 서행으로 우회전한다.

20 전방에 공사 중인 차로로 주행하고 있다. 다음 중 가장 안전한 운전 방법 2가지는?

① 좌측 차로로 신속하게 끼어들기 한다.
② 좌측 방향지시기를 작동하면서 좌측 차로로 안전하게 차로 변경한다.
③ 공사구간이 보도이므로 진행 중인 차로로 계속 주행한다.
④ 공사관계자들이 비킬 수 있도록 경음기를 울린다.
⑤ 좌측 차로가 정체 중일 경우 진행하는 차로에 일시 정지한다.

좌측 방향지시기를 작동하면서 좌측 차로로 안전하게 차로 변경하고, 좌측 차로가 정체 중일 경우 진행하는 차로에 일시정지 후 안전을 확인 후 진로변경 한다.

21 전방에 마주 오는 차량이 있는 상황에서 가장 안전한 운전방법 2가지는?

① 상대방이 피해 가도록 그대로 진행한다.
② 전조등을 번쩍거리면서 경고한다.
③ 통과할 수 있는 공간을 확보하여 준다.
④ 경음기를 계속 사용하여 주의를 주면서 신속하게 통과하게 한다.
⑤ 골목길에서도 보행자가 나올 수 있으므로 속도를 줄인다.

주택가 이면 도로에서는 돌발 상황 예측, 방어 운전, 양보운전이 중요하다.

22 다음 상황에서 우회전하는 경우 가장 안전한 운전 방법 2가지는?

① 전방 우측에 주차된 차량의 출발에 대비하여야 한다.
② 전방 우측에서 보행자가 갑자기 뛰어나올 것에 대비한다.
③ 신호에 따르는 경우 전방 좌측의 진행 차량에 대비할 필요는 없다.
④ 서행하면 교통 흐름에 방해를 줄 수 있으므로 신속히 통과한다.
⑤ 우측에 불법 주차된 차량에서는 사람이 나올 수 없으므로 속도를 높여 주행한다.

우측에 주차된 차량과 보행자의 갑작스러운 출현에 대비하여야 한다.

23 다음 상황에서 가장 안전한 운전방법 2가지는?

① 빗길에서는 브레이크 페달을 여러 번 나누어 밟는 것보다는 급제동하는 것이 안전하다.
② 물이 고인 곳을 지날 때에는 보행자나 다른 차에게 물이 튈 수 있으므로 속도를 줄여서 주행한다.
③ 과속방지턱 직전에서 급정지한 후 주행한다.
④ 전방 우측에 우산을 들고 가는 보행자가 차도로 들어올 수 있으므로 충분한 거리를 두고 서행한다.
⑤ 우산을 쓰고 있는 보행자는 보도 위에 있으므로 신경 쓸 필요가 없다.

비가 오는 날 주행 시에는 평소보다 속도를 줄이고 보행자 또는 다른 차에 물이 튈 수 있으므로 주의하여야 한다.

24 전방에 고장 난 버스가 있는 상황에서 가장 안전한 운전 방법 2가지는?

① 경음기를 울리며 급제동하여 정지한다.
② 버스와 거리를 두고 안전을 확인한 후 좌측 차로를 이용해 서행한다.
③ 좌측 후방에 주의하면서 좌측 차로로 서서히 차로 변경을 한다.
④ 비상 점멸등을 켜고 속도를 높여 좌측 차로로 차로 변경을 한다.
⑤ 좌측 차로로 차로 변경한 후 그대로 빠르게 주행해 나간다.

버스와 거리를 두고 안전을 확인 한 후 좌측 후방에 주의하면서 서행으로 진행하여야 한다.

정답 19. ②, ⑤ 20. ②, ⑤ 21. ③, ⑤ 22. ①, ② 23. ②, ④ 24. ②, ③

25 다음 중 도로에서 가장 안전한 운전 방법은?

① 앞차 가까이 붙어서 도로 중앙 쪽으로 이용할 수 있는 공간으로 주행한다.
② 앞차가 수시로 속도를 줄이고 있어 다른 차량의 흐름에 방해가 되고 있어 중앙선을 넘어 앞지르기 한다.
③ 앞차의 전방만 주시하면서 운전하되, 신호가 바뀌면 즉시 출발할 수 있도록 준비한다.
④ 자전거가 차도 쪽으로 부딪힐 수 있으므로 앞지르기하여 진행한다.
⑤ 경음기를 울려 자전거에 주의를 주고 지나간다.

예설 자전거 옆을 통과할 때에는 자전거와 간격을 충분히 유지하면서 서행하여야 하며, 어린이, 노약자, 장애인 등의 교통약자 보호를 위해 일시정지 및 서행하여야 할 장소임을 잊지 말아야 한다.

26 다음 상황에서 가장 안전한 운전방법 2가지는?

주택가 이면도로를 주행하기 위해 운전하고 있다. 통행하는 차가 별로 없으므로 앞 뒤 차량이 사용해야 하는 상황의 도로이다.

① 주택가 이면도로에서는 통행하는 차가 적으므로 속도를 낮출 필요가 없다.
② 주차 금지 구역이 아닌 곳에서는 주차된 차량이 있을 수 있으므로 전방주시를 잘해야 한다.
③ 반대편 자동차가 접근하고 있으므로 속도를 줄여 피양을 준비한다.
④ 비어있는 주차공간 주변에 보행자가 있을 수 있으므로 주의한다.
⑤ 중앙선이 없는 이면도로에서는 좌측 차선으로 운전한다.

예설 주택가 이면도로에서는 어린이나 노약자가 차도로 갑자기 들어올 수 있으므로 서행과 주의하면서 운전해야 한다.

27 고갯마루 부근에서 가장 안전한 운전방법 2가지는?

① 현재 속도를 그대로 유지한다.
② 앞차가 서행하는 차량이 있으므로 차간거리를 유지한다.
③ 속도를 줄여 진행한다.
④ 반대편의 보이지 않는 곳에 주의한다.
⑤ 급가속하여 빠른 속도로 신속히 추월한다.

예설 고갯마루에서는 앞차량이 서행으로 이어지거나 속도를 줄여 진행하고 고갯마루 반대편의 도로 상황에 주의해야 한다.

28 내 차 앞에 급 정거하는 자동차가 있다. 가장 안전한 운전방법 2가지는?

① 가능하면 차간거리를 충분히 유지한다.
② 앞지르기 위해 반대 방향으로 운전한다.
③ 내 뒤에 자동차가 있는 것에 대비하여 브레이크를 여러 번 짧게 밟는다.
④ 비상점멸등을 켜서 뒤차에 알린다.
⑤ 경음기를 울려 차가 움직이도록 주의를 준다.

예설 앞차가 급정거하거나 가지 않을 경우에는 그 이유가 반드시 있다. 비상점멸등을 켜는 등 뒤차에게 알리고 차간거리를 유지하여 앞지르기 등을 하지 말아야 한다.

29 다음 상황에서 가장 안전한 운전방법 2가지는?

① 보행자의 움직임에 대비 그대로 통과한다.
② 차체와 보행자의 측면 간격을 두고 피행한다.
③ 경음기를 울리면서 보행자 주위를 통과한다.
④ 보행자 뒤쪽으로 일시정지하여야 한다.
⑤ 야간 혼잡한 상황이므로 빠르게 움직인다.

예설 야간 혼잡한 도로상에서는 더 주의하는 것이 중요하다. 야간에는 주간보다 시야가 좁아지기 때문에 보행자들을 잘 인지하고 빠른 속도에 만복으로 나오는 사람이나 도로 가장자리를 따라 걷고 있는 사람이 있는지를 잘 살펴야 한다.

30 보행자가 횡단보도를 건너는 중이다. 가장 안전한 운전방법 2가지는?

① 보행자가 안전하게 횡단하도록 정지선에 일시정지한다.
② 빠른 속도로 빠져나간다.
③ 정지하면 뒤차가 추돌할 가능성이 있으므로 경음기를 울리며 주행한다.
④ 횡단하는 사람을 피해 진행하기 위해 경음기를 여러 번 사용한다.
⑤ 횡단하는 사람이 있으므로 정지선을 따라서 사용한다.

예설 도로교통법 제27조(보행자의 보호) 모든 차의 운전자는 보행자가 횡단보도를 통과하고 있거나 횡단하려고 하는 때에는 보행자의 횡단을 방해하거나 위험을 주지 아니하도록 그 횡단보도 앞에서 일시정지하여야 한다.

정답 25. ① ④ 26. ① ③ 27. ② ⑤ 28. ① ④ 29. ② ④ 30. ① ③

31. 비오는 날 횡단보도에 접근하고 있는 상황에서 가장 안전한 운전방법 2가지는?

① 물방울이나 습기로 전방을 보기 어렵기 때문에 신속히 통과한다.
② 비를 피하기 위해 서두르는 보행자를 주의한다.
③ 차의 접근을 알리기 위해 경음기를 계속해서 사용하며 진행한다.
④ 우산에 가려 차의 접근을 알아차리지 못하는 보행자를 주의한다.
⑤ 빗물이 고인 곳을 통과할 때는 미끄러질 위험이 있으므로 급제동하여 정지한 후 통과한다.

비오는 날 횡단보도 부근의 보행자의 특성은 비에 젖지 싫지 않아 서두르고 발밑에만 신경을 쓴다. 또한 주위를 잘 살피지 않고 우산에 가려 주위를 보기도 어렵다. 특히 물이 고인곳을 통과할 때에는 미끄러지기 쉬워 속도를 줄이고 서행으로 통과하되 급제동하여서는 아니 된다.

32. 편도 2차로 오르막 커브 길에서 가장 안전한 운전 방법 2가지는?

① 앞차와의 거리를 충분히 유지하면서 진행한다.
② 앞차의 속도가 느릴 때는 2대의 차량을 동시에 앞지른다.
③ 커브 길에서의 원심력에 대비해 속도를 높인다.
④ 전방 1차로 차량의 차로 변경이 예상되므로 속도를 줄인다.
⑤ 전방 1차로 차량의 차로 변경이 예상되므로 속도를 높인다.

차로를 변경하기 전 뒤따르는 차량 진행여부를 확인하고 오르막 차로에서는 특히 앞차와의 거리를 충분히 유지하여야 한다. 커브 길에서는 속도를 줄여 차량의 주행안정성을 확보하여야 하며, 반대편 차로로 넘어가지 않도록 주의하여 주행해야 한다.

33. 황색점멸신호의 교차로에서 가장 안전한 운전방법 2가지는?

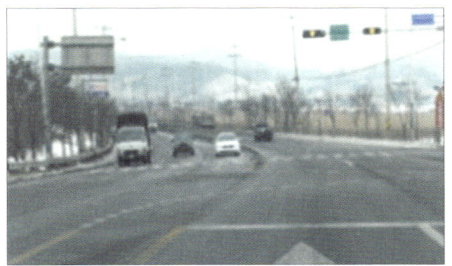

① 주변차량의 움직임에 주의하면서 서행한다.
② 위험예측을 할 필요가 없이 진행한다.
③ 교차로를 그대로 통과한다.
④ 전방 좌회전하는 차량은 주의하지 않고 그대로 진행한다.
⑤ 횡단보도를 건너려는 보행자가 있는지 확인한다.

도로교통법 시행규칙 [별표2] - 차량이 밀집되는 교차로는 운전자의 시야확보에 어려움이 있으므로 차간거리를 넓히고 서행하여 시야를 확보해야 하며, 교차로를 지나 횡단보도가 있는 경우 특히 보행자의 안전에 주의해야 한다.

34. 다음과 같은 지방 도로를 주행 중이다. 가장 안전한 운전 방법 2가지는?

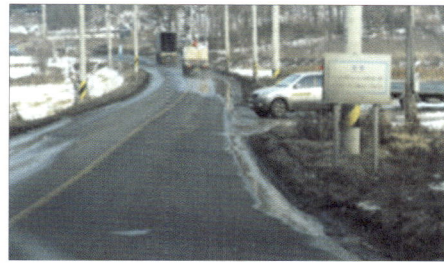

① 언제든지 정지할 수 있는 속도로 주행한다.
② 반대편 도로에 차량이 없으므로 전조등으로 경고하면서 그대로 진행한다.
③ 전방 우측 도로에서 차량 진입이 예상되므로 속도를 줄이는 등 후속 차량에도 이에 대비토록 한다.
④ 전방 우측 도로에서 진입하고자 하는 차량이 우선이므로 모든 차는 일시정지하여 우측 도로 차에 양보한다.
⑤ 직진 차가 우선이므로 경음기를 계속 울리면서 진행한다.

편도 1차로의 내리막 도로이고, 우측 도로에서 진입코자 하는 승용차가 대기 중이므로 감속하여 서행으로 통과하도록 한다.

35. 다음 상황에서 가장 안전한 운전방법 2가지는?

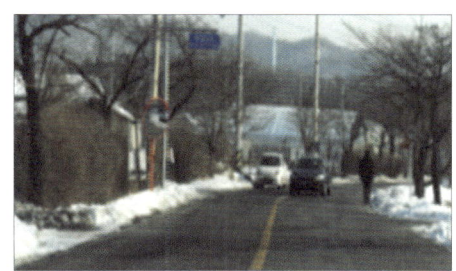

① 반대편 차량의 앞지르기는 불법이므로 경음기를 사용하면서 그대로 주행한다.
② 반대편 앞지르기 중인 차량이 통과한 후 우측의 보행자에 주의하면서 커브길을 주행한다.
③ 커브길은 신속하게 진입해서 천천히 빠져나가는 것이 안전하다.
④ 커브길은 중앙선에 붙어서 운행하는 것이 안전하다.
⑤ 반대편 앞지르기 중인 차량이 안전하게 앞지르기 할 수 있도록 속도를 줄이며 주행한다.

불법으로 앞지르기하는 차량이라도 안전하게 앞지르기할 수 있도록 속도를 줄여야 하고, 커브 길은 속도를 줄이고 보행자에 주의하면서 안전하게 통과한다.

36. 회전교차로에서 가장 안전한 운전방법 2가지는?

① 회전하는 차량이 우선이므로 진입차량이 양보한다.
② 직진하는 차량이 우선이므로 그대로 진입한다.
③ 회전하는 차량에 경음기를 사용하며 진입한다.
④ 회전차량은 진입차량에 주의하면서 회전한다.
⑤ 첫 번째 회전차량이 지나간 다음 바로 진입한다.

- 모든 차의 운전자는 회전교차로에 진입하려는 경우에는 서행하거나 일시정지하여야 하며, 이미 진행하고 있는 다른 차가 있는 때에는 그 차에 진로를 양보하여야 한다.
- 회전차량은 진입차량에 주의 하면서 회전하여야 한다.

정답 31. ②, ④   32. ①, ④   33. ①, ⑤   34. ①, ③   35. ②, ⑤   36. ①, ④

37 야간에 고속도로에서 차가 고장이 났을 경우 가장 안전한 운전방법 2가지는?

① 담요를 두르고 도로 위를 걷거나 차량의 중앙선을 넘어가며 보행한다.
② 고장차 표지와 함께 불꽃신호등을 작동시킨다.
③ 고장차 사고 전후 차측 후방에 불꽃신호등을 작동한다.
④ 고속도로 이후 전 30미터 이상의 지점에서 최초 방향 지시등을 작동시킨다.
⑤ 최초 방향지시등 보다 일정 속도 이상의 안전한 속도로 주행 후 통과한다.

38 다음 상황에서 시내버스가 출발하지 않을 때 가장 안전한 운전방법 2가지는?

① 정차한 시내버스가 움직일 수 있으므로 주의하며 사용한다.
② 경적 신호를 통해 다른 차들에게 경고를 준다.
③ 좌측 방향지시등을 켜고 좌측 차로로 일정 비보기 한다.
④ 정차 차로에서 기다리며 나를 때까지 기다린다.
⑤ 버스에 대한 자량의 움직임 수 있으므로 버스 뒤로 통과한다.

39 진동속도가 높아질 때 가장 안전한 운전방법 2가지는?

① 안전거리를 조금 좁게 한 유지한다.
② 배차선을 수시로 감시한다.
③ 진동폭이 적은 지동변속도도 변환한다.
④ 진동거리 이상 감속하여 진동한다.
⑤ 진동 시 앞 차량이 정차시에 충분하게 빠지기 진동한다.

40 다음과 같은 도로 상황에서 가장 안전한 운전방법 2가지는?

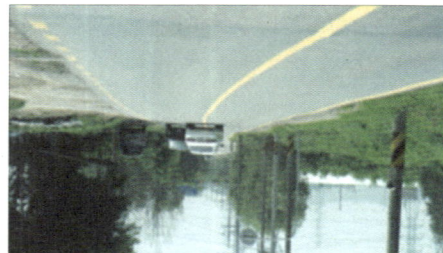

① 앞차가 급정지 시 앞차와 추돌하지 않도록 거리를 유지하여 주행한다.
② 앞차의 양보가 있으므로 교차로를 안전히 통과하기 위해 이를 준수해야 한다.
③ 중앙선이 황색이므로 친구로 대피하는 차는 건너질 수 있다.
④ 교통 흐름상 좌측 차로로 안전히 끝까지 통과해야 한다.
⑤ 주행 중에 사이드 미러가 결판된 경우이므로 수리 후 대비해야 한다.

41 다음과 같은 차도에서 차로에서 주기되는 움직 운전에 2가지는?

① 방향지시등
② 감속등
③ 차폭등 및 미등 사기
④ 경음기 사용
⑤ 비상등

42 자동속도기 시속 90킬로미터인 고속도로에서 다음과 같은 상황에서 가장 안전한 운전방법 2가지는?

① 제한속도 90킬로미터 미만으로 주행한다.
② 최고속도를 초과하여 주행하다가 경찰청에 단속되지 않도록 주의한다.
③ 안전표지 제한속도를 준수할 수록 매시 100킬로미터 주행한다.
④ 화물차를 앞지르기 위해 매시 100킬로미터의 속도로 주행한다.
⑤ 정속주행 중인 차량이 진로를 변경하여 앞에 끼어들 경우에 대비해 안전거리를 충분히 유지한다.

43. 전방 버스를 앞지르기 하고자 한다. 가장 안전한 운전방법 2가지는?

① 앞차의 우측으로 앞지르기 한다.
② 앞차의 좌측으로 앞지르기 한다.
③ 전방버스가 앞지르기를 시도할 경우 동시에 앞지르기 하지 않는다.
④ 뒤차의 진행에 관계없이 급차로 변경하여 앞지르기 한다.
⑤ 법정속도 이상으로 앞지르기 한다.

> 해설
> 도로교통법 제21조, 제22조 - 앞지르기는 반드시 좌측으로 하고 앞지르기에 필요한 시간과 거리를 사전에 확인하고, 앞지르기 금지 장소가 아닌지 또한 확인해야 한다. 뒤차가 앞지르기를 시도할 때에는 서행하며 양보해 주어야 하고, 속도를 높여 경쟁하거나 앞을 가로막는 행동으로 방해해서는 안 된다. 앞지르기를 할 때는 전방상황을 예의 주시하며 법정속도 이내에서만 앞지르기를 해야 한다.

44. 오르막 커브길 우측에 공사 중 표지판이 있다. 가장 안전한 운전방법 2가지는?

① 공사 중이므로 전방 상황을 잘 주시한다.
② 차량 통행이 한산하기 때문에 속도를 줄이지 않고 진행한다.
③ 커브길이므로 속도를 줄여 진행한다.
④ 오르막길이므로 속도를 높인다.
⑤ 중앙분리대와의 충돌위험이 있으므로 차선을 밟고 주행한다.

> 해설
> 커브길에서의 과속은 원심력으로 인해 차가 길 밖으로 벗어날 수 있으므로 급제동이나 급핸들 조작을 하지 않도록 하며, 커브 진입 전에 충분히 감속해야 한다. 또한 오르막 도로는 반대편 방향을 볼 수 없기 때문에 중앙선 침범 등의 돌발상황에 대비하여 안전하게 주행하여야 한다. 도로가 공사 중일 때에는 더욱 더 전방 상황을 잘 주시하여야 한다.

45. 전방 정체 중인 교차로에 접근 중이다. 가장 안전한 운전 방법 2가지는?

① 차량 신호등이 녹색이므로 계속 진행한다.
② 횡단보도를 급히 지나 앞차를 따라서 운행한다.
③ 정체 중이므로 교차로 직전 정지선에 일시정지한다.
④ 보행자에게 빨리 지나가라고 손으로 알린다.
⑤ 보행자의 움직임에 주의한다.

> 해설
> 도로교통법 제25조 - 차량 신호가 진행신호라도 교차로 내가 정체이면 진행하지 말고 정지선 앞에 일시정지하여 교차로내 차량의 진행상황을 살펴 녹색신호에 교차로를 통과할 수 있을지 여부를 확인하고 진행하여야 한다.

46. 교외지역을 주행 중 다음과 같은 상황에서 안전한 운전방법 2가지는?

① 우로 굽은 길의 앞쪽 상황을 확인할 수 없으므로 서행한다.
② 우측에 주차된 차량을 피해 재빠르게 중앙선을 넘어 통과한다.
③ 제한속도 범위를 초과하여 빠르게 빠져 나간다.
④ 원심력으로 중앙선을 넘어갈 수 있기 때문에 길 가장자리 구역선에 바싹 붙어 주행한다.
⑤ 주차된 차량 뒤쪽에서 사람이 갑자기 나타날 수도 있으므로 서행으로 통과한다.

> 해설
> 교외지역에 비정상적으로 주차된 차량을 피해 통과하려면 도로 전방 상황을 충분히 잘 살피고 서행으로 주행하여야 하며, 주차 차량 주변에서 사람이 갑자기 나타날 수 있음을 충분히 예상하고 안전하게 운전하여야 한다.

47. 고속도로를 주행 중 다음과 같은 상황에서 가장 안전한 운전 방법 2가지는?

① 터널 입구에서는 횡풍(옆바람)에 주의하며 속도를 줄인다.
② 터널에 진입하기 전 야간에 준하는 등화를 켠다.
③ 색안경을 착용한 상태로 운행한다.
④ 옆 차로의 소통이 원활하면 차로를 변경한다.
⑤ 터널 속에서는 속도감을 잃게 되므로 빠르게 통과한다.

> 해설
> 터널 주변에서는 횡풍(옆에서 부는 바람)에 주의하여야 하며, 터널 안에서는 야간에 준하는 등화를 켜야 한다.

48. 지하차도 입구로 진입하고 있다. 가장 안전한 운전방법 2가지는?

① 지하차도 안에서는 앞차와 안전거리를 유지하면서 주행한다.
② 전조등을 켜고 전방을 잘 살피면서 안전한 속도로 주행한다.
③ 지하차도 안에서는 교통 흐름을 고려하여 속도가 느린 다른 차를 앞지르기한다.
④ 지하차도 안에서는 속도감이 빠르게 느껴지므로 앞차의 전조등에 의존하며 주행한다.
⑤ 다른 차가 끼어들지 못하도록 앞차와의 거리를 좁혀 주행한다.

> 해설
> 지하차도는 터널과 마찬가지로 주간이라도 야간에 준하는 등화를 켜고, 앞차와의 안전거리를 유지하면서 실선구간이므로 차로변경 없이 통과하여야 한다.

정답   43. ②, ③   44. ①, ③   45. ③, ⑤   46. ①, ⑤   47. ①, ②   48. ①, ②

49 3차로에서 2차로로 차로를 변경하려 할 때 가장 안전한 운전방법 2가지는?

① 2차로에 진입할 때는 속도를 줄여 진입한다.
② 2차로에서 주행하는 차량의 위치나 속도를 확인 후 진입한다.
③ 다른 차량이 접근하지 못하도록 속도를 높여 진입한다.
④ 2차로에 진입할 때는 방향지시등을 켜고 진입한다.
⑤ 2차로에 진입할 때는 미리 방향지시등을 켜고 안전을 확인한 후 진입한다.

해설 도로교통법 제19조 - 진로변경하고자 하는 때에는 미리 방향지시등을 조작하고 주변의 안전을 확인한 후 진로를 변경하여야 한다.

50 다음과 같은 고속도로를 주행할 때 가장 안전한 운전 방법 2가지는?

① 앞차가 매연이 심하기 때문에 그 차의 앞으로 급차로 변경하여 추월한다.
② 속도를 높여 빠르게 지나간다.
③ 앞차와의 안전거리를 유지하며 운행한다.
④ 앞쪽 도로가 트이기 때문에 속도를 높여 주행하여야 한다.
⑤ 고속도로에서 주행 중 정체가 있을 시 갓길 진입 및 끼어들기 때문에 속도를 줄여 주행한다.

해설 앞서가는 차량 사이의 안전거리 확보가 중요하고, 교통정체가 풀리는 구간 및 갓길에는 감속하여야 한다.

51 다음 상황에서 가장 안전한 운전방법 2가지는?

① 2차로에 진입한 화물차량이 감속하므로 버스전용차로를 이용하여 앞지른다.
② 2차로의 주행 중인 화물차량이 감속하여 진입할 가능성이 있으므로 차간거리를 두기 위해 감속한다.
③ 2차로 주행 중인 화물차량이 진입하기 전에 감속하여 공간을 만들어 둔다.
④ 2차로에 진입한 화물차량에 경적을 울려 빨리 진입하도록 한다.
⑤ 공간을 만들어 화물차량이 쪽으로 진로를 계속 주행한다.

해설 고속도로 진출입로에서는 감속 및 가속 차로가 있으며, 진·출입로를 이용하는 차량들이 진입시 감속이나 가속 중이기 때문에 주변 차로를 운행 중인 운전자는 이를 배려해 주어야 하며, 빠르게 진입하거나 공간을 내주지 않는 경우 추돌이나 측면 접촉사고의 위험성도 매우 높다.

52 차로변경을 하기 위해 안전한 운전방법 2가지는?

① 경음기를 계속 사용하여 차로변경 중임을 알린다.
② 가속하여 앞차 뒤에 바짝 붙는다.
③ 사고 예방을 위해 좌로로 급히 변경한다.
④ 차로변경 중 나타날 수 있는 긴급 상황에 대비한다.
⑤ 후사경을 통해 뒤차와의 거리가 충분한지 확인한다.

해설 차로변경하고자 하는 차로의 차량이 진행하고 있음을 확인하고, 충분한 안전거리를 확보한 후 차로를 변경 하여야 한다.

53 앞차로를 지나 속도로 진입하여 진입하고 있을 때 가장 안전한 운전방법 2가지는?

① 고속도로에서 주행하는 차량이 차로에 진입하려고 할 때는 속도를 줄여 진입을 용이하게 해준다.
② 비상점멸등을 켜고 진입한다.
③ 진입로에서 기다리다가 진입하려는 차량이 없을 때 진입한다.
④ 진입로에서 기다리다가 진입하려는 차량이 없을 때 빠른 속도로 진입한다.
⑤ 고속도로 진입로에서 속도를 충분히 높인 후 본선에 진입한다.

해설 고속도로에 진입할 때에는 주행하고 있는 자동차에 방해가 되지 않도록 가속 차로에서 충분히 속도를 높이고, 주변 차량이 없는지 확인 후 진입하여야 한다.

54 다음 상황에서 가장 안전한 운전방법 2가지는?

① 앞차가 속도를 높이고 있을 때는 속도를 맞추어 뒤를 따라가야 한다.
② 앞차가 차로를 변경할 수 있으므로 미리 감속하여 충분한 차간거리를 유지한다.
③ 앞차가 속도를 줄이고 있는 것이므로 앞지르기한다.
④ 앞차가 브레이크를 밟을 수 있으므로 주의하여 경음기를 사용한다.
⑤ 앞차가 감속할 수 있으므로 앞차에 바짝 붙어 간다.

해설 앞차가 속도를 줄이는 이유는 도로에 장애물이 있거나 전방의 차량이 급정지를 하고 있기 때문이므로 충분한 차간거리를 유지하여야 한다.

정답
49. ②, ⑤ 50. ②, ⑤ 51. ③, ④ 52. ④, ⑤ 53. ①, ⑤ 54. ②, ③

55 다음 자동차 전용도로(주행차로 백색실선)에서 차로변경에 대한 설명으로 맞는 2가지는?

① 2차로를 주행 중인 화물차는 1차로로 차로변경을 할 수 있다.
② 2차로를 주행 중인 화물차는 3차로로 차로변경을 할 수 없다.
③ 3차로에서 가속 차로로 차로변경을 할 수 있다.
④ 가속 차로에서 3차로로 차로변경을 할 수 있다.
⑤ 모든 차로에서 차로변경을 할 수 있다.

> 해설
> 도로교통법 제14조, 제19조, 같은법 시행규칙 [별표6] 506,507 진로변경 제한선 표지
> – 백색 점선 구간에서는 차로 변경이 가능하지만 백색 실선 구간에서는 차로 변경을 하면 안 된다. 또한 점선과 실선이 복선일 때도 점선이 있는 쪽에서만 차로 변경이 가능하다.

56 다음 상황에서 가장 안전한 운전방법 2가지는?

① 우측 전방의 화물차가 갑자기 진입할 수 있으므로 경음기를 사용하며 속도를 높인다.
② 신속하게 본선차로로 차로를 변경한다.
③ 본선 후방에서 진행하는 차에 주의하면서 차로를 변경한다.
④ 속도를 높여 본선차로에 진행하는 차의 앞으로 재빠르게 차로를 변경한다.
⑤ 우측 전방에 주차된 화물차의 앞 상황에 주의하며 진행한다.

> 해설
> 고속도로 본선에 진입하려고 할 때에는 방향지시등으로 진입 의사를 표시한 후 가속차로에서 충분히 속도를 높이고 주행하는 다른 차량의 흐름을 살펴 안전을 확인한 후 진입한다. 진입 시 전방우측에 주차차량이 있다면 상황을 잘 살피고 안전하게 진입하여야 한다.

57 다음 상황에서 안전한 진출방법 2가지는?

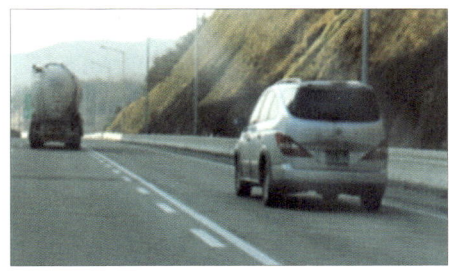

① 우측 방향지시등으로 신호하고 안전을 확인한 후 차로를 변경한다.
② 주행차로에서 서행으로 진행한다.
③ 주행차로에서 충분히 가속한 후 진출부 바로 앞에서 빠져 나간다.
④ 감속차로를 이용하여 서서히 감속하여 진출부로 빠져 나간다.
⑤ 우측 승합차의 앞으로 나아가 감속차로로 진입한다.

> 해설
> 우측 방향지시등으로 신호하고 안전을 확인한 후 감속차로로 차로를 변경하여 서서히 속도를 줄이면서 진출부로 나아간다. 이 때 주행차로에서 감속을 하면 뒤따르는 차에 교통흐름의 방해를 주기 때문에 감속차로를 이용하여 감속하여야 한다.

58 도로법령상 고속도로 톨게이트 입구의 화물차 하이패스 혼용차로에 대한 설명으로 옳지 않은 것 2가지는?

① 화물차 하이패스 전용차로이며, 하이패스 장착 차량만 이용이 가능하다.
② 화물차 하이패스 혼용차로이며, 일반차량도 이용이 가능하다.
③ 4.5톤 이상 화물차는 하이패스 단말기 장착과 상관없이 이용이 가능하다.
④ 4.5톤 미만 화물차나 승용자동차만 이용이 가능하다.
⑤ 하이패스 단말기를 장착하지 않은 승용차도 이용이 가능하다..

> 해설
> 도로법 제78조 3항(적재량 측정 방해 행위의 금지 등)에 의거 4.5톤 이상 화물차는 적재량 측정장비가 있는 화물차 하이패스 전용차로 또는 화물차 하이패스 혼용차로를 이용하여야 하고, 화물차 하이패스 혼용차로는 전차량이 이용이 가능하며, 단말기를 장착하지 않은 차량은 통행권이 발권됨

59 전방의 저속화물차를 앞지르기 하고자 한다. 안전한 운전 방법 2가지는?

① 경음기나 상향등을 연속적으로 사용하여 앞차가 양보하게 한다.
② 전방 화물차의 우측으로 신속하게 차로변경 후 앞지르기 한다.
③ 좌측 방향지시등을 미리 켜고 안전거리를 확보한 후 좌측차로로 진입하여 앞지르기 한다.
④ 좌측 차로에 차량이 많으므로 무리하게 앞지르기를 시도하지 않는다.
⑤ 전방 화물차에 최대한 가깝게 다가간 후 앞지르기 한다.

> 해설
> 좌측 방향지시등을 미리 켜고 안전거리를 확보 후 좌측 차로로 진입한 후 앞지르기를 시도해야 한다.

60 다음 고속도로의 도로전광표지(VMS)에 따른 설명으로 맞는 2가지는?

① 모든 차량은 앞지르기차로인 1차로로 앞지르기하여야 한다.
② 고속도로 지정차로에 대한 안내표지이다.
③ 승용차는 모든 차로의 통행이 가능하다.
④ 승용차가 저속 주행한다면 1차로로 계속 통행할 수 있다.
⑤ 승합차 운전자가 지정차로 통행위반을 한 경우에는 범칙금 5만 원과 벌점 10점이 부과된다.

> 해설
> 도로교통법 제60조, 도로교통법 시행령 별표8. 제39호. 승합자동차등 범칙금 5만 원
> 도로교통법 시행규칙 제16조, 제39조, 별표9, 별표28. 제21호 벌점 10점
> 앞지르기를 할 때에는 지정된 차로의 왼쪽 바로 옆 차로로 통행할 수 있으며, 모든 차는 지정된 차로보다 오른쪽에 있는 차로로 통행할 수 있다.

정답 55. ②,④ 56. ③,⑤ 57. ①,④ 58. ①,④ 59. ③,④ 60. ②,⑤

61 자동차 전용도로에서 우측으로 진로변경하고자 한다. 안전하게 진로변경하는 2가지는?

① 진로를 변경할 경우 뒤차에 방해가 되지 않을 때 진로를 변경한다.
② 백미러와 사이드미러 등으로 주위 상황을 확인한 후 변경한다.
③ 진로를 변경할 때에는 최대한 빠르게 진로를 변경한다.
④ 진로를 변경할 수 없을 때는 속도를 늦추었다가 다시 시도한다.
⑤ 진로 변경은 위반행위가 아니므로 신호등을 켤 필요는 없다.

해설
진로변경을 하고자 할 때에는 안전하게 진로를 변경하여야 하며, 진로변경이 끝난 후에는 방향지시등을 꺼야 한다.

62 다음 차량 중 승용차가 포함한 주의하여 통행해야 할 경우 가장 안전한 운전방법 2가지는?

① 배출 속도로 수정한다.
② 감속하여 수행한다.
③ 빨리는 달리는 차의 뒤를 따라간다.
④ 해안선 방향으로 수행한다.
⑤ 배출 속도로 안전거리를 확보해 수행한다.

해설
자동차가 빠르게 수행할 경우 차량 중심이 한쪽으로 쏠려 균형을 잃고 차량이 넘어지기 쉽고, 침수지역을 지날 때는 차가 멈출 수 있으므로 감속하여 주행하여야 한다.

63 고속도로를 주행 중이다. 가장 안전한 운전 방법 2가지는?

① 우측 방향지시등으로 수행하고자 하는 방향을 표시한다.
② 앞차가 급정거할 경우를 대비하여 안전거리를 충분히 유지한다.
③ 앞차를 추월하기 위해 좌측 차로에서 일시적으로 진행한다.
④ 앞차가 차로를 변경할 경우 중앙선 유지하여 진행한다.
⑤ 방향지시등을 계속해서 켜둔다.

해설
모든 차의 운전자는 차를 앞지르기 하는 때에는 속도로 통행하여야 한다. 도로의 상황과 차의 운행차·화물상태·도로상황에 따라 속도가 달라질 수 있고, 안전운전자는 자기 앞·차로 다음 다른 사람이 안전에 지장을 주는 속도로 운전하여서는 아니 된다.

64 다음 상황에서 가장 안전한 운전 방법 2가지는?

① 3차로를 주행하는 자동차는 차선변경을 위해 먼 곳을 볼 필요가 없다.
② 2차로를 주행하는 자동차가 안전하게 중앙으로 피할 수 있도록 3차로로 변경한다.
③ 2차로를 주행하는 자동차가 안전하게 피할 수 있도록 3차로를 공정한다.
④ 2차로의 자동차가 앞지르기 할 수 있도록 3차로로 변경한 것에 응해야 한다.
⑤ 2차로의 자동차가 중앙으로 3차로로 진로를 변경할 것이 분명하다.

해설
2차로를 주행하는 자동차가 응급상황으로 인해 3차로로 이동하여, 2차로를 주행하는 자동차가 안전하게 피할 수 있기 위해 3차로의 자동차가 이에 대응한다.

65 편도 2차로 고속도로 주행 중 다음과 같은 도로시설물이 보일 때 올바른 운전방법이 아닌 것 2가지는?

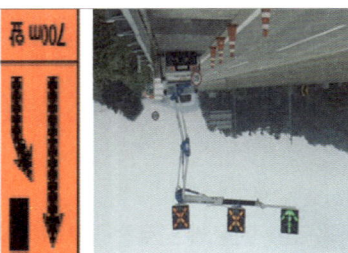

① 2차로를 주행하고 있는 때에는 1차로로 진로를 변경한다.
② 2차로를 주행하고 있는 때에는 속도를 감속하여 진행한다.
③ 감속은 하지 않고 속도를 유지한다.
④ 속도를 높여 빨리 진입한다.
⑤ 1차로를 주행하고 있는 때에는 속도를 줄여 뒤쪽 차로로 변경한다.

해설
고속도로 공사장 전방에서 차량을 안전하게 통과시키기 위해 공사장 전방에 이동차로 차단시스템을 운영하고 있으며, 고속도로 공사장에서 긴급차량 등의 이동차로를 조절할 수 있는 기능이 있다.

66 다음과 같은 상황에서 공사자의 올바른 통행 방법 2가지는?

① 3차로를 주행하는 승용자동차 운전자는 속도를 높여 앞지르기를 한다.
② 2차로를 주행하는 승용자동차 운전자가 3차로로 이동하여 진로를 변경하는 것에 대비한다.
③ 2차로를 주행하는 승용자동차가 중앙차선으로 이동하기 위해 3차로로 변경할 것이다.
④ 2차로를 주행하는 자동차가 앞지르기 할 수 있도록 3차로로 변경하는 것에 응해야 한다.
⑤ 2차로를 주행하는 승용자동차는 절대 차로를 변경하지 않을 것이다.

해설
2차로를 주행하는 자동차가 응급상황으로 인해 3차로로 이동, 2차로를 주행하는 승용자동차가 안전하게 피할 수 있기 위해 3차로의 자동차가 이에 대응하는 것이 바람직하다.

정답

61. ③,⑤ 62. ②,④ 63. ③,④ 64. ①,⑤ 65. ②,④ 66. ②,③

67 다음 상황에서 가장 안전한 운전 방법 2가지는?

① 차로를 변경하지 않고 현재 속도를 유지하면서 통과한다.
② 미끄러지지 않도록 감속 운행한다.
③ 장애인 전동차가 갑자기 방향을 바꿀 수 있으므로 주의한다.
④ 전방 우측에 정차 중인 버스 옆을 신속하게 통과한다.
⑤ 별다른 위험이 없어 속도를 높인다.

> 노면에 습기가 있으므로 미끄러지지 않도록 감속 서행하면서 앞서가는 장애인전동차의 방향전환에 대비하여 거리를 두고 서행으로 통과하여야 한다.

68 다음 고속도로의 차로제어시스템(LCS)에 대한 설명으로 맞는 2가지는?

① 화물차는 1차로를 이용하여 앞지르기할 수 있다.
② 차로제어시스템은 효율적인 교통흐름을 위한 교통관리기법이다.
③ 버스전용차로제가 시행 중인 구간이다.
④ 승용차는 정속 주행한다면 1차로로 계속 운행할 수 있다.
⑤ 화물차가 2차로를 이용하여 앞지르기하는 것은 지정차로 통행위반이다.

> 도로교통법 시행규칙 제39조, [별표9] 버스전용차로제가 시행 중일 때는 전용차로 우측 차로가 1차로가 되어 앞지르기 차로가 됨.
> ※ 차로제어시스템(LCS, Lane Control Systems)은 차로제어신호기를 설치하여 기존차로를 가변활용 하거나 갓길의 일반 차로 활용 등으로 단기적인 서비스교통량의 증대를 통해 지·정체를 완화시키는 교통관리기법이다.

69 고속도로를 장시간 운전하여 졸음이 오는 상황이다. 가장 안전한 운전방법 2가지는?

① 가까운 휴게소에 들어가서 휴식을 취한다.
② 졸음 방지를 위해 차로를 자주 변경한다.
③ 갓길에 차를 세우고 잠시 휴식을 취한다.
④ 졸음을 참으면서 속도를 높여 빨리 목적지까지 운행한다.
⑤ 창문을 열어 환기하고 가까운 휴게소가 나올 때까지 안전한 속도로 운전한다.

> 장시간 운전으로 졸음이 올 때에는 가까운 휴게소 또는 졸음쉼터에서 충분한 휴식을 취한 후 운전하는 것이 바람직하다.

70 다음 상황에서 가장 안전한 운전 방법 2가지는?

① 경음기를 지속 울려 차가 접근하고 있음을 보행자에게 알린다.
② 보행자 뒤쪽으로 서행하며 진행해 나간다.
③ 횡단보도 직전 정지선에 일시정지 한다.
④ 보행자가 신속히 지나가도록 전조등을 번쩍이면서 재촉한다.
⑤ 보행자가 횡단을 완료한 것을 확인한 후 출발한다.

> 도로교통법 제27조 – 모든 차의 운전자는 보행자가 횡단보도를 통행하고 있는 때에는 그 횡단보도 앞에서 일시정지하여 보행자의 횡단을 방해하거나 위험을 주어서는 아니 된다.

71 다음 상황에서 가장 안전한 운전방법 2가지는?

① 터널 밖의 상황을 잘 알 수 없으므로 터널을 빠져나오면서 속도를 높인다.
② 터널을 통과하면서 강풍이 불 수 있으므로 핸들을 두 손으로 꽉 잡고 운전한다.
③ 터널 내에서 충분히 감속하며 주행한다.
④ 터널 내에서 가속을 하여 가급적 앞차를 바싹 뒤따라간다.
⑤ 터널 내에서 차로를 변경하여 가고 싶은 차로를 선택한다.

> 터널 밖 빙판길인 경우 터널 내에서 충분히 감속 주행해야 하며, 터널을 나올 때에는 강풍이 부는 경우가 많으므로 핸들을 두 손으로 꽉 잡고 운전해야 한다.

72 다음 상황에서 가장 안전한 운전방법 2가지는?

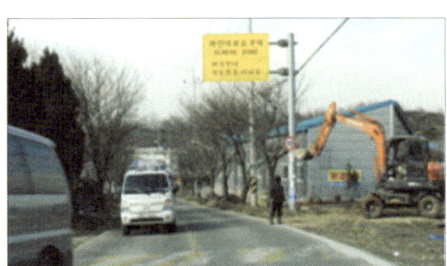

① 작업 중인 건설 기계나 작업 보조자가 갑자기 도로로 진입할 수 있으므로 대비한다.
② 도로변의 작업 차량보다 도로를 통행하는 차가 우선권이 있으므로 경음기를 사용하여 주의를 주며 그대로 통과한다.
③ 건설 기계가 도로에 진입할 경우 느린 속도로 뒤따라 가야하므로 빠른 속도로 진행해 나간다.
④ 어린이 보호구역이 시작되는 구간이므로 시속 30킬로미터 이내로 서행하여 갑작스러운 위험에 대비한다.
⑤ 어린이 보호구역의 시작 구간이지만 도로에 어린이가 없으므로 현재 속도를 유지한다.

> 어린이보호구역임을 알리는 표지와 속도제한표지판이 있으므로 제한속도를 확인하고, 전방 우측에 작업하는 건설 기계를 잘 살피면서 갑작스러운 위험 등에 대비한다.

정답 67. ②,③ 68. ②,③ 69. ①,⑤ 70. ③,⑤ 71. ②,③ 72. ①,④

73 아이의 보호구역에서 아동들 중 맞는 것은 2가지는?

① 어린이보호구역에서 자동차 등의 통행속도는 시속 30킬로미터 이내로 제한할 수 있다.
② 교통사고의 위험으로부터 아이를 보호하기 위해 어린이 보호구역으로 지정할 수 있다.
③ 어린이보호구역에서는 주·정차가 허용된다.
④ 어린이보호구역에서는 어린이들이 주의하기 때문에 사고가 발생하지 않는다.
⑤ 통행속도를 준수하고 어린이의 안전에 주의하면서 운행하여야 한다.

해설 도로교통법 제12조, 제27조
- 어린이 보호구역에서는 차량의 통행속도를 시속 30킬로미터 이내로 제한할 수 있다.
- 어린이 보호구역내에서는 교통사고가 빈번하므로 어린이의 안전에 주의하면서 운행하여야 한다.

74 다음과 같이 긴급차가 주행 중 연기가 발생하는 경우 가장 올바른 조치방법 2가지는?

① 연기가 발생하면 즉시 정차한다.
② 긴급히 차량 밖으로 탈출하도록 조치한다.
③ 화재 발생 시 초기 진화가 가능한 경우 신속히 조치한다.
④ 화재 진화가 어려운 경우 119에 신고한다.
⑤ 차량 안에서 안전조치를 취한 후 대기한다.

해설 긴급자동차에서 화재가 발생한 경우 대피요령은 크기 약 10~20리미터 당기를 붙여 호기를 진압한다.

75 다음 상황에서 가장 안전한 운전 방법 2가지는?

① 도로 폭이 좁아 충돌가능성이 있으므로 그대로 주행한다.
② 신속히 자동차를 운전하여 주행한다.
③ 자동차의 고장이 의심되면 신속히 통과한다.
④ 정지하기 때문에 교대로 자동차 서로가 양보한다.
⑤ 자동차의 운행을 신속하게 주행하지 않도록 주의한다.

해설 자동차가 서행할 경우에는 맞은편 자동차가 통행하지 않도록 서행한다.

76 다음과 같이 도로에서 교통사고에 대처하기 위해 자동차를 이용하여 통과하고 있을 때 가장 안전한 운전 방법 2가지는?

① 이미 진입한 경우 신속히 빠져나가지 않도록 운전한다.
② 일반적으로 고장차가 있어 갓길이 막힌 경우 시간대를 이용하지 않고 다음 차로로 차로 변경한다.
③ 하이패스 이용자는 속도를 줄이고 대비하여 정상적으로 통과한다.
④ 하이패스 이용자는 요금을 낼 필요가 없기 때문에 그대로 통과한다.
⑤ 하이패스 이용자는 요금을 자동차를 이용하면 다음 차로를 이용하여 변경한다.

해설 고속도로 요금소 부근 하이패스 진입 시 자동차로 차로를 변경하는 경우, 안전거리 인지거리를 확보하고 속도가 안전하게 인지하고 확보된다.

77 다음 상황에서 가장 안전한 운전방법 2가지는?

① 이전차로로 속도를 높여 추월을 시도한다.
② 바퀴로 가는 소리가 없이 때문에 자동차 뒤에 좋도 주행한다.
③ 안전거리를 대비하여 충분히 유지하여 주행한다.
④ 자동차의 주변기기를 이용할 수 있으므로 사용등을 인지한다.
⑤ 다른 차로에 가까이 인접한 자동차 옆에 두어 주행한다.

해설 자동차의 사용자는 동일방향으로 주행하는 자동차가 운행하고, 전방에 다른 자동차가 있어 사용자와 다른 차로 사이에 안전한 거리로 자동차가 인접해 있을 수 있다.

78 다음과 같은 도로 상황을 통행할 때 교차사지점에 대한 정확한 동작이 갖는 것 2가지는?

① 이전차로선을 넘기 원리가 있으므로 미리 속도에 감속하여 운전한다.
② 신호등이 녹색이므로 빠르지 않고 자동차 중앙에 맞춰 주행한다.
③ 교차로직전에는 전용신호에 사용하지 않는다.
④ 인접한 상으로 자동차가 있기 때문에 미리 주의해서 주행한다.
⑤ 속도를 줄여 신속히 운전한다.

해설 교차로직전에는 자동차를 피할 수 있도록 적당히 차가 중앙에 위치하고 있어야 한다.

정답 73. ②,⑤ 74. ④,⑤ 75. ②,⑤ 76. ③,⑤ 77. ③,⑤ 78. ①,②

79 다음 상황에서 가장 안전한 운전방법 2가지는?

① 시속 30킬로미터 이하로 서행한다.
② 주·정차를 해서는 안 된다.
③ 내리막길이므로 빠르게 주행한다.
④ 주차는 할 수 없으나 정차는 할 수 있다.
⑤ 횡단보도를 통행할 때는 경음기를 사용하며 주행한다.

어린이 보호구역은 교통사고의 위험으로부터 어린이를 보호하기 위하여 필요하다고 인정하는 때에 유치원, 초등학교 등의 시설 주변도로 가운데 일정구간을 어린이 보호구역으로 지정하고 있다. 어린이보호구역의 속도제한 표시는 30km이므로 통행속도 이하로 서행하여야 하며, 주·정차를 금지하고 있다.

80 교차로에서 우회전을 하려는 상황이다. 가장 안전한 운전 방법 2가지는?

① 우산을 쓴 보행자가 갑자기 횡단보도로 내려올 가능성이 있으므로 감속 운행한다.
② 보행자가 횡단을 마친 상태로 판단되므로 신속하게 우회전한다.
③ 비오는 날은 되도록 앞차에 바싹 붙어 서행으로 운전한다.
④ 도로변의 웅덩이에서 물이 튀어 피해를 줄 수 있으므로 주의 운전한다.
⑤ 교차로에서 우회전을 할 때에는 브레이크 페달을 세게 밟는 것이 안전하다.

물이 고인 곳을 운행할 때에는 다른 사람에게 피해를 주지 않도록 해야 하며, 우천 시에는 보행자의 시야도 좁아지므로 돌발 행동에 주의하면서 감속 운행하여야 한다.

81 학교 앞 신호등이 없는 횡단보도에서 지켜야 하는 내용으로 맞는 2가지는?

① 차의 통행이 없을 때 주차는 가능하다.
② 보행자의 움직임에 주의하면서 전방을 잘 살핀다.
③ 제한속도보다 빠르게 진행한다.
④ 차의 통행에 관계없이 정차는 가능하다.
⑤ 보행자의 횡단여부와 관계없이 일시정지 한다.

도로교통법 제12조, 제27조 - 학교 앞 이면도로 횡단보도는 어린이 보호구역 내이므로 최고속도는 30km/h내를 준수하고, 어린이의 움직임에 주의하면서 전방을 잘 살펴야 한다. 어린이 보호구역내 사고는 안전운전 불이행, 보행자 보호의무위반, 불법 주·정차, 신호위반 등 법규를 지키지 않는 것이 원인이다. 그리고 어린이보호구역내 횡단보도에서는 보행자의 횡단여부와 관계없이 일시정지한 후 안전을 확인하고 통과하여야 한다.

82 다음 상황에서 가장 안전한 운전 방법 2가지는?

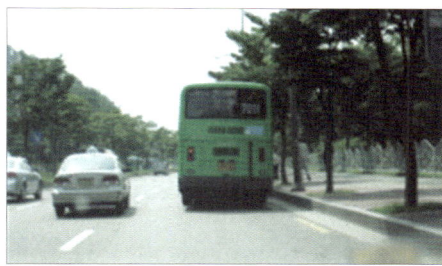

① 차로를 변경하기 어려울 경우 버스 뒤에 잠시 정차하였다가 버스의 움직임을 보며 진행한다.
② 하차하는 승객이 갑자기 차도로 뛰어들 수 있으므로 급정지한다.
③ 뒤따르는 차량과 버스에서 하차하는 승객들의 움직임을 살피는 등 안전을 확인하며 주행한다.
④ 다른 차량들의 움직임을 살펴보고 별 문제가 없으면 버스를 그대로 앞질러 주행한다.
⑤ 경음기를 울려 주변에 주의를 환기하며 신속히 좌측 차로로 차로 변경을 한다.

정차 중인 버스 주위로 보행자가 갑자기 뛰어나올 수 있다. 차로를 안전하게 변경할 수 없을 때는 버스 뒤에 잠시 정차하였다가 버스가 움직일 때 진행하여야 한다. 버스를 피해 차로를 변경 할 때에도 서행하면서 주변의 보행자나 돌발상황에 대비하여야 한다.

83 다음과 같은 상황에서 자동차의 통행 방법으로 올바른 2가지는?

① 좌측도로의 화물차는 우회전하여 긴급자동차 대열로 끼어든다.
② 모든 차량은 긴급자동차에게 차로를 양보해야 한다.
③ 긴급자동차 주행과 관계없이 진행신호에 따라 주행한다.
④ 긴급자동차를 앞지르기하여 신속히 진행 한다.
⑤ 좌측도로의 화물차는 긴급자동차가 통과할 때까지 기다린다.

모든 자동차는 긴급자동차에 양보하여야 한다.

84 1·2차로를 걸쳐서 주행 중이다. 이때 가장 안전한 운전 방법 2가지는?

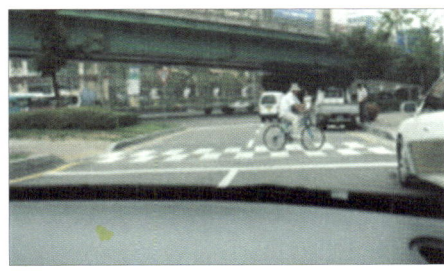

① 1차로로 차로 변경 후 신속히 통과한다.
② 우측 보도에서 횡단보도로 진입하는 보행자가 있는지를 확인한다.
③ 경음기를 울려 자전거 운전자가 신속히 통과하도록 한다.
④ 자전거는 보행자가 아니므로 자전거 뒤쪽으로 통과한다.
⑤ 정지선 직전에 일시정지한다.

자전거가 횡단보도를 통행하는 경우 정지선에 일시정지하여 자전거가 안전하게 통과할 수 있도록 하여야 한다.

정답 79. ①, ② 80. ①, ④ 81. ②, ⑤ 82. ①, ③ 83. ②, ⑤ 84. ②, ⑤

85 다음과 같은 도로상황에서 가장 안전한 운전방법 2가지는?

① 안전표지가 표시하는 속도를 준수한다.
② 어린이가 길가장자리 구역에서 자전거를 타고 있으므로 주의하며 서행한다.
③ 자전거가 차도로 진입하지 않아 교행에 방해가 되지 않으므로 그대로 진행한다.
④ 어린이보호구역의 어린이에게 위해가 없도록 주의한다.
⑤ 어린이보호구역의 안전을 위해 지정속도보다 감속하여 운행한다.

⑯ 어린이보호구역내 횡단보도 앞에서 자전거가 차도 쪽으로 넘어져 어린이가 다칠 수 있으므로 주의하여 서행으로 지나가야 한다.

86 다음과 같은 야간 도로상황에서 운전할 때 예측할 수 있는 위험으로 가장 알맞은 2가지는?

① 도로의 갓길에서 무단횡단하는 보행자
② 반대편 도로의 차가 전조등을 켜서 눈부심 현상이 올 수 있음
③ 앞 차량에 의해 전방의 교통상황이 전조등 불빛에 가려서 보이지 않음
④ 주차된 차량 사이에서 뛰어나오는 보행자
⑤ 진행하는 차로로 진입하려는 차량

⑯ 야간은 전조등이 비치는 범위 안에서 보이기 때문에 장애물 발견이 늦고 발견 시 조치가 어려워 전조등에 비춰지지 않는 곳의 위험을 예측해야 한다.

87 다음과 같은 도로상황에서 바람직한 통행방법 2가지는?

① 긴급자동차에 양보하기 위해 모두 일시정지한다.
② 긴급자동차가 지나갈 때까지 현재 위치에서 정지한다.
③ 긴급자동차보다 속도를 높여 신속히 대피한다.
④ 긴급자동차가 지나간 후에는 진행하던 속도를 계속 유지한다.
⑤ 1차로로 진로변경하여 진행한다.

⑯ 긴급자동차 우선차로가 마련되어 있어 긴급자동차가 지나갈 때까지 진행하여야 한다.

88 다음과 같은 도로 상황에서 가장 안전한 운전방법 2가지는?

① 앞차가 빨리 가기 때문에 꼬리물기를 한다.
② 전조등을 이용하여 마주 오는 차에게 주의를 주며 통과한다.
③ 반대편 도로에 차량이 없으므로 중앙선을 넘어 신속히 통과한다.
④ 경음기를 사용하여 주의를 준다.
⑤ 감속하여 서행한다.

⑯ 미끄러지기 쉬운 경사진 커브길, 안개길 등에서는 속도를 줄이고, 경음기 등을 사용하여 반대편 차량에 주의를 주며 서행하여야 한다.

89 긴급자동차가 운행 중인 경우 가장 바람직한 운전방법 2가지는?

① 긴급자동차와 관계없이 신호에 따라 주행한다.
② 긴급자동차가 지나갈 수 있도록 진로를 양보한다.
③ 긴급자동차를 앞지르기 하여 신속히 진행한다.
④ 도로 차선을 긴급자동차에게 양보하기 위해 길가장자리에 일시정지한다.
⑤ 긴급자동차와 속도를 맞추어 주행한다.

⑯ 모든 자동차는 긴급자동차에 우선 양보하여야 하며 긴급자동차가 따르는 경우 우측·갓길 등으로 양보하여야 하며, 긴급자동차는 용무수행 대피 차량 이외는 양보할 필요가 없다.

90 다음 상황에서 운전자의 가장 바람직한 운전방법 2가지는?

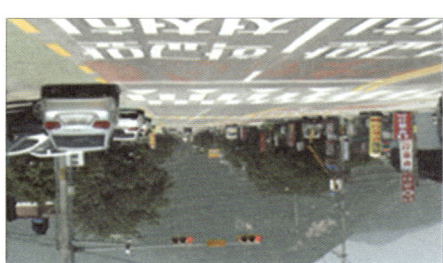

① 횡단보도 우측에서 좌측으로 진입하는 경우 긴급자동차라도 양보한다.
② 긴급자동차가 진입하여 가려고 하기 때문에 속도를 줄여 피양한다.
③ 수신호를 따르는 차를 막을 필요가 있다.
④ 긴급자동차보다 신호위반을 하지 않기 위해 바로 갈 수 있다.
⑤ 안전삼각 후 지나가는 긴급자동차에 주의한다.

⑯ 모든 자동차는 긴급자동차에 우선 양보하여야 하며 긴급자동차가 따르는 경우 우측·갓길 등으로 양보하여야 하며, 긴급자동차는 용무수행 대피 차량 이외는 양보할 필요가 없다.

정답 | 85. ①,② 86. ④,⑤ 87. ①,② 88. ①,② 89. ②,③ 90. ①,②

91 도로교통법령상 다음과 같은 개인형 이동장치를 도로에서 운전 시 올바른 2가지는?

① 안전모 등 인명보호 장구를 착용하지 않아도 된다.
② 운전면허 없이 운전하더라도 위법하지 않다.
③ 혈중알콜농도 0.03% 이상으로 운전 시 처벌받지 않는다.
④ 13세 미만의 어린이가 운전하면 보호자에게 과태료가 부과된다.
⑤ 동승자를 태우고 운전하면 처벌 받는다.

> 도로교통법 시행령 별표8 ① 38의2 (2만원 범칙금), ② 1의4 (10만원 범칙금), ③ 64의 2(10만원 범칙금), ④ 1의 3(10만원 과태료) ⑤ 3의4(범칙금 4만원)

92 다음 상황에서 가장 안전한 운전 방법 2가지는?

① 경음기를 울려 자전거를 우측으로 피양하도록 유도한 후 자전거 옆으로 주행한다.
② 눈이 와서 노면이 미끄러우므로 급제동은 삼가야 한다.
③ 좌로 급하게 굽은 오르막길이고 노면이 미끄러우므로 자전거와 안전거리를 유지하고 서행한다.
④ 반대 방향에 마주 오는 차량이 없으므로 반대 차로로 주행한다.
⑤ 신속하게 자전거를 앞지르기한다.

> 전방 우측에 자전거 운전자가 가장자리로 주행하고 있기 때문에 자전거 움직임을 잘 살피면서 서행하고, 자전거 옆을 지나갈 때 충분한 간격을 유지하여야 한다

93 다음 상황에서 가장 안전한 운전방법 2가지는?

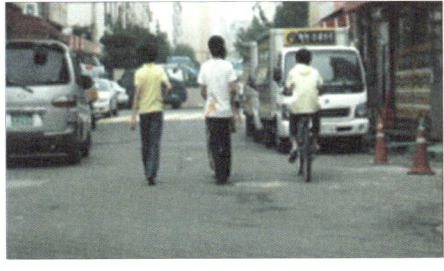

① 경음기를 지속적으로 사용해서 보행자의 길 가장자리 통행을 유도한다.
② 주차된 차의 문이 갑자기 열리는 것에도 대비하여 일정 거리를 유지하면서 서행한다.
③ 공회전을 강하게 하여 보행자에게 두려움을 갖게 하면서 진행한다.
④ 보행자나 자전거가 전방에 가고 있을 때에는 이어폰을 사용하는 경우도 있기 때문에 거리를 유지하며 서행한다.
⑤ 전방의 보행자와 자전거가 길 가장자리로 피하게 되면 빠른 속도로 빠져나간다.

> 주택가 이면 도로에서 보행자의 통행이 빈번한 도로를 주행할 때에는 보행자 보호를 최우선으로 생각하면서 운행해야 하며, 특히 어린이들은 돌발 행동을 많이 하고, 이어폰 등으로 음악을 듣고 있는 경우에는 경음기 소리나 차의 엔진소리를 듣지 못할 가능성이 많으므로 더욱 주의하여 운행해야 한다. 또 주차된 차의 문이 갑자기 열릴 수 있으므로 차 옆을 지날 때는 일정한 간격을 두고 운행해야 한다.

94 다음은 하이패스 전용나들목에 대한 설명이다. 잘못된 2가지는?

① 하이패스 전용차로로 운영되는 간이형식의 나들목이다.
② 하이패스 단말기를 장착한 모든 차량이 이용이 가능하다.
③ 일반 나들목의 하이패스 차로와는 달리 정차 후 통과하여야 한다.
④ 근무자가 상시 근무하는 유인 전용차로이다.
⑤ 단말기 미부착 차량의 진입을 방지하기 위하여 차단기 및 회차 시설을 설치하여 운영한다.

> 하이패스 전용 나들목 : 고속도로와 국도간의 접근성을 높이기 위해 휴게소나 버스정류장 등을 활용하여 하이패스 전용차로를 운영하는 간이형식의 나들목이다.
> - 하이패스 전용 나들목 이용가능차량
>   - 1~3종 (승용·승합·소형화물·4.5톤 미만 화물차) 하이패스 단말기 부착차량
>   - 4.5톤 미만 화물차 중 하이패스 단말기 부착차량
> - 운영방안
>   - 일반 나들목의 하이패스 차로와는 달리 "정차 후 통과 시스템" 적용
> ※ 휴게소 등의 이용차량과의 교통안전을 위하여 정차 후 통과(차단기)
>   - 단말기 미 부착차량의 진입을 방지하기 위하여 차단기 및 회차 시설을 설치하여 본선 재진입 유도

95 두 대의 차량이 합류 도로로 진입 중이다. 가장 안전한 운전방법 2가지는?

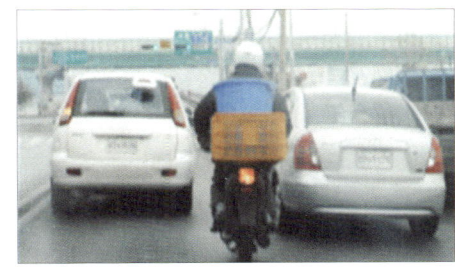

① 차량 합류로 인해 뒤따르는 이륜차가 넘어질 수 있으므로 이륜차와 충분한 거리를 두고 주행한다.
② 이륜차는 긴급 상황에 따른 차로 변경이 쉽기 때문에 내 차와 충돌 위험성은 없다.
③ 합류 도로에서는 차가 급정지할 수 있어 앞차와의 거리를 충분하게 둔다.
④ 합류 도로에서 차로가 감소되는 쪽에서 끼어드는 차가 있을 경우 경음기를 사용하면서 같이 주행한다.
⑤ 신호등 없는 합류 도로에서는 운전자가 주의하고 있으므로 교통사고의 위험성이 없다.

> 두 차량이 이륜차 앞쪽에 가고 있으므로 두 차량 뒤쪽에 위치하여 안전거리 확보 후 운전하는 것이 바람직한 운전 방법이다.

정답 91. ④, ⑤ 92. ②, ③ 93. ②, ④ 94. ②, ④ 95. ①, ③

96 어린이 보호구역 지정에 대한 설명으로 가장 옳은 것 2가지는?

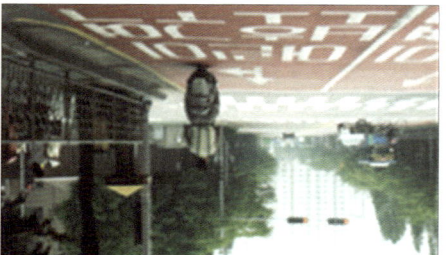

① 어린이보호구역으로 지정된 초등학교 정문에서 자동차의 통행속도를 시속 30킬로미터 이상으로 해야 한다.
② 유치원 시설의 주변도로에 대해 어린이 보호구역으로 지정할 수 있다.
③ 초등학교 주변도로를 어린이 보호구역으로 지정할 수 있다.
④ 특수학교의 주변도로는 어린이 보호구역 지정 대상이 아니다.
⑤ 어린이 보호구역으로 지정된 어린이 통학버스 청소년수련시설 주변도로에서 통행속도는 시속 40킬로미터까지 허용된다.

해설
- 도로교통법 제12조 어린이보호구역으로 지정하여 자동차등의 통행속도를 시속 30킬 로미터 이내로 제한할 수 있다.
- 도로교통법 제12조 및 제12조의2에 따라 초·중·고등학교 주변도로도 어린이보호구역으로 지정할 수 있으며, 어린이보호구역 안에서 자동차등의 통행속도를 시속 30킬로미터 이내로 제한할 수 있다.

97 다음 상황에서 가장 안전한 운전 방법 2가지는?

① 자동차로부터 접근하지 않도록 가장자리로 주행한다.
② 자동차로부터 안전거리 이상 떨어져서 진행한다.
③ 자동차가 갑자기 정차할 수 있으므로 통과한 후 주의한다.
④ 자동차가 갑자기 브레이크를 밟을 수 있으므로 그 뒤를 따라 주행한다.
⑤ 자동차를 앞지르기 위해 중앙선을 넘어 주행한다.

해설
자동차의 바로 뒤에서 주행하게 되면 전방의 시야가 확보되지 않아 위험하므로, 자동차가 앞에 있는 경우에는 안전거리를 충분히 두고 서행해야 한다.

98 다음과 같은 상황에서 우회전하려고 한다. 가장 안전한 운전방법 2가지는?

① 신호등이 없는 교차로에서는 속도를 내어 진입한다.
② 정차한 자동차들 사이로 갑자기 뛰어나올 수 있는 보행자에 주의한다.
③ 좌우의 도로에서 진입하는 자동차에 주의하며 서행으로 진입한다.

99 자동차가 물에 잠기고 있을 때 가장 안전한 운전 방법 2가지는?

① 엔진회전수를 높여 계속 운행한다.
② 자동차 창문을 열고 신속하게 대피한다.
③ 자동차에서 다른 자동차를 이용해 견인하도록 한다.
④ 자동차 안에서 기다리다 구조를 요청한다.
⑤ 대피한 후 고수위일 경우 엔진을 강제로 끄고 돌아간다.

해설
자동차가 물에 갑자기 대피로드에 침수된 경우 자동차 창문을 열고 신속하게 대피해야 한다. 특히 자동차가 침수된 상태에서 자동차 후드를 열거나 다시 시동을 걸면 자동차가 폐차 될 수 있으므로 침수된 경우 자동차 견인을 통해 사용하기 전에 침수 여부 등을 확인할 수 있다. 침수된 자동차는 운전하는 운전자 안전과 관련된 사항으로 주의하며 운행해야 한다.

100 집중 호우로에서 주행하기 위해 신호대기 중이다. 가장 안전한 운전 방법 2가지는?

① 장거리로 이동을 잘하여 우회한다.
② 안전을 위해 자동차 사이드 브레이크를 작동한다.
③ 고개를 숙이고 있는 상태로 이동하며 도로 위에 있을 경우 운전한 운전이다.
④ 정차 후 차를 점검하여 공항에도 안전하게 정차할 수 있을 경우 운전한다.
⑤ 정차 후 수위가 높아지면 자동차 안에 있지 않고 신속하게 대피한다.

해설
자동 자동차 긴급하고 자동차를 수위가 있는 경우, 우회 수의 가장 소중히 사용하는 것이 긴급 조치 있으나 그 자리에서 기다릴 후에 자기를 하는 경우 그 자리에 감독자 신호를 기다리지는 방법은 아니다.

Chapter 06 일러스트형 문제 – 5지 2답형

01 오른쪽으로 갔어야 하는데 길을 잘못 들었다. 이 때 가장 안전한 운전방법 2가지는?

도로상황
- 울산·양산 방면으로 가야 하는 상황
- 분기점에서 오른쪽으로 진입하려는 상황

① 안전지대로 진입하여 비상점멸등을 작동한 후 오른쪽으로 진입한다.
② 오른쪽 방향지시기를 작동하며 안전지대로 진입하여 오른쪽으로 진입한다.
③ 신속하게 가속하여 오른쪽으로 진입한다.
④ 대구방향으로 그대로 진행한다.
⑤ 다음에서 만나는 나들목 또는 갈림목을 이용한다.

해설
일부 운전자들은 나들목이나 갈림목의 직전에서 어느쪽으로 진입할 지를 결정하기 위해 급감속하거나 진입이 금지된 안전지대에 진입하여 대기하다가 무리하게 진입하기도 한다. 또 진입로를 지나친 경우 안전지대 또는 갓길에 정차한 후 후진하는 행동을 하기도 한다. 이와 같은 행동은 다른 운전자들이 예측할 수 없는 행동을 직접적인 사고의 원인이 될 수 있음으로 진입을 포기하고 다음 갈림목 또는 나들목을 이용하여 안전을 도모해야 한다. 가장 안전한 운전방법은 출발부터 목적지까지의 통행경로를 미리 파악하는 자세를 겸비하는 것이다.

02 다음 상황에서 가장 안전한 운전방법 2가지는?

도로상황
- 아파트(APT) 단지 주차장 입구 접근 중

① 차의 통행에 방해되지 않도록 지속적으로 경음기를 사용한다.
② B는 차의 왼쪽으로 통행할 것으로 예상하여 그대로 주행한다.
③ B의 횡단에 방해되지 않도록 횡단이 끝날때까지 정지한다.
④ 도로가 아닌 장소는 차의 통행이 우선이므로 B가 횡단하지 못하도록 경적을 울린다.
⑤ B의 옆을 지나는 경우 안전한 거리를 두고서행해야 한다.

해설
도로교통법 제27조제⑥항 모든 차의 운전자는 다음 각 호의 어느 하나에 해당하는 곳에서 보행자의 옆을 지나는 경우에는 안전한 거리를 두고 서행하여야 하며, 보행자의 통행에 방해가 될 때에는 서행하거나 일시정지하여 보행자가 안전하게 통행할 수 있도록 하여야 한다. 〈개정 2022. 1. 11.〉 1. 보도와 차도가 구분되지 아니한 도로 중 중앙선이 없는 도로 2. 보행자우선도로 3. 도로 외의 곳

03 다음 상황에서 교차로를 통과하려는 경우 예상되는 위험 2가지는?

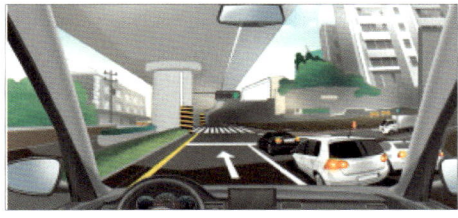

도로상황
- 교각이 설치되어있는 도로
- 정지해있던 차량들이 녹색신호에 따라 출발하려는 상황
- 3지 신호교차로

① 3차로의 하얀색 차량이 우회전 할 수 있다.
② 2차로의 하얀색 차량이 1차로 쪽으로 급차로 변경할 수 있다.
③ 교각으로 부터 무단횡단 하는 보행자가 나타날 수 있다.
④ 횡단보도를 뒤 늦게 건너려는 보행자를 위해 일시정지 한다.
⑤ 뒤차가 내 앞으로 앞지르기를 할 수 있다.

해설
도로에 교각이 설치된 환경으로 교각 좌우측에서 진입하는 이륜차와 보행자 등 위험을 예측하며 운전해야 한다.

04 직진 중 전방 차량 신호가 녹색 신호에서 황색 신호로 바뀌었다. 가장 위험한 상황 2가지는?

도로상황
- 우측 도로에 신호 대기 중인 승용차
- 후사경 속의 바싹 뒤따르는 택시
- 2차로에 주행 중인 승용차

① 급제동 시 뒤차가 내 차를 추돌할 위험이 있다.
② 뒤차를 의식하다가 내 차가 신호 위반 사고를 일으킬 위험이 있다.
③ 뒤차가 앞지르기를 할 위험이 있다.
④ 우측 차가 내 차 뒤로 끼어들기를 할 위험이 있다.
⑤ 우측 도로에서 신호 대기 중인 차가 갑자기 유턴할 위험이 있다.

해설
교차로 부근에서 신호가 바뀌는 경우 안전거리를 유지하지 않아 후속 차량이 추돌 사고를 야기할 우려가 매우 높으므로 브레이크 페달을 살짝 밟거나 비상등을 켜 차가 스스로 안전거리를 유지할 수 있도록 유도한다.

05 다음 상황에서 비보호좌회전할 때 가장 큰 위험 요인 2가지는?

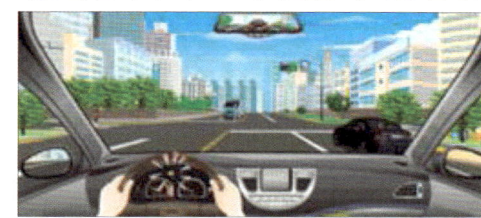

도로상황
- 현재 차량 신호 녹색(양방향 녹색 신호)
- 반대편 1차로에 좌회전하려는 승합차

① 반대편 2차로에서 승합차에 가려 보이지 않는 차량이 빠르게 직진해 올 수 있다.
② 반대편 1차로 승합차 뒤에 차량이 정지해 있을 수 있다.
③ 좌측 횡단보도로 보행자가 횡단을 할 수 있다.
④ 후방 차량이 갑자기 불법 유턴을 할 수 있다.
⑤ 반대편 1차로에서 승합차가 비보호좌회전을 할 수 있다.

해설
비보호좌회전을 할 때에는 반대편 도로에서 녹색 신호를 보고 오는 직진 차량에 주의해야 하며, 그 차량의 속도가 생각보다 빠를 수 있고 반대편 1차로의 승합차 때문에 2차로에서 달려오는 직진 차량을 보지 못할 수도 있다.

06 다음의 도로를 통행하려는 경우 가장 올바른 운전방법 2가지는?

도로상황
- 중앙선이 없는 도로
- 도로 좌우측 불법주정차된 차들

① 자전거에 이르기 전 일시정지한다.
② 횡단보도를 통행할 때는 정지선에 일시정지한다.
③ 뒤차와의 거리가 가까우므로 가속하여 거리를 벌린다.
④ 횡단보도 위에 사람이 없으므로 그대로 통과한다.
⑤ 경음기를 반복하여 작동하며 서행으로 통행한다.

해설
위험예측. 어린이보호구역에 정차 및 주차를 위반한 자동차들이 확인된다. 어린이보호구역을 통행하는 운전자는 어린이의 신체적 특성 중 '작은 키'로 정차 및 주차를 위반한 자동차에 가려져 보이지 않는 점을 항시 기억해야한다. 문제의 그림에서는 왼쪽 회색자동차 앞으로 자전거가 차도쪽으로 횡단을 하려고 있는 상황이다. 이러한 때에는 횡단보도가 아니라고 하더라도 정지하여야 한다. 도로교통법 제12조 제3항. 차마 또는 노면전차의 운전자는 어린이보호구역에서 제1항에 따른 조치를 준수하고 어린이의 안전에 유의하면서 운행하여야 한다. 도로교통법 제27조 제7항. 모든 차 또는 노면전차의 운전자는 제12조제1항에 따른 어린이보호구역 내에 설치된 횡단보도 중 신호기가 설치되지 아니한 횡단보도 앞(정지선이 설치된 경우에는 그 정지선을 말한다)에서는 보행자의 횡단 여부와 관계없이 일시정지하여야 한다.

정답 01. ④, ⑤ 02. ③, ⑤ 03. ②, ③ 04. ①, ② 05. ①, ③ 06. ①, ②

07 다음 상황에서 가장 안전한 운전방법 2가지는?

도로상황
- 편도 1차로
- 불법주차된 차들

① 경찰차에 이어 좌측으로 진로를 변경하여 주행한다.
② 경찰차의 크기에 따라 속도를 달리하여 주행한다.
③ 경찰차에 접근하여 빠른 속도로 추월하여 주행한다.
④ 경찰차의 좌측 옆을 지날 때는 감속하여 주행한다.
⑤ 경찰차가 서있으므로 일시정지한 후 주행한다.

해설 경찰차이 정차하여 사람들이 모여있는 곳에서는 돌발적인 상황이 발생될 수 있어 감속하여야 하고, 그 차들을 피해 진로를 변경할 때에는 다른 자동차의 움직임에 유의하여 안전하게 진로를 변경하여야 한다.

08 다음 상황에서 돌발상황이 발생하기 전에 가장 안전한 운전방법 2가지는?

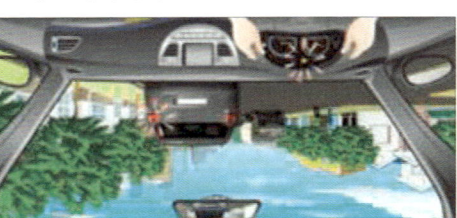

도로상황
- 도로 편도 2차로
- 반대편에서 속도를 줄이고 있는 사람들
- 우측 도로변에 정차된 자동차들

① 반대 차로 차들의 움직임을 살핀다.
② 반대편 도로 상황이 잘 보이지 않으므로 감속 운행한다.
③ 전방에 자전거가 움직이고 있는 경우 계속 진행한다.
④ 반대편 도로에 주행하고 있는 차들이 있는 경우
⑤ 위 반대편 도로에서 좌측으로 진로 변경하려는 경우

해설 내 차의 왼쪽 자동차 문이 열려 있고 자동차 주위에 사람들이 있을 때 위험을 대비하기 위해 최대한 속도를 줄이고 주의를 살펴야 하며, 반대편 자동차와도 안전거리를 유지하며 주행하여야 한다.

09 다음 상황에서 진출하기 위해 차로를 변경하려고 한다. 가장 안전한 운전 방법 2가지는?

도로상황
- 자동차전용도로 분기점
- 우측 차로에서 차로 바꾸기
- 빠른 속도로 달리는 차량

① 차로를 변경하기 전에 신호를 한다.
② 차로변경을 하려고 할 때 2차로에 주행중인 차들을 조심한다.
③ 속도를 유지하여 진입한다.
④ 차로 변경 전 30m 이상에서 신호를 한다.
⑤ 차로 변경은 안전하게 할 수 있도록 차선을 주의한다.

해설 진출부에 가까워 있기 때문에 방향지시를 하고 미리 안전하게 차로를 변경한다.

---

10 다음 중 대비해야 할 가장 위험한 상황 2가지는?

도로상황
- 어린이보호구역
- 횡단보도 통행차를 횡단한 어린이
- 자전거를 타고 가는 어린이

① 보조 주행하는 차와 충돌 가능성이 있다.
② 도로를 건너는 어린이가 재단에서 튀어나올 수 있다.
③ 횡단하는 어린이를 피해 중앙선을 가로질러 좌회전할 수 있다.
④ 대향차가 마주 오는 경우 교통혼잡 할 수 있다.
⑤ 자전거가 도로를 가로질러 갑자기 나타날 수 있다.

해설 어린이보호구역에서는 어린이가 보호자 없이 나와 있을 수 있으며, 운전자는 아이들의 행동을 잘 살펴야 한다. 또한 횡단보도 근처에서는 언제라도 아이들이 갑자기 뛰어나올 수 있다.

11 다음 상황에서 주차된 A차량이 출발할 때 가장 주의해야 할 위험 요인 2가지는?

도로상황
- 우측에 일렬로 주차된 차량
- 전방 우측 좁은 도로
- 전방 우측 하얀 차량

① 내 앞으로 담당하게 보행자가 나와 가능성이 있는 차량
② 반대편에 앉아 있는 차량이 갑자기 출발할 가능성
③ 사각지대에 차량이 있을 가능성
④ A차량 바로 뒤쪽에 걸어오고 있는 보행자
⑤ 반대편 좌측 뒤편 어린이 자전거 보행자

해설 주차된 차량들의 사이에서 보행자나 그 공간에서 사람이 나타날 수 있어 이를 주의하여 통과해야 한다.

12 다음 상황에서 가장 주의를 운전행동으로 맞는 것은?

도로상황
- 긴급자동차 싸이렌 및 경광등 작동
- 긴급자동차가 역주행 하려는 상황

① 긴급자동차와 관계없이 진행 우선한다.
② 긴급자동차가 도로교통법 위반이므로 진행한다.
③ 긴급자동차의 주행 차로에 일시정지한다.
④ 긴급자동차라도 안전하게 지나가도록 한다.
⑤ 긴급자동차가 지나갈 수 있도록 그 뒤에 장애한다.

해설 제29조(긴급자동차의 우선 통행) ① 긴급자동차는 제13조제3항에도 불구하고 긴급하고 부득이한 경우에는 도로의 중앙이나 좌측 부분을 통행할 수 있다. ② 긴급자동차는 이 법이나 이 법에 따른 명령에 따라 정지하여야 하는 경우에도 불구하고 긴급하고 부득이한 경우에는 정지하지 아니할 수 있다. ③ 긴급자동차의 운전자는 제1항이나 제2항의 경우에 교통안전에 특히 주의하면서 통행하여야 한다. ④ 교차로나 그 부근에서 긴급자동차가 접근하는 경우에는 차마와 노면전차의 운전자는 교차로를 피하여 일시정지하여야 한다. ⑤ 모든 차와 노면전차의 운전자는 제4항에 따른 곳 외의 곳에서 긴급자동차가 접근한 경우에는 긴급자동차가 우선통행할 수 있도록 진로를 양보하여야 한다. 그리고 긴급자동차 우선 통행을 위해 양보하고 있는 자동차를 앞지르기하면 안 된다.

정답 07. ②,⑤ 08. ③,④ 09. ①,④ 10. ②,⑤ 11. ①,③ 12. ③,④

13 다음 상황에서 가장 안전한 운전방법 2가지는?

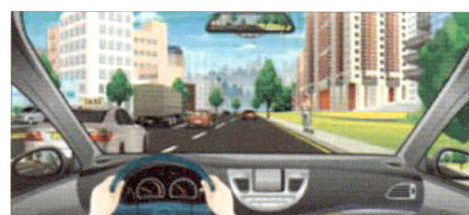

도로상황
- 편도 3차로 도로
- 우측 전방에 택시를 잡으려는 사람
- 좌측 차로에 택시가 주행 중
- 시속 60킬로미터 속도로 주행 중

① 우측 전방의 사람이 택시를 잡기 위해 차도로 내려올 수 있으므로 주의하며 진행한다.
② 우측 전방의 사람이 택시를 잡기 위해 차도로 내려올 수 있으므로 전조등 불빛으로 경고를 준다.
③ 2차로의 택시가 사람을 태우려고 3차로로 급히 들어올 수 있으므로 속도를 줄여 대비한다.
④ 2차로의 택시가 사람을 태우려고 3차로로 급히 들어올 수 있으므로 앞차와의 거리를 좁혀 진행한다.
⑤ 2차로의 택시가 3차로로 들어올 것을 대비해 신속히 2차로로 피해 준다.

해설 택시를 잡으려는 승객이 보이면 주변 택시를 살피면서 다음 행동을 예측하고 대비하여야 한다. 택시는 승객을 태워야 한다는 생각에 주변 차량들에 대한 주의력이 떨어지며 무리한 차로 변경과 급제동을 할 수 있다. 또한 승객 역시 택시를 잡기 위해 주변 차량의 움직임을 살피지 않고 도로로 나오기도 한다. 특히 날씨가 춥고 바람이 불거나 밤늦은 시간일수록 빨리 택시를 잡으려는 보행자가 돌발적인 행동을 할 수 있다.

14 다음 상황에서 가장 안전한 운전방법 2가지로 맞는 것은?

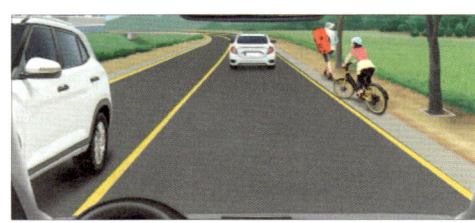

도로상황
- 편도 1차로
- (실내후사경)뒤에서 후행하는 차

① 자전거와의 충돌을 피하기 위해 좌측통행한다.
② 자전거 위치에 이르기 전 충분히 감속한다.
③ 뒤 따르는 자동차의 소통을 위해 가속한다.
④ 보행자의 차도진입을 대비하여 감속하고 보행자를 살핀다.
⑤ 보행자를 보호하기 위해 길가장자리구역을 통행한다.

해설 위험예측. 문제의 그림에서 확인되는 상황은 길가장자리구역에서 보행자와 자전거가 통행하고 있는 상황이다. 이러한 상황에서 일반적으로 자전거의 속도는 보행자의 속도보다 빠른 상태에서 자전거 운전자가 보행자를 앞지르기하는 운전행동이 나타난다. 자전거가 왼쪽 또는 오른쪽으로 앞지르기를 하는 과정에서 충돌이 이루어지고 차도로 갑자기 진입하거나 넘어지는 등의 교통사고가 빈번하다. 따라서 운전자는 길가장자리 구역에 보행자와 자전거가 있는 경우 미리 속도를 줄이고 보행자와 자전거의 차도진입을 예측하여 정지할 준비를 하는 것이 바람직하다. 또 이 때 보행자와 자전거를 피하기 위해 중앙선을 넘어 좌측통행하는 경우도 빈번하게 나타나는 데 이는 바람직한 행동이라 할 수 없다.

15 다음과 같은 도로에서 A차량이 동승자를 내려주기 위해 잠시 정차했다가 출발할 때 사고 발생 가능성이 가장 높은 2가지는?

도로상황
- 신호등 없는 교차로

① 반대편 도로 차량이 직진하면서 A차와 정면충돌
② 뒤따라오던 차량이 A차를 앞지르기하다가 A차가 출발하면서 일어나는 충돌
③ A차량 앞에서 우회전 중이던 차량과 A차량과의 추돌
④ 우측 도로에서 우측 방향지시등을 켜고 대기 중이던 차량과 A차량과의 충돌
⑤ A차량이 출발해 직진할 때 반대편 도로 좌회전 차량과의 충돌

해설 차량이 정차했다가 출발할 때에는 주변 차량에게 나의 진행을 미리 알려야 한다. 뒤차가 정차 중인 차를 앞지르기할 경우에도 대비해야 하며, 반대편 차량이 먼저 교차로에 진입하고 있다면 그 차량이 교차로를 통과한 후에 진행하는 것이 안전하다.

16 다음 상황에서 가장 안전한 운전 방법 2가지는?

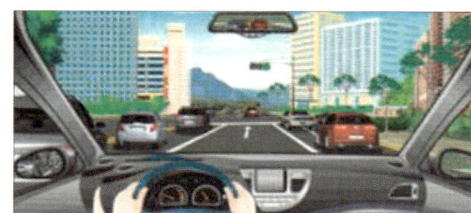

도로상황
- 교차로에서 직진을 하려고 진행 중
- 전방에 녹색 신호지만 언제 황색으로 바뀔지 모르는 상황
- 왼쪽 1차로에는 좌회전하려는 차량들이 대기 중
- 매시 70킬로미터 속도로 주행 중

① 교차로 진입 전에 황색 신호가 켜지면 신속히 교차로를 통과하도록 한다.
② 속도가 빠를 경우 황색 신호가 켜졌을 때 정지하기 어려우므로 속도를 줄여 황색 신호에 대비한다.
③ 신호가 언제 바뀔지 모르므로 속도를 높여 신호가 바뀌기 전에 통과하도록 노력한다.
④ 뒤차가 가까이 따라올 수 있으므로 속도를 높여 신속히 교차로를 통과한다.
⑤ 1차로에서 2차로로 갑자기 차로를 변경하는 차가 있을 수 있으므로 속도를 줄여 대비한다.

해설 이번 신호에 교차로를 통과할 욕심으로 속도를 높였을 때 발생할 수 있는 사고는 우선 신호가 황색으로 바뀌었을 때 정지하기 어려워 신호 위반 사고의 위험이 커지고, 무리하게 정지하려고 급제동을 하면 뒤차와 사고가 발생할 수 있으며, 1차로에서 2차로로 진입하는 차를 만났을 때 사고 위험이 높아질 수밖에 없다. 따라서 이번 신호에 반드시 통과한다는 생각을 버리고 교차로에 접근할 때 속도를 줄이는 습관을 갖게 되면 황색 신호에 정지하기도 쉽고 뒤차와의 추돌도 피할 수 있게 된다.

17 다음 상황에서 직진하려는 경우 가장 안전한 운전방법 2가지는?

도로상황
- 교차로 모퉁이에 정차중인 어린이통학버스
- 뒷짓에 손짓을 하는 어린이통학버스 운전자

① 어린이통학버스가 출발할 때까지 교차로에 진입하지 않는다.
② 어린이통학버스가 정차하고 있으므로 좌측으로 통행한다.
③ 어린이통학버스 운전자의 손짓에 따라 좌측으로 통행한다.
④ 교차로에 진입하여 어린이통학버스 뒤에서 기다린다.
⑤ 반대편 화물자동차 뒤에서 나타날 수 있는 보행자에 대비한다.

해설 도로교통법 제13조 제3항. 차마의 운전자는 도로(보도와 차도가 구분된 도로에서는 차도를 말한다)의 중앙(중앙선이 설치되어 있는 경우에는 그 중앙선을 말한다. 이하 같다) 우측 부분을 통행하여야 한다. 「도로교통법 시행규칙 별표2. 황색등화의 점멸은 '차마는 다른 교통 또는 안전표지의 표시에 주의하면서 진행할 수 있다'이므로 앞쪽의 어린이통학버스가 출발하여 교차로에 진입할 수 있는 때에도 주의를 살피고 진행해야 한다. 도로교통법 제51조. ① 어린이통학버스가 도로에 정차하여 어린이나 영유아가 타고 내리는 중임을 표시하는 점멸등 등의 장치를 작동 중일 때에는 어린이통학버스가 정차한 차로와 그 차로의 바로 옆 차로로 통행하는 차의 운전자는 어린이통학버스에 이르기 전에 일시정지하여 안전을 확인한 후 서행하여야 한다. ② 제1항의 경우 중앙선이 설치되지 아니한 도로와 편도 1차로인 도로에서는 반대방향에서 진행하는 차의 운전자도 어린이통학버스에 이르기 전에 일시정지하여 안전을 확인한 후 서행하여야 한다. ③ 모든 차의 운전자는 어린이나 영유아를 태우고 있다는 표시를 한 상태로 도로를 통행하는 어린이통학버스를 앞지르지 못한다.

18 버스가 우회전하려고 한다. 사고 발생 가능성이 가장 높은 2가지는?

도로상황
- 신호등 있는 교차로
- 우측 도로에 횡단보도

① 우측 횡단보도 보행 신호기에 녹색 신호가 점멸할 경우 뒤늦게 달려들어 오는 보행자와의 충돌
② 우측도로에서 좌회전하는 차와의 충돌
③ 버스 좌측 1차로에서 직진하는 차와의 충돌
④ 반대편 도로 1차로에서 좌회전하는 차와의 충돌
⑤ 반대편 도로 2차로에서 직진하려는 차와의 충돌

해설 우회전할 때에는 우회전 직후 횡단보도의 보행자에 주의해야 한다. 특히 보행자 신호기에 녹색 신호가 점멸 중일 때 뒤늦게 뛰어나오는 보행자가 있을 수 있으므로 이에 주의해야 하며 반대편에서 좌회전하는 차량에도 주의해야 한다.

정답 13. ①, ③ 14. ②, ④ 15. ②, ⑤ 16. ②, ⑤ 17. ①, ⑤ 18. ①, ④

19 다음 도로상황에서 가장 적절한 운동 2가지는?

도로상황
- 2차로 자동차
- 고가의 차도로

① 앞지르기 후 자신의 차가 앞지른 차량의 뒤를 안전하게 피하기 위해 좌측 등을 작동한다.
② 교차로 통과 후 2차로에서 1차로로 진입할 때 방향지시등을 작동한다.
③ 신호기가 있는 교차로에서는 신호에 따라 진행한다.
④ 신호기가 없는 교차로에서는 먼저 진입한 차량에 양보한다.
⑤ 앞지르기 차로인 1차로에서 계속 진행한다.

실시간으로 차로를 바꾸고 있는 자동차가 있다면 그 자동차의 앞뒤 차량과의 간격 등을 고려한다.

20 다음 도로상황에서 가장 위험한 요인 2가지는?

도로상황
- 전방에 직진 차량 및 신호의 미량
- 시속 55킬로미터로 자동차

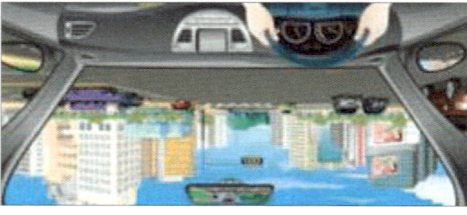

① 우회전시 반대방향에서 오는 차량과 충돌할 수 있다.
② 신호가 2차로로 마진 우회전할 수 있다.
③ 반대편에서 우회전하려는 차량과 충돌할 수 있다.
④ 반대편에서 미리 지나가는 차량과 충돌할 수 있다.
⑤ 우측 차로에서 수회전하려고 대기 중인 차량이 있을 수 있다.

시야가 좋지 않은 교차로를 빠져 나가려 하다가 뒤쪽이 이륜차 등이 신호가 지나지 못한 경우 반대편 차량과의 충돌이 발생할 수 있다.

21 다음 도로상황에서 가장 안전한 운동동작 2가지는?

도로상황
- 2차로 도로주행중
- 도로공사 중임

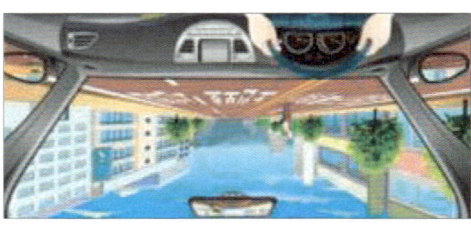

① 갑자기 사고 사람이 뛰어나올 수 있으므로 속도를 줄인다.
② 밤에 사이 차량에게 신호를 하여 진입하게 한다.
③ 갑자기 타고가 깊어지고 신호에 떨어지므로 속도를 줄인다.
④ 타진하 사로가 공간이 복잡해지기 시작하고 있지 않는다.
⑤ 2차로로 계속 주행한다.

도로는 자동차만이 아니라 갓길에도 이용할 수 있다. 이런 경우 공동자가가 교통안전 자전거를 공손한다.

22 다음 상황에서 가장 주의해야 할 위험한 2가지는?

도로상황
- 가장자리로 지나가는 노후
- 도로의 상호 도로
- 주행속도로 진행하는 택시

① 반대편 자동차
② 내 뒤에 따르는 차
③ 좌측의 노후
④ 노후를 띠라 건너는 개
⑤ 내 차 앞으로 진입하려는 택시

23 다음과 같이 비포장도로를 교차로에서 회전하려고 할 경우 가장 위험한 요인 2가지는?

도로상황
- 반대편 도로
- 교차로 통화 전 신호등 녹색
- 전방에서 진입하려는 운동자

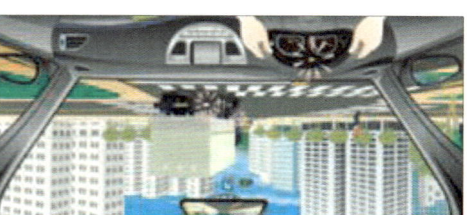

① 반대편 도로 자동차의 회전
② 비포장도로의 가장자리
③ 반대편 자동차가 원심력으로 인 이탈 가능성
④ 좌측 도로에서 우회전하는 검은색 자동차
⑤ 기다리는 운동자의 포기

비포장도로를 운행할 때에는 모든 도로의 사상자과 장애물 등에 주의하여야 한다. 그리고 비포장도로에서 회전할 때에는 노면의 마찰력이 적기 때문에 원심력으로 자동차가 도로를 벗어날 수 있어 주의하여야 한다.

24 다음 도로상황에서 가장 주의해야 할 위험상황 2가지는?

도로상황
- 반대편 차량이 중앙선을 넘어 진행
- 빌딩시 측 도로부터 진입하는 자동차
- 우측 후방 보행자

① 반대편에서 올라오는 자동차의 충돌 가능성
② 반대편 자동차의 갑작스런 방향을 전환할 수 있다.
③ 반대편 차량의 속도를 알 수 있다.
④ 오른쪽 도로에서 내 앞으로 진입하려는 자동차가 있을 수 있다.
⑤ 오른쪽의 보행자가 도로를 횡단할 수 있다.

반대편에서 중앙선을 넘어 달려와 자동차의 바이더다이크 자동차와 충돌 수 있으므로 주의하여야 한다.

25 다음 상황에서 가장 안전한 운전방법 2가지는?

도로상황
- 편도 2차로 도로
- 좌우 교차 차량

① 반대차로의 앞지르기 하는 차도를 주의할 수 있다.
② 반대편 차로에 주차할 수 있다.
③ 반대편 차량이 중앙선을 넘어올 수 있다.
④ 뒤쪽 차량이 빠른 속도로 앞지르기를 할 수 있다.
⑤ 드럼통이 실은 화물차가 도로로 떨어질 수 있다.

중앙선을 침범하는 차량이나 물건을 많이 실은 화물차를 주의하여야 한다.

✏ 정답
19. ①, ② 20. ①, ④ 21. ②, ④ 22. ④, ⑤ 23. ③, ④ 24. ④, ⑤ 25. ④, ⑤

26 다음 상황에서 가장 안전한 운전방법 2가지는?

도로상황
- 어린이보호구역의 'ㅏ'자형 교차로
- 교통정리가 이루어지지 않는 교차로
- 좌우가 확인되지 않는 교차로
- 통행하려는 보행자가 없는 횡단보도

① 우회전하려는 경우 서행으로 횡단보도를 통행한다.
② 우회전하려는 경우 횡단보도 앞에서 반드시 일시정지한다.
③ 직진하려는 경우 다른 차보다 우선이므로 서행하며 진입한다.
④ 직진 및 우회전하려는 경우 모두 일시정지한 후 진입한다.
⑤ 우회전하려는 경우만 일시정지한 후 진입한다.

해설
도로교통법 제31조(서행 또는 일시정지할 장소) 제2항. 모든 차 또는 노면전차의 운전자는 다음 각 호의 어느 하나에 해당하는 곳에서는 일시정지하여야 한다.
1. 교통정리를 하고 있지 아니하고 좌우를 확인할 수 없거나 교통이 빈번한 교차로
2. 시·도경찰청장이 도로에서의 위험을 방지하고 교통의 안전과 원활한 소통을 확보하기 위하여 필요하다고 인정하여 안전표지로 지정한 곳
보기의 상황은 오른쪽의 확인이 어려운 장소로서 일시정지하여할 장소이며, 이 때는 직진 및 우회전하려는 경우 모두 일시정지하여야 한다.
도로교통법 제27조 제7항. 모든 차 또는 노면전차의 운전자는 동법 제12조제1항에 따른 어린이 보호구역 내에 설치된 횡단보도 중 신호기가 설치되지 아니한 횡단보도 앞(정지선이 설치된 경우에는 그 정지선을 말한다.)에서는 보행자의 횡단 여부와 관계없이 일시정지하여야 한다.

27 다음과 같은 야간 도로상황에서 운전할 때 특히 주의하여야 할 위험 2가지는?

도로상황
- 시속 50킬로미터 주행 중

① 도로의 우측부분에서 역주행하는 자전거
② 도로 건너편에서 차도를 횡단하려는 사람
③ 내 차 뒤로 무단횡단 하는 보행자
④ 방향지시등을 켜고 우회전 하려는 후방 차량
⑤ 우측 주차 차량 안에 탑승한 운전자

해설
교외도로는 지역주민들에게 생활도로로 보행자들의 도로횡단이 잦으며 자전거 운행이 많은 편이다. 자전거는 차로서 우측통행을 하여야 하는데 일부는 역주행하거나 도로를 가로질러가기도 하며 특히 어두워 잘 보이지 않으므로 사고가 잦아 자전거나 보행자에 대한 예측이 필요하다.

28 다음 상황에서 가장 안전한 운전방법 2가지는?

도로상황
- 횡단보도 진입 전
- 왼쪽에 비상점멸하며 정차하고 있는 차

① 원활한 소통을 위해 앞차를 따라 그대로 통행한다.
② 자전거의 횡단보도 진입속도보다 빠르므로 가속하여 통행한다.
③ 횡단보도 직전 정지선에서 정지한다.
④ 보행자가 횡단을 완료했으므로 신속히 통행한다.
⑤ 정차한 자동차의 갑작스러운 출발을 대비하여 감속한다.

해설
위험예측. 문제의 그림 상황에서 왼쪽에 정차한 자동차 운전자는 조급한 상황이거나 오른쪽을 확인하지 않은 채 본래 차로에 도로에 빈번하게 진입할 수 있다. 이와 같은 상황은 도로에서 빈번하게 발생하고 있다. 따라서 가장자리에서 정차하고 있는 차에 특별히 주의해야 한다. 그리고 왼쪽에 정차한 자동차의 뒤편에 자전거 운전자는 횡단보도를 진입하려는 상황인데, 비록 보행자는 아닐지라도 운전자는 그 대상을 보호해야 한다. 따라서 자전거의 진입속도와 자신의 자동차의 통행속도는 고려하지 않고 횡단보도 직전 정지선에 정지하여야 한다.

29 다음 상황에서 12시 방향으로 진출하려는 경우 가장 안전한 운전방법 2가지는?

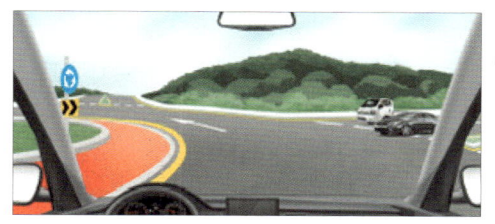

도로상황
- 회전교차로 안에서 회전 중
- 우측에서 회전교차로에 진입하려는 상황

① 회전교차로에 진입하려는 승용자동차에 양보하기 위해 정차한다.
② 좌측방향지시기를 작동하며 화물차턱으로 진입한다.
③ 우측방향지시기를 작동하며 12시 방향으로 통행한다.
④ 진출 시기를 놓친 경우 한 바퀴 회전하여 진출한다.
⑤ 12시 방향으로 직진하려는 경우이므로 방향지시기를 작동하지 아니 한다.

해설
도로교통법 제25조의2(회전교차로 통행방법) ① 모든 차의 운전자는 회전교차로에서는 반시계방향으로 통행하여야 한다. ② 모든 차의 운전자는 회전교차로에 진입하려는 경우에는 서행하거나 일시정지하여야 하며, 이미 진행하고 있는 다른 차가 있는 때에는 그 차에 진로를 양보하여야 한다. ③ 제1항 및 제2항에 따라 회전교차로 통행을 위하여 손이나 방향지시기 또는 등화로써 신호를 하는 차가 있는 경우 그 뒤차의 운전자는 신호를 한 앞차의 진행을 방해하여서는 아니 된다. 도로교통법 제38조(차의 신호) ① 모든 차의 운전자는 좌회전·우회전·횡단·유턴·서행·정지 또는 후진을 하거나 같은 방향으로 진행하면서 진로를 바꾸려고 하는 경우와 회전교차로에 진입하거나 회전교차로에서 진출하는 경우에는 손이나 방향지시기 또는 등화로써 그 행위가 끝날 때까지 신호를 하여야 한다.
승용자동차나 화물자동차가 양보없이 무리하게 진입하려는 경우 12시 방향 진출을 삼가고 다시 반시계 방향으로 360도 회전하여 12시로 진출한다.

30 다음 도로상황에서 대비하여야할 위험 2개를 고르시오.

도로상황
- 횡단보도에서 횡단을 시작하려는 보행자
- 시속 30킬로미터로 주행 중

① 역주행하는 자동차와 충돌할 수 있다.
② 우측 건물 모퉁이에서 자전거가 갑자기 나타날 수 있다.
③ 우회전하여 들어오는 차와 충돌할 수 있다.
④ 뛰어서 횡단하는 보행자를 만날 수 있다.
⑤ 우측에서 좌측으로 직진하는 차와 충돌할 수 있다.

해설
아파트 단지를 들어가고 나갈 때 횡단보도를 통과하는 경우가 있는데 이때 좌우의 확인이 어려워 항상 일시정지하는 습관이 필요하다.

31 다음 상황에서 가장 안전한 운전 방법 2가지는?

도로상황
- 자동차전용도로 분류구간
- 자동차전용도로로 부터 진출하고자 차로변경을 하려는 운전자
- 진로변경제한선 표시

① 진로변경제한선 표시와 상관없이 우측차로로 진로변경 한다.
② 우측 방향지시기를 켜서 주변 운전자에게 알린다.
③ 급가속하며 우측으로 진로변경 한다.
④ 진로변경은 진출로 바로 직전에서 속도를 낮춰 시도한다.
⑤ 다른 차량 통행에 장애를 줄 우려가 있을 때에는 진로변경을 해서는 안 된다.

해설
진로를 변경하고자 하는 경우에는 진로변경이 가능한 표시에서 손이나 방향지시기 또는 등화로써 그 행위가 끝날 때까지 주변운전자에게 적극적으로 알려야 하며 다른 차의 정상적인 통행에 장애를 줄 우려가 있을 때에는 진로를 변경하여서는 아니 된다.

· 도로교통법 제19조, 안전거리 확보 등 ③ 모든 차의 운전자는 차의 진로를 변경하려는 경우에 그 변경하려는 방향으로 오고 있는 다른 차의 정상적인 통행에 장애를 줄 우려가 있을 때에는 진로를 변경하여서는 아니 된다.

· 도로교통법 제38조, 차의 신호
① 모든 차의 운전자는 좌회전·우회전·횡단·유턴·서행·정지 또는 후진을 하거나 같은 방향으로 진행하면서 진로를 바꾸려고 하는 경우에는 손이나 방향지시기 또는 등화로써 그 행위가 끝날 때까지 신호를 하여야 한다.

정답
26. ②,④ 27. ①,② 28. ③,⑤ 29. ③,④ 30. ②,④ 31. ②,⑤

32. 내리막길을 속도로 내려갈 때 발생 가능성이 가장 높은 2가지는?

- 전방 시야가 좁아짐
- 대피하기 쉬운 편도의 신호등이 있는 교차로
- 녹색 신호등

① 내리막길 중간에 고장이 난 자동차의 운행
② 반대편 도로에서 정지하고 있는 자동차와의 충돌
③ 내리막에 주차한 차량과 후행차와의 충돌
④ 중앙선 침범으로 인한 역주행하는 차량과의 충돌
⑤ 전방에 느리게 진행하는 자동차와의 추돌

해설 내리막길에서 가속이 붙어 차량이 빨라지게 되면 대처하기 어려운 사고가 발생할 가능성이 높아진다.

33. 다음 도로상황에서 발생할 수 있는 가장 위험한 요인 2가지는?

- 아이들이 도로를 횡단하려는 상황
- 우측 정차중인 승용차

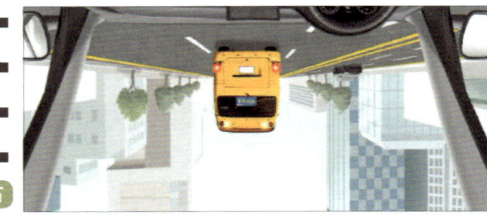

① 반대편 좌측 도로상에 주차된 자동차가 유턴할 수 있다.
② 전방의 화물자동차가 속도를 높일 수 있다.
③ 정차중인 승용차가 갑자기 출발할 수 있다.
④ 우측 도로에서 차가 진입할 수 있다.
⑤ 아이들이 도로를 횡단하기 위해 뛰어들 수 있다.

해설 도로주변 상황에서 아이들이 도로로 뛰어드는 경우가 많으므로, 서행하면서 아이들의 움직임에 주의하여야 한다.

34. 다음의 도로를 통행하려는 경우 가장 올바른 운전방법 2가지는?

- 어린이를 태운 어린이통학버스 시속 35킬로미터
- 어린이통학버스 방향지시기 미사용
- 시속 40킬로미터 속도로 주행 중

① 어린이통학버스가 오른쪽으로 갑자기 진로를 변경할 수 있으므로 대비한다.
② 어린이통학버스 앞으로 급차로 변경하여 진행한다.
③ 시속 35킬로미터 속도로 앞지르기한다.
④ 어린이통학버스의 속도가 느리므로 안전한 거리를 두고 진행한다.
⑤ 어린이통학버스가 정차한 경우라도 그 옆을 통과할 때에는 일시정지하지 않아도 된다.

해설 도로교통법 제51조(어린이통학버스의 특별보호) ① 어린이통학버스가 도로에 정차하여 어린이나 영유아가 타고 내리는 중임을 표시하는 점멸등 등의 장치를 작동 중일 때에는 어린이통학버스가 정차한 차로와 그 차로의 바로 옆 차로로 통행하는 차의 운전자는 어린이통학버스에 이르기 전에 일시정지하여 안전을 확인한 후 서행하여야 한다. ② 제1항의 경우 중앙선이 설치되지 아니한 도로와 편도 1차로인 도로에서는 반대방향에서 진행하는 차의 운전자도 어린이통학버스에 이르기 전에 일시정지하여 안전을 확인한 후 서행하여야 한다. ③ 어린이통학버스가 제1항의 표시를 한 상태로 도로를 통행할 때에는 모든 차의 운전자는 어린이통학버스를 앞지르지 못한다.

35. 야간 주행시 속도를 줄이지 않고 사고 가능성이 가장 높은 2가지는?

- 도로상 주요지점
- 다가오는 마주오는 차량
- 안개등

① 기상 악화로 속도를 마주 오는 차와 충돌할 가능성이 크기 때문에 속도를 줄여 진행한다.
② 수막현상이 나타나 핸들이 떨리면서 안정적인 주행이 어렵다.
③ 수막현상으로 조향조작이 어려워 차로를 이탈할 가능성이 있다.
④ 브레이크 파열로 멈추지 못해 앞 차량에 추돌한다.
⑤ 내리막에 급제동에 따른 전복에 유의하여 진행하여야 한다.

해설 속도가 빠를 경우 수막현상이 나타나고 제동거리가 길어져서 사고의 위험성이 증가한다.

36. 다음 상황에서 1차로로 진로변경 하려할 때 가장 안전한 운전 방법 2가지는?

- 편도 2차로 도로
- 앞 차량이 급제동
- 우측 도로에 우회전하는 자동차

① 앞차의 급제동으로 인하여 급차로 변경하는 자동차에 주의하며 진로를 변경한다.
② 승용차에 1차로를 양보하기 위해 속도를 급하게 줄인다.
③ 전방 2차로를 진행 중인 자동차가 1차로로 진로변경 할 수 있어 주의하며 진행한다.
④ 승용차 앞으로 무리하게 진로를 변경한다.
⑤ 경음기를 울려 무리한 진로변경을 하지 않도록 경고한다.

해설 앞차가 급제동하는 경우 유사시 다른 자동차의 진로변경도 예상할 수 있으므로 속도를 줄이며 주변 상황을 잘 살피고 대비를 해야 한다.

37. 다음 상황에서 가장 바람직한 운전방법 2가지는?

- 편도 3차로 도로
- 기상상황 : 가시거리 50미터인 안개 낀 날

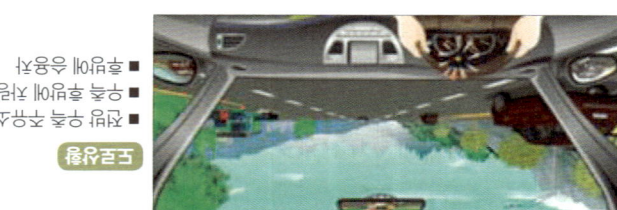

① 가시거리가 100미터 이내인 경우 도로에 정지해 있는 경우
가. 최고속도의 100분의 50을 줄인 속도로 운행하여야 하는 경우
나. 노면이 얼어 붙은 경우
다. 눈이 20밀리미터 이상 쌓인 경우
② 최고속도의 100분의 20을 줄인 속도로 운행하여야 하는 경우
가. 비가 내려 노면이 젖어 있는 경우
나. 눈이 20밀리미터 미만 쌓인 경우

해설 도로교통법 시행규칙 제19조. 제3항 비·안개·눈 등으로 인한 악천후 시에는 제1항에 불구하고 다음 각 호의 기준에 의하여 감속 운행하여야 한다. ① 최고속도의 100분의 50을 줄인 속도로 운행하여야 하는 경우 가. 폭우·폭설·안개 등으로 가시거리가 100미터 이내인 경우 나. 노면이 얼어 붙은 경우 다. 눈이 20밀리미터 이상 쌓인 경우 등에는 속도를 줄여 운행하여야 한다. 그리고 안개 낀 날에는 안개등을 사용해야 하며 대피할 공간이 있다면 이동 시에는 안개가 그칠 때까지 안전한 곳에 정차하여야 한다.

정답

32. ④,⑤ 33. ②,⑤ 34. ①,④ 35. ②,③ 36. ①,③ 37. ②,③

38 A차량이 진행 중이다. 가장 안전한 운전방법 2가지는?

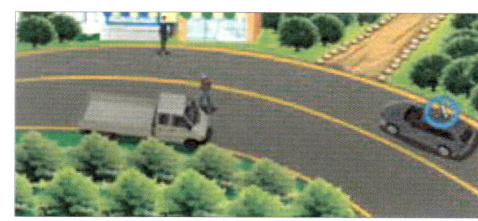

도로상황
- 좌측으로 굽은 편도 1차로 도로
- 반대편 도로에 정차 중인 화물차
- 전방 우측에 상점

① 차량이 원심력에 의해 도로 밖으로 이탈할 수 있으므로 중앙선을 밟고 주행한다.
② 반대편 도로에서 정차 중인 차량을 앞지르기하려고 중앙선을 넘어오는 차량이 있을 수 있으므로 이에 대비한다.
③ 전방 우측 상점 앞 보행자와의 사고를 예방하기 위해 중앙선 쪽으로 신속히 진행한다.
④ 반대편 도로에 정차 중인 차량의 운전자가 갑자기 건너올 수 있으므로 주의하며 진행한다.
⑤ 굽은 도로에서는 주변의 위험 요인을 전부 예측하기가 어렵기 때문에 신속하게 커브 길을 벗어나도록 한다.

해설) 굽은 도로에서는 전방의 위험을 정확하게 예측할 수가 없기 때문에 여러 가지 위험에 대비하여 속도를 줄이는 것이 안전하다.

41 A차량이 우회전하려 할 때 가장 주의해야 할 위험 상황 2가지는?

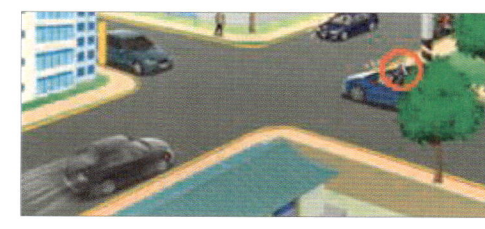

도로상황
- 우측 도로의 승용차, 이륜차
- 좌측 도로 멀리 진행해 오는 차량
- 전방 우측 보도 위의 보행자

① 좌측 및 전방을 확인하고 우회전하는 순간 우측도로에서 나오는 이륜차를 만날 수 있다.
② 좌측 도로에서 오는 차가 멀리 있다고 생각하여 우회전하는데 내 판단보다 더 빠른 속도로 달려와 만날 수 있다.
③ 우회전하는 순간 전방 우측 도로에서 우회전하는 차량과 만날 수 있다.
④ 우회전하는 순간 좌측에서 오는 차가 있어 정지하는데 내 뒤 차량이 먼저 앞지르기하여 만날 수 있다.
⑤ 우회전하는데 전방 우측 보도 위에 걸어가는 보행자와 만날 수 있다.

해설) 우회전 시 좌측 도로에서 차가 올 때는 멀리서 오더라도 속도가 빠를 수 있으므로 안전을 확인 후 우회전하여야 한다. 특히 우회전할 때 좌측만 확인하다가 우측 도로에서 나오는 이륜차나 보행자를 발견치 못해 발생하는 사고가 많으므로 반드시 전방 및 좌·우측을 확인 후 우회전하여야 한다.

39 다음 상황에서 우선적으로 대비하여야 할 위험 상황 2가지는?

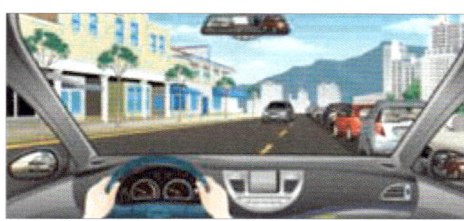

도로상황
- 편도 1차로 도로
- 주차된 차량들로 인해 중앙선을 밟고 주행 중
- 시속 40킬로미터 속도로 주행 중

① 오른쪽 주차된 차량 중에서 고장으로 방치된 차가 있을 수 있다.
② 반대편에서 오는 차와 충돌의 위험이 있다.
③ 오른쪽 주차된 차들 사이로 뛰어나오는 어린이가 있을 수 있다.
④ 반대편 차가 좌측에 정차할 수 있다.
⑤ 왼쪽 건물에서 나오는 보행자가 있을 수 있다.

해설) 교통사고는 미리 보지 못한 위험과 마주쳤을 때 발생하는 경우가 많다. 특히 주차된 차들로 인해 어린이 교통사고가 많이 발생하고 있는데, 어린이는 키가 작아 승용차에 가려 잘 보이지 않게 되고, 또 어린이 역시 다가오는 차를 보지 못해 사고의 위험이 매우 높다. 그리고 주차된 차들로 인해 부득이 중앙선을 넘게 될 때에는 반대편 차량과의 위험에 유의하여야 하는데, 반대편 차가 알아서 피해갈 것이라는 안이한 생각보다는 속도를 줄이거나 정지하는 등의 적극적인 자세로 반대편 차에 방해를 주지 않도록 해야 한다.

42 도심지 이면 도로를 주행하는 상황에서 가장 안전한 운전방법 2가지는?

도로상황
- 어린이들이 도로를 횡단하려는 중
- 자전거 운전자는 애완견과 산책 중

① 자전거와 산책하는 애완견이 갑자기 도로 중앙으로 나올 수 있으므로 주의한다.
② 경음기를 사용해서 내 차의 진행을 알리고 그대로 진행한다.
③ 어린이가 갑자기 도로 중앙으로 나올 수 있으므로 속도를 줄인다.
④ 속도를 높여 자전거를 피해 신속히 통과한다.
⑤ 전조등 불빛을 번쩍이면서 마주 오는 차에 주의를 준다.

해설) 어린이와 애완견은 흥미를 나타내는 방향으로 갑작스러운 행동을 할 수 있고, 한 손으로 자전거 핸들을 잡고 있어 비틀거릴 수 있으며 애완견에 이끌려서 갑자기 도로 중앙으로 달릴 수 있기 때문에 충분한 안전거리를 유지하고, 서행하거나 일시정지하여 자전거와 어린이의 움직임을 주시 하면서 전방 상황에 대비하여야 한다.

40 다음 상황에서 오르막길을 올라가는 화물차를 앞지르기하면 안 되는 가장 큰 이유 2가지는?

도로상황
- 좌로 굽은 도로, 전방 좌측에 도로
- 반대편 길 가장자리에 정차 중인 이륜차

① 반대편 길 가장자리에 이륜차가 정차하고 있으므로
② 화물차가 좌측 도로로 좌회전할 수 있으므로
③ 후방 차량이 서행으로 진행할 수 있으므로
④ 반대편에서 내려오는 차량이 보이지 않으므로
⑤ 화물차가 계속해서 서행할 수 있으므로

해설) 오르막에서는 앞 차량이 서행할 경우라도 절대 앞지르기를 해서는 안 된다. 왜냐하면 반대편에서 오는 차량이 보이지 않을 뿐만 아니라 좌측으로 도로가 있는 경우에 전방 차량이 좌회전할 수 있기 때문이다.

43 다음과 같은 도로를 주행할 때 사고 발생 가능성이 가장 높은 경우 2가지는?

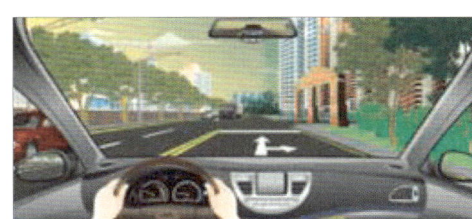

도로상황
- 신호등이 없는 교차로
- 전방 우측에 아파트 단지 입구
- 반대편에 진행 중인 화물차

① 직진할 때 반대편 1차로의 화물차가 좌회전하는 경우
② 직진할 때 내 뒤에 있는 후방 차량이 우회전하는 경우
③ 우회전 할 때 반대편 2차로의 승용차가 직진하는 경우
④ 직진할 때 반대편 1차로의 화물차 뒤에서 승용차가 아파트 입구로 좌회전하는 경우
⑤ 우회전 할 때 반대편 화물차가 직진하는 경우

해설) 신호등이 없고 우측에 도로나 아파트 진입로가 있는 교차로에서는 직진이나 우회전할 때 반대편 차량의 움직임 및 아파트에서 나오는 차량에도 주의를 해야 한다. 반대편 도로에 있는 화물차 뒤쪽에서 차량이 불법 유턴 등을 할 수 있으므로 보이지 않는 공간이 있는 경우에는 속도를 줄여 이에 대비한다.

정답: 38. ②, ④ 39. ②, ③ 40. ②, ④ 41. ①, ② 42. ①, ③ 43. ①, ④

44 다음 상황에서 안전하게 오른 수 있는 안전 운전 방법 2가지는?

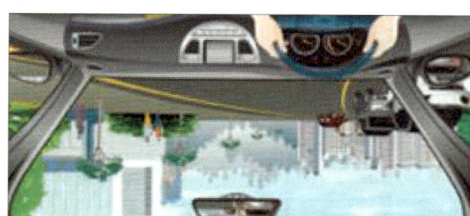

도로상황
■ 좁은 도로 진행 중
■ 저시거 도로
■ 시속 40킬로미터 속도로 주행 중

① 터널 밖의 상황에 대비한다.
② 터널 안의 습기에 주의한다.
③ 반대편 차량과의 사이에 안전거리를 유지한다.
④ 터널 도로 중 사고 위험 큰 곳을 확인한다.
⑤ 터널 내 차로변경을 대비 한 감속 운행한다.

해설 터널 진입 전 야간자동차 운전자가 터널 등 어두운 곳에서 밝은 곳으로 나갈 때는 시야가 좁아지기도 한다. 이때 주변의 위험요소를 파악하기 위해 경계를 늦추지 않고 터널 수평적기 등에 주의를 기울여야 한다.

45 대형차의 바로 뒤를 따르고 있는 승용차 운전자가 긴장 인식할 운전행동 2가지는?

도로상황
■ 편도 3차로
■ 1차로의 버스 2차로의 승용차 주행 중

① 대형화물차가 내차를 발견하지 못할 수도 있으므로 추월 차량이 진입하지 못하게 주의한다.
② 정상 주행을 해도 바로 앞차기에 시야가 좋은 쪽으로 주의한다.
③ 시야 확보가 어려우므로 앞쪽 빠르게 나타날 수 있다.
④ 시야 확보가 어려우므로 서행한다.
⑤ 방향지시등 운전자의 자주 점검하는 등의 주의를 기울여야 한다.

해설 대형차량의 뒤를 따라갈 경우에는 전방 시야확보가 어려움에 따라 앞차에 대한 반응이 늦어질 수 있어 인접차로를 이용하여 대형차량의 시야에서 벗어나 주행하는 것이 좋다.

46 경음기를 울리며 기차가 들어오고 있다. 이때 가장 적절한 운전방법 2가지는?

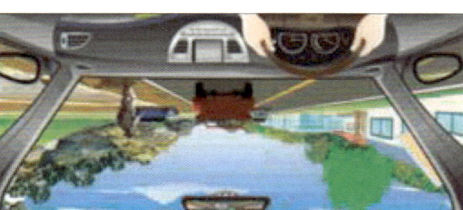

도로상황
■ 철길 건널목 접근 중
■ 경보기와 차단기가 동작 중
■ 반대편에 멈춰 선 승용차

① 경음기가 울릴 때는 빨리 통과하여야 한다.
② 차단기가 내려지고 있으므로 빠르게 건너간다.
③ 차단기가 내려지고 있으므로 일시정지 후 빠르게 건너간다.
④ 반대편 승용차 운전자에게 위험상황을 알려준다.
⑤ 반대편 승용차 뒤에 정지하여 경보기의 움직임 확인한다.

해설 철길건널목 차단기 내려지고 있으면 이미 기차가 접근하고 있으므로 중지상태를 유지한 채 기차가 통과할 때까지 기다려야 한다.

47 다음 교차로를 우회전하려 한다. 가장 안전한 운전방법 2가지는?

도로상황
■ 우회전 하려는 상황
■ 버스에서 하차한 사람들

① 버스 승객들이 하차 중이므로 일시 정지한다.
② 버스로 인해 전방 상황을 확인할 수 없으므로 시야 확보를 위해서 신속히 우회전한다.
③ 버스가 갑자기 출발할 수 있으므로 버스 주위를 주의하며 우회전한다.
④ 버스에서 내린 사람들이 버스 앞쪽으로 갑자기 횡단할 수도 있으므로 주의한다.
⑤ 다른 차량들보다 먼저 교차로에 진입하여야 한다.

해설 우회전하는 상황에서는 다른 차량의 무리한 끼어들기 등의 위험상황을 예측할 수 있어야 한다.

48 다음 상황에서 우회전하려 할 때 가장 안전한 운전방법 2가지는?

도로상황
■ 편도 1차로
■ 화물자동차

① 아이들이 우회전 방향으로 갑자기 뛰어들 수 있다.
② 앞쪽 화물차량이 갑자기 출발할 수 있다.
③ 횡단보도를 뛰어서 횡단하는 보행자가 있을 수 있다.
④ 반대편 도로 차량이 길가장자리에 주정차할 수 있다.
⑤ 반대편에서 좌회전대기 중인 차량이 직진할 수 있다.

해설 어린이들은 돌발행동을 많이 하고, 작은 신체적 특성(차에서 보이지 않는)으로 정차된 차량 주위에서는 주의하며 운전해야 한다.

49 다음 도로상황에서 가장 안전한 운전행동 2가지는?

도로상황
■ 비가 내려 노면이 젖은 상태
■ 앞 차량이 고인 물
■ 시속 60킬로미터 주행 중

① 수막현상이 발생하여 미끄러질 수 있으므로 감속 주행한다.
② 물웅덩이를 만날 경우 주행하던 속도로 그대로 통과한다.
③ 맞은편 차량에 의해 물이 튈 수 있으므로 가급적 2차로로 주행한다.
④ 고인 물이 튀어 앞이 보이지 않을 때는 브레이크 페달을 세게 밟아 속도를 줄인다.
⑤ 맞은편 차량에 의해 물이 튈 수 있으므로 창문을 닫고 운행한다.

해설 비가 와서 노면이 젖어있는 경우 수막현상이 발생하여 미끄러질 수 있으므로 감속 운행한다.

정답
44. ③, ⑤ 45. ①, ⑤ 46. ②, ③ 47. ①, ④ 48. ①, ③ 49. ①, ④

50 급커브 길을 주행 중이다. 가장 안전한 운전 방법 2가지는?

도로상황
- 편도 2차로 급커브 길

① 마주 오는 차가 중앙선을 넘어올 수 있음을 예상하고 전방을 잘 살핀다.
② 원심력으로 차로를 벗어날 수 있기 때문에 속도를 미리 줄인다.
③ 스탠딩 웨이브 현상을 예방하기 위해 속도를 높인다.
④ 원심력에 대비하여 차로의 가장자리를 주행한다.
⑤ 뒤따르는 차의 앞지르기에 대비하여 후방을 잘 살핀다.

해설
급커브 길에서 감속하지 않고 그대로 주행하면 원심력에 의해 차로를 벗어나는 경우가 있고, 커브길에서는 시야 확보가 어려워 전방 상황을 확인할 수 없기 때문에 마주 오는 차가 중앙선을 넘어올 수도 있어 주의하여야 한다.

51 다음 상황에서 A차량이 주의해야 할 가장 위험한 요인 2가지는?

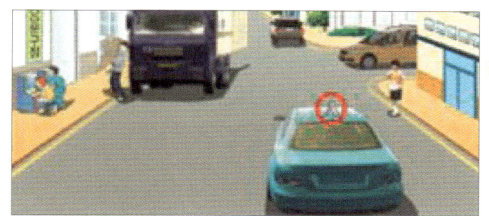

도로상황
- 문구점 앞 화물차
- 문구점 앞 어린이들
- 전방에 서 있는 어린이

① 전방의 화물차 앞에서 물건을 운반 중인 사람
② 전방 우측에 제동등이 켜져 있는 정지 중인 차량
③ 우측 도로에서 갑자기 나오는 차량
④ 문구점 앞에서 오락에 열중하고 있는 어린이
⑤ 좌측 문구점을 바라보며 서 있는 우측 전방의 어린이

해설
어린이 교통사고의 상당수가 학교나 집 부근에서 발생하고 있다. 어린이들은 관심 있는 무엇인가가 보이면 주변 상황을 생각하지 못하고 도로에 갑자기 뛰어드는 특성이 있다. 우측에서 오락기를 바라보고 있는 어린이가 갑자기 차도로 뛰어나올 수 있으므로 행동을 끝까지 주시하여야 한다. 또한 주변에 도로가 만나는 지점에서는 갑자기 나오는 차량에 대비하여야 한다.

52 전방에 주차차량으로 인해 부득이하게 중앙선을 넘어가야 하는 경우 가장 안전한 운전행동 2가지는?

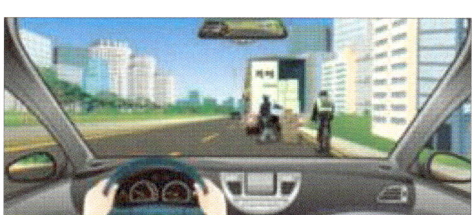

도로상황
- 시속 30킬로미터 주행 중

① 택배차량 앞에 보행자 등 보이지 않는 위험이 있을 수 있으므로 최대한 속도를 줄이고 위험을 확인하며 통과해야 한다.
② 반대편 차가 오고 있기 때문에 빠르게 앞지르기를 시도한다.
③ 부득이하게 중앙선을 넘어가야 할 때 경음기나 전조등으로 타인에게 알릴 필요가 있다.
④ 전방 자전거가 같이 중앙선을 넘을 수 있으므로 중앙선 좌측도로의 길가자리 구역선 쪽으로 가급적 붙어 주행하도록 한다.
⑤ 전방 주차된 택배차량으로 시야가 가려져 있으므로 시야확보를 위해 속도를 줄이고 미리 중앙선을 넘어 주행하도록 한다.

해설
편도 1차로에 주차차량으로 인해 부득이하게 중앙선을 넘어야 할 때가 있다. 이때는 위반한다는 정보를 타인에게 알려줄 필요가 있으며 가볍게 경음기나 전조등을 사용할 수 있다. 특히 주차 차량의 차체가 큰 경우 보이지 않는 사각지대가 발생하므로 주차차량 앞까지 속도를 줄여 위험에 대한 확인이 필요하다.

53 다음 상황에서 사고 발생 가능성이 가장 높은 2가지는?

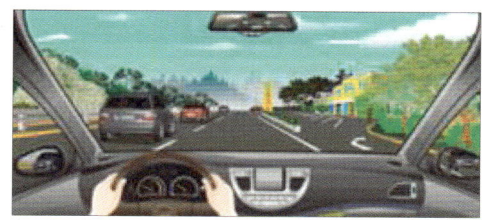

도로상황
- 전방 우측 휴게소
- 우측 후방에 차량

① 휴게소에 진입하기 위해 급감속하다 2차로에 뒤따르는 차량과 충돌할 수 있다.
② 휴게소로 차로 변경하는 순간 앞지르기하는 뒤차와 충돌할 수 있다.
③ 휴게소로 진입하기 위하여 차로를 급하게 변경하다가 우측 뒤 차와 충돌할 수 있다.
④ 2차로에서 1차로로 급하게 차로 변경하다가 우측 뒤차와 충돌할 수 있다.
⑤ 2차로에서 과속으로 주행하다 우측 뒤차와 충돌할 수 있다.

해설
고속도로 주행 중 휴게소 진입을 위하여 주행차로에서 급감속하는 경우 뒤따르는 차량과 충돌의 위험성이 있으며, 진입을 위해 차로를 급하게 변경하는 경우 우측 차선의 뒤차와 충돌의 위험이 있으므로, 주위상황을 살펴 미리 안전하게 차선을 변경하고 감속하여 휴게소에 진입하여야 한다.

54 다음 상황에서 가장 안전한 운전방법 2가지는?

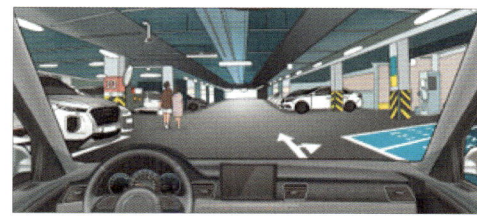

도로상황
- 지하주차장
- 지하주차장에 보행중인 보행자

① 주차된 차량사이에서 보행자가 나타날 수 있기 때문에 서행으로 운전한다.
② 주차중인 차량이 갑자기 출발할 수 있으므로 주의하며 운전한다.
③ 지하주차장 노면표시는 반드시 지키며 운전할 필요가 없다.
④ 내 차량을 주차할 수 있는 주차구역만 살펴보며 운전한다.
⑤ 지하주차장 기둥은 운전시야를 방해하는 시설물이므로 경음기를 계속 울리면서 운전한다.

해설
위험은 항상 잠재되어 있다. 위험예측은 결국 잠재된 위험을 예측하고 대비하는 것이다. 지하주차장에서의 위험은 도로와 다른 또 다른 위험이 존재할 수 있으니 각별히 주의하며 운전해야 한다.

55 야간 운전 시 다음 상황에서 가장 적절한 운전 방법 2가지는?

도로상황
- 편도 2차로 직선 도로
- 1차로 후방에 진행 중인 차량
- 전방에 화물차 정차 중

① 정차 중인 화물차에서 어떠한 위험 상황이 발생할지 모르므로 재빠르게 1차로로 차로 변경한다.
② 정차 중인 화물차에 경음기를 계속 울리면서 진행한다.
③ 전방 우측 화물차 뒤에 일단 정차한 후 앞차가 출발할 때까지 기다린다.
④ 정차 중인 화물차 앞이나 그 주변에 위험 상황이 발생할 수 있으므로 속도를 줄이며 주의한다.
⑤ 1차로로 차로 변경 시 안전을 확인한 후 차로 변경을 시도한다.

해설
야간 주행 중에 고장 차량 등을 만나는 경우에는 속도를 줄이고 여러 위험에 대비하여 무리한 진행을 하지 않도록 해야 한다.

정답 50. ①, ② 51. ③, ⑤ 52. ①, ③ 53. ①, ③ 54. ①, ② 55. ④, ⑤

56 다음 도로상황에서 좌회전하기 위해 불법으로 중앙선을 넘어 진입 차로로 진행하는 경우 가장 위험한 이유 2가지는?

- 시속 20킬로미터 주행 중
- 사거리 중앙 접근 중
- 오른쪽 큰 차량이 정지신호에 대기중

① 반대편 차량의 차량 추돌할 수 있다.
② 우측 차로에서 역주행할 수 있다.
③ 그레이크 밟을 경우 앞 차량이 후진할 수 있다.
④ 반대편에 교차로에 접근하는 차량이 좌회전 할 수 있다.
⑤ 앞 차량이 갑자기 우회전할 수 있다.

57 돌발 교통사고에서 인지장소 반응 2가지는?

- 시속 30킬로미터 주행 중

① 앞 차의 뒷바퀴 바깥쪽으로 보면서 앞지르기 진행 할 것이다.
② 앞 차의 가장자리 앞바퀴 앞쪽 안으로 앞지르기 나간다 할 것이다.
③ 반대편 도로의 보행자가 언제든지 안전거리 안으로 나올 수 있어야 한다.
④ 반대편 도로의 보행자에게 경음기를 울린다.
⑤ 도로의 중앙선으로 추월한다는 것이 좋다.

운전자와 미리가기는 중앙선을 넘어가기 가장 좋은 것이 안전하다. 그런 안전이라고 있지 않고, 주행 보행자가 많이 가지고 오려 뜻하지 않게 차량을 더 바라게 될 것이다.

58 중앙선을 넘어 불법 유턴을 할 경우, 사고 발생 가능성이 가장 위험한 요인 2가지는?

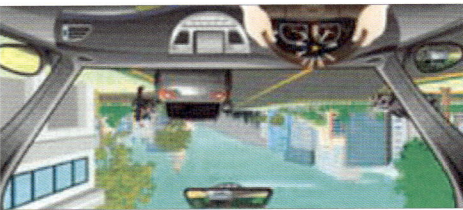

- 전방으로부터 앞차가 이유가
- 중앙선 황색 실선

① 전방 도로의 상이도 안전거리를 유지 중인 차량
② 우회전차로에서 우회전하는 차량
③ 좌회전차로에서 좌회전하는 차량
④ 후방에서 진입하는 승용차
⑤ 우측 도로에서 우회전을 준비하는 이륜차

운전자는 차선 변경을 한 후에 무심코 중앙선을 가로질러서 U턴하는 경우가 있다. 그때에도 불법 U턴이지만, 다른 불법상황이 아니라 교차로 상황에서 사고가 발생하는 경우가 있다.

59 터널에 차량이 진출입 동안에 나쁜 환경에 처할 때 가장 안전한 운전방법 2가지는?

- 시속 50킬로미터 주행 중

① 상향등으로 차량의 중앙선 위치를 확인한 후 속도를 높여 통과한다.
② 경음기를 여러번 울려 상대 차량에 알리면서 주의가 필요한다.
③ 터널이나 다리 위나 갓길 등을 운행할 때 차량을 따라 운행한다.
④ 1차로보다 2차로로 주행하며 반대편 차량을 주의한다.
⑤ 물이 낀 차량 헤드라이트 유지하여 통과한다.

야간 HID 라이트로 불법한 차량이나 시야장애가 낮은 조명상황에서 차량을 보지 못하거나 저시력의 차량을 만나는 경우 서행은 2차로 운행은 안전이 충분한다.

60 다음 상황에서 가장 안전한 운전방법 2가지는?

- 도로상황
- 전방에 안전표지 차량 있지
- 시측이 황색 실선 표시
- 반대편 차량이 보임

① 정차한 차량의 후미를 주시하면서 급제동한다.
② 정차한 차량 주위로 뛰어나오는 어린이를 주의해서 사용한다.
③ 선로 인근에서 피하기 위해 속도를 줄여 주행한다.
④ 경음기를 울리고 지나가지 않는다.
⑤ 반대편 차선이 비어 있으므로 그대로 진행한다.

교차로를 통과하거나 앞 차량을 따라갈 때 다른 안전상황을 살필 수 있다.

61 다음 상황에서 지진장애 대처 가장 안전하고 운전방법 2가지는?

도로상황
- 1, 2차로에서 사거리 전행중이 승용차
- 일시적 차량 대기
- 버스 정류장에 승용 후 정차된 버스

① 1차로의 승용차가 내 차량 진행방향으로 들어올 수 있으므로 감속 한다.
② 버스가 갑자기 출발할 수 있으므로 감속하여 대기한다.
③ 승용차 내 버스 사람이 내려있으므로 1, 2차로 중앙에 간다.
④ 버스 앞쪽 차량을 이용하기 위해 반대편 방향의 차량 이용한다.
⑤ 버스가 우회전하기 위해 대기 중일 수도 있으므로 미리 1차로로 들어간다.

택시나 자동차 버스가 일시적으로 앞지 가로수 있는 경우 있는 차량이 있으므로 이들 대비하는 공간을 찾아두는 것이 바람직하다.

정답 56. ②,③ 57. ①,⑤ 58. ②,⑤ 59. ②,④ 60. ①,⑤ 61. ②,⑤

62. 다음 도로상황에서 가장 안전한 운전방법 2가지는?

도로상황
- 우측 전방에 정차 중인 어린이통학버스
- 어린이통학버스에는 적색점멸등이 작동 중

① 경음기로 어린이에게 위험을 알리며 지나간다.
② 전조등으로 어린이통학버스 운전자에게 위험을 알리며 지나간다.
③ 비상등을 켜서 뒤차에게 위험을 알리며 일시정지 한다.
④ 어린이통학버스에 이르기 전에 일시정지하였다가 서행으로 지나간다.
⑤ 비상등을 켜서 뒤차에게 위험을 알리며 지나간다.

해설 어린이통학버스에 적색점멸등이 켜진 경우는 어린이가 버스에서 내리거나 탈 때이며 이때 뒤따르는 차는 일시정지한 후 서행으로 지나가야 한다.

63. 다음 상황에서 가장 안전한 운전방법 2가지는?

도로상황
- 회전교차로
- 진입과 회전하는 차량

① 진입하려는 차량은 진행하고 있는 회전차량에 진로를 양보하여야 한다.
② 회전교차로에 진입하려는 경우에는 서행하거나 일시정지 하여야 한다.
③ 진입차량이 우선이므로 신속히 진입하여 가고자 하는 목적지로 진행한다.
④ 회전교차로에 진입할 때는 회전차량보다 먼저 진입한다.
⑤ 주변 차량의 움직임에 주의할 필요가 없다.

해설 회전차로에서는 회전이 진입보다 우선이므로 항상 양보하는 운전자세가 필요하며 회전시 주변차량과 안전거리 유지와 서행하는 것이 중요하다.

64. 다음 도로상황에서 사고발생 가능성이 가장 높은 2가지는?

도로상황
- 편도 4차로의 도로에서 2차로로 교차로에 접근 중
- 시속 70킬로미터로 주행 중

① 왼쪽 1차로의 차가 갑자기 직진할 수 있다.
② 황색신호가 켜질 경우 앞차가 급제동을 할 수 있다.
③ 오른쪽 3차로의 차가 갑자기 우회전을 시도할 수 있다.
④ 앞차가 3차로로 차로를 변경할 수 있다.
⑤ 신호가 바뀌어 급제동할 경우 뒤차에게 추돌사고를 당할 수 있다.

해설 안전거리를 유지하지 않거나 속도를 줄이지 않은 상태에서 신호가 황색으로 바뀌면 급제동하거나 신호를 위반하는 상황이 발생한다. 따라서 교차로에 접근할 때는 안전거리를 유지하고 속도를 줄이는 운전습관이 필요하다.

65. 다음 상황에서 가장 주의해야 할 위험 요인 2가지는?

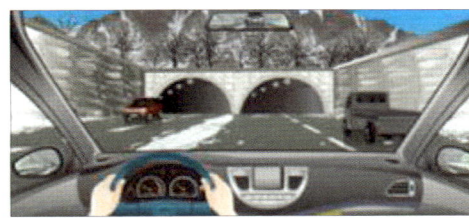

도로상황
- 내린 눈이 중앙선 부근에 쌓임
- 터널 입구에도 물이 흘러 얼어 있음

① 터널 안의 상황 ② 우측 전방의 차 ③ 터널 안 진행 차
④ 터널 직전의 노면 ⑤ 내 뒤를 따르는 차

해설 겨울철에 터널 입구의 노면은 터널 위에서 흘러내린 물 등으로 젖어 있거나 얼어 있어 미끄러운 경우가 많다. 따라서 터널 입구로 들어서거나 터널을 나올 때는 노면의 상황에 유의해야 한다.

66. A차량이 손수레를 앞지르기할 경우 가장 위험한 상황 2가지는?

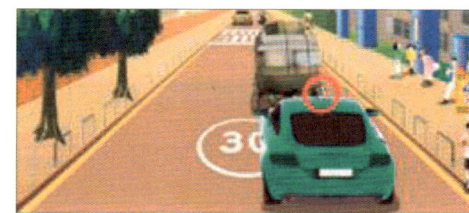

도로상황
- 어린이 보호구역
- 전방 우측 보도 위에 자전거를 탄 학생
- 반대편에서 주행하는 이륜차
- 좌측 전방 주차된 차량

① 전방 우측 보도 위에 자전거를 탄 학생이 손수레 앞으로 횡단하는 경우
② 손수레에 가려진 반대편의 이륜차가 속도를 내며 달려오는 경우
③ 앞지르기하려는 도중 손수레가 그 자리에 정지하는 경우
④ A차량 우측 뒤쪽의 어린이가 학원 차를 기다리는 경우
⑤ 반대편 전방 좌측의 차량이 계속 주차하고 있는 경우

해설 전방 시야가 확보되지 않은 상태에서 무리한 앞지르기는 예상치 못한 위험을 만날 수 있다. 전방 우측 보도 위의 자전거가 손수레 앞으로 도로를 횡단하거나 맞은편의 이륜차가 손수레를 피해 좌측으로 진행해 올 수 있다. 어린이 보호구역에서는 어린이들의 행동 특성을 고려하여 제한속도 내로 운전하여야 하고 주정차 금지 구역에 주차한 위반 차들로 인해 키가 작은 어린이들이 가려 안 보일 수 있으므로 주의하여야 한다.

67. 다음 상황에서 가장 안전한 운전방법 2가지는?

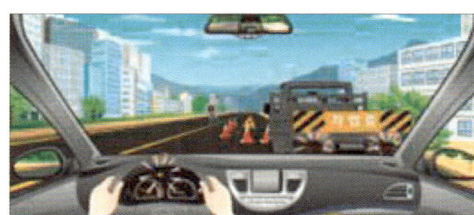

도로상황
- 뒤따라오는 차량

① 반대편에 차량이 나타날 수 있으므로 차가 오기 전에 빨리 중앙선을 넘어 진행한다.
② 전방 공사 구간을 보고 갑자기 속도를 줄이면 뒤따라오는 차량과 사고 가능성이 있으므로 빠르게 진행한다.
③ 전방 공사 현장을 피해 부득이하게 중앙선을 넘어갈 때 반대편 교통 상황을 확인하고 진행한다.
④ 전방 공사 차량이 갑자기 출발할 수 있으므로 공사 차량의 움직임을 살피며 천천히 진행한다.
⑤ 뒤따라오던 차량이 내 차를 앞지르기하고자 할 때 먼저 중앙선을 넘어 신속히 진행한다.

해설 공사 중으로 부득이한 경우에는 나의 운전 행동을 다른 교통 참가자들이 예측할 수 있도록 충분한 의사 표시를 하고 안전하게 진행한다. 또한 주차 차량에 운전자가 있을 때는 그 차의 움직임을 살펴야 한다.

68. 다음 상황에서 발생 가능한 위험 2가지는?

도로상황
- 편도 4차로
- 버스가 3차로에서 4차로로 차로 변경 중
- 도로구간 일부 공사 중

① 전방에 공사 중임을 알리는 화물차가 정차 중일 수 있다.
② 2차로의 버스가 안전운전을 위해 속도를 낮출 수 있다.
③ 4차로로 진로 변경한 버스가 계속 진행할 수 있다.
④ 1차로 차량이 속도를 높여 주행할 수 있다.
⑤ 다른 차량이 내 앞으로 앞지르기 할 수 있다.

해설 항상 보이지 않는 곳에 위험이 있을 것이라는 생각하는 자세가 필요하다. 운전 중일 때는 눈앞에 위험뿐만 아니라 멀리 있는 위험까지도 예측해야 하며 위험에 대비할 수 있는 안전속도와 안전거리 유지가 중요하다.

정답 62. ③,④ 63. ①,② 64. ②,⑤ 65. ②,④ 66. ①,② 67. ③,④ 68. ①,⑤

75. A차량이 좌회전하려고 할 때 사고 발생 가능성이 가장 높은 것 2가지는?

도로상황
- 뒤따라오는 이륜차
- 좌측 도로에 우회전하는 차

① 반대편 C차량이 직진하면서 마주치는 충돌
② 좌측 도로에서 우회전하는 B차량과의 충돌
③ 뒤따라오던 이륜차의 추돌
④ 앞서 교차로를 통과하여 진행 중인 D차량과의 추돌
⑤ 우측 도로에서 직진하는 E차량과의 충돌

해설 신호등 없는 교차로를 진행할 때에는 여러 방향에서 나타날 수 있는 위험 상황에 대비해야 한다.

76. 다음 도로상황에서 가장 위험한 요인 2가지는?

도로상황
- 녹색신호에 교차로에 접근 중
- 1차로는 좌회전을 하려고 대기 중인 차들

① 좌회전 대기 중이던 1차로의 차가 2차로로 갑자기 들어올 수 있다.
② 1차로에서 우회전을 시도하는 차와 충돌할 수 있다.
③ 3차로의 오토바이가 2차로로 갑자기 들어올 수 있다.
④ 3차로에서 우회전을 시도하는 차와 충돌할 수 있다.
⑤ 뒤차가 무리한 차로변경을 시도할 수 있다.

해설 좌회전을 하려다가 직진을 하려고 마음이 바뀐 운전자가 있을 수 있다. 3차로보다 소통이 원활한 2차로로 들어가려는 차가 있을 수 있다.

77. 교차로를 통과하려 할 때 주의해야 할 가장 안전한 운전방법 2가지는?

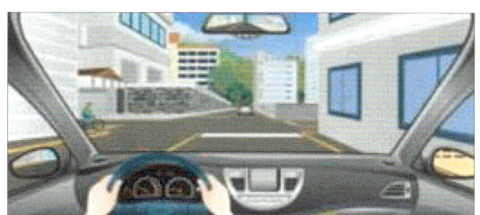

도로상황
- 시속 30킬로미터로 주행 중

① 앞서가는 자동차가 정지할 수 있으므로 바싹 뒤따른다.
② 왼쪽 도로에서 자전거가 달려오고 있으므로 속도를 줄이며 멈춘다.
③ 속도를 높여 교차로에 먼저 진입해야 자전거가 정지한다.
④ 오른쪽 도로의 보이지 않는 위험에 대비해 일시정지 한다.
⑤ 자전거와의 사고를 예방하기 위해 비상등을 켜고 진입한다.

해설 자전거는 보행자 보다 속도가 빠르기 때문에 보이지 않는 곳에서 갑작스럽게 출현할 수 있다. 항상 보이지 않는 곳의 위험을 대비하는 운전자세가 필요하다.

78. 황색 점멸등이 설치된 교차로에서 우회전하려 할 때 가장 위험한 요인 2가지는?

도로상황
- 전방에서 좌회전 시도하는 화물차
- 우측 도로에서 우회전 시도하는 승용차
- 좌회전 대기 중인 승용차
- 2차로를 주행 중인 내 차
- 3차로를 진행하는 이륜차
- 후사경 속의 멀리 뒤따르는 승용차

① 전방 반대 차로에서 좌회전을 시도하는 화물차
② 우측 도로에서 우회전을 시도하는 승용차
③ 좌회전 대기 중인 승용차
④ 후사경 속 승용차
⑤ 3차로 진행 중인 이륜차

해설 우회전 시는 미리 도로의 우측으로 이동하여야 하며 차로 변경 제한선 내에 진입하였을 때는 차로 변경을 하면 안 된다.

79. 어린이보호구역을 안전하게 통행하는 운전방법 2가지는?

도로상황
- 어린이보호구역 교차로 직진하려는 상황
- 신호등 없는 횡단보도 및 교차로
- 실내후사경 속의 후행 차량 존재

① 앞쪽 자동차를 따라 서행으로 A횡단보도를 통과한다.
② 뒤쪽 자동차와 충돌을 피하기 위해 속도를 유지하고 앞쪽 차를 따라간다.
③ A횡단보도 정지선 앞에서 일시정지한 후 통행한다.
④ B횡단보도에 보행자가 없으므로 서행하며 통행한다.
⑤ B횡단보도 앞에서 일시정지한 후 통행한다.

해설 도로교통법 제27조 제7항. 모든 차 또는 노면전차의 운전자는 동법 제12조제1항에 따른 어린이 보호구역내에 설치된 횡단보도 중 신호기가 설치되지 아니한 횡단보도 앞(정지선이 설치된 경우에는 그 정지선을 말한다.)에서는 보행자의 횡단 여부와 관계없이 일시정지하여야 한다.

80. 다음 상황에서 급차로 변경을 할 경우 사고 발생 가능성이 가장 높은 2가지는?

도로상황
- 편도 2차로 도로
- 앞 차량이 급제동하는 상황
- 우측 방향 지시기를 켠 후방 오토바이
- 1차로 후방에 승용차

① 승합차 앞으로 무단 횡단하는 사람과의 충돌
② 반대편 차로 차량과의 충돌
③ 뒤따르는 이륜차와의 추돌
④ 반대 차로에서 차로 변경하는 차량과의 충돌
⑤ 1차로에서 과속으로 달려오는 차량과의 추돌

해설 전방 차량이 급제동을 하는 경우 이를 피하기 위해 급차로 변경하게 되면 뒤따르는 차량과의 추돌 사고, 급제동 차량 앞쪽의 무단 횡단하는 보행자와의 사고 등이 발생할 수 있으므로 전방 차량이 급제동하더라도 추돌 사고가 발생하지 않도록 안전거리를 확보하고 주행하는 것이 바람직하다.

81. 다음 장소에서 자전거 운전자가 안전하게 횡단하는 방법 2가지는?

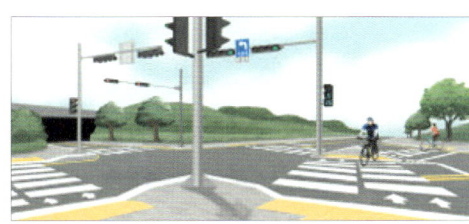

도로상황
- 자전거 운전자가 보도에서 대기하는 상황
- 자전거 운전자가 도로를 보고 있는 상황

① 자전거에 탄 상태로 횡단보도 녹색등화를 기다리다가 자전거를 운전하여 횡단한다.
② 다른 자전거 운전자가 횡단하고 있으므로 신속히 횡단한다.
③ 다른 자전거와 충돌가능성이 있으므로 자전거에서 내려 보도의 안전한 장소에서 기다린다.
④ 자전거 운전자가 어린이 또는 노인인 경우 보행자 신호등이 녹색일 때 운전하여 횡단한다.
⑤ 횡단보도 신호등이 녹색등화 일 때 자전거를 끌고 횡단한다.

해설 제13조의2(자전거등의 통행방법의 특례) 제6항. 자전거등의 운전자가 횡단보도를 이용하여 도로를 횡단할 때에는 자전거등에서 내려서 자전거등을 끌거나 들고 보행하여야 한다. 〈개정 2020. 6. 9.〉

정답 75. ①, ⑤ 76. ①, ③ 77. ②, ④ 78. ①, ⑤ 79. ③, ⑤ 80. ①, ⑤ 81. ③, ⑤

정답
82. ②, ⑤ 83. ①, ③ 84. ②, ③ 85. ②, ④

82 다음 상황에서 가장 안전한 운전방법은 2가지는?

도로상황
- 자전거 전용 차로의
- 진행방향 신호등
- 자전거 속도 약 40km/h

① 자전거 전용 차로가 설치된 도로에서는 자전거의 안전을 위해 앞지르기를 해서는 안 된다.
② 자전거 전용 차로가 설치된 도로에서 주변 상황에 주의하면서 앞지르기한다.
③ 자전거는 운전자의 보호를 위해 그 뒤에서 서행으로 뒤 따라간다.
④ 자전거 전용 차로가 있어도 자전거는 차도의 우측에 붙어 주행한다.
⑤ 자전거 전용 차로가 있으면 그 차로로 통행하여야 하고 자전거가 아닌 경우 통행할 수 없다.

이설해설
자전거 전용 차로가 설치된 도로에서는 자전거가 아닌 경우에 통행할 수 없고 다른 차에 비해 주의력과 경계심이 약하기 때문에 자전거의 움직임을 잘 살피면서 안전하게 앞지르기해야 한다.

83 다음 상황에서 가장 안전한 운전방법은 2가지는?

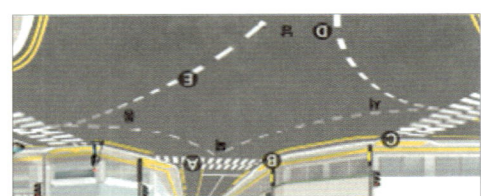

도로상황
- 편도 1차로
- 자전거 통행이 빈번한 도로
- 전방 교차로 금지

① 진로를 변경하지 않고 현재 속도를 유지하면서 통과한다.
② 교차로 지난 부분 중앙선에 자전거가 통행하고 있으므로 자전거와의 간격을 충분히 두고 후방을 통과한다.
③ 교차로에서 좌회전하기 위하여 자전거를 피해 감속하며 진행한다.
④ 급정지하여 자전거가 먼저 통과하기를 기다린다.
⑤ 경음기를 울려 자전거가 최대한 도로 가장자리로 통행하도록 유도한다.

이설해설
자전거 옆을 통과할 때에는 충분한 간격을 유지하면서 서행하거나 일시 정지하는 방법으로 자전거의 안전에 유의하며 통과하여야 한다.

도로교통법 제13조(차마의 통행) ⑥ 차마의 운전자는 안전지대 등 안전표지에 의하여 진입이 금지된 장소에 들어가서는 아니 된다. (개정 2018. 3. 27., 2020. 12. 22.)

1. 교차로에서 좌회전하려고 할 때에 따른 모든 차의 운전자는 미리 도로의 중앙선을 따라 서행하면서 교차로의 중심 안쪽을 이용하여 좌회전하여야 한다. 다만, 시·도경찰청장이 교차로의 상황에 따라 특히 필요하다고 인정하여 지정한 곳에서는 교차로의 중심 바깥쪽을 통과할 수 있다. (개정 2020. 6. 9.) ② 자전거 등의 운전자는 제1항에도 불구하고 교차로에서 좌회전하려는 경우에는 미리 도로의 우측 가장자리로 붙어 서행하면서 교차로의 가장자리 부분을 이용하여 좌회전하여야 한다. (개정 2020. 6. 9.) ③ 제1항과 제2항의 경우에 좌회전하려는 차의 운전자는 교차로에서 직진하거나 우회전하려는 다른 차가 있을 때에는 그 차에 진로를 양보하여야 한다. ④ 교차로에 들어가려고 하는 차의 운전자는 그 교차로에서 이미 교통정리가 이루어지고 있는 경우에는 다른 차의 진행을 방해하지 아니하도록 교차로에 진입하여서는 아니 된다. (개정 2018. 3. 27.) ⑤ 교통정리가 이루어지고 있지 아니하고 일시정지나 양보를 표시하는 안전표지가 설치되어 있는 교차로에 진입하려고 하는 차의 운전자는 다른 차의 진행을 방해하지 아니하도록 일시정지하거나 양보하여야 한다. (개정 2018. 3. 27., 2020. 12. 22.)

84 다음 상황에서 가장 바람직한 운전방법은 2가지는?

도로상황
- 편도 3차로 도로
- 자전거 진로변경 수신호(좌회전 지시 등)

① 차의 운전자가 그 차의 진로를 변경하려고 그 변경하려는 방향으로 손이나 방향지시기 또는 등화로써 신호를 하는 그 행위가 끝날 때까지 신호를 하여야 한다.
② 진로를 변경할 때 상대방에 대한 배려 없이 신호를 게을리하거나 갑자기 진로를 바꾸어 앞지르기하는 행위는 매우 위험한 운전 행위이다.

제25조(신호의 시기 및 방법) 신호를 하는 시기와 그 방법은 다음 각 호의 기준에 따라야 한다. (개정 2018. 3. 27.) 도로교통법 시행령 [별표 2] 자전거의 신호이며, 교차로에서 좌회전 시는 운전자가 수신호를 했을 경우 자전거를 앞지르지 말고 자전거가 먼저 진행하도록 진로를 양보해야 한다.

① 자전거 진행방향으로 진로를 그대로 진행한다.
② 2차로로 차로를 변경하여 자전거와 거리를 두고 앞으로 나아간다.
③ 자전거가 앞차의 왼쪽을 통과할 수 있도록 그대로 진행한다.
④ 신호차로를 옆으로 붙여 그대로 진행한다.
⑤ 신호지시를 무시하고 그대로 가속하여 진행한다.

85 다음 상황에서 운전자가 회피하여야 할 가장 안전한 운전방법 2가지?

도로상황
- 우회전하고자 신호대기 중
- 전방신호 녹색신호
- 우회전 후 있는 횡단보도 보행자 녹색신호

① A횡단보도로 부산하는 보행자가 B횡단보도로 횡단하는 것으로 착각하여 그대로 우회전한다.
② A횡단보도에 보행자가 없으므로 서행하며 우회전한다.
③ 일시정지하고 B횡단보도로 진행하는 보행자를 피해 우회전한다.
④ 서행하면서 우회전하고 B횡단보도 앞에서 보행자를 위해 일시정지한다.
⑤ 정지선 직전에 일시정지한 후 B횡단보도에 보행자가 없는 것을 확인하고 서행하며 우회전한다.

이설해설
"도로교통법" 제25조 제1항에 따르면, 모든 차의 운전자는 교차로에서 우회전을 하려는 경우에는 미리 도로의 우측 가장자리를 따라 서행하면서 우회전하여야 한다. 이 경우 우회전하는 차의 운전자는 신호에 따라 정지 또는 진행하는 보행자나 자전거 등에 주의하여야 한다.

도로교통법 제25조(교차로 통행방법) ① 모든 차의 운전자는 교차로에서 우회전을 하려는 경우에는 미리 도로의 우측 가장자리를 따라 서행하면서 우회전하여야 한다. 이 경우 우회전하는 차의 운전자는 신호에 따라 정지 또는 진행하는 보행자나 자전거 등에 주의하여야 한다.

※ 옆지르기 : 뒤차가 앞차의 옆을 지나쳐 그 차의 앞으로 나가는 것

제21조(옆지르기 방법 등) ① 모든 차의 운전자는 다른 차를 옆지르기하려면 앞차의 좌측으로 통행하여야 한다. ② 자전거 등의 운전자는 서행하거나 정지한 다른 차를 앞지르려면 제1항에도 불구하고 앞차의 우측으로 통행할 수 있다. 이 경우 자전거 등의 운전자는 정지한 차에서 승차하거나 하차하는 사람의 안전에 유의하여 서행하거나 필요한 경우 일시정지하여야 한다. (신설 2020. 6. 9.)

보행 신호등이 녹색일 때 횡단보도를 진입하여 건너고 있는 보행자가 있으므로 일시정지하여 보행자를 보호해야 한다.

도로교통법 제27조(보행자의 보호) ① 모든 차의 운전자는 보행자(제13조의2 제6항에 따라 자전거에서 내려서 자전거를 끌고 통행하는 자전거 운전자를 포함한다)가 "횡단보도"(제10조 제3항에 따라 행정 결정된 것으로, "교통안전시설"을 이용하여 횡단하고 있거나 횡단하려고 하는 때에는 보행자의 횡단을 방해하거나 위험을 주지 아니하도록 그 횡단보도 앞(정지선이 설치되어 있는 곳에서는 그 정지선을 말한다)에서 일시정지하여야 한다.

2. 일반도로에서 차로를 바꾸려고 하는 경우에는 그 행위를 하려는 지점에 이르기 전 30미터(고속도로에서는 100미터) 이상의 지점에 이르렀을 때 우회전을 하려는 경우에는 방향지시기 등으로써 신호를 하여야 하고, "그 행위가 끝날 때까지" 신호를 하여야 한다.

Chapter 06 동영상형 문제 – 4지 1답형, 4지 2답형

01 다음 영상을 보고 확인되는 가장 위험한 상황은?

① 우측 정차 중인 대형차량이 출발하려고 하는 상황
② 반대방향 노란색 승용차가 신호위반을 하는 상황
③ 우측도로에서 우회전하는 검은색 승용차가 1차로로 진입하는 상황
④ 빗길 주행 중 수막현상(Hydroplaning)이 발생하는 상황

해설
우회전하려는 자동차가 직진하는 차의 속도를 느림으로 추정하는 경우 주차된 차들을 피해서 1차로로 한 번에 진입하는 사례가 많다. 따라서 우회전하는 자동차가 있는 경우 직진이 우선이라는 절대적 판단을 삼가고 우회전 자동차 운전자가 무리하게 진입하는 경우를 예측하며 운전할 필요성이 있다.

02 다음 영상을 보고 확인되는 가장 위험한 상황은?

① 앞쪽에서 선행하는 회색 승용차가 급정지하는 상황
② 반대방향 노란색 승용차가 중앙선 침범하여 유턴하려는 상황
③ 좌회전 대기 중인 버스가 직진하기 위해 갑자기 출발하는 상황
④ 오른쪽 차로에서 흰색 승용차가 내 차 앞으로 진입하는 상황

해설
교차로에 진입하여 통행하는 차마의 운전자는 진입한 위치를 기준으로 진출하기 위한 진행경로를 따라 안전하게 교차로를 통과해야 한다. 그러나 문제의 영상처럼 교차로의 유도선이 없는 경우 또는 유도선이 있는 경우라 하더라도 예상되는 경로를 벗어나는 경우가 빈번하다. 따라서 교차로를 통과하는 경우 앞쪽 자동차는 물론 옆쪽 자동차의 진행경로에 주의하며 운전할 필요성이 있다.

03 다음 영상을 보고 확인되는 가장 위험한 상황은?

① 반대방향 1차로를 통행하는 자동차가 중앙선을 침범하는 상황
② 우측의 보행자가 갑자기 차도로 진입하려는 상황
③ 반대방향 자동차가 전조등을 켜서 경고하는 상황
④ 교차로 우측도로의 자동차가 신호위반을 하면서 교차로에 진입하는 상황

해설
교차로 좌우측의 교통상황이 건조물 등에 의해 확인이 불가한 상황이다. 이 경우 좌우측의 자동차들은 황색등화나 적색등화가 확인되어도 정지하지 못하고 신호 및 지시위반으로 연결되어 교통사고를 일으킬 가능성이 농후하다. 따라서 진행방향 신호가 녹색등화라 할지라도 교차로 접근 시에는 감속하는 운전태도가 필요하다.

04 다음 중 어린이보호구역에서 횡단하는 어린이를 보호하기 위해 도로교통법규를 준수하는 차는??

① 붉은색 승용차　　② 흰색 화물차
③ 청색 화물차　　　④ 주황색 택시

해설
도로교통법 제27조(보행자보호), 도로교통법 제49조(모든 운전자의 준수사항 등)
어린이보호구역에서는 어린이가 언제 어느 순간에 나타날지 몰라 속도를 줄이고 서행하여야 한다. 갑자기 나타난 어린이로 인해 앞차 급제동하면 뒤따르는 차가 추돌할 수 있기 때문에 안전거리를 확보하여야 한다. 어린이 옆을 통과할 때에는 충분한 간격을 유지하면서 반드시 서행하여야 한다.

05 다음 영상을 보고 확인되는 가장 위험한 상황은?

① 교차로에 대기 중이던 1차로의 승용자동차가 좌회전하는 상황
② 2차로로 진로변경 하는 중 2차로로 주행하는 자동차와 부딪치게 될 상황
③ 입간판 뒤에서 보행자가 무단횡단하기 위해 갑자기 도로로 나오는 상황
④ 횡단보도에 대기 중이던 보행자가 신호등 없는 횡단보도 진입하려는 상황

해설
입간판이나 표지판 뒤에 있는 보행자는 장애물에 의한 사각지대에 있으므로 운전자가 확인하기 어렵다. 이 때 보행자는 멀리에서 오는 자동차의 존재에 관심이 없거나 또는 그 자동차를 발견했을지라도 상당히 먼 거리이므로 횡단을 할 수 있다고 오판하여 무단횡단을 할 가능성이 있다. 또한 횡단보도의 앞뒤에서 무단횡단이 많다는 점도 방어운전을 위해 기억해야 하겠다.

06 다음 영상을 보고 확인되는 가장 위험한 상황은?

① 주차금지 장소에 주차된 차가 1차로에서 통행하는 상황
② 역방향으로 주차한 차의 문이 열리는 상황
③ 진행방향에서 역방향으로 통행하는 자전거를 충돌하는 상황
④ 횡단 중인 보행자가 넘어지는 상황

해설
편도1차로의 도로에 불법으로 주차된 차량들로 인해 중앙선을 넘어 주행할 수밖에 없다. 이 경우 운전자는 진행방향이나 반대방향에서 주행하는 차마에 주의하면서 운전하여야 한다. 특히 어린이보호구역에서는 도로교통법을 위반하는 어린이 및 청소년이 운전자하는 자전거 등에 유의할 필요성이 있다.

정답　01. ③　02. ④　03. ④　04. ③　05. ③　06. ③

07 다음 중 고속도로에서 ișerat 운행하는 자동차 중 고속도로 통행료를 내기 위해 하이패스를 설치하지 않은 차는?

① 경형 SUV차
② 노면전차
③ 구난형 특수차
④ 긴급자동차

도로교통법 제2조(정의) 제18호, 도로교통법 시행령 별표1(긴급자동차 적용 대상)
긴급자동차는 고속도로 통행료 징수 대상이 아니며, 그 외 차량은 통행료를 납부하여야 한다. 또한 노면전차는 도로교통법상 자동차가 아니므로 통행료를 납부하여야 한다. 하이패스는 고속도로 통행료 납부를 위한 전자적 장치이다.

---

08 고속도로에서 지정차로를 위반 시, 이 때 가장 주의해야 할 차는?

① 덤프트럭에 추월당하는 왼쪽의 차
② 내차 앞에 주행하는 승용자동차
③ 좌측으로 추월하려는 승용자동차
④ 우측으로 추월하려는 트럭

도로교통법 제2조(고속도로 등에서의 차로에 따른 통행구분) 별표2(차로의 통행 차의 종류)
- 고속도로에서 차로별 통행차종은 1차로 앞지르기, 왼쪽차로 승용·승합, 오른쪽차로 화물·특수차 등이다.
- 특히, 지정차로 우측으로 주행하는 차가 있기 때문에 지정차로 통행위반 시 우측으로 추월하는 차량을 주의하여야 한다.

---

09 다음 영상에서 운전자가 해야 할 행동으로 옳은 것은?

① 경찰차 뒤에 사용으로 통행한다.
② 경찰차 공간을 피하여 안전운전한다.
③ 앞쪽 차로의 안전함 공간이 있는 경우 끼어들기 한다.
④ 오른쪽 차로에 안전함 공간이 있는 경우 끼어들기 한다.

영상에서 보는 것처럼 앞쪽에 교통정체가 발생하거나 주변에 집중해야 할 이유가 있는 장소에서는 교통공원 등 경찰차의 안내에 따라 안전하게 서행하고, 급정지·끼어들기 등은 2차 사고의 원인이 된다. 그러므로 교통경찰관의 손짓 신호를 따라 그 방향과 속도로 서행하는 자동차들 사이에 있는 경우, 이를 트래픽 브레이크(traffic brake)라고 불리기도 한다. 이는 곧 정체 상태의 도로에서 정차된 차량을 뒤에서 안전하게 주행하는 기법이다. 사용자 차량이 잘못되어 운전을 능숙하게 하지 않은 경우, 사고는 마찬가지다.

---

10 다음 영상에서 나타나는 가장 위험한 상황은?

① 안전지대에 정차한 자동차로 특수 혼란스러운 상황
② 내 차 뒤쪽에서 과도하게 가까이 접근하는 운전
③ 안전지대에 대처하여 진입하는 자동차의 안전 확보
④ 진입차로에서 급하게 진입방향으로 움직이는 오토바이

인터체인지 도로는 고속도로에 진입하기 위해 존재하는 장소에 불과한 것이 아닌, 자차와 동시에 진입하는 자동차로 이루어진다. 그러나 인접 차로의 긴급함을 예측하여 진입하는 경우는 아니다. 이 상황에서 사용자 차량이 우측으로 진입하는 오토바이나 상대방 차량을 예측하지 못한 경우 서로 지나가다 자동차의 우측에 인접한 자동차가 사고를 유발하여 대물사고에 이를 수 있다.

---

11 다음 영상에서 가장 위험한 상황으로 맞는 것은?

① 오르막길에서 앞지르기하는 이륜차를 주의하여야 한다.
② 오른쪽 자동차가 중앙선 넘을 가능성
③ 반대편에서 앞지르기하는 승용차에 주의
④ 정지한 자동차로 차량시야 가려져 가능성

앞쪽에 혼란스러운 환경에서 앞지르기하는 자동차들 이륜차들 있고, 이는 주의하여야 한다. 특히, 이륜차(오토바이)는 작고 잘 보이지 않기 때문에 공간이 있어 앞지르기가 어렵게 예측하기 어려운 상황이다. 그러므로 자전거·오토바이 등이 불쑥 추월하여 운행하지 않고, 그릴러 자전거공간 등 이륜차 사고를 유발할 가능성이 있다.

---

12 다음 영상에서 나타난 상황 중 가장 위험한 경우는?

① 교차로에 먼저 진입한 자동차의 우측정지 자전거가 움직일 가능성
② 교차로 를 건너는 보행자가 횡단할 가능성
③ 범규도로 건너는 보행자가 횡단할 가능성
④ 으슥이지 교차로 진입하는 승용차의 전방차로 가능성

녹색신호에 교차로에 진입하려고 할 때 횡단보도에 녹색이 들어 있는 경우 경직하여야 한다. 그러나 횡단보도의 신호가 적색신호로 갑자기 바뀐 것이 있으며, 이 때 횡단보도를 완전히 건너지 못한 보행자가 있는지 확인하여야 한다. 교차로에서 녹색신호가 들어와 있을 때 자동차의 움직임이 중요하다.

13 다음 영상에서 예측되는 가장 위험한 상황은?

① 1차로에서 주행하는 검은색 승용차가 차로변경을 할 수 있다.
② 승객을 하차시킨 버스가 후진 할 수 있다.
③ 1차로의 승합자동차가 앞지르기 할 수 있다.
④ 이면도로에서 우회전하는 승용차와 충돌 할 수 있다.

해설 이면도로 등 우측 도로에서 진입하는 차량들과 충돌 할 수 있기 때문에 교통사고에 유의하며 운행하여야 한다.

14 다음 영상에서 운전자가 운전 중 예측되는 위험한 상황으로 발생 가능성이 가장 낮은 것은?

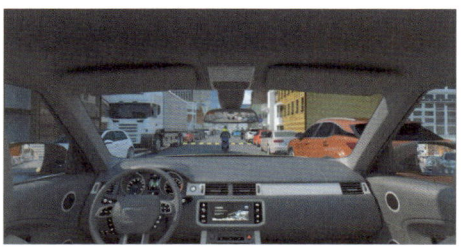

① 골목길 주정차 차량 사이에 어린이가 뛰어 나올 수 있다.
② 파란색 승용차의 운전자가 차문을 열고 나올 수 있다.
③ 마주 오는 개인형 이동장치 운전자가 일시정지 할 수 있다.
④ 전방의 이륜차 운전자가 마주하는 승용차 운전자에게 양보하던 중에 넘어질 수 있다.

해설 항상 보이지 않는 곳에 위험이 있을 것이라는 대비하는 운전자세가 필요하다. 단순히 위험의 실마리라는 생각이 아니라 최악의 상황을 대비하는 자세이다. 운전자는 충분히 예측할 수 있는 위험이 나타났을 때에는 쉽게 대비할 수 있으나 학습이나 경험하지 않은 위험에 대하여 소홀히 하는 경향이 있다. 특히 주택지역 교통사고는 위험을 등한히 할 때 발생된다.

15 ㅏ자형 교차로로 접근 중이다. 이 때 예측할 수 있는 위험요소가 아닌 것은?

① 좌회전하는 차가 직진하는 차의 발견이 늦어 충돌할 수 있다.
② 좌회전하려고 나오는 차를 발견하고, 급제동할 수 있다.
③ 직진하는 차가 좌회전하려는 차의 발견이 늦어 충돌할 수 있다.
④ 좌회전하기 위해 진입하는 차를 보고 일시정지할 수 있다.

해설 도로교통법 제19조(안전거리 확보 등), 도로교통법 제20조(진로양보의무)
• 전방주시를 잘하고 합류지점에서는 속도를 줄이고, 충분한 안전거리를 확보하면서 주행하되, 합류지점에서 진입하는 차의 발견이 늦어 급제동이나 이를 피하기 위한 급차로변경을 할 경우 뒤따른 차와의 추돌 등의 위험이 있다.

16 다음 영상에서 계측되는 가장 위험한 상황으로 맞는 것은?

① 전방의 화물차량이 속도를 높일 수 있다.
② 1차로와 3차로에서 주행하던 차량이 화물차량 앞으로 동시에 급차로 변경하여 화물차량이 급제동 할 수 있다.
③ 4차로 차량이 진출램프에 진출하고자 5차로로 차로 변경할 수 있다.
④ 3차로로 주행하던 승용차가 4차로로 차로 변경할 수 있다.

해설 위험예측은 위험에 대한 인식을 갖고 사고예방에 관심을 갖다보면 도로에 어떤 위험이 있는지 관찰하게 된다. 위험에 대한 지식은 관찰을 통해 도로에 일반적이지 않은 교통행동을 알고 대비하는 능력을 갖추어야 하는데 대부분 경험을 통해서 위험을 배우는 것이 전부이다. 경험을 통해서 위험을 인식하는 것은 위험에 대한 한정된 지식만을 얻게 되어 위험에 노출될 가능성이 높다.

17 다음 중 고속도로에서 도로교통법규를 준수하면서 앞지르기하는 차는?

① 검정색 차
② 노란색 승용차
③ 빨간색 승용차
④ 주황색 택시

해설 도로교통법 제19조(안전거리 확보 등), 도로교통법 제20조(진로양보의무), 도로교통법 제21조(앞지르기 방법 등) 도로교통법 제22조(앞지르기 금지의 시기 및 장소)
• 앞차의 좌측에 다른 차가 앞차와 나란히 가고 있는 경우, 앞차가 다른 차를 앞지르고 있거나 앞지르려고 하는 경우, 위험방지를 위해 정지 또는 서행하는 경우 등은 앞지르기를 금지하고 있다.
• 특히, 앞지르기를 할 때 반드시 좌측으로 통행하여야 하며, 반대방향의 교통과 앞차 앞쪽의 교통에도 주의를 충분히 기울여야 하며, 앞차의 속도, 진로와 그 밖의 도로 상황에 따라 방향지시기, 등화 또는 경음기를 사용하는 등 안전한 속도와 방법으로 앞지르기 하여야 한다.

18 다음 영상에서 운전자가 해야할 조치로 맞는 것은?

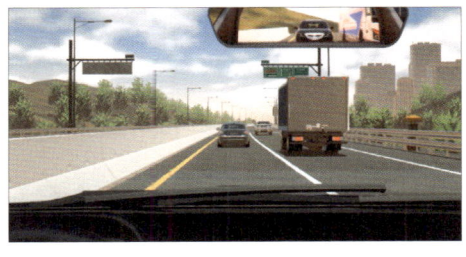

① 앞쪽 자동차 운전자에게 상향등을 작동하여 대응한다.
② 비상점멸등을 작동하며 갓길에 정차한 후 시시비비를 다툰다.
③ 경음기와 방향지시기를 작동하여 앞지르기 한 후 급제동한다.
④ 고속도로 밖으로 진출하여 안전한 장소에 도착한 후 경찰서에 신고한다.

해설 불특정 운전자가 지그재그 운전을 하거나, 내가 통행하는 차로에서 고의로 제동을 하면서 진로를 막는 행위를 하는 경우 그 운전자에게 직접 대응하지 않고 도로의 진출로로 회피 및 우회하거나, 휴게소 등으로 진입하여 자동차 문을 잠그고 즉시 신고하여 대응하는 것이 바람직하다.

정답 13. ④ 14. ③ 15. ④ 16. ② 17. ① 18. ④

19 다음 중 물이 고인 곳을 통과할 수 있는 운전자교실에서 가장 적절한 운전행동 등 하는 차는?

① 속도를 줄이지 않고 그대로 통과하는 자동차
② 정지선 직전에 정지하는 자동차
③ 그대로 진행하는 자동차
④ 교차로 통과하여 앞지르기 하는 자동차

해설 도로교통법 제25조(교차로 통행방법), 도로교통법 시행규칙 별표2(신호기 표시하는 신호의 종류 및 신호의 뜻) 등
- 교차로에 진입할 때 황색신호로 바뀌면 그대로 진입하거나 정지선 직전에 멈추어야 한다. 이 때 속도를 줄이지 않고 그대로 진입하게 되면 교차로 내에서 사고가 발생할 가능성이 매우 높고, 교차로 가장자리에서 급정지할 시 뒤차와의 추돌사고가 발생할 수 있으므로 교차로 진입 시 황색신호로 바뀔 것을 대비하여야 한다.

20 신호등 없는 교차로를 통과하려고 한다. 이 때 운전자가 취해야 하는 가장 안전한 운전방법으로 통과해야 할 차는?

① 방향지시등 사용하지 않고 진입한 정지하는 자동차
② 방향지시등을 사용하여 서행으로 주의하며 진입하는 자동차
③ 방향지시등을 사용한 채 교차로 이전에 자동차
④ 방향지시등을 사용하고 빠르게 진입하는 자동차

해설 도로교통법 제5조(신호 또는 지시에 따를 의무), 도로교통법 제27조(보행자의 보호) 등
- 운전하는 사람은 모든 차량의 운전자는 녹색신호에서 진입하여야 하고, 황색으로 변경 시 즉시 정지할 수 있도록 속도를 줄이고 진행하여야 하며, 적색에 정지하여야 한다. 만약 진행하는 보행자 및 신호위반하여 진입하는 차량이 있다면 그 진행하는 차에게 차로를 양보하여 사고예방에 노력하여야 한다.

21 왼쪽 골목길을 주행 중이다. 이 때 안전속도로 가장 적절한 대응은?

① 주차된 자동차 사이를 신속하게 빠져 나간다
② 정차하고 양보한다
③ 반대편에서 진행하는 이륜차
④ 가장하고 있는 승용차

해설 도로교통법 제10조(도로의 통행), 도로교통법 제27조(보행자의 보호)
- 주차된 차량에 대해 자전거가 있을 수 있고, 반대편에서 차량이 진행할 수 있으며, 이들 차량 이용자는 그대로 직진할 수 있는 지점을 예측해야 한다.

22 다음 상황에서 가장 올바른 운전행동으로 맞는 것은?

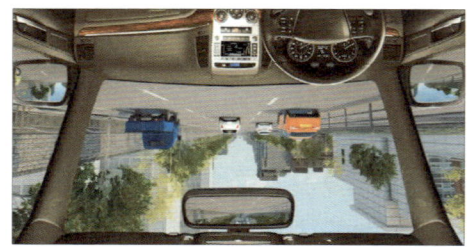

① 1차로로 주행 중인 승용차 정지한다.
② 2차로로 주행 중인 승용차 앞 공간으로 진입할 수 있다.
③ 3차로 승용차 수신호로 진입하고 앞지르기 한다.
④ 3차로 승용차 수신호 중인 앞차를 피해 차로를 변경하여 우회한 수 있다.

해설 공사구간의 경우 정차가 없음에도 공사관련 안내판 등의 영향으로 실제 통행 공간의 축소 및 이동시간이 증가하며, 교통정체가 발생한다. 이로 인해 안내판 앞에서 감속 및 차로변경을 하지 못하고, 공사구간 접속부에서 급감속으로 이어지는 경우 추돌 사고의 가능성이 있다.

23 교차로에 진입 중이다. 이 때 가장 주의해야 할 차는?

① 좌회전하는 자동차
② 반대편에서 좌회전하는 자동차
③ 초과정지하고 있는 자동차
④ 반대편에서 정차 중에 있는 자동차

해설 도로교통법 제25조(교차로 통행방법), 도로교통법 제5조(신호 또는 지시에 따를 의무) 등
- 교차로에 진입하여 통행하는 차량의 우선순위는 이미 교차로에 있는 차량이 우선이다.
- 반대편 좌회전의 경우, 좌회전을 행사로 진행하는 차량이 있을 수 있고, 좌회전 차량 때문에 파악이 어려워지는 차의 진행을 예측하기 어려우므로 주의하여야 한다.

24 회전교차로에서 회전하고 있다. 주의하는 차는?

① 회전하고 있는 빨간색 승용차
② 진입하는 검정색 승용차
③ 진행하고 있는 경찰 순찰차
④ 우회전하여 대기하고 있는 화물차

해설
- 회전교차로는 차가지정통행이 우선되고, 진입하는 차는 회전하고 있는 자동차에게 양보하기 때문에 진입하는 검정색 승용차가 가장 주의해야 한다.

정답 19. ② 20. ① 21. ④ 22. ③ 23. ③ 24. ①

25 영상과 같은 하이패스차로 통행에 대한 설명이다. 잘못된 것은?

① 단차로 하이패스이므로 시속 30킬로미터 이하로 서행하면서 통과하여야 한다.
② 통행료를 납부하지 아니하고 유료도로를 통행한 경우에는 통행료의 5배에 해당하는 부가통행료를 부과할 수 있다.
③ 하이패스카드 잔액이 부족한 경우에는 한국도로공사의 홈페이지에서 납부할 수 있다.
④ 하이패스차로를 이용하는 군작전용차량은 통행료의 100%를 감면받는다.

해설 단차로 하이패스는 통과속도를 시속 30킬로미터 이하로 제한하고 있으며, 다차로 하이패스는 시속80킬로미터 이하로 제한하고 있다. 또한 통행료를 납부하지 아니하고 유료도로를 통행한 경우에는 통행료의 10배에 해당하는 부가통행료를 부과, 수납할 수 있다.(유료도로법 시행령 제14조제5호)

26 다음 중 이면도로에서 위험을 예측할 때 가장 주의하여야 하는 것은?

① 정체 중인 차 사이에서 뛰어나올 수 있는 어린이
② 실내 후사경 속 청색 화물차의 좌회전
③ 오른쪽 자전거 운전자의 우회전
④ 전방 승용차의 급제동

해설 도로교통법 제27조(보행자보호), 도로교통법 제49조(모든 운전자의 준수사항 등)
이면도로를 지나갈 때는 차와 차 사이에서 갑자기 나올 수 있는 보행자에 주의하여야 한다. 이면도로는 중앙선이 없는 경우가 대부분으로 언제든지 좌측 방향지시등 켜지 않고 갑자기 차로를 변경하여 진입하는 차에 주의하여야 한다. 우회전이나 좌회전할 때 차체 필러의 사각지대 등으로 주변 차량이나 보행자를 잘 볼 수 없는 등 위험 요소에 주의하여야 한다.

27 다음 중 교차로에서 우회전할 때 횡단하는 보행자 보호를 위해 도로교통법 규를 준수하는 차는?

① 주황색 택시
② 청색 화물차
③ 갈색 SUV차
④ 노란색 승용차

해설 도로교통법 제27조(보행자의 보호) 제2항, 도로교통법시행규칙 별표2(신호기가 표시하는 신호의 종류 및 신호의 뜻) 보행 녹색신호를 지키지 않거나 신호를 예측하여 미리 출발하는 보행자에 주의하여야 한다. 보행 녹색신호가 점멸할 때 갑자기 뛰기 시작하여 횡단하는 보행자에 주의하여야 한다. 우회전할 때에는 횡단보도에 내려서서 대기하는 보행자가 말려드는 현상에 주의하여야 한다. 우회전할 때 반대편에서 직진하는 차량에 주의하여야 한다.

28 다음 영상에서 우회전하고자 경운기를 앞지르기 하는 상황에서 예측되는 가장 위험한 상황은?

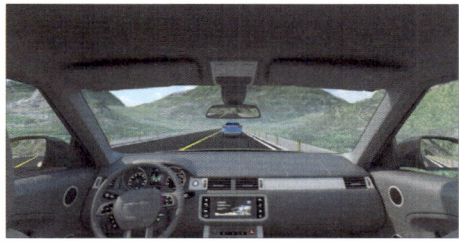

① 우측도로의 화물차가 교차로를 통과하기 위하여 속도를 낮출 수 있다.
② 좌측도로의 빨간색 승용차가 우회전을 하기 위하여 속도를 낮출 수 있다.
③ 경운기가 우회전 하는 도중 우측도로의 하얀색 승용차가 화물차를 교차로에서 앞지르기 할 수 있다.
④ 경운기가 우회전하기 위하여 정지선에 일시정지 할 수 있다.

해설 도로교통법 제19조(안전거리 확보 등), 도로교통법 제20조(진로양보의무)
• 진입로 부근에서는 진입해 오는 자동차를 일찍 발견하여 그 자동차와의 거리 및 속도 차이를 감안해 자기 차가 먼저 갈지, 자신의 앞에 진입시킬 지를 판단하여야 한다.
• 이 경우 우측에서 진입하려는 차가 있는데 뒤차가 이미 앞지르기 차로로 진로를 변경하려하고 있어, 좌측으로 진로를 변경하는 것은 위험하다. 가속차로의 차가 진입하기 쉽도록 속도를 일정하게 유지하여 주행하도록 한다.

29 고속도로에서 진출하려고 한다. 올바른 방법으로 가장 적절한 것은?

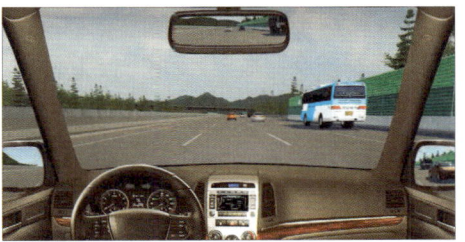

① 신속한 진출을 위해서 지체없이 연속으로 차로를 횡단한다.
② 급감속으로 신속히 차로를 변경한다.
③ 감속차로에서부터 속도계를 보면서 속도를 줄인다.
④ 감속차로 전방에 차가 없으면 속도를 높여 신속히 진출로를 통과한다.

해설 고속도로 주행은 빠른 속도로 인해 긴장된 운행을 할 수 밖에 없다. 따라서 본선차로에서 진출로로 빠져나올 때 뒤따르는 차가 있으므로 급히 감속하게 되면 뒤차와의 추돌이 우려도 있어 주의하여야 한다. 본선차로에서 나와 감속차로에 들어가면 감각에 의존하지 말고 속도계를 보면서 속도를 확실히 줄여야 한다.

30 한적한 도로 전방에 경운기가 있다. 이 때 위험요소가 아닌 것은?

① 갑자기 경운기가 진행방향을 바꿀 수 있다.
② 경운기에 실은 짚단이 떨어질 수 있어 급제동할 수 있다.
③ 다른 차량보다 속도가 느리기 때문에 앞지르기할 수 있다.
④ 앞차가 속도를 높이면서 도로 중앙으로 이동할 수 있다.

해설 도로교통법 제19조(안전거리 확보 등), 도로교통법 제20조(진로양보의무)
• 경운기는 레버로 방향을 전환하고, 방향지시등과 후사경 등이 안전장치가 없어 경운기의 움직임을 정확하게 파악할 수 없기 때문에 경운기를 뒤따라가는 경우, 충분한 공간과 안전거리를 유지하면서 움직임에 대비하여야 한다.

정답 25. ② 26. ① 27. ② 28. ③ 29. ③ 30. ③

31 야간에 갓길에 주차하려고 한다. 주정차등이 유용한 것은?

① 금체동에 주차한다.
② 내 차의 위치를 정확하게 알린다.
③ 속도를 줄여 안개 가등만 통과한다.
④ 주변 경치 감상을 위해 전조등 등 각종 등화를 활용한다.

도로교통법 제37조(자동차등과 노면전차의 등화), 도로교통법 시행령 제19조(인지거리 등), 도로교통법 시행규칙 제20조(진정청하의 의), 도로교통법 제31조(시 ・ 도로교통법 시행규칙 제37조(차와 인지거리 등)
• 야간 울천 정지 안인가거리 등과 관련하여 주차하거나 정차하는 경우, 자동차는 종류에 따라 주정차등을 켜야 하고, 소등등 사고 등을 예방할 수 있다.

32 야간에 시가 도로 주행시 곤란이 있을 수 있다. 어떻게 해야 하는가?

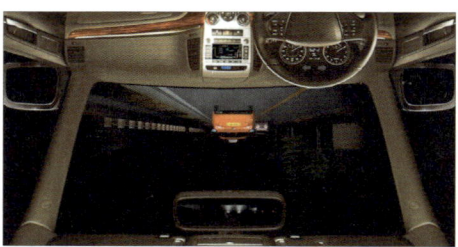

① 도로의 우측가장자리로 간다.
② 불빛을 견디기 위해 가속한다.
③ 금체동으로 속도를 줄인다.
④ 도로의 좌측가장자리로 간다.

도로교통법 제19조(안전거리 확보 등), 도로교통법 제20조(진정양보의 의), 도로교통법 제31조(서행 또는 일시정지 장소), 도로교통법 시행규칙 제37조(차와 인지거리 등)
• 야간에 자동차는 밤에 빛이 눈이에 새어 들어서 시야에 대상을 판단하기 어려지고 있어, 다른 교통 참가자의 시간적으로 대처할 수 있도록 종류이 갈등하는 경우가 정확해서 중요하다.

33 다음 중 시가지에서 주정차하는 운전자가 주행자를 주행하기 위해 도로교통법상 금지하여 주하수 있는 차는?

① 정색 승용차
② 정복 승용차
③ 정색 승용차
④ 정색 승용차

도로교통법 제27조(정지운전자 등)
차량들이 많은 정지운전자에서 주행자가 신호이고 정기선자 사이가 막혀 있는 정지운전자의 주행자 통과를 주위하고, 정지운전자가 경고등을 사이기 전까지 주행차가 이동하지 않을 때, 정지운전자는 경고등을 사이기 전에 주행시고 평균기 정도 주행하여야 한다.

34 다음 중 바로회전에서 고차로에서 도로교통법상 주수하여야 가장 안전한 차는?

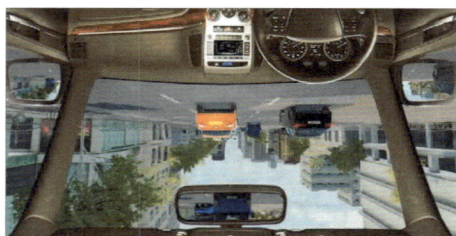

① 녹색신호에서 회전하는 녹색 버스
② 녹색신호에서 회전하는 금속 승용차
③ 녹색신호에서 회전하는 정색 승용차
④ 녹색신호에서 회전하는 정색 승용차

도로교통법 제25조(교차로 통행방법), 도로교통법 시행규칙 별표2 (신호기가 사용하는 신호의 종류 및 뜻)
• 교차로에서 바로회전 녹색신호에 진정하지 고차로
 - 정지신호에서 녹색신호에 바로회전한 차
 - 정지신호에서 녹색신호에 바로회전한 차
• 교차로에서 바로회전 녹색신호
 - 정지신호에서는 녹색신호에 바로회전한 차
 - 다른 교통에 방해가 되지 않도록 녹색신호에서 회전하여야 한다

35 녹색신호인 고차로 정체 중이다. 도로교통법령상 주수하는 차는?

① 고차로에 진입하는 정색 버스
② 정지선 직전에 정지하는 정색 승용차
③ 녹색신호에 따라 진입하는 우색 승용차
④ 정체된 차량 사이로 지그재그 진정하는 택시

도로교통법 제25조(교차로 통행방법), 도로교통법 시행규칙 별표2 (신호기가 사용하는 신호의 종류 및 뜻)
• 고차로 정체 시 주녹색신호가 진행하지 아니하여도 정지선 직전에 일시이 정지 후 진행하여야 한다.
• 고차로에 진입이 정체된 경우 녹색신호가 진정된 자동차가 교차로 안에서 정지하게 되어 있을 때는 진입하지 말아야 한다.
• 정체된 차량 사이로, 혹은 진자들이 있는 사이에서 자동차가 다를 수 있으므로 주의하여야 한다.

정답 31.③ 32.① 33.① 34.① 35.②